第一推动丛书:宇宙系列
The Cosmos Series

黑洞与时间弯曲
Black Holes and Time Warps

[美] 基普·S.索恩 著　李泳 译

Kip S. Thorne

U0359139

湖南科学技术出版社

THE
FIRST
MOVER

总序

《第一推动丛书》编委会

科学，特别是自然科学，最重要的目标之一，就是追寻科学本身的原动力，或曰追寻其第一推动。同时，科学的这种追求精神本身，又成为社会发展和人类进步的一种最基本的推动。

科学总是寻求发现和了解客观世界的新现象，研究和掌握新规律，总是在不懈地追求真理。科学是认真的、严谨的、实事求是的，同时，科学又是创造的。科学的最基本态度之一就是疑问，科学的最基本精神之一就是批判。

的确，科学活动，特别是自然科学活动，比起其他的人类活动来，其最基本特征就是不断进步。哪怕在其他方面倒退的时候，科学却总是进步着，即使是缓慢而艰难的进步。这表明，自然科学活动中包含着人类的最进步因素。

正是在这个意义上，科学堪称为人类进步的"第一推动"。

科学教育，特别是自然科学的教育，是提高人们素质的重要因素，是现代教育的一个核心。科学教育不仅使人获得生活和工作所需的知识和技能，更重要的是使人获得科学思想、科学精神、科学态度以及科学方法的熏陶和培养，使人获得非生物本能的智慧，获得非与生俱来的灵魂。可以这样说，没有科学的"教育"，只是培养信仰，而不是教育。没有受过科学教育的人，只能称为受过训练，而非受过教育。

正是在这个意义上，科学堪称为使人进化为现代人的"第一推动"。

近百年来，无数仁人志士意识到，强国富民再造中国离不开科学技术，他们为摆脱愚昧与无知做了艰苦卓绝的奋斗。中国的科学先贤们代代相传，不遗余力地为中国的进步献身于科学启蒙运动，以图完成国人的强国梦。然而可以说，这个目标远未达到。今日的中国需要新的科学启蒙，需要现代科学教育。只有全社会的人具备较高的科学素质，以科学的精神和思想、科学的态度和方法作为探讨和解决各类问题的共同基础和出发点，社会才能更好地向前发展和进步。因此，中国的进步离不开科学，是毋庸置疑的。

正是在这个意义上，似乎可以说，科学已被公认是中国进步所必不可少的推动。

然而，这并不意味着，科学的精神也同样地被公认和接受。虽然，科学已渗透到社会的各个领域和层面，科学的价值和地位也更高了，但是，毋庸讳言，在一定的范围内或某些特定时候，人们只是承认"科学是有用的"，只停留在对科学所带来的结果的接受和承认，而不是对科学的原动力 —— 科学的精神的接受和承认。此种现象的存在也是不能忽视的。

科学的精神之一，是它自身就是自身的"第一推动"。也就是说，科学活动在原则上不隶属于服务于神学，不隶属于服务于儒学，科学活动在原则上也不隶属于服务于任何哲学。科学是超越宗教差别的，超越民族差别的，超越党派差别的，超越文化和地域差别的，科学是普适的、独立的，它自身就是自身的主宰。

　　湖南科学技术出版社精选了一批关于科学思想和科学精神的世界名著，请有关学者译成中文出版，其目的就是为了传播科学精神和科学思想，特别是自然科学的精神和思想，从而起到倡导科学精神，推动科技发展，对全民进行新的科学启蒙和科学教育的作用，为中国的进步做一点推动。丛书定名为"第一推动"，当然并非说其中每一册都是第一推动，但是可以肯定，蕴含在每一册中的科学的内容、观点、思想和精神，都会使你或多或少地更接近第一推动，或多或少地发现自身如何成为自身的主宰。

出版30年序
苹果与利剑

龚曙光

2022年10月12日

从上次为这套丛书作序到今天，正好五年。

这五年，世界过得艰难而悲催！先是新冠病毒肆虐，后是俄乌冲突爆发，再是核战阴云笼罩……几乎猝不及防，人类沦陷在了接踵而至的灾难中。一方面，面对疫情人们寄望科学救助，结果是呼而未应；一方面，面对战争人们反对科技赋能，结果是拒而不止。科技像一柄利剑，以其造福与为祸的双刃，深深地刺伤了人们安宁平静的生活，以及对于人类文明的信心。

在此时点，我们再谈科学，再谈科普，心情难免忧郁而且纠结。尽管科学伦理是个古老问题，但当她不再是一个学术命题，而是一个生存难题时，我的确做不到无动于衷，漠然置之。欣赏科普的极端智慧和极致想象，如同欣赏那些伟大的思想和不朽的艺术，都需要一种相对安妥宁静的心境。相比于五年前，这种心境无疑已时过境迁。

然而，除了执拗地相信科学能拯救科学并且拯救人类，我们还能有其他的选择吗？我当然知道，科技从来都是一把双刃剑，但我相信，科普却永远是无害的，她就像一只坠落的苹果，一面是极端的智慧，一面是极致的想象。

我很怀念五年前作序时的心情，那是一种对科学的纯净信仰，对科普的纯粹审美。我愿意将这篇序言附录于后，以此纪念这套丛书出版发行的黄金岁月，以此呼唤科学技术和平发展的黄金时代。

出版25年序
一个坠落苹果的两面：
极端智慧与极致想象

龚曙光

2017年9月8日凌晨于抱朴庐

连我们自己也很惊讶，《第一推动丛书》已经出了25年。

或许，因为全神贯注于每一本书的编辑和出版细节，反倒忽视了这套丛书的出版历程，忽视了自己头上的黑发渐染霜雪，忽视了团队编辑的老退新替，忽视了好些早年的读者已经成长为多个领域的栋梁。

对于一套丛书的出版而言，25年的确是一段不短的历程；对于科学研究的进程而言，四分之一个世纪更是一部跨越式的历史。古人"洞中方七日，世上已千秋"的时间感，用来形容人类科学探求的日新月异，倒也恰当和准确。回头看看我们逐年出版的这些科普著作，许多当年的假设已经被证实，也有一些结论被证伪；许多当年的理论已经被孵化，也有一些发明被淘汰……

无论这些著作阐释的学科和学说属于以上所说的哪种状况，都本质地呈现了科学探索的旨趣与真相：科学永远是一个求真的过程，所谓的真理，都只是这一过程中的阶段性成果。论证被想象讪笑，结论被假设挑衅，人类以其最优越的物种秉赋 —— 智慧，让锐利无比的理性之刃，和绚烂无比的想象之花相克相生，相否相成。在形形色色的生活中，似乎没有哪一个领域如同科学探索一样，既是一次次伟大的理性历险，又是一次次极致的感性审美。科学家们穷其毕生所奉献的，不仅仅是我们无法发现的科学结论，还是我们无法展开的绚丽想象。在我们难以感知的极小与极大世界中，没有他们记历这些伟大历险和极致审美的科普著作，我们不但永远无法洞悉我们赖以生存的世界的各种奥秘，无法领略我们难以抵达世界的各种美丽，更无法认知人类在找到真理和遭遇美景时的心路历程。在这个意义上，科普是人类极端智慧和极致审美的结晶，是物种独有的精神文本，是人类任何其他创造 —— 神学、哲学、文学和艺术都无法替代的文明载体。

在神学家给出"我是谁"的结论后，整个人类，不仅仅是科学家，也包括庸常生活中的我们，都企图突破宗教教义的铁窗，自由探求世界的本质。于是，时间、物质和本源，成为了人类共同的终极探寻之地，成为了人类突破慵懒、挣脱琐碎、拒绝因袭的历险之旅。这一旅程中，引领着我们艰难而快乐前行的，是那一代又一代最伟大的科学家。他们是极端的智者和极致的幻想家，是真理的先知和审美的天使。

我曾有幸采访《时间简史》的作者史蒂芬·霍金，他痛苦地斜躺在轮椅上，用特制的语音器和我交谈。聆听着由他按击出的极其单调的金属般的音符，我确信，那个只留下萎缩的躯干和游丝一般生命气息的智者就是先知，就是上帝遣派给人类的孤独使者。倘若不是亲眼所见，你根本无法相信，那些深奥到极致而又浅白到极致，简练到极致而又美丽到极致的天书，竟是他蜷缩在轮椅上，用唯一能够动弹的手指，一个语音一个语音按击出来的。如果不是为了引导人类，你想象不出他人生此行还能有其他的目的。

无怪《时间简史》如此畅销！自出版始，每年都在中文图书的畅销榜上。其实何止《时间简史》，霍金的其他著作，《第一推动丛书》所遴选的其他作者的著作，25年来都在热销。据此我们相信，这些著作不仅属于某一代人，甚至不仅属于20世纪。只要人类仍在为时间、物质乃至本源的命题所困扰，只要人类仍在为求真与审美的本能所驱动，丛书中的著作便是永不过时的启蒙读本，永不熄灭的引领之光。

虽然著作中的某些假说会被否定，某些理论会被超越，但科学家们探求真理的精神，思考宇宙的智慧，感悟时空的审美，必将与日月同辉，成为人类进化中永不腐朽的历史界碑。

因而在 25 年这一时间节点上，我们合集再版这套丛书，便不只是为了纪念出版行为本身，更多的则是为了彰显这些著作的不朽，为了向新的时代和新的读者告白：21 世纪不仅需要科学的功利，还需要科学的审美。

当然，我们深知，并非所有的发现都为人类带来福祉，并非所有的创造都为世界带来安宁。在科学仍在为政治集团和经济集团所利用，甚至垄断的时代，初衷与结果悖反、无辜与有罪并存的科学公案屡见不鲜。对于科学可能带来的负能量，只能由了解科技的公民用群体的意愿抑制和抵消：选择推进人类进化的科学方向，选择造福人类生存的科学发现，是每个现代公民对自己，也是对物种应当肩负的一份责任、应该表达的一种诉求！在这一理解上，我们不但将科普阅读视为一种个人爱好，而且视为一种公共使命！

牛顿站在苹果树下，在苹果坠落的那一刹那，他的顿悟一定不只包含了对于地心引力的推断，也包含了对于苹果与地球、地球与行星、行星与未知宇宙奇妙关系的想象。我相信，那不仅仅是一次枯燥之极的理性推演，也是一次瑰丽之极的感性审美……

如果说，求真与审美是这套丛书难以评估的价值，那么，极端的智慧与极致的想象，就是这套丛书无法穷尽的魅力！

序　　　　　　　　　　史蒂芬·霍金

　　这本书讲的是我们在空间和时间观念上的革命及其重要结果，有些结果现在还不明朗。它也是一个迷人的故事，作者曾亲历过为认识黑洞这一也许是宇宙间最神秘事物的奋斗和成功。

　　过去人们常想，地球表面显然是平直的，它要么无限延伸，要么存在着边界，如果谁愚蠢地走得太远，他准会落下去。麦哲伦（Magellan）和其他环球旅行者的安全返回，令人们相信地球表面是弯曲的，自我封闭为一个球面；但人们仍然想当然地以为，这个球存在于欧几里得几何法则意义上的平直空间，即平行线永不相交的空间。然而，1915年，爱因斯坦提出一个理论，把空间和时间结合为一种叫"时空"的东西，它不是平直的，而是被其中的物质和能量弯曲（或卷曲）了。在我们邻近，时空几乎是平直的，在正常情况下不会出现曲率带来的差异。但在宇宙更远的地方，时空弯曲的某些结果甚至比爱因斯坦所认识的还要惊人。一个结果是，恒星可能在自身引力作用下坍缩，使周围空间发生弯曲，从而将自己同宇宙其他部分分裂开来。爱因斯坦本人不相信会发生这样的坍缩，但大多数人都证明了，这是他的理论所不可避免的结果。

　　那些人如何证明这个结果，如何发现坍缩在空间留下的黑洞的奇异性质，正是本书的主题。这是一部活的科学发现的历史，作者是发现的参与者；在这点上，它很像DNA结构（它使我们认识了遗传密码）的发现者沃森（James Watson）写的《双螺旋》。不过，与DNA发现不同的是，这里没有能指导探索者的实验结果，倒是黑洞理论早就建立起来了，那时还没有任何它们确实存在的观测证据。我不知道科学中还有没有别的例子，一个伟大的推论是完全依靠思想的基础而成功提出的。它说明了爱因斯坦理论的巨大威力和深远意义。

　　我们还有许多未知的事情。例如，落进黑洞的物体和信息会发生什么？它们会在宇宙其他地方或在另一个宇宙重新出现吗？我们能让空间和时间充分卷曲而回到过去吗？这些是我们为了认识宇宙而正在追寻的一部分问题，也许真有人能从未来回到现在，把答案告诉我们。

前言　　　　　　Frederick Seitz

　　本书是在严格的物理学原理基础上写的，并结合了高度的想象。作者试图超越人们目前的牢固知识而进入一个与我们地球的日常生活全然不同的物理世界。他的主要目的是考察黑洞的里里外外——黑洞质量大，引力场强，实物粒子和光都不可能像平常离开太阳那样从它逃逸出来。观测者从远处靠近这样的黑洞会遭遇哪些事情，是根据广义相对论在"强引力"作用下还没有经过检验的预言而描述的；超出这个范围进入所谓黑洞"视界"区域的悬想，则是靠一种特别的勇气，实际上就是特别的狂想，这在索恩和他的国际伙伴中有很多，而且他们乐此不疲。这令人想起一位知名物理学家的妙语："宇宙学家多犯错误，但少有怀疑。"读这本书的人应怀着两个目标：学一些我们物理宇宙中的尽管奇异却真实的可靠事实；欣赏那些我们还不那么有把握的奇思妙想。

　　作为开场白，我首先应该指出，爱因斯坦的广义相对论这一思辨科学的最伟大创造，不过是在四分之三世纪前才建立的。20世纪20年代初，它解释了水星运动与牛顿引力理论预言的偏离，后来又解释了哈勃（Hubble）和他的同事们在威尔逊山天文台观测到的遥远星云的红移。两次胜利以后，它沉默了几年，那时，多数物理学家的注意力都转向了量子物理学的诠释，转向了核物理、高能粒子物理和观测宇宙学的进步。

黑洞的概念在牛顿引力理论发现后不久，就以思辨方式提出来了。后来发现，通过适当修正，黑洞概念在相对论里也能找到自然的地位，不过，这需要我们将基本方程的解外推到极强的引力场——爱因斯坦当时认为这样的外推过程是可疑的。然而，钱德拉塞卡（Chandrasekhar）在1930年指出，根据相对论，质量超过某一临界值（即所谓钱德拉塞卡极限）的星体在耗尽高温的核能源后，将坍缩成为我们现在所说的黑洞。大约在20世纪30年代后期，茨维基（Zwicky）、奥本海默（Oppenheimer）和他的同事分别推广了这一工作。他们证明，存在一个质量范围，在此范围内的星体不会坍缩成黑洞，而将形成一种由致密的中子堆积构成的状态，即所谓的中子星。不论哪种情况，星体核能耗尽时的内部挤压都会伴随一个相对短时间的巨大能量喷发，喷发的结果，就是我们在遥远星云和银河系中偶尔会看到的光亮的超新星。

这些研究在第二次世界大战时中断了，然而在20世纪50年代和60年代，科学家们又怀着新的兴趣和热情回到了它的实验和理论的前沿，取得了三大进展。第一，从核物理和高能物理研究获得的知识在宇宙学理论中找到了自然的位置，支持了通常所说的宇宙形成的"大爆炸"理论。现在，许多证据都支持这样的观点：我们的宇宙是从一点由紧密堆积的粒子所形成的原初热汤（一般称它为"火球"）膨胀而来的。这一原初事件大约发生在100亿到200亿年前。对这个假说最戏剧性的支持也许是发现了出现在原初爆炸后期的波的退化遗迹。

第二，我们确实观测到了茨维基和奥本海默小组预言的中子星，它们的行为也同理论预言的一样。这使我们完全相信，超新星是经历了"最后的引力坍缩"（大概可以这么说）的恒星。如果说中子星能存在于某一确定的质量范围，那么也有理由认为黑洞是质量更大的恒星的产物，不过我们承认，大量的观测证据都将是间接的。事实上，这类间接的证据现在已经很多了。

最后，广义相对论的有效性还得到了另外几方面证据的支持。它们包括太阳系中航天器和行星轨道的高精度测量和某些星系对外来光线的"透镜"作用。最近又发现了大质量双星系运动的能量损失，可能是它们发射引力波的结果，这是相对论的一个重要预言。这些发现，不但使我们敢于相信广义相对论在黑洞附近的那些未经证实的预言，也为我们洞开了更广阔的想象空间。

几年前，联邦基金会（Commonwealth Fund）在M.E.Mathoney主席提议下，决定资助一项图书计划，邀请在不同领域工作的科学家们为受过教育的普通读者介绍他们的工作。索恩教授是其中的一位，很高兴本计划将他的书作为这一系列出版物的第九本。

推荐本书的联邦基金图书计划咨询委员会由下列成员组成：Lewis Thomas，医学博士，主任；Alexander G. Beam，医学博士，副主任；Lynn Margulis，哲学博士；Maclyn McCarty，医学博士；Lady Medawar, Berton Roueche, Frederick Seitz，哲学博士；Otto Westphal,

医学博士，出版者代表是 W. W. Norton & Company, Inc. 的副主席兼编辑，Edwin Barber。

目录

导引

这本书讲什么，怎么读？

30年来，我一直在探索，为的是去认识爱因斯坦为后代留下的遗产 —— 他的相对论和相对论关于宇宙的预言 —— 去寻找相对论失败的地方，看它如何失败，会有什么来取代它。

在探索中，我穿过奇异事物的迷宫：黑洞、白矮星、中子星、奇点、引力波、虫洞、时间弯曲和时间机器；在探索中，我学会了认识论：什么让理论成为"好的"？什么样的"超原理"主宰着自然法则？为什么即使在技术还无力检验预言时，物理学家也会认为我们知道自以为知道的事情？在探索中，我明白了科学家的头脑是如何工作的，我看到了不同头脑之间的巨大差异（如霍金的与我的），我知道了为什么为了更真切地理解宇宙需要那么多不同类型的科学家以他们自己的方式工作。通过我们和遍布全球的几百名参与者的探索，我认识了科学的国际性特征，科学团体在不同社会中的组织形式，以及科学与政治潮流的相互纠缠，特别像苏美之间的竞争。

我想在这本书里与非科学家和不同领域的科学家分享我的这些感受。一条历史线索将相互关联的话题串在一起，那是我们为阐明爱因斯坦的精神遗产而奋斗的历史，也就是我们从遗产中发现那些奇异的黑洞、奇点、引力波、虫洞和时间弯曲的预言的历史。

书从序幕开始：我要讲一个科幻故事，它会很快把读者引向书中的物理学和天文学概念。有些读者可能会对故事感到沮丧，这些概念（黑洞和它的视界、虫洞、潮汐力、奇点和引力波）来得太快，几乎没有解释。我告诉大家，不要管它，好好看故事，留下一点儿印象。每个概念在正文中还会以更令人愉快的方式重新提出来。读过全书后，你可以再回来看序幕，慢慢体会它的专业趣味。

书的主体（第1章到第14章）与序幕有完全不同的风味。中心线索是历史的，在历史的线索中交织着别的东西。我会用几页篇幅来追溯历史，然后离开历史讲一些题外话，然后又回到历史中来。这样，读者可以看到不同的思想观念如何精美地交织在一起，它们来自物理学、天体物理学、科学哲学、科学社会学和政治学。

有些物理学东西可以粗略看过，书后的物理学词汇表可能有一点帮助。

科学是公共的事业，形成我们宇宙观念的思想不是来自哪一个人或者某几个人，而是来自许多人的共同奋斗。因此，书中出现了许多人物，为帮助读者记住那些多次出现的人，书后列了一个"人物表"，对他们作了简单的介绍。

科学研究同人生一样，不同的人可能在同时探索许多相同的问题，一时的顿悟可能是几十年前的某些思想带来的灵感，而那些思想在几十年间却被忽略了。为了让读者能对此有些感受，本书将在时间里跳跃，从60年代跳到30年代，然后又回到70年代的历史主流（指20世纪，后同。——编者注）。对这样的时间旅行感到眼花的读者，可以看书后的历史年表。

我不求历史学家要求的完整、准确和公正。如果要求完整，多数读者会跟我一样厌倦地将书扔到一边；如果要求更准确，这本书就会堆满公式而成为难啃的专著；尽管我追求公正，但一定存在偏见。我和我要讲的东西关系太近了，我个人从60年代到今天都在亲历它的发展，我最好的几个朋友从30年代起就身在其中了。我力图通过大量的对其他探索者的录音访问（见参考文献）和更多地描述其他人的工作（见致谢）来弥补可能的缺陷，然而肯定还留着某些偏见。

为帮助那些想更完整、更准确、更公正地了解历史的读者，我在书后的注释里列举了很多历史记述的来源，也请读者去参考探索者们为向别人阐释自己的发现而写的原始专业论文。注释里还对某些问题作了更准确（因而技术性也更强）的讨论，这些问题在正文里可能因为太简单化而容易使人误会。[1]

记忆是靠不住的。相同事件的不同经历者，对那些事件可能有不

---

1. 哪些内容在后面有注释，作者并没有在正文里标记，而是在书后的注释部分指出它所在的页码和段落；为了更醒目，中译本在正文中的相应地方标记了数字，在后面的注释里则不再重复这些文字。——译者注

同的回忆和解释，这些分歧我都放在注释中了。在正文里，我只谈自己对事物的最终看法，就当它们是真的了。但愿真历史学家能原谅我，非历史学家会感谢我。

我的导师约翰·惠勒（John Wheeler，他也是本书的中心人物之一）在我成长为一名物理学家的过程中，喜欢问他的朋友，"关于这样那样的事物，你学到的最重要的一样东西是什么？"很少有问题能记得这么清楚。这本书断断续续写了15年（多数是"断"的时候），快写完时，我也在问自己跟约翰同样的问题："你想让你的读者从书中学到的最重要的一样东西是什么？"

我的回答是：人类思想那令人惊奇的力量——在迷途中往返，在思想里跳跃——去认识宇宙的复杂，发现主宰它的基本定律的终极的单纯、精妙和壮丽。

²³ 序幕
黑洞之旅

> 读者在
> 一个科幻故事里
> 遭遇黑洞
> 和我们在 90 年代所能认识的
> 关于它们的一切奇异性质

在人类头脑的所有概念中,[1] 从独角兽到滴水嘴到氢弹,最奇异的也许还是黑洞:在空间中有一定边界的洞,任何事物都可以落进去,但没有东西能逃出来;一个强大引力能将光牢牢抓住的洞;一个能令空间弯曲和时间卷曲的洞。[1] 跟独角兽和滴水嘴一样,黑洞似乎更多地出现在科幻小说和古代神话里,而不在真实的宇宙中。不过,经过了很好检验的物理学定律坚定地预言,黑洞是存在的,仅在我们的银河系里,可能就有几百万个,但它们太暗了,我们看不见;天文学家想发现它们也很困难。[2]

---

1. 第 3,6,7 章。
2. 第 8 章。

地狱

你有艘大飞船，自己做船长，带着计算机、机器人和几百名听话的船员，受世界地理学会委托，到遥远星际空间去探索黑洞，并把你的经历用电波发回地球。远航6年了，你的船正在减速接近织女星附近的一个黑洞，它叫"地狱"，离地球最近。[1]

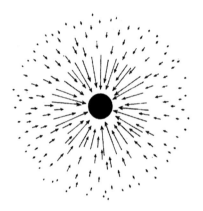

图 P.1　在黑洞引力作用下，气体原子从各个方向流向黑洞

你和船员从飞船的视屏上看到了黑洞出现的证据：散布在星际空间的气体原子（每立方厘米近1个）正受着黑洞引力的吸引（图P.1）。它们从所有方向流向黑洞，距离远的地方，引力作用较弱，原子流得较慢；距离近的地方，引力作用较强，原子流得较快——在靠近黑洞的地方，引力更强，原子流更快，几乎和光一样。假如不采取措施，飞船也会被黑洞吸进去。

1.织女星距地球26光年，飞船6年就能到它的邻近，为什么？请读者想想。——译者注

　　大副卡丽丝迅速小心地将飞船从冲向黑洞的路线转到圆形轨道，然后关掉引擎。你们环绕着黑洞，飞船靠着圆周运动的离心力顶住了黑洞的引力。想想你小时候玩过的投石器，系在旋转绳子一端，离心力把它向外推，而绳子的张力将它往里拉；飞船像投石器，黑洞的引力就起着这种张力的作用。这时，你和船员准备开始探测黑洞。

　　先进行被动探测：用船上装备的望远镜研究电磁波（辐射），那是气体在流向黑洞时发射的。在远离黑洞的地方，气体原子很冷，只有绝对几摄氏度；因为冷，它们振动慢，缓慢的振动产生缓慢振荡的电磁波，意味着从一个波峰到下一个波峰的距离（即波长）很长。这些就是无线电波，见图P.2。在离黑洞较近的地方，引力作用下的原子流较快，它们相互碰撞，加热到几千度的高温。因为热，它们振动较快，发出振荡较快、波长较短的波，也就是你所认识的不同颜色的光：红、橙、黄、绿、蓝、紫（图P.2）。离黑洞更近的地方，引力更强，原子流更快，碰撞更剧烈，温度更高（几百万度），原子极快地振动，产生波长很短的电磁波：X射线。看到从黑洞附近喷出的X射线时，你会想起，在1972年，天体物理学家就是因为发现和研究了这样的X射线，

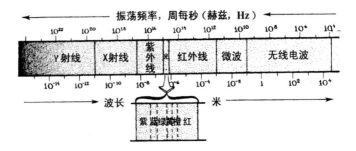

图P.2　电磁波谱，以波长很长（频率很低）的无线电波到波长很短（频率很高）的γ射线。图中所用数字记号（10^{20}，10^{-12}等）见后面卡片P.1的讨论

25

才认定了遥远空间的第一个黑洞：天鹅X-1，距地球14 000光年。[1]

把望远镜对准离黑洞更近的地方，你看到从被加热到更高温度的 26
原子发射出的γ射线。接着，你看到，在这片辉煌的景象中心，出现了
一个绝对黑暗的圆球，那是一个黑洞，吞噬了从它背后的原子所发出
的一切可见光、X射线和γ射线。你注视着超热的原子从四处流进黑
洞。一旦进了黑洞，它们会比以前更热，振动也一定比以前更快，辐
射也会更强，但它们的辐射逃不脱黑洞强大的引力。没有什么东西能
逃出来。这就是为什么那洞是黑的，漆黑的一团。[2]

你拿望远镜更真切地审视那个黑球，发现它有绝对分明的边缘，
即黑洞的表面，一个"逃不脱"的地方。刚好在表面以上的东西，如
果有足够的力量，可以逃脱引力的魔掌：火箭能飞走；向上发射足够
快的粒子能逃走；光当然也能逃走。但如果刚好在表面以下，那么不
论是火箭、粒子、光、辐射或者其他任何东西，不论费多大力气，都
不可能逃脱引力那无情的魔掌，永远不能到达你旋转的飞船。于是，
黑洞的表面就像我们的地平线，你看不到它下面的东西。这也就是为
什么我们把这表面称为黑洞的地平线。[3]

大副卡丽丝仔细测量了飞船轨道的周长，100万千米，大约是月
亮绕地球轨道的一半。然后，她看外面遥远的恒星，看着它们在飞船
头上旋转。通过测量恒星这种视运动的时间，她推测，飞船绕黑洞一

---

1. 第8章。
2. 第3，6章。
3. 第6章。（"黑洞的地平线"，在中文的物理学文献里一般称"视界"，以后我们也说"视界"。——译者注）

周需要5分46秒，这就是飞船的轨道周期。

现在，你可以根据轨道周期和周长计算黑洞的质量。[2] 计算方法和牛顿（Issac Newton）1685年计算太阳质量的方法相同：天体（太阳或黑洞）质量越大，它的引力作用越强，于是围绕它的物体（行星或飞船）为避免被它吸进去，必然也运动得越快，从而轨道周期一定就越短。用牛顿引力定律[1]的数学公式，你算出黑洞"地狱"的质量比太阳大10倍（"10个太阳质量"）。[2]

27　　你知道，这个黑洞是很久以前恒星死亡形成的。恒星在死亡时顶不住自身引力的吸引而发生坍缩，就产生黑洞。[3] 你也知道，恒星坍缩时质量不会改变，"地狱"今天的质量与它的母星很久以前的质量是一样的——或者说，几乎是一样的。实际上，自黑洞诞生以来，落进去的事物，如星际气体、岩石、飞船……都会增加它的质量，所以"地狱"的质量一定会比原来的母星大一点。

你知道这些，是因为你在旅行前学过引力的基本定律：牛顿在1687年发现了它的近似形式，爱因斯坦在1915年又从根本上修正了牛顿的近似，得到了更精确的形式。[4] 你知道，黑洞的这些行为像石头落回地球一样，都是所谓广义相对论的爱因斯坦引力定律所要求的。石头不可能违背引力定律而向上落或者飘浮在天空，同样，黑洞也躲不开引力：它必然在恒星坍缩中诞生。它初生时的质量一定与恒星质

---

1. 第2章。
2. 想自己计算黑洞性质的读者可以在书后的注释里找到相关的公式。
3. 第3~5章。
4. 第2章。

量相同，每次落进来的事物都一定会增大它的质量。[1]同样，假如坍缩的恒星是旋转的，那么新生的黑洞也一定旋转；而黑洞的角动量（旋转快慢的精确度量）也一定与恒星的相同。

你在远航前还学过人类认识黑洞的历史。早在70年代，卡特尔（Brandon Carter）、霍金（Stephen Hawking）、伊斯雷尔（Werner Israel）和其他一些人就用爱因斯坦广义相对论表述的引力定律[2]发现，黑洞一定是极其简单的怪物：[3]黑洞的一切性质——它的引力作用强度、它对星光轨道的偏转、它的表面形状和大小——仅由三个参数决定：黑洞的质量，你已经知道了；黑洞旋转的角动量，你还不知道；还有黑洞的电荷。而且你还知道，星际空间的黑洞都不能带太多的电荷；假如电荷太多，它会很快从星际气体中吸引相反的电荷来中和自己的电荷。

黑洞旋转的时候，会像飞机旋转的螺旋桨带动空气那样，带着它附近的空间（相对于遥远的空间）像龙卷风一样做涡旋运动；空间的旋涡又在黑洞附近一切事物的运动中激起旋涡。[4]

于是，为了解"地狱"的角动量，你在落向黑洞的星际气体原子流中寻找龙卷风式的旋涡。你惊讶地发现，原子流离黑洞越来越近，运动越来越快，却没有任何旋涡的迹象。原子盘旋着落下，有些是顺时针的，另一些则是逆时针的，它们偶尔会发生碰撞，但总的说来，

28

---

1. 关于物理学定律强迫黑洞、太阳系和宇宙以一定方式行动的进一步讨论，请看第1章最后几段。
2. 第2章。
3. 第7章。
4. 第7章。

是无旋涡地径直向着黑洞下落的。你认定：这个10个太阳质量的黑洞几乎没有旋转，它的角动量近乎零。

知道了黑洞的质量和角动量，又知道它的电荷一定少得可以忽略，现在你可以用广义相对论公式来计算黑洞应该具有的一切性质了：引力作用强度、相应的偏转星光的能力以及更有意义的 —— 黑洞视界的形状和大小。

假如黑洞在旋转，视界会有分明的北极和南极，也就是黑洞旋转的极点和下落的原子绕着它盘旋的极点。两极中间还会有明显的赤道，因视界旋转的离心力而向外凸起，跟旋转的地球赤道的凸起是一样的。[1] 但"地狱"几乎没有旋转，所以一定不会有赤道的凸起。它的视界在引力作用下几乎完全是球形的，这正是你在望远镜里看到的样子。

至于大小，[3] 广义相对论描述的物理学定律认为，黑洞质量越大，它的视界也一定越大。实际上，视界周长必然是以太阳质量为单位的黑洞质量乘以18.5千米。[2] 你从轨道周长的测量得知黑洞有10个太阳那么重，因此视界周长肯定是185千米 —— 和洛杉矶差不多大。你用望远镜仔细测量了周长，真是185千米，完全符合广义相对论的公式。

同你那100万千米的飞船轨道相比，视界的周长真是太小了，而被挤进这样一个小空间里的质量却有10个太阳那么大！假如黑洞是

---

1. 第7章。
2. 第13章。18.5千米这个量本书还会出现多次，它是4π（即12.5663706…）乘以牛顿引力常数乘以太阳质量，除以光速的平方。关于它和其他描述黑洞的公式，请看这一章的注释。

固体的，那么挤在这么小的空间里，它的平均密度将是每立方厘米2亿（$2×10^8$）吨——比水重$2×10^{14}$倍（参见卡片P.1）。但黑洞不是固体。广义相对论认为，10个太阳的星体物质在很久以前通过坍缩形成黑洞，现在聚集在黑洞的中心——聚集在一个叫做奇点的小空间区域里。[1]"约10^{-33}厘米大小的奇点（比原子核小1万亿亿倍）周围，除了正在向它落下的稀薄气体和气体发出的辐射以外，什么也没有。从奇点到视界几乎是空虚的，从视界到你的飞船，也差不多是空的。

卡片P.1

大数和小数的幂表示

在本书中，我偶尔会用"幂记号"来表示很大和很小的数。例如，$5×10^6$的意思是500万，或5 000 000，而$5×10^{-6}$则是百万分之五，或0.000 005。

一般说，将幂表示的数变成标准的十进制数，就是将10的幂次作为小数点移动的位数。这样，$5×10^6$意味着5（5.000 000 00）的小数点右移6位，结果是5 000 000.00。同样，$5×10^{-6}$意味着5的小数点左移6位，结果是0.000 005。

奇点和困在其中的星体物质躲在黑洞视界里，不论你等多久，被困的物质都不会再出现，黑洞的引力把它锁住了，它也不可能通过电波、光或者X射线向你传送信息。实际上，它完全从我们的宇宙消失

了。惟一留下的是它强大的引力，对你那100万千米的轨道来说，它今天的引力作用与它在坍缩成黑洞以前的作用是一样的；但在视界内部，却没有什么东西能够抵抗它的引力了。

"视界距奇点多远呢？"你问自己。（你当然不会去测量它，那简直就是自杀；你也不可能从视界逃出来向世界地理学会报告你的测量结果。）由于奇点很小，只有10^{-33}厘米，正好在黑洞中心，所以从奇点到视界的距离应等于视界的半径。你忍不住想用标准的方法来计算半径：用周长除以2π（6.283 185 307 …）。但是，你在地球上的研究中知道要警惕这样的计算，不能随便相信。黑洞的巨大引力彻底扭曲了黑洞内部和附近的空间和时间的几何，[1] 仿佛放在一张橡皮上的沉重的石块扭曲了橡皮的几何（图P.3）；结果，视界的半径不等于它的周长除以2π。

"那没关系，"你告诉自己，"罗巴切夫斯基（Lobachevsky）、黎曼（Riemann）和其他伟大的数学家已经教过我们，如何在空间弯曲时计算圆的性质，爱因斯坦又把这些计算融入了他的引力定律的广义相对论描述。我可以用这些弯曲空间的公式来计算视界的半径。"

但是，你这时又想起，根据在地球上的研究，尽管黑洞的质量和角动量决定了视界和它外面的所有性质，但并没决定它的内部。广义相对论认为，在奇点附近，黑洞的内部应该是混沌的，绝不是球形的，[2] 就像图P.3，一块棱角尖利的岩块重重地落在一张橡皮上，猛烈地弹

1. 第3，13章。
2. 第13章。

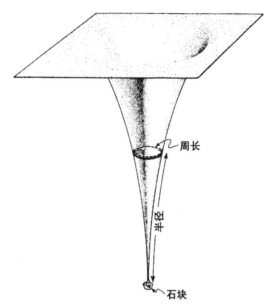

图P.3　一块重石头放在一张橡皮上使它变形。橡皮扭曲的几何类似于黑洞周围
和内部空间变形的几何。例如，粗黑圆圈的周长远小于2π乘以它的半径，正如黑洞
视界周长远小于2π乘以半径一样。进一步的讨论，见第3，13章

起又落下，砸出一个尖尖的深坑。另外，黑洞中心的混沌性质不仅依　31
赖于黑洞的质量和角动量，而且依赖于产生它的星体坍缩的细节和后
来落进的星际气体的细节 —— 那是你还不知道的。

"那又怎么样呢？"你对自己说，"不管混沌的黑洞中心有什么结
构，它的周长总是远比1厘米还小，这样，即使把它忽略了，我计算
的视界半径也不会有太大的误差。"

然而，这时你又想起，空间在奇点附近可以极端卷曲，这样，混
沌区域可能在不足1厘米的周长下有几百万千米的半径，就像图P.3

的那块重重的石头把橡皮混沌的尖端砸得远远的，而区域的周长却是短短的。你的半径计算就可能会产生这么大的误差。视界的半径不可能简单地凭你掌握的那点儿黑洞质量和角动量的信息来计算。

你不再去想黑洞内部了，而准备探测它的视界附近。你不愿意拿生命去冒险，而让一个机器人去，并要他把探测结果传回飞船。一个10厘米高的机器人阿诺尔德（Arnold）将带着火箭去探险。他要做的事情很简单：先发动火箭，让自己从跟飞船一起的环行中停下来，然后关闭引擎，在黑洞引力作用下径直落下去。在下落中，阿诺尔德向飞船发出明亮的绿色激光束，光束的电磁振荡载着他的下落距离和他的电子系统状态的信息，就像电台发射的无线电波载着广播新闻的信号。

船员收到发回的激光束后，卡丽丝将解译阿诺尔德的距离和系统的信息，并测量光束的波长（或者等价地说，测量它的颜色；见图P.2）。波长的重要，在于它能说明阿诺尔德的运动有多快。当他离开飞船的运动越来越快时，飞船收到的他传回的绿光会因为多普勒频移而显出越来越大的波长，越来越红的颜色。[1]（另外，还有部分由于光束摆脱引力作用而产生的红移。计算了阿诺尔德的速度后，卡丽丝会通过修正得到引力红移。）[2]

实验就这样开始了。阿诺尔德点燃火箭，离开飞船轨道，进入向黑洞下落的轨迹。在他开始下落时，卡丽丝开始计时，测量激光信号的到达时间。10秒过去了，激光信号表明一切系统运行正常，他已经

---

1. 见卡片2.3。
2. 第2，3章。

下落了2 630千米。卡丽丝根据激光颜色算出，他现在正以每秒530千米的速度冲向黑洞。时钟走到20秒时，他下落的距离已经是刚才的4倍，10 520千米。时钟继续嘀嗒，60秒时，他的速度是每秒9 700千米，下落了135 000千米，到视界的距离过了5/6。　　　　　33

　　现在你必须密切注意了，接下来的几秒是决定性的。于是，卡丽丝打开高速记录系统来收集数据的所有细节。61秒，阿诺尔德报告，一切系统运行正常；视界在他下方14 000千米，他正以每秒13 000千米的速度落下去。61.7秒，仍然一切正常，还有1 700千米了，速度是每秒39 000千米，约光速的1/10；激光颜色开始剧变。接着的1/10秒里，你惊奇地看到激光从电磁波谱匆匆掠过，从绿到红，到红外，到微波，到无线电波——61.8秒时，它走完了，激光束完全消失了。阿诺尔德达到了光速，消失在视界里。在激光消失的最后1/10秒，阿诺尔德还在高兴地报告，"一切系统正常，正常；视界临近了，系统正常，正常……"

　　从激动中镇静下来，你开始检验记录的数据。你看到了激光波长移动的整个过程。当阿诺尔德下落时，激光信号的波长先慢慢增长，然后越来越快。但令人惊讶的是，波长增到4倍后，它加倍的速率几乎是一个常数，即每0.000 14秒增加1倍。经过33次加倍（0.004 6秒）后，波长达到4千米，是你记录系统的极限。以后，波长大概还会加倍的。波长变得无限大，需经过无限次的加倍，所以，在黑洞视界邻近也许还会出现波长极大、极暗淡的信号！

　　这是不是说阿诺尔德还没穿过视界，而且永远不会穿过呢？不。

那最后的一丝波长永远在加倍的信号需要无限长的时间才能从黑洞引力束缚中逃出来。阿诺尔德在很多分钟以前就以光速飞过了视界。那些还在继续出来的微弱信号不过是因为走得太慢了，它们是过去遗留下来的。[1]

34

你研究了很久阿诺尔德发回的数据，然后好好睡一觉，恢复了精神，准备做下一次探险。这回，你要亲自去视界邻近看看，而且比阿诺尔德仔细得多。

告别船员，你钻进太空舱，脱离飞船，进入它的圆形轨道。然后，你轻轻发动火箭，将轨道运动减慢，这也稍稍减弱了太空舱所受的离心力，而黑洞的引力将你拉到一个小一些的圆形轨道。接着，你再轻轻发动火箭，圆轨道会再收缩一点。你就想这样安全平稳地螺旋式地到达视界上方的轨道，它的周长刚好是视界周长的1.000 1倍。在这里，你可以探测视界的许多性质，还能逃脱它那要命的魔掌。

然而，在你的轨道慢慢收缩时，一些奇怪的事情也开始发生了。在100 000千米周长的轨道上，你就能感觉到它们。你飘在太空舱里，脚朝黑洞，头朝星空。你会感到有一股微弱的力量在把你的脚向下拉，而把你的头向上拉，就像拉一块太妃糖，不过力量小一些。你知道，那是黑洞引力的结果：脚比头离黑洞更近，所以它受到的黑洞引力作用比头更强。这在地球上当然也是对的；不过，在地球上头脚引力差别很小，不到百万分之一，你根本觉察不出来。而飘浮

1. 第6章。

在100 000千米周长轨道的太空舱里，情况就不同了，头脚引力差别是地球引力的八分之一（1/8"g"）。在身体中心，轨道运动的离心力正好抵消黑洞引力，仿佛引力不存在，而你在自由飘浮着。但是，你的脚多受着1/16g的向下拉的引力，在你的头上，引力较弱，而向外推的离心力却多1/16g。

你虽然感到惊讶，还是继续盘旋着下去；但是，你很快又忧虑起来。随着轨道缩小，头和脚的力量越来越强。在80 000千米的轨道上，拉力是1/4g；50 000千米时，等于地球引力；30 000千米时，是4倍地球引力。你咬牙忍着头脚分离的痛苦，继续下到20 000千米的轨道，那儿的力量是15g，再大你就忍不住了！你想把身体蜷缩起来，让头脚靠得近些，这样拉力可以小一点，但现在的拉力太强了，你不可能缩成一团，它总会在轨道半径方向上将你的头脚拉直。如果太空舱再落下去，你的身体就完了，会被完全撕裂！你没有希望到达黑洞 35 的邻近。

你带着巨大的失望和痛苦停了下来，调转头，开始小心翼翼地回来。你盘旋着上升，穿过越来越长的轨道，最后回到飞船的货舱。

走进船长室，你就在主计算机DAWN上发泄你的失望。"提克哈依（Tikhii），提克哈依，"机器安慰你（用的是古俄语的词儿），"我知道你难过，但那都是你自己的错。在训练时就告诉过你那种头脚拉力的事儿，记得吗？它们就是地球上引起海洋潮汐的那种力。"[1]

---

1. 第2章。（著名的《静静的顿河》的俄文名字就是 *Tikhii Don.*——译者注）

你想起来了。你学过,在地球离月亮最近的一端,海洋受到最强的月亮引力,所以会涌向月亮。在相对的一端,海洋受的引力最弱,仿佛要离开月亮。结果,海洋在地球两端涌起,随地球自转,每24小时出现两次高潮。你记起来了,你经历的那种从头到脚的引力,就是这样的力,所以叫潮汐力。[4] 你还记得,爱因斯坦的广义相对论把潮汐力描述为空间曲率和时间卷曲的结果,或者,用爱因斯坦自己的话说,是时空曲率。[1] 潮汐引力与时空扭曲是并存的,一个总伴着另一个。不过,在海洋潮汐中,时空的扭曲太小,只有用极精确的仪器才能测量。

那么,阿诺尔德呢?他为什么一点儿也不怕黑洞的潮汐引力?DAWN解释说,原因有两点,第一,他比你小得多,只有10厘米高,作用在头和脚的引力差别相应也很小;第二,他是用超强钛合金做的,比你的骨头硬得多。

现在你明白了,阿诺尔德经历了多么可怕的一幕。当他穿越视界继续落向奇点时,一定感到潮汐力在增强,甚至最后超过了他那超强钛合金的抵抗能力。穿过黑洞0.000 2秒后,他破碎的身体接近了黑洞中心的奇点。这时,你又回忆起在地球上从广义相对论学到的东西:在那儿,黑洞的潮汐力又活跃起来了,混沌地跳跃着,在不同的方向拉扯阿诺尔德的残骸,一会儿这个方向,一会儿那个方向;越来越快,越来越强,最后他的每个原子都被扭曲而不能识别了。实际上,这就是奇点的本性:它是混沌振荡的时空曲率产生巨大随机潮汐力的一个区域。[2]

---

1. 第2章。
2. 第13章。

回忆黑洞研究的历史，你想起来了，1965年，英国物理学家彭罗斯（Roger Penrose）用广义相对论形式的物理学定律证明了奇点一定藏在黑洞内部；1969年，俄罗斯的栗弗席兹（Lifshitz）、卡拉特尼科夫（Khalatnikov）和别林斯基（Belinsky）这"三驾马车"发现，在奇点邻近，潮汐引力一定会混沌地振荡，它的行为就像我们做太妃糖，一会儿这么拉，一会儿那么压。[1]六七十年代，黑洞理论研究的黄金年代啊！但是，黄金年代的物理学家还不能充分认识爱因斯坦的广义相对论方程，黑洞行为的一个关键特性还困扰着他们。他们只能猜想，坍缩的恒星不论什么时候产生奇点，总会产生包围隐藏奇点的视界；奇点不可能是"裸露"的，不会让全宇宙都看到它。彭罗斯称它为"宇宙监督猜想"，因为假如它是对的，那么它将监督所有关于奇点的实验信息。人们永远也不可能用实验来检验他们关于奇点的认识，除非谁愿意付出生命的代价走进黑洞去测量；即使那样，他还是不能把结果从黑洞传出来，连一点儿纪念物也不会留下。

也许，2023年会有某个叫奈曼（Dame Abygaole Lyman）的人能最终解决宇宙监督是否正确的问题，但那结果与你无关。你的地图上画的只是黑洞里的奇点，而你不愿为它们去死。

幸运的是，在接近黑洞视界的外面，仍然有许多可以探测的现象。你决定亲自去经历这些现象，然后向世界地理学会报告。但你不能到"地狱"视界的附近去，那儿的潮汐力太强了。你一定要找一个潮汐力弱一些的黑洞。 37

---

1. 第13章。

DAWN提醒你，广义相对论预言，黑洞质量越大，视界上和视界外的潮汐引力越弱。这个似乎矛盾的行为有很简单的原因：潮汐力正比于黑洞质量除以周长的立方；质量增加时，视界周长也正比例地增加，视界附近的潮汐力实际上减小了。[5]一个100万太阳质量的黑洞，也就是比"地狱"重100 000倍的黑洞，视界也将大100 000倍，它的潮汐力将弱100亿（10^{10}）倍。这是令人满意的，一点儿痛苦也不会有了！于是，你开始计划下一步的航行：去谢切特（Schechter）黑洞图上最近的那个100万太阳质量的黑洞——它叫"人马"（Sogittario），在银河系的中心，离我们30 100光年。

几天后，船员把"地狱"探险的报告，你被潮汐力拉伤的图像和原子落进黑洞的图像，都传回地球。26光年的距离，要走26年；报告最后到达地球后，世界地理学会将大肆宣扬。

在发回来的报告里，船员还谈了你们去银河中心的远航计划：飞船的火箭将一路保持地球的重力加速度（1g），这样你和船员在飞船里就处在舒适的地球重力作用下。在前一半旅程里，飞船加速向银河中心飞去，然后调转180°，以1g的加速度减速经历另一半旅程。整个旅程30 100光年，在地球看来，需要经过30 102年；但在飞船看来，只需要20年。[6]这是因为，根据爱因斯坦的狭义相对论定律，[1]高速的飞船会使飞船测量的时间"膨胀"；这种时间膨胀（或时间卷曲）在效果上就使飞船成了一台时间机器，让你在短暂的时间里走到地球遥远的未来。[2]

---

1. 见第1章。
2. 见第1章。

你们告诉世界地理学会，下一次消息将在探测了100万太阳质量 [38] 的黑洞"人马"后，从银河系中心发回来。如果学会的会员想活着收到信息，他就得"冬眠"60 186年（从收到你们的消息到你们到达银河中心的时间是30 102-26＝30 076年；另外，你们下一次消息从银河中心传到地球还需要30 110年）。

人马

经过20年的航行，飞船减速飞进了银河系中心。你远远看见气体和尘埃混合着从四面八方流向一个巨大的黑洞。卡丽丝调好火箭，将飞船带入视界上方的圆形轨道。你测量了轨道的周长和周期，把结果代进牛顿的公式，确定了黑洞的质量：100万个太阳质量，与谢切特黑洞图上说的一样。由于没有在下落的气体和尘埃里看到龙卷风似的旋涡，你推测黑洞不会旋转太快。视界应该是球状的，而周长一定是1850万千米，是月球环绕地球轨道的8倍。

进一步检查下落气体后，你准备向视界靠近。为了安全，卡丽丝在你的太空舱和飞船主机DAWN间建立了激光联系。然后，你脱离飞船，调转太空舱，让它的喷气对着飞船轨道运动的方向；接着轻轻启动，使你的轨道运动慢下来，平稳地螺旋式地向里（向下）经过一个又一个圆形轨道。

一切都如预料的那样正常。但等到周长为5 500万千米的轨道——刚好是黑洞视界周长的3倍，火箭的推动却没有将你引入一个更小的轨道，而是要命地将你投向视界。你害怕极了，赶紧调转方向，以最大力量冲出来，回到 5 500 万千米以外的轨道。

"究竟出了什么事儿?!"你通过激光问DAWN。

"提克哈依，提克哈依，"她安慰你说，"你的轨道是根据牛顿的引力定律设计的，但牛顿的描述只是宇宙真实引力定律的一种近似。[1] 在远离视界的地方，它是很好的近似，但在视界附近，它却糟透了。更精确的描述是爱因斯坦的广义相对论，在视界附近，它能以很高的精度与真实的引力定律一致。它预言，在接近视界时，引力作用会变得比牛顿预言的更强。为了保持圆形轨道，以离心力对抗强大的引力，你必须加强离心力，也就是说，你必须提高围绕黑洞的轨道速度。当你下落经过3倍视界周长的轨道时，你必须调转太空舱的方向，向前加速；如果你还向后减速的话，在你经过那个轨道时，引力将超过离心力，把你拉下去。"[7]

"该死的DAWN !"你想，"她总能回答我的问题，却从来不主动提出一些关键信息。我要犯错误时她从不警告！"你当然知道这是为什么。假如计算机都在我们犯错误之前提出警告，人类生活该是多么枯燥乏味！早在2032年，世界委员会就通过法案，在每台计算机里都植入霍布森障碍，[2] 不许计算机警告。尽管DAWN也许很愿意警告你，但她实在不能克服霍布森障碍。

---

1. 见第2章。
2. 16 ~ 17世纪英国租马房经营者霍布森（ T. Hobson）规定租马不允许挑选；英语成语有Hobson 's choice，指毫无选择余地的状态。这里说Hobsons′ block，大概意思是不可避免的阻碍。—— 译者注

你压住怒火，调转太空舱，开始一系列的操作：向前加速，向下盘旋，进入内轨道；再向前，再盘旋，进入下一个轨道……从3个视界周长降到2.5，2.0，1.6，1.55，1.51，1.505到1.501到……太令人失望了！你越飞越快，轨道越来越小。在飞行速度接近光速时，你的轨道却只到1.5个视界周长。因为不能比光速更快，看来你没有希望靠这种办法走近视界了。

你又向DAWN求救，她一样安慰你，然后解释，1.5个视界周长以内根本没有圆形轨道。那儿的引力作用太强，没有离心力可以同它对抗，哪怕你以光速绕着黑洞旋转。DAWN告诉你，如果想走得更近，你必须放弃圆形飞行轨道，而应该直接朝视界落下去。靠火箭向下喷 [40]气，你可以避免灾难性的坠落。火箭的反冲力可以为你克服一些引力，让你慢慢落下，然后飘浮在视界上方，就像宇航员飘浮在月球上飞行的火箭里。

现在，你学会小心了。你问DAWN，这样持续强烈的火箭喷射会有什么后果？你解释说，你想漂在1.0001视界周长的某个位置，在那儿，能经历视界的多数效应，而且还可以逃出来。"如果凭火箭支持太空舱，那么加速度的力量会有多大呢？""1.5亿地球引力。"DAWN轻轻回答。

真令人泄气！你点燃火箭，盘旋着飞回了飞船。

好好睡一觉。醒来后，你拿广义相对论的黑洞公式算了5个小时，在谢切特黑洞图上找了3个小时，又与船员们讨论了1个小时，最后确立了下一步航行计划。

接着，船员把你在"人马"的经历传给世界地理学会（你们乐观地假定它还存在着）。报告最后讲了你的计划。

你的计算表明，黑洞越大，你飘浮在1.000 1视界周长上所需要的火箭动力越小。[8] 为了不超过10个地球引力（这虽然也痛苦，但还能忍受），黑洞必须有15万亿（1.5×10^{13}）个太阳质量。最近的这样的黑洞叫"巨人"，远在距我们10万（10^5）光年的银河系以外，也远在银河系围绕的1亿（10^8）光年的室女座星系团以外。实际上，它在类星体3C273附近，距银河系20亿（2×10^9）光年，大约是我们可以观测的宇宙边缘距离的10%。

船员在报告中解释，你的计划就是去"巨人"。前一半旅程以1g加速，后一半以1g减速，这样，在地球看来，旅行需要20亿年，而幸好因为有了速度产生的时间卷曲，你们在船上只需42年就够了。[9] 如果世界地理学会不愿40亿年的漫长冬眠（飞船到"巨人"20亿年，信息发回地球20亿年），他们就收不到你们的下一次消息了。

巨人

42年后，飞船减速来到"巨人"的邻近。你们的头上是类星体3C273，两股灿烂的蓝色喷流正从它的中心射出，[1] 下面就是"巨人"

----

1. 第9章。

那黑暗的无底洞。落在"巨人"外的一个轨道上，你做了些常规测量，证实了它的确具有15万亿个太阳质量；另外，它旋转很慢。从这些数据，你算出它的视界周长是29光年。现在，你终于找到你向往的黑洞了！你能到它的邻近去探险，而不会遭遇难以忍受的巨大潮汐力和火箭加速度。既然探险有了安全保障，你决定飞船整体下降，不再只凭一个太空舱。不过，在飞船下降前，你命令船员拍摄一些照片：头顶巨大的类星体，"巨人"周围数万亿颗恒星，天空中几十亿个星系。他们还拍了在下面的"巨人"的黑洞圆盘，像地球看到的太阳那么大。乍看起来，黑洞似乎挡住了所有来自它背后的恒星和星系的光。但仔细看时，你的船员发现，黑洞的引力场像一个透镜，[1]恒星和星系的光偏转绕过视界的边缘，在黑洞圆盘边缘又被聚焦成一条明亮的细环。每一颗朦胧的恒星在环上都有几个像，一个是从黑洞左翼绕过的光线产生的；另一个是从右翼绕过的光线产生的；第3个是被吸引到绕黑洞的轨道的光在你的方向上发出时形成的；第4个是绕黑洞两周后跑出来的光线形成的，等等。结果，光线形成一条结构高度复杂的环，为了将来的研究，船员们拍摄了大量的细节照片。

照片拍好后，你命令卡丽丝开始启动飞船降落。但是，你还得耐心一点，黑洞引力太强，你们以1g加速、减速，需要13年才能到达你们计划的1.0001视界周长！

飞船落下来了，船员们又拍了些照片，记录飞船周围天空的变化。最引人注目的变化是，飞船下面的黑洞圆盘长大了：慢慢地越来越大。[42]

---

1. 第8章。

你想，它会像巨大的黑色地板铺满你的脚下，然后停下来，头上还是像地球上明朗的天空。但黑盘子仍然在长大，从飞船周围升起，遮盖了一切，只留下头上一道明亮的圆形光路，你能从它看到外面的宇宙（图P.4）。你仿佛走进一个洞穴，越陷越深，只看见光亮的洞口在远处越来越小。

图P.4　飞船飘在黑洞视界的上方，光通过那些轨道从遥远星系来到视界。黑洞引力使光线向下偏转（"引力透镜效应"），飞船上的人看见所有的光都汇聚成头上的一个圆形亮点

你越来越害怕，向DAWN求救："卡丽丝是不是把我们的轨道算错了？我们是不是陷入黑洞视界了？我们要完了吗？！"

"提克哈依，提克哈依，"她安慰你，"我们没有危险，我们还在视界外面。黑暗笼罩整个天空，不过是黑洞引力的强烈透镜作用。看那儿，我指的地方，差不多就在头顶上，那是星系3C 295。你下落之前，它还在水平的位置，离天顶90°。但是在这儿，'巨人'的视界附近，黑洞引力强烈作用在来自3C295的光线上，使它们从水平偏转到几乎垂直，结果，3C295就出现在我们头上。"

你放心了，继续下降。工作台显示了飞船经过的径向（向下）距离和通过你们位置的绕黑洞的圆轨道的周长。刚开始时，每径向下落1千米，轨道周长减少6.283 185 307…千米，周长减少与半径减小的比为6.283 185 307千米：1千米，它等于2π，这正是欧几里得的标准圆周公式所预言的。但是现在你的飞船邻近视界，周长减小与半径减小的比比2π小得多：在10倍视界周长处，它是5.960 752 960；2倍处，是4.442 882 938；1.1倍处，是1.894 451 650；1.01倍处，是0.625 200 306。只有在弯曲空间里，才会出现与你在十几岁时学的标准欧几里得几何相差如此巨大的偏离。你现在看到的是爱因斯坦广义相对论所预言的与黑洞的潮汐力相伴的曲率。[1]

在最后阶段，卡丽丝需要费越来越大的力量才能靠火箭使飞船的降落速度慢下来，终于，飞船来到1.000 1个视界周长的轨道，凭着$10\,g$的向上加速度克服了黑洞强大的引力，静静地飘在视界的上方。它下落最后1千米时，周长只减小0.062 828 712千米。

船员们忍着10个地球重力的痛苦，拿出望远镜摄影机，投入周密的摄影工作。除了你们周围有一点儿因为下落气体碰撞生热而产生的微弱辐射外，要拍摄的电磁波都在头顶那个亮点里。那亮点很

---

1. 第2，3章。

44　小，直径只有3弧度，是从地球看到的太阳大小的6倍。[10]但细看下去，那儿是围绕着"巨人"的所有恒星和宇宙中所有星系的像。出现在亮点正中心的星系是真正在头顶上的。从中心到边缘的55%，是像3C295那样的星系的像，假如没有黑洞的透镜效应，它们应该在水平位置，离天顶90°。从这里到边缘的35%，是在黑洞另一边，即在我们正下方的那些星系的像。最外面的30%，是每个星系的第二次像；而最外面的2%，是第三次像！

同样奇怪的是，所有恒星和星系的颜色都是假的。你知道的某个星系本是绿色的，而现在它似乎闪烁着微弱的X射线："巨人"的引力把这个星系的辐射引向你们，使它增大了能量，波长从5×10^{-7}米（绿光）减到5×10^{-9}米（X射线）。同样，类星体3C273的外缘，你知道原来发射波长为5×10^{-5}米的红外辐射，现在看到它闪着波长为5×10^{-7}米的绿光。[11]

完整记录了头上的亮点后，你们开始关心飞船的内部。你们几乎都以为，在这黑洞附近，物理学定律会有某些改变，而这些改变也会影响每个人的生理。情况并不如此。你看大副卡丽丝，她显得很正常；再看二副布里特，他也很正常。你们握握手，你也感觉正常。你喝一杯水，除了10 g的效应外，也跟平常一样。卡丽丝打开氩离子激光器，跟过去一样，它发出明亮的绿光；布里特发出一束红色激光脉冲，测量它从激光器到镜子然后返回所用的时间，再根据测量计算光的速度，结果与地球实验是绝对一样的：每秒299 792千米。

船里的一切事情都正常，仿佛它就停在一个具有10 g重力的大质量行星表面。假如不向外看飞船头上那个怪异的亮点和周围吞噬一切的黑暗，你不会知道——或几乎不会知道，你正在一个黑洞视界的邻近，而完全不是在某个行星的表面。飞船里的时空跟外面的一样也会被黑洞弯曲，通过足够精确的测量，你可以测出它的曲率，例如，[45]你可以测量头脚之间的潮汐拉伸。但是，尽管时空曲率在视界300万亿千米周长的尺度上起着巨大作用，在你那1千米的飞船尺度上，它的效应却小得可怜。曲率在飞船两端产生的潮汐力只是地球引力的百万亿分之一（$10^{-14}g$），而你头脚间的力还要小1000倍！

这种正常也是值得留意的。为了进一步认识它，布里特从飞船放出一只太空舱，为了测量光速，让它带着脉冲式的激光器和反射镜。太空舱落向视界时，仪器测量了光脉冲从舱头的激光器到舱尾的反射镜然后返回的速度。太空舱的计算机把计算结果通过激光束传回飞船："每秒299 792千米；299 792；299 792…"当太空舱离视界越来越近时，回来的激光的颜色也从绿移到红到红外到微波、无线电波……但所载信号都是一样的："299 792；299 792；299 792…"然后，激光消失了。太空舱越过了视界，它里面的光速在它下落时也从来没有发生过改变，决定它那些电子系统运行的物理学定律也没有任何改变。

你对这些实验结果非常满意。在20世纪初，爱因斯坦曾宣告（他主要从哲学上考虑），局部的物理学定律（即定律所在区域很小，可以忽略时空曲率）在宇宙中应该是处处一样的。这个宣言被尊为物理学的一个基本原理：*等效原理*。[1] 在后来的世纪里，等效原理常常经受

---

1. 第2章。

实验的检验，但它还从来没有经历过像你们在"巨人"视界邻近做的实验那么生动而彻底的检验。

10个地球重力令你和你的船员们疲惫了。于是，你们准备航行的最后一步，回银河系。在航行之初，船员会把你们的"巨人"探险报告发回去；由于飞船很快也会近光速旅行，所以，从地球看来，报告会比飞船早一年到达银河系。

46　　飞船升起离开"巨人"的时候，你的船员仔细用望远镜研究了头上的类星体3C273（图P.5）。[1] 从类星体中心射出两股巨大的尖尖的热气体喷流，300万光年长。将望远镜瞄准中心，你们看到了喷流的源泉：一个厚厚的热气体环，大小不足1光年，黑洞在环的中心。这个被天体物理学家称为"吸积盘"的环一圈圈地绕着黑洞。船员们测量了它的旋转周期和周长，推测黑洞质量是20亿（2×10^9）太阳质量，比"巨人"小7500倍，但远远大于银河系里的任何黑洞。在黑洞引力作用下，气流从环流向视界；接近黑洞时，会看到以前不曾见过的现象：气流像龙卷风一样绕着黑洞盘旋 —— 黑洞一定在快速旋转！旋转轴很容易确定：气流旋涡的轴就是黑洞旋转的轴。你发现，两股喷流是沿着转轴射出来的。它们就在视界的南北两极生成，从黑洞的旋转和气体环中汲取能量，[2] 就像龙卷风从大地卷起尘埃。

你很奇怪，为什么"巨人"与3C273有那么大的不同：为什么质量和尺度都大1000倍的"巨人"没有环绕的气体圈和巨大的类星

---

1. 第9章。
2. 第9，11章。

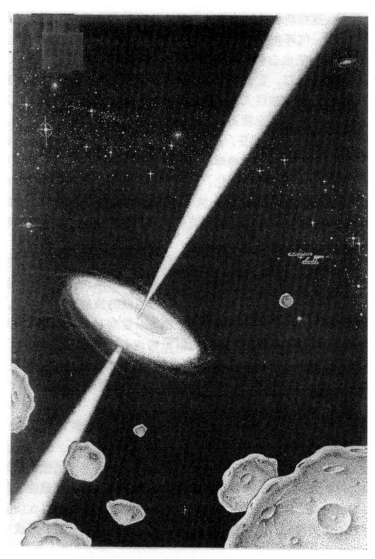

图P.5 类星体3C273：气体环（"吸积盘"）包围的一个20亿太阳质量的黑洞，
沿黑洞旋转轴射出两股巨大喷流

体喷流? 布里特经过长时间的望远镜观测, 找到了答案: 每过几个月,
就会有一颗在环绕3C273的小黑洞的轨道上的恒星坠向视界, 被黑
洞潮汐粉碎; 恒星内约1个太阳质量的气体便喷射出来洒落在黑洞周
围, 在内摩擦力驱动下, 慢慢进入气体环。这些新来的气体源源不断
地补充着落进黑洞和喷流的气体。于是, 气环和喷流总保持着丰富的
气体来源, 能持续地发光。

　　恒星当然也会坠向"巨人", 布里特解释。但是, "巨人"远远大
于3C273, 它视界外的潮汐力太弱, 不可能粉碎任何星体。恒星会
完全被"巨人"吞没而不能喷出内部的气体形成环。因为没有气体环,
"巨人"也就无法产生喷流和其他类星体的剧烈现象。

　　你的飞船继续上升, 远离"巨人"的引力。你计划着回家的航行。
回到银河系的地球时, 距你们离开已经40亿年了。人类社会一定发
48 生了巨大变化, 你不想回去了。你和船员决定在一个旋转黑洞的周
围开辟一块空间。你们知道, 像3C273中的黑洞的旋转能可以为类
星体喷流提供动力一样, 一个小黑洞的旋转能也可以作为人类文明的
能源。

　　你不想在某个黑洞看到已经有人在它周围建设了文明, 所以, 你
的飞船没有飞向已经存在的快速旋转的黑洞, 而是飞向某个恒星系统,
在你到达不久, 那儿会诞生新的快速旋转的黑洞。

　　你们离开地球时, 银河系猎户座星云里有一个双星系, 由两颗相
互环绕的30个太阳质量的恒星构成。DAWN已经计算了, 在你们去

"巨人"时，那两颗恒星应该发生坍缩，分别形成一个24个太阳质量的无旋转黑洞（6个太阳质量的气体在坍缩中喷射出去了）。现在两个黑洞正相互环绕着，像一个双黑洞系；在环行中，它们会发出潮汐力的振荡（"时空曲率"的波动），也就是引力波。[1] 像射出的子弹对枪有反冲作用一样，引力波也会对黑洞产生反冲，引力波反冲能减缓黑洞不可避免的螺旋下落的过程。你稍稍调节一下飞船的加速度，就能赶上那螺旋下落的最后一幕：几天以后，你会看到两个黑洞无旋转的视界在绕着对方不停地旋转，越靠越近，越转越快，最后连在一起，形成一个更大的有旋涡的旋转视界。

原来的两个黑洞不旋转，不能作为你开拓的有效能源，不过，新生的这个快速旋转的黑洞却是很理想的！

家园

经过42年的航行，飞船最后减速来到猎户座星云里DAWN预言那两个黑洞所在的地方。它们真在那儿。通过测量落向黑洞的星际原子的轨道运动，你证实了DAWN的预言，两个视界没有旋转，每个黑洞重24个太阳质量。每个视界的周长为440千米，相距30 000千米；[49] 黑洞每13秒绕对方转一圈。把这些数据代入广义相对论的引力波反冲公式，你认定两个黑洞将在7天后结合。[12] 你的船员有充分的时间准备好望远镜摄像机，等着记录结合的细节。通过拍摄星光聚焦形成的黑洞盘外的光环，船员们很容易监测黑洞的运动。

---

1. 第10章。

你想走得更近，看得更清楚，而又能很安全地躲过黑洞的潮汐力。你决定，飞船最好落在比黑洞轨道大10倍的轨道上——一个直径300 000千米、周长940 000千米的轨道。卡丽丝把飞船引入那个轨道，船员们开始进行摄影观测。

在接下来的6天里，两个黑洞越靠越近，轨道运动也越来越快。一天前，它们的距离从30 000千米收缩到18 000千米，轨道周期从13秒缩短到6.3秒；1小时前，距离是8 400千米，轨道周期是1.9秒；1分钟前，距离3000千米，周期0.41秒；10秒前，距离1900千米，周期0.21秒。

在最后10秒里，你和你的飞船开始摇晃了，先是很轻，然后越来越剧烈。仿佛一双巨手抓住你的头和脚，一会儿拉，一会儿压，劲儿越来越大，动作越来越快。不过，来得快，去得更快，一会儿就不摇了，一切又安静下来。

"怎么回事？"你向DAWN嘟哝，声音还在颤抖。

"提克哈依，提克哈依，"她安慰你说，"那是黑洞结合时产生的引力波的起伏的潮汐力。你习惯了只有用精密仪器才能探测出潮汐力的弱引力波。而这儿是在结合的黑洞附近，引力波非常强大——我们飞船的轨道假如小30倍，它就会被波动粉碎。但我们现在很安全，黑洞结合完了，引力波飘走了，它们飞向宇宙，为遥远的天文学家带去黑洞结合的交响曲。"[1]

---

1. 第10章。

你把望远镜对着下面的引力源，看到真像DAWN说的，黑洞结合 50 完了。过去有两个黑洞的地方现在只有一个。从下落原子的旋涡，你知道那个黑洞在快速地旋转，它将成为你的船员和他们千秋万代的子孙的理想发动机。

卡丽丝测量了飞船轨道，得出黑洞有45个太阳质量。原来的两个黑洞共48个太阳质量，那么一定有3个太阳质量转化成了纯能量，被引力波带走了。难怪那些波曾那样强烈地震撼着你！

当你调转望远镜对着黑洞时，一个意外的东西从船外飞过，光亮向四面散开，然后在你的船边炸开一个洞。训练有素的船员和机器人立即各就各位，准备战斗，却没有发现攻击你们的敌船——于是，你又请DAWN来帮忙。她通过飞船的语音系统安慰大家："提克哈依，提克哈依。我们没有遭遇攻击。那不过是一个怪异的原生黑洞在蒸发，然后爆炸了。"[1]

"什么？！"你喊了起来。

"一个原生黑洞，蒸发了，然后在爆炸中毁灭了。"DAWN回答。

"说明白些！"你命令，"你说原生是什么意思？你说蒸发和爆炸是什么意思？你在说废话。东西可以掉进黑洞，但没有东西能出来；没有什么能'蒸发'。黑洞会永远存在，它总在增大，永不收缩。黑洞不可能'爆炸'，不可能毁灭自己。那太离奇了！"

---

1. 第12章。

　　DAWN还是那么有耐性，她告诉你，"大物体 —— 如人、恒星和恒星坍缩形成的黑洞 —— 都是由经典的物理学定律决定的，如牛顿运动定律、爱因斯坦广义相对论定律等。相反，小物体 —— 如分子、原子和比原子还小的黑洞 —— 是由一组大不相同的量子物理学定律决定的。[1] 经典定律严禁正常大小的黑洞蒸发、收缩、爆炸和毁灭，但量子定律不像这样，它们要求任何原子大小的黑洞慢慢蒸发、收缩，直到某个原子核大小的临界周长。这样的黑洞虽然小，却重达几十亿吨，那时它必然会在巨大的爆炸中毁灭自己。几十亿吨的质量通过爆炸转化为向外喷发的能量，比20世纪人类在地球上爆炸的最大的核武器的能量还大1万亿倍。刚才损坏我们飞船的就是这样的爆炸。"

　　"不过你不必担心会有更多的爆炸，"DAWN接着说，"因为小黑洞极少，所以这样的爆炸也很罕见。小黑洞都是200亿年前在宇宙大爆炸中生成的，这就是为什么它们叫原生黑洞。大爆炸只产生了那么些原生黑洞，而那些原生黑洞自诞生以来一直在慢慢地蒸发。偶尔会有个别黑洞达到最小临界尺度而爆炸。[2] 而一个黑洞在经过我们的飞船时爆炸，是极不可能发生的事情 —— 我们不过碰巧遇到了；而且，我们的飞船极不可能再碰到这样的黑洞了。"

　　你感觉轻松了，命令船员开始修理，而你和助手们则开始用望远镜观测你们下面那个有45个太阳质量的快速旋转的黑洞。

　　黑洞的旋转不仅表现在螺旋下落的原子，还表现在你们下面那

---

1. 第4～6，10，12～14章。
2. 第12章。

个光环环绕的黑点的形状；那黑点像个扁南瓜，赤道隆起，两极平坦，正是黑洞旋转的离心力产生的结果。[1] 但赤道隆起并不对称，盘的右边（黑洞旋转时离开你的那一边）显得比左边更大。据DAWN的解释，视界更容易捕获沿它右边向着你来而对着它旋转方向的星光，不太容易捕获从左边来的顺着它旋转方向的星光。

布里特测量了黑点的形状，并与广义相对论的黑洞公式做了比较，发现黑洞旋转的角动量是它的质量所能允许的角动量的96%。根据这样的角动量和黑洞的45个太阳质量，你计算了其他一些性质，包 [52] 括它的旋转速率，每秒270周，它的赤道周长，533千米。

你对黑洞的旋转很感兴趣，以前从来不可能这么近地观察旋转黑洞。所以，虽然很过意不去，你还是请一个志愿者机器人到视界近旁去探险，并把经过发回来。你对那个机器人 [他叫科罗（Kolob）] 下达了详细的指令：" 降到视界上10米的地方，靠你的火箭使自己静止下来，浮在飞船正下方。还要靠你的火箭抵抗引力的向下吸引和空间的龙卷风旋涡。"

科罗喜欢冒险，他离开船舱，向下落去。起先，他轻轻点燃火箭，就能抵抗空间的旋涡，让自己保持在飞船下面，但后来就困难了。当他到达的轨道周长为833千米，比视界大56%时，他的激光带回了这样的消息：" 我顶不住旋涡；我顶不住了，顶不住了！" 他像被龙卷风卷起的一块石头，被卷入了围绕黑洞的轨道。[2]

---

1. 第7章。
2. 第7章。

"别担心，"你告诉他，"尽可能顶住旋涡，继续降落，直到视界上方10厘米。"

科罗答应了。他接着下落，被卷入越来越快的环行运动。最后，他停止下落，飘在视界上方10米的地方，却几乎与视界本身同步地飞旋着，每秒270圈。不论费多大劲，都挡不住这种运动，因为空间旋涡，他永远也停不下来。

"换一个方向加速，"你命令，"既然不能比每秒270圈转得更慢，那你就转快一些。"

科罗试了试。他加速火箭，想让自己还在视界上方10米，但比先前运行更快。尽管他从火箭那里感觉到了平常的加速度，但你看他的运动却几乎没有什么改变。他仍然每秒环行270圈；在你还没来得及给他发出进一步指令时，他的燃料用完了，开始垂直下落；他发出的激光突然掠过电磁波谱，从绿变红，到红外，到无线电波，然后变黑，而他的飞行却没有改变。他去了，落进了黑洞，落向你永远也看不到的暴戾的奇点。

53　　经过3个星期的痛苦、实验和望远镜观测，你们现在开始建设未来了。从遥远的行星取来材料，在黑洞周围建起环状"大梁工程"，周长500万千米，厚3.4千米，宽4 000千米。它旋转的速度恰到好处，每小时转两圈，这样，离心力正好能抵消大梁环中心（距里外两面各1.7千米）受到的黑洞引力。环的大小也是仔细考虑过的，喜欢1个地球重力的人可以在环的里面和外面建设家园，喜欢重力轻一点的人可以住在中心附近。引力的差别，部分来自旋转环的离心力，部分来自黑洞的潮汐力 —— 用爱因斯坦的话说，即时空曲率。[13]

为这个环状世界提供光和热的电源来自黑洞：黑洞质量的20％以能量形式贮藏在视界附近空间的龙卷风式的旋涡里。[1] 那是太阳一生所辐射的光和热的10 000倍！因为在视界外面，那是能够提取的。即使环状世界只能利用50％的能量，也仍然比太阳的能量供应大5 000倍。

能量的汲取原理与类星体是相同的：[2] 船员们将磁场穿过黑洞视界，虽然它有离开的趋向，你们还是利用巨大的超导感应圈（图P.6）将它留在黑洞。视界旋转时，在附近的空间产生龙卷风旋涡，它反过来又与穿过的磁场相互作用而形成巨大的发电机。磁力线充当着输电线，电流从黑洞赤道流出（表现为电子从这里流进），沿着磁力线流向环状世界，将能量送到那儿。然后，它沿着别的磁力线离开环状世界，从南北两极流进黑洞（表现为质子从那儿流进）。通过调节磁场强度，环状世界的居民可以调节能量输出：早期的磁场弱，能量小；[54] 晚期的磁场强，能量大。随着能量的汲取，黑洞旋转会逐渐变慢，但仍然要过亿万年它才能耗尽所贮藏的巨大旋转能。

这个人造的世界就是船员的"家园"，是他们子孙万代的家园，也是他们未来探索宇宙的基地。但是，你不喜欢这儿，你怀念地球和地球上的朋友，他们一定已经死去40多亿年了。你真想在你200年

---

1. 第7，11章。
2. 第9，11章。

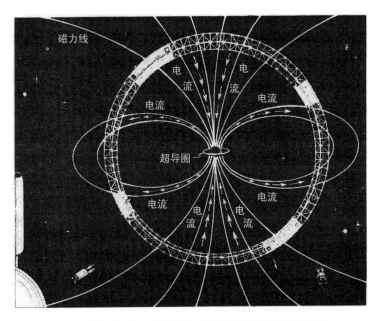

图P.6 围着黑洞的大梁环上的城市和城市从黑洞的旋转汲取能量的电磁系统

生命的最后1/4回到如诗如画的青年时代，那是很冒险的，也许不会有结果，但你还是想试试。

　　走向未来是很容易的，如你们经历的黑洞航行；回到过去却没那么简单。实际上，物理学的基本定律也许完全禁止这样的旅行。不过，DAWN告诉你，20世纪的物理学家曾猜想，通过一种叫虫洞的假想的空间卷曲，也许可以实现回到过去的时间旅行。[1] 这种空间卷曲由两个入口（虫洞口）构成，像两个没有视界的黑洞，在宇宙中可以分离很远（图P.7）。从一个洞口进去的东西会发现一个很短的通道（虫洞的

55

────────────────

1. 第14章。

喉），通向另一个洞口。这条通道在超空间延伸，不穿过正常空间，所以从我们的宇宙看不到它。DAWN解释，通过虫洞的时间与通过我们宇宙的时间，在连结方式上可能大不相同。沿一个方向穿越虫洞，如从左到右，人们可能回到宇宙的过去，而从反方向穿越，即从右向左，他可能会跑到时间前头。这样的虫洞不仅是空间卷曲，也是时间卷曲的结果。

图P.7　一个假想虫洞的两个洞口。从一个洞口进去，穿过一条短短的（虫洞喉）在超空间而不是我们宇宙中的通道，你会从另一个洞口出来

　　DAWN告诉你，量子引力定律要求，应该存在这种类型的非常微小的虫洞。[1]这些量子虫洞的大小只有10^{-33}厘米，它们的存在也只是瞬间的事情——短短的10^{-43}秒，当然不能用来作时间旅行。[14]它们出人意料地闪现，又出人意料地消失——忽来忽去，又似乎无处 56 不在。碰巧，可能有个虫洞，一个洞口在今天的环状世界附近，另一个洞口在40亿年前你们启程远航时的地球附近。DAWN建议，在虫

1. 第14章。

洞闪现时抓住它，然后像小时候吹气球那样让它膨胀，保持洞口打开，让你穿过它回到年轻时的故乡。

但DAWN也警告你，那是很危险的。物理学家猜想（尽管还没有证明），在膨胀的虫洞成为时间机器前的那一瞬间，它可能就在剧烈的爆炸中自我毁灭了。宇宙可能通过这样的办法来阻止它自己出现时间旅行的怪圈，例如，一个人可以回到过去，在母亲怀他之前将母亲杀死，从而不让他出生来杀害母亲。[1]

如果物理学家猜错了，DAWN就可以让虫洞打开几秒并张开足够你穿过的喉管。你在旁边等着，然后钻进去，经过几分之一秒（你自己的时间），你就回到了40亿年前你年轻时在地球的家乡。但是，假如时间机器自我毁灭了，你也会随它而去。你决定碰碰运气……

上面的故事像科幻小说，是的，的确有点儿像。我无法保证织女星旁有10个太阳质量的黑洞，银河系中心有100万个太阳质量的黑洞，或者宇宙什么地方有15万亿个太阳质量的黑洞。这些都是虚构的，然而却是合理的。我自己也怀疑，人类是否有力量成功进行星系际旅行，或者星际旅行，他们是否能在黑洞的周围建成大梁上的环状世界。这些也是虚构的。

不过，我能很有信心（当然还不能彻底）地保证，我们的宇宙存在着黑洞，它们具有故事里描述的那些性质。假如你的飞船飘浮在15

---

1. 第14章。

万亿个太阳质量的黑洞视界上方,我保证船里的物理学定律与地球上 [57] 的是一样的。当你看船外周围的天空时,你会发现整个宇宙都暗下来了,只有一个明亮的小光盘在照着你。我保证,假如你让一个机器人到旋转黑洞的附近去探险,不论它如何发动火箭,都只能以黑洞自身的旋转速度(在我说的例子中,即每秒270周)进退。我保证,快速旋转的黑洞能将它质量的29%作为旋转能贮藏起来,如果我们足够聪明,是能汲取和利用它的。

我从没见过黑洞,怎么能有信心保证这些事情呢?实际上,没人见过黑洞,天文学家也只发现了一点儿间接的黑洞存在的证据,[1]而关于它们的那些具体性质,什么观测证据也没有。我凭什么那么大胆地保证那么多的东西呢?原因很简单。假如我们理解正确的话,物理学定律预言那些黑洞性质,而且是毫不含糊地预言,实际上跟它们预言地球上的海洋潮汐(每次高潮和低潮的时间和高度)是一样的。根据牛顿的物理学定律,可以从数学公式导出从1999年到2010年的地球潮汐序列;同样,根据爱因斯坦的广义相对论定律,可以从数学计算导出黑洞视界和外面的一切性质。

我为什么相信物理学基本定律的广义相对论描述是高度精确的呢?毕竟,我们知道牛顿的描述在黑洞附近不再准确了。

基本定律的成功描述本身都暗示着它会在什么地方失效。[2]牛顿的描述告诉我们,它可能在黑洞附近失效(当然,我们只是在20世纪

---

1. 第8,9章。
2. 第13,14章。

才从牛顿的描述中发现这一点）。同样，爱因斯坦的广义相对论描述
58　的可靠性表现在黑洞外、视界上和几乎一切（但不完全）都落向它的
中心奇点的黑洞内部。这是令我相信广义相对论预言的一个方面；另
一方面的事实是，虽然广义相对论的黑洞预言还没有被直接检验过，
58　但广义相对论的其他特征已经在地球上、在太阳系、在由两颗致密奇
异的所谓脉冲星构成的双星系中找到了高度精确的验证。广义相对论
成功经历了每一个考验。[15]

　　在过去的20年里，我参与了有关的理论物理学探索，得到了现
在这些黑洞的认识，我也在探索通过天文学观测来检验黑洞的预言。
我个人的成绩是渺小的，但与物理学家和天文学家同行在一起，我经
历了探索的兴奋和发现的惊奇。我想尽可能地在这本书里把那些兴奋
和惊奇的感觉带给天文学家和物理学家以外的朋友们。

第1章
空间和时间的相对论

爱因斯坦推翻了
牛顿的绝对空间和绝对时间的概念

1901年4月13日

德国·莱比锡

莱比锡大学

威廉·奥斯特瓦尔德教授

尊敬的教授先生！

请您原谅一个父亲，为了儿子的事情冒昧地来打扰您，尊敬的教授先生。

我先应该告诉您，我的儿子阿尔伯特今年22岁，他在苏黎世综合技术学校（Zurich Polytechnikum）学了4年，去年夏天，他成功地通过了数学和物理学的学位考试。从那以后，他一直想找一份助教的工作，这能帮助他继续学习理论和实验物理学，但是，还没有找到。在他求职的时候，人们给他的评语都称赞他的才干。无论如何，我可以向您保证，他非常好学，非常用功，非常爱他的科学。

60 　　所以，我儿子为现在还没有工作而深感不幸，而且他一天天地确信，他已经脱离了事业的轨道，而现在又没人同他来往。另外，他还认为他是我们的负担，一个没用的人，这使他感到压抑。

　　您，尊敬的教授先生，在目前活跃在物理学界的学者中，是我儿子最崇拜和尊敬的一个。所以，我冒昧地请您满足我的一个小小的要求，看看他发表在《物理学纪事》上的论文，如果可以，请您为他写几句鼓励的话，使他重新在生活和工作中快乐起来。

　　另外，如果您现在或者今年秋天能为他找一个助教的职位，我将无限感激。

　　我再次请您原谅我唐突地给您写信，我还要冒昧地说一句，我儿子一点儿也不知道我的无礼举动。

　　就说这些，尊敬的教授先生。您忠实的

赫尔曼·爱因斯坦[1]

　　是的，有一段时期，阿尔伯特·爱因斯坦真的很沮丧。自21岁从苏黎世综合技术学校毕业以来，8个月没有工作，他觉得自己失败了。

　　在综合技术学校（Polytechnikum，通常根据德文的第一个字母称为"ETH"[1]），爱因斯坦曾跟世界最著名的几个物理学家和数学家学

---

1. ETH, Eidgenoessische Technische Hochschule，照此，学校应称为"［苏黎世］联邦理工大学"。——译者注

习，但同他们的关系并不融洽。在世纪之交的科学世界里，大多数的教授（Professor）都要求和希望别人尊重他们，而爱因斯坦却并不那么尊重他们。因为还在小时候他就敢反权威，没经他自己亲自检验过的任何事情，他从不接受，而总要提出问题。他断言，"对权威的盲从是真理的最大敌人。"[2] 他在 ETH 的两个最著名的物理学教授之一的韦伯（Heinrich Weber）曾恼火地抱怨："爱因斯坦，你是个聪明的孩子，非常聪明的孩子。但你有一个最大的缺点：你听不进别人的任何东西。"他的另一个物理学教授佩内特（Jean Pernet）问他为什么不学医学、法律或者哲学，而偏学物理，"你可以做你喜欢的事情，"佩内特说，"我警告你都是为了你好。"

由于爱因斯坦对功课漠不关心，情况并没有好起来。"为了考试，不管你是不是喜欢，都得把所有的东西塞进脑子里。"他后来这么说。他的数学教授闵可夫斯基（Hermann Minkowski，在第2章里我们会更多地听到这个名字）对爱因斯坦的这种态度非常生气，说他是一只"懒狗"。

然而，爱因斯坦并不懒，他不过是有自己的选择。有些功课他全部都吸收了，而另外一些他忽略了。他更喜欢把时间花在自学和独立思考上。思考是一种乐趣，令人愉快，能带来满足。他可以靠自己学习"新"物理学，而这些物理学在韦伯的所有课程中却被省略了。

牛顿的绝对空间和时间，以太

"旧"物理学，即爱因斯坦能够从韦伯那儿学到的物理学，是一个庞大的知识体，我称它是牛顿的物理学，这并不因为它完全属于牛顿（他做不了这么多），而是因为它的基础是牛顿在17世纪奠定的。

19世纪后期，物理宇宙间的一切迥然不同的现象，都可以通过几个简单的牛顿物理学定律得到优美的解释。例如，所有与引力有关的现象都可以用牛顿运动和引力定律来解释：

• 不受力作用的物体将沿直线匀速运动。

• 在力的作用下，物体速度发生变化，变化率与力成正比，与物体质量成反比。

• 宇宙间任意两个物体间存在着引力作用，它与物体质量的乘积成正比，与物体间的距离的平方成反比。

运用这三个定律的数学操作，[1] 19世纪的物理学家可以解释行星绕太阳的轨道，卫星绕行星的轨道，海洋的潮汐和岩石的崩落，他们甚至知道怎么去称太阳和地球的质量。同样，运用一组简单的关于电和磁的定律，物理学家们可以解释闪电、磁铁、无线电波以及光的传播、衍射和反射。

名声和财富在等着那些在技术上运用牛顿定律的人。瓦特（James Watt）通过牛顿热定律的数学运算，提出如何将别人设计的

---

1. 想知道"数学操作"这些物理学定律是什么意思的读者，可以在书后的注释部分找到有关讨论。[3]

原始蒸汽机改造为实用的机器，那就是后来以他名字命名的蒸汽机。莫尔斯（Samuel Morse）靠亨利（Joseph Henry）的帮助理解了电磁定律，发明了他的有很高实用价值的电报码。

物理学家跟发明家一样，都为他们能完美地理解宇宙而感到自豪。天地间万物似乎都遵从牛顿的物理学定律。人类征服了这些定律，它们也正引导人类去征服他们的环境——也许某一天，还会去征服整个宇宙。

所有这些旧的牢固确立的牛顿定律及其技术应用，爱因斯坦在韦伯的课中都学到了，而且学得很好。实际上，在ETH的最初几年，爱因斯坦是很欢迎韦伯的。1898年2月，他在给班里惟一的女生米列娃（Mileva Maric′，他爱上她了）的信中写道："韦伯的课讲得精彩极了，我急切地盼着听他的每一堂课。"[4]

但是到ETH的第四年，爱因斯坦不满意了。韦伯只讲了旧物理学，他完全忽略了近几十年来一些最重要的物理学进展，连麦克斯韦（James Clerk Maxwell）新发现的一组精妙的电磁学定律也忽略了。从麦克斯韦的定律，人们可以导出所有的电磁现象：磁体的行为、电火花、电流、无线电波、光。爱因斯坦只好通过阅读其他大学的教授写的最新著作来自学麦克斯韦的统一的电磁学定律，他大概还直率地向韦伯表示了他的不满，两人的关系恶化了。

追溯起来，韦伯在他的课程里忽略了太多的东西，而其中最重要的他显然是忽略了，越来越多的证据表明，牛顿物理学大厦的基础出现了裂缝，而这个基础的砖块和砂浆，就是牛顿的绝对空间和绝对时间的概念。

牛顿的绝对空间是日常经验的空间，它有三维：东-西、南-北、上-下。日常经验告诉我们，有而且只有这么一个空间。它是全人类、太阳、所有行星和恒星所共同拥有的空间。我们都在这个空间里以自己的方式和速度运动，不论如何运动，我们感受空间的方式是一样的。这个空间让我们感觉长、宽、高，而依照牛顿的观点，不论如何运动，只要测量足够精确，我们对同一物体会得到相同的长、宽、高。

牛顿的绝对时间是日常经验的时间，时间像岁月一样无情地流逝，我们用高质量的钟表，或者根据地球的转动和行星的运行来测量时间。全人类、太阳、所有行星和恒星，都共同经历着时间的流逝。依照牛顿的观点，不论如何运动，关于某个行星轨道的周期，或者某个政治家演说的时间，我们会得到一致的结果，只要我们都用足够精确的钟来测量。

如果牛顿的绝对空间和绝对时间的概念崩溃了，牛顿物理学定律的整个大厦就会倾覆。幸运的是，几年过去了，几十年过去了，两百年过去了，牛顿的概念基础依然牢固地屹立着。从行星天地到电的王国，到热的世界，它赢得了一个又一个科学胜利。这个基础没有露出丝毫破裂的迹象——不过，到了1881年，情况不同了。这一年，迈克尔逊（Albert Michelson）开始测量光的传播。

如果我们测量光（或者别的什么东西）的速度，那么显然，测量结果似乎一定会依赖于我们的运动方式，而牛顿定律也是这么要求的。如果我们在绝对空间中静止，那么我们会看到光在各个方向上的速度是一样的。反过来，如果我们在绝对空间中运动，比如说向东运动，那么我们将发现向东传播的光会慢下来而向西传播的光会快起来，正如人们在向东行驶的列车上看到的那样，东飞的鸟慢了而西飞的鸟却快了。

对鸟来说，决定它们飞行速度的是空气。鸟在空气中扇动翅膀，不管朝哪个方向，它们都以相同的最大速度飞行。类似地，根据牛顿的物理学定律，决定光的传播速度的是一种被称为以太的物质。光在以太中振荡它的电场和磁场，不论沿什么方向，它总是以一个普适的速度在以太中传播。由于（照牛顿的观点）以太在绝对空间中是静止的，所以任何静止的人在所有方向上将测得相同的光速，而运动者会测得不同的光速。[5]

现在来看地球，它在绝对空间中穿行。不管别的，我们只考虑它环绕太阳的运动。1月，它沿某个方向运动，6个月以后（7月），[64] 它又运动到相反的方向。对应于这种运动，我们在地球上应该测到不同方向的不同光速，它们的差异应随季节而变化——尽管这个变化很小（大约只有万分之一），因为相对于光来说，地球的速度太慢了。

对实验物理学家来说，验证这一预言是一个很有吸引力的挑战。1881年，28岁的美国青年阿尔伯特·迈克尔逊用他自己发明的灵巧而精确的实验技术（现在叫"迈克尔逊干涉度量法"[1]）迎接了挑战。[6]
迈克尔逊尽了最大努力，也没能发现任何有关光速随方向变化的证据。
他在1881年的初次实验证明了光速在所有方向和任何季节都是相同
的。1887年，迈克尔逊与化学家莫雷（Edward Morley）合作，在俄亥
俄克里夫兰又进行了实验，以更高的精度证实了同样的结果。迈克尔
逊很矛盾，既为他的发现高兴，也为结果感到失望。韦伯同19世纪90
年代的其他大多数物理学家一样，对结果表示怀疑。

　　实验是很容易受怀疑的。有意义的实验常常是非常困难的 ——
实在太难了，不论实验做得多么仔细，它们都可能产生错误的结果。
哪怕是仪器的一点儿异常，或者温度的一点儿不可控制的波动，甚至
仪器下地板的一点儿意外的振动，都会改变最后的实验结果。所以，
一点儿也不奇怪，今天的物理学家同19世纪90年代的物理学家一样，
偶尔也会碰到一些令人困惑的实验，这些实验要么互相矛盾，要么同
我们对宇宙的本性和物理学定律的根深蒂固的信仰相矛盾。最近的
例子是，一些实验宣布发现了"第五种力"（在标准的高度成功的物
理学定律中还没有出现过），而另一些实验却否定这种力的存在；还
有实验宣布发现了"冷聚变"（这是标准的物理学定律所禁戒的现象，
如果物理学家对这些定律理解正确的话），而又有实验否定冷聚变的
发生。几乎所有威胁我们信仰的实验都是错误的，它们的基本结果都
是实验误差的假象。不过，它们偶尔也可能是正确的，将为我们指明
一条通向认识自然的革命道路。

---

1. 见第10章。

　　杰出物理学家的一个标志是，他有能力"闻出"哪些实验可信，哪些实验不可信；哪些值得忧虑，哪些可以忽略。随着技术的改进和实验的多次重复，真理最终总会澄清。但是，如果谁想为科学进步作 [65] 出贡献，想靠自己去确认那些重大发现，那么他必须预先而不是事后凭直觉判断哪些实验是可信的。

　　19世纪90年代的几位大物理学家审查了迈克尔逊－莫雷实验，他们认为，细致的实验装备和精心的实验操作，保证了实验是令人信服的。他们认定，这个实验"味道很好"，有理由认为牛顿物理学的基础出了问题。相反，韦伯和其他大多数人却相信，只要有时间，再进一步做些实验，一切都会明白，牛顿物理学将跟以往多次的经历一样，最终还会胜利。他们认为，即使在大学课程里提及这个实验也是不妥的，不能误导年轻人的思想。[7]

　　爱尔兰物理学家菲兹杰拉德（George F. Fitzgerald）第一个根据它的表面价值接受了迈克尔逊－莫雷实验，并考虑了它的意义。他拿这个实验同其他实验对比，[8] 得到一个根本的结论：问题在于物理学家对"长度"概念的理解，相应地，牛顿的绝对空间的概念可能也存在错误。1889年，他在美国《科学》杂志的一篇短文中写道：

　　　　我以极大的兴趣阅读了迈克尔逊先生和莫雷先生奇妙而精巧的实验……他们的结果似乎同其他实验相矛盾……我想提出一个大概是唯一能够协调这种矛盾的假说，那就是，物体在通过以太［通过绝对空间］或穿越它时，长度会发生变化，变化的量依赖于物体速度与光速之比的平方。

在沿地球运动的方向上，长度只发生了微小的收缩（十亿分之五），这可以（也确实能够）解释迈克尔逊–莫雷实验的零结果。[9] 不过，这要求我们抛弃物理学家对事物行为的认识：没有什么已知的力能使运动物体在它们的运动方向上发生收缩，尽管收缩是那么微小。如果物理学家对空间的本性和对固体内部的分子力的认识是正确的，那么匀速运动的固体总会保持它在绝对空间中的形状和大小，而不管运动有多快。

阿姆斯特丹的洛伦兹（Hendrik Lorentz）也相信迈克尔逊–莫雷实验，而且他特别重视菲兹杰拉德关于运动物体收缩的建议。菲兹杰拉德听说后，给洛伦兹写了封信，表示很高兴，"我因为自己的观点在这儿被嘲笑惨了"。为了更深入地理解，洛伦兹 —— 还有法国巴黎的庞加莱（Henri Poincaré）、英国剑桥的拉莫（Joseph Larmor），他们各自独立地重新考察了电磁学定律，发现了与菲兹杰拉德的收缩思想相吻合的一个特征。

如果我们以在绝对空间中静止的电场和磁场来表述麦克斯韦的电磁学定律，定律将具有特别简单而优美的数学形式。例如，一个定律的大意说，"在绝对空间静止的任何人看来，磁力线没有端点"［图1.1（a），1.1（b）］。然而，如果用一个运动者测量的稍微有点儿不同的场来表述麦克斯韦的定律，这些定律就会复杂而丑陋多了。特别是，"没有端点"的定律会变成，"在某些运动者看来，多数磁力线没有端点，但有些线被运动切断了，因而出现了端点。另外，当运动者挥动磁体时，新的磁力线又将被切断，然后联通，再切断，再联通"［图1.1（c）］。[10]

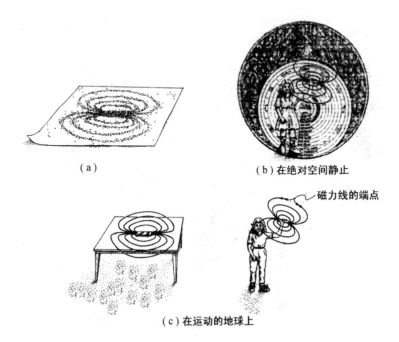

（a）

（b）在绝对空间静止

磁力线的端点

（c）在运动的地球上

图1.1 在19世纪的物理学（即牛顿物理学）框架内认识的一个麦克斯韦电磁学定律：（a）磁力线的概念：在一张纸下放一块条形磁铁，在纸上洒些铁粉，则铁粉将显出磁力线。每根磁力线从磁铁的北极出发，绕着磁铁然后进入它的南极，穿过磁铁又到达北极，在北极自相联结。因此，磁力线是封闭曲线，没有端点，像橡皮圈。"磁力线永远没有端点"的说法，是麦克斯韦定律最简单、最漂亮的形式。

（b）根据牛顿物理学，不论我们对磁铁做什么（例如，我们甚至可以大幅度挥动它），只要我们在绝对空间中静止，麦克斯韦定律的那种形式都是正确的。在静止观察者看来，没有磁力线会有端点。

（c）根据牛顿物理学，以在绝对空间中穿行的地球上的人的认识来看，麦克斯韦定律要复杂得多。如果运动者的磁铁静止在桌面上，那么有一些力线（大约亿分之一）会出现端点。如果大幅度地挥动磁铁，则因挥动会有另外的力线（万亿分之一）被暂时切断，然后又联结，再切断，再联结。尽管任何19世纪的物理学实验都不可能辨别出小小的亿分之一或万亿分之一的有端点的力线，但在洛伦兹、庞加莱和拉莫看来，麦克斯韦定律产生这样的预言，本身就是复杂而丑陋的

　　洛伦兹、庞加莱和拉莫的数学新发现使运动者的电磁学定律也漂亮起来了，实际上，它们看起来跟在绝对空间中静止的人所用的定

67

律是完全一样的："不论在什么条件下，磁力线永远没有端点。"为了让定律都有这么漂亮的形式，我们只需要假定（与牛顿的戒律相反），所有运动物体在运动方向上发生收缩，而收缩的量正好精确地等于菲兹杰拉德为解释迈克尔逊−莫雷实验所要求的那个量！

如果说，菲兹杰拉德收缩只是我们用来让电磁学定律变得普遍地简单和优美的"新物理学"，那么洛伦兹、庞加莱和拉莫呢？他们凭直觉相信，物理学定律本应是优美的，他们似乎已经抛弃了牛顿的戒律而坚定地相信收缩了。然而，只有收缩本身还不够，为使定律漂亮起来，我们还得假定，在宇宙中运动的人所测量的时间流比静止的人所测量的流更慢，运动让时间"膨胀"了。[11]

68　　而在那个年代，牛顿的物理学定律是不容争议的：时间是绝对的。不论我们如何运动，时间总是以一个普适的速度无情地均匀地流逝着。如果牛顿定律是正确的，运动就不能使时间发生任何膨胀，正如它不能引起长度的任何收缩一样。不幸的是，19世纪90年代的钟远没有揭示这个事实的精度；另外，面对牛顿物理学在科学和技术上的胜利，而这些胜利又加固了绝对时间的基础，没有人愿意相信时间真会膨胀，洛伦兹、庞加莱和拉莫不过是在空谈。

爱因斯坦这时还是苏黎世的一个学生，还没有准备好去解决这些令人兴奋的问题，不过他已经开始思考了。1899年，他给朋友米列娃（他对她的浪漫感情正在萌芽）写信说："我越来越相信，今天这样的运动物体的电动力学是不对的。"[12] 在接下来的6年里，随着物理学家能力的成熟，他将考虑长度收缩和时间膨胀的观点及其实在意义。[13]

相反，韦伯对这类思辨的想法一点儿也不感兴趣。他依然堂皇地讲他的牛顿物理学，似乎一切还是那么完美有序，似乎没有出现什么物理学基础的裂缝。

爱因斯坦在ETH的学习快要结束了，他很聪明，各科成绩也不是真的很坏（满分为6分，他的平均分是4.91），所以他天真地认为，他可以在韦伯手下当一名ETH的物理学"助教"，并像通常那样以此为跳板进入学术圈。如果做助教，他可以开始自己的研究，几年后获博士学位。

但结果并不是这样的。在1900年8月通过综合物理-数学科目最后考试的四个学生中，有三个得到了ETH数学家的助教职位，爱因斯坦是第四个，什么也没得到。韦伯请了两名学工程的学生做助教，没要爱因斯坦。

爱因斯坦继续想办法。毕业一个月后，在9月，他申请ETH的一个空缺的数学助教职位，被拒绝了。冬天和春天，他向德国莱比锡的奥斯特瓦尔德（Wilhelm Ostwald）和荷兰莱顿的昂内斯（Heike Kamerlingh Onnes）写过申请，却似乎连礼节性的回信也没有收到过——尽管，他给昂内斯的信现在骄傲地陈列在莱顿的博物馆里,[69] 而奥斯特瓦尔德在10年后会第一个提名爱因斯坦获诺贝尔奖。甚至爱因斯坦父亲给奥斯特瓦尔德的信似乎也没有回音。

米列娃活泼漂亮，意志坚强，爱因斯坦对她的感情更强烈了。[14] 1901年3月27日，他在给她的信中说，"我绝对相信，事情都怪韦

伯 …… 给别的教授写信一点儿用都没有，因为他们一定会向韦伯打听我的某些事情，而他只会说我的坏话。"[15] 1901 年 4 月 14 日，他写信给亲密伙伴格罗斯曼（Marcel Grossmann），"如果不是韦伯在背后玩花样，我早就可以找到 [助教职位] 了。尽管如此，我会尽力的，也不会放弃我的幽默 …… 上帝创造了蠢驴，还给他一身厚皮。"[16]

他真需要一身厚皮，这不仅是因为他没找到工作，还因为他父母强烈反对他同米列娃结婚，而他跟米列娃的关系也正面临着风暴。关于米列娃，他母亲说，"玛利奇小姐给我带来了我一生最痛苦的时刻，如果我能作主，我会尽一切力量让她从我们的眼前消失，我实在不喜欢她。"[17] 而米列娃说爱因斯坦的母亲，"那老太太不仅想尽办法让我的生活痛苦，也让她儿子痛苦，这似乎就是她为自己设计的生活目标 …… 我没想到，竟会有这种没心没肺的恶人，真是坏透了！"[18]

爱因斯坦绝望了，他想摆脱对父母的经济依赖，想有平和的心境和自由，好将更主要的精力投到物理学中去。也许他能通过别的途径实现这个愿望，而不一定靠在大学当助教。他的 ETH 学历使他有资格在预科学校（高中）教书，所以他这么做了：1901 年 5 月中旬，他设法在瑞士温特图尔的一所高等技术学校找了一份临时工作，代一位要服兵役的老师教数学。

爱因斯坦在给他的 ETH 历史老师斯特恩（Alfred Stern）的信中写道："我 [因为教书的工作] 高兴得快发狂了，因为我今天接到消息说一切都安排妥了。至于谁那么好心把我推荐到那儿去，我一点儿也不知道，因为有人告诉我，我从没上过以前任何一个老师的荣誉簿。"[19] 继在温特图尔后，1901年秋他又临时在瑞士沙夫豪森的一个高中教书，然后，1902年6月，他成为瑞士专利局的一名"三级技术 70 员"，从而独立了，也稳定了。

尽管爱因斯坦在个人生活上接连遭遇风波（他长期与米列娃分离；1902年同米列娃生了一个女儿，也许是为了让爱因斯坦能在保守的瑞士保住工作，他们将孩子当养子抚养；[20] 一年后，他不顾父母的强烈反对，跟米列娃结婚了），他仍然保持着最佳的精神状态和足够清醒的头脑去思考物理学问题：从1901年到1904年，通过对在液体（如水）和在金属中分子之间的力的研究及对热的本性的研究，他锻炼了自己作为物理学家的技能。他那些新颖而且基本的发现，通过5篇论文相继发表于20世纪初最权威的物理学杂志：《物理学纪事》（Annalen der Physik）。

在伯尔尼专利局的工作很好地培养了爱因斯坦的才能。在专利工作中，他得向别人指出那些提交上来的发明是否有意义——这通常是令人愉快的事情，而这些工作也使他的思想变得敏锐起来。工作之余，还有一半的自由时间和整个周末，他大部分都用来学习和思考物理学了，[21] 而且还经常处在家庭的喧嚣中。

不论多大干扰，他总能集中精力。一个在他同米列娃结婚几年后去过他家的学生描述了他的这种能力："在书房里，他坐在一堆满是数学公式的稿子前面，右手写字，左手抱着小儿子，还不断回答正在玩积木的大儿子阿尔伯特提的问题。'等会儿，马上就完了，'说着，他把孩子交给我看几分钟，又继续工作了。"[22]

　　爱因斯坦在伯尔尼与其他物理学家没有往来（不过他确实有几个很亲密的不是物理学家的朋友，他可以同他们讨论科学和哲学）。对大多数物理学家来说，孤立是一种灾难，他们需要不断与在相同问题上进行研究的同事联系，以免自己的研究会因迷失方向而徒劳无获。但爱因斯坦的智力与众不同，他在孤独中获得的成果比在其他物理学家激发的环境下更多。

　　有时，同别人的交谈对他也有帮助——那不是因为他们为他带来了什么新颖深刻的见解或信息，而是因为他通过向别人解释疑难和问题，可以在自己头脑中澄清这些疑问。对他帮助特别大的是贝索（Michele Angelo Besso），一个意大利工程师，曾经是他在ETH的同

左：爱因斯坦坐在瑞士伯尔尼专利局的办公桌旁（约1905年）；
右：爱因斯坦与妻子米列娃和儿子汉斯·阿尔伯特（约1904年）。
[左，耶路撒冷希伯来大学爱因斯坦档案馆提供；右，伯尔尼瑞士联邦爱因斯坦学会文献/档案馆提供。]

学，而现在同他一起，也在专利局工作。关于贝索，爱因斯坦说："在整个欧洲，我再也找不到更好的知音了。"[23]

爱因斯坦的相对空间和时间，绝对光速

对爱因斯坦来说，贝索在1905年5月给他的帮助是特别有意义的。那时，爱因斯坦从用心了几年的其他物理学问题回到麦克斯韦的电动力学定律和那些关于长度收缩和时间膨胀的诱人线索上来。他想找一个办法来为这些线索赋予意义，但思想遇到了障碍。为了清除绊脚石，他请贝索帮忙来了。据他后来回忆，"那是一个明媚的日子，我去找 72 [贝索]，开门见山地对他说：'我最近遇到一个问题，太难了，我理解不了，所以我今天带着问题到这儿来，跟你讨论。'我同他谈了很多，后来我突然明白是怎么回事了。第二天我又去找他，开口就说：'谢谢你，我已经完全解决这个问题了。'"

爱因斯坦的答案是：没有绝对空间那样的东西，也没有绝对时间那样的东西。牛顿的物理学基础完全崩溃了。至于以太，那是不存在的。

爱因斯坦抛弃了绝对空间，"在绝对空间中静止"的说法就绝对没有意义了。他声称，没有办法测量地球在绝对空间的运动，这就是为什么迈克尔逊-莫雷实验会出现那样的结果。我们只能测量地球相对于其他自然事物（如太阳、月亮）的速度，正如我们也只能测量火车相对于大地、空气等自然物的速度一样。不论地球、火车还是别的任何事物，都没有绝对运动的依据；运动纯粹是"相对的"。

　　爱因斯坦抛弃了绝对空间，也就抛弃了这样的观念：不论如何运动，关于某张桌子、某列火车或某个别的什么东西，每个人都能得到一样的长、宽和高。相反，爱因斯坦坚信，长、宽、高都是"相对的"概念，它们依赖于被测物体和测量者的相对运动。

　　爱因斯坦抛弃了绝对时间，也就抛弃了不论如何运动，每个人都得以相同方式经历时间流的观念。爱因斯坦宣布，时间是相对的。每一个以自己方式旅行的人，一定会与其他以不同方式旅行的人，经历不同的时间流。

　　在这些论断面前，我们难免会感到不安。如果它们是正确的，那么它们不但会破坏整个牛顿物理学定律大厦的基础，而且还将剥夺我们的普通感觉，变革我们对空间和时间的日常观念。

　　但是，爱因斯坦不仅是破坏者，也是创造者。他为我们提出了一个取代旧基础的新基础，这个基础当然是牢固的，而且已经证明，它同宇宙的和谐要完美得多。

　　爱因斯坦的新基础由两个新的基本原理构成：

73　　• 光速绝对性原理：不论空间和时间的本性如何，它们的构成必定使光速在所有方向上都绝对地相同，而且绝对与测量者的运动无关。

　　这个原理响亮地宣布了，迈克尔逊-莫雷实验是正确的。而且，不论未来的测量装置多么精确，它们一定会得出相同的结果：一个普适的光速。

● 相对性原理: 不论物理学定律的本质如何, 它们都必须在同等的视点上处理所有的运动状态。

这个原理断然抛弃了绝对空间: 如果物理学定律不在同等的视点上讨论所有的运动状态 (例如, 太阳的运动状态和地球的运动状态), 那么利用这些物理定律, 物理学家就能选出某个 " 优越的 " 运动状态 (如太阳的) 并将它定义为 " 绝对静止 " 状态。这样的话, 绝对空间又将溜回物理学。在本章后面, 我们还会谈这个问题。

根据光速的绝对性, 爱因斯坦用后面卡片1.1中所述的精巧的逻辑论证方法证明了, 如果你我彼此相对运动, 那么, 我所谓的空间一定是你的空间和你的时间的混合, 而你所谓的空间一定是我的空间和我的时间的混合。

这儿说的 " 空间和时间的混合 ", 类似于地球上的方向。大自然为我们提供了两种确定方向的办法, 一种关系着地球的自转, 另一种关系着地磁场。在加利福尼亚的帕萨迪纳, 地磁北极 (罗盘针所指的方向) 与真实北极 (通过地球自转轴, 即通过 " 北极星 " 的方向) 偏离了大约20°, 见图1.2。这意味着, 为了在磁北方向上旅行, 我们的路线必须部分 (约80%) 沿真北方向, 部分 (约20%) 沿真东方向。在这个意义上, 磁北是真北与真东的混合。同样, 真北也是磁北和磁东的混合。

74　　　为了理解类似的空间和时间的混合（你的空间是我的空间和时间的混合，我的空间是你的空间和时间的混合），想象你有辆大马力的赛车，你喜欢在深夜以极高的速度在帕萨迪纳的科罗拉多林荫大道上飞驰，而我是警察，那时正在打瞌睡。你在汽车顶上拴了许多鞭炮，引擎盖前一只，车身后一只，中间还有很多，见图1.3（a）。当你通过我的岗亭时，照你的观察，你同时点燃鞭炮。

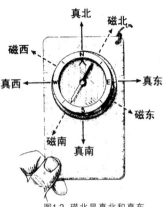

图1.2 磁北是真北和真东的混合，而真北是磁北和磁东的混合

图1.3（b）是照你的视点画的。竖直线是你所测得的时间流（"你的时间"）。水平线是你测量的从车尾到车头的距离（"你的空间"）。因为鞭炮在你的空间里（也就是，照你的观察）是静止的，所以随着你的时间的流逝，它们保持在图中的同一个水平位置上，如虚线所示，每根线代表一只鞭炮。这些线都垂直向上延伸，表明不管时间如何流逝，空间里没有向右或向左的运动 —— 延伸突然终结在鞭炮爆炸的时刻。爆炸的事件在图中以星号表示。

这种图叫作时空图，它以水平方向画空间，以垂直方向画时间，虚线叫世界线。因为它们表示当时间流过时，鞭炮在世界的什么地方运行。以后，我们还会更多地发挥时空图和世界线的作用。

如果谁在图中［图1.3（b）］的水平方向上运动，那么他实际上是

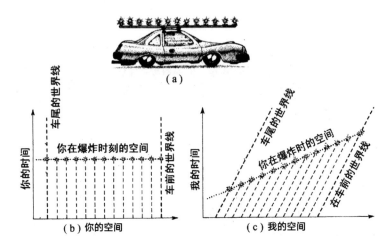

图1.3（a）你的跑车车顶系着鞭炮在科罗拉多林荫大道上飞驰
　　　（b）根据你的视点（行驶中的汽车）画的鞭炮运动和爆炸的时空图
　　　（c）根据我的视点（静止在岗亭中）画的鞭炮运动和爆炸的时空图

在你的时间的一个固定时刻通过空间。相应地，我们方便地认为，图中的每一条水平线描述了你在你的时间的某个时刻所看到的空间（"你的空间"）。例如，点画的水平线就是你在鞭炮爆炸时刻的空间。如果谁在图中竖直地向上运动，那么他实际上是在你的空间的一个固定位置上穿过时间。相应地，我们方便地认为，时空图中的每一条竖直线（如每个鞭炮的世界线）描述了你在空间的某个位置上的时间流。 ⁷⁵

在岗亭里的我，如果没打瞌睡的话，会画一幅很不一样的时空图来描绘你的汽车、你的鞭炮和爆炸 [图1.3（c）]。我用竖直线画我所测得的时间流，用水平线画沿着科罗拉多林荫大道的距离。随着时间流过，每个鞭炮都跟汽车一起高速地在林荫大道上运动，相应地，鞭炮的世界线在图中向右倾斜：爆炸时，右边的鞭炮比开始时离得更远。

76　　现在，我们来看爱因斯坦逻辑论证（卡片1.1）的惊人结论。光速的绝对性要求，在我看来，鞭炮不会同时爆炸，即使在你看来，它们是同时爆炸的。据我的观点，你车上最边缘的鞭炮最先爆炸，而最前沿的鞭炮最后爆炸。相应的是，我们称为"你在爆炸时刻的空间"的点画线[图1.3（b）]在我的时空图中是倾斜的[图1.3（c）]。

图1.3（c）清楚地表明，为了在你的爆炸时刻通过你的空间（沿点画的爆炸线），我必须在我的空间和时间中穿过。从这个意义说，你的空间是我的空间和时间的混合，这跟我们说磁北是真北和真东的混合，是同样的意思[比较图1.3（c）和图1.2]。

你可能忍不住想说，"空间和时间的混合"不过是"同时性依赖于人们的运动状态"的一种复杂和虚张声势的说法而已。是的。不过，在爱因斯坦基础上建设的物理学家们发现，这样的思维方式是很有威力的，它曾帮助他们破译爱因斯坦留下的遗产（他的新物理学定律），在那些遗产中发现了一系列看似古怪的现象：黑洞、虫洞、奇点、时间弯曲和时间机器。

根据相对性原理和光速的绝对性原理，爱因斯坦得到了其他一些空间和时间的显著特征。用上面那个故事的话来说：

• 爱因斯坦认为，当你在科罗拉多林荫大道上向东行驶时，我一定会发现你的空间和在其中静止的一切事物（你的车、你的鞭炮和你自己）在东西方向（而不是南北或上下方向）上缩短了，这就是菲兹杰拉德所推测的收缩，不过现在找到了坚实的基础：收缩是由空间和时间的特殊性质引起的，而不是什么作用在运动物体上的自然力的结果。

· 同样，爱因斯坦也认为，当你向东运动时，你一定会发现我的空间和在其中静止的一切事物（我的岗亭、我的桌子和我自己）在东西方向（而不是南北方向和上下方向）上收缩了。你看我收缩，我看你收缩，这似乎令人困惑，但实际上不可能再有别的结果：它将你我的运动状态放在了一个平等的基础上，这正符合相对性原理。

· 爱因斯坦还认为，在快速驶过时，我发现你的时间流慢了，也就是说，时间膨胀了。你车上仪表板的钟比我岗亭墙上的钟显得要慢 78 些。与我相比，你说话更慢，你的头发长得更慢，你的年岁也过得更慢了。

· 同样，根据相对性原理，当你从我身边驶过时，你会发现我的时间流慢了，你看到我岗亭墙上的钟比你仪表板上的钟走得慢。对你来说，我好像也是说话慢了，头发长慢了，我的年岁也过得慢了。

卡片1.1 77

爱因斯坦对空间和时间混合的证明

爱因斯坦的光速绝对性原理迫使空间和时间相混合，换句话说，它强调同时性是相对的：在你看来同时发生的事件（在你的时间的某一时刻，在你的空间中，如你的赛车在科罗拉多林荫大道上奔驰),在我这个坐在岗亭里的警察看来,并不是同时发生的。我将用与下面所示的时空图相联系的描述性语言来证明这一点,这个证明与爱因斯

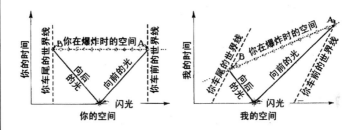

坦在1905年提出的基本相同。[24]

在你的车中央放一只闪光灯。把灯打开,它向车头发出一道向前的闪光,向车尾发出一道向后的闪光。由于两个闪光是同时发出的,由于根据你在车中的测量,它们经过相同的距离,由于它们以相同的速度传播(光速是绝对的),因此在你看来,它们一定同时到达车头和车尾,看下面左边的图。于是,根据你的观点,两个闪光事件(在车头的为A,车尾的为B)是同时发生的,而且刚好与你看到的图1.3中的鞭炮爆炸相吻合。

接下来让我们看看,从我的视点观察,当你的汽车快速从我眼前驶过时,两个闪光和它们到达的事件A、B是如何的。请看上面右边的图,据我的观点,你的车尾在向前运动,接近向后传来的闪光,所以,我看到它们相遇(事件B)比你看到的更早。同样,你的车头在向前运动,但远离向前的闪光,所以,我看到它们相遇(事件A)比你看到的更晚(这个结论的关键在于这样的事实:我所看到

的两个闪光的速度是相同的；也就是说，结论依赖于光速的绝对性）。因此，我认为事件B发生在事件A的前头；同样，我看到靠近车尾的鞭炮比靠近车头的鞭炮先爆炸。

注意，爆炸在上面的时空图中的位置（在你的时间的某一时刻你所在的空间）与图1.3是一样的。这证明了我们将在下面讨论的空间和时间的混合。

我看你的时间流慢了，而你看我的时间流慢了，这怎么可能呢？这是什么逻辑啊？另外，我怎么能看到你的空间收缩了，而你看我的空间也收缩了？答案都依赖于同时的相对性。关于在我们各自空间中不同位置发生的事件是否同时，你和我没有一致的结论，而这种不协调看来正好协调了我们在时间流和空间收缩上的矛盾，它也靠这个方式保证了一切事物在逻辑上的一致。不过，为说明这种逻辑的一致，需要花太多的篇幅，我不想那么做，请你去看泰勒（Taylor）和惠勒（Wheeler）在1992年的那本书的第3章里的证明。

我们人类在日常生活中从来没有感觉到空间和时间的这类怪异行为，那是怎么回事呢？答案是，我们的运动太慢了。我们相对于彼此的运动速度，总是远远小于光速（每秒299 792千米）。假如你的车在科罗拉多林荫大道上以每小时150千米的速度疾驰，那么我知道你的时间流膨胀和你的空间收缩的量大约是一百万亿分之一（1×10^{-14}），这对我们的感觉来说是太小了。不过，如果你的车以光速的87%的速度冲向我，那么，我（用反应极快的仪器）可以发现，你的时间流比我的慢2倍，而你也看到我的时间流比你的慢2倍；同样，我会看到你车上的所有物体在东西方向上的长度都只有正常情况下的一半；而你也会看到，我岗亭里的所有物体在东西方向上的长度也只有正常情况下的一半。实际上，20世纪后期的大量实验都证实了，空间和时间正是以这种方式发生作用的。[25]

爱因斯坦是如何得到这些空间和时间的基本描述的呢？

他没有检验什么实验结果。在他那个年代，只有低速运动，钟也不够精确，不可能表现出任何时间的膨胀和同时性的不一致，而且量杆也不够精确，表现不出长度的收缩。那时，相关的实验也只有那么几个，如迈克尔逊和莫雷证实地面光速可能在各个方向都相同的实验。这些数据对建立这样一个关于空间和时间的概念基础，是远远不够的！而且，爱因斯坦对这些实验几乎没怎么留意。

实际上，爱因斯坦是靠他天生的直觉来判断哪些事情是应该相信的。经过反复的思考，光速一定是一个独立于方向、独立于运动的普适常数，在他的直觉看来，成了显然的事实。他推论，只有在这种情况下，麦克斯韦的电磁学定律才会始终是简单而优美的（例如，"磁力线永远没有端点"），而且他坚信，在某个深层的意义上，宇宙也愿意拥有简单而优美的定律。就这样，他引进了一个新原理，他的光速绝对性原理，作为一切物理学的基础。

凭这个原理本身，不需要别的东西，就已经确保了建立在爱因斯坦基础上的物理学定律的大厦将完全不同于牛顿的。牛顿物理学家假定空间和时间是绝对的，他必然得到的结论是，光速是相对的——它依赖于事物的运动状态（像本章先前提到的鸟和火车的类比那样）。

爱因斯坦假定光速是绝对的，他必然得到的结论是，空间和时间是相对的——它依赖于事物的运动状态。在得到空间和时间是相对的结论后，对简单和优美的追求又将爱因斯坦引向他的相对性原理：没有哪个运动状态会比其他状态更优越，在物理学定律看来，一切运动状态都是平等的。[26]

对爱因斯坦的物理学新基础的构建来说，不仅实验不重要，其他物理学家的思想也不重要。他几乎不关心别人在做什么，他甚至连洛伦兹、庞卡莱、拉莫和其他作者在1896年到1905年间所写的关于空间、时间和以太的那些重要的专业论文也没读过一篇。

洛伦兹、彭加勒和拉莫也在他们的文章里摸索爱因斯坦那样的对我们空间和时间概念的修正，但他们却迷失在牛顿物理学强加给他们的错误概念的迷雾中，而爱因斯坦却能够完全抛弃这些错误概念。他相信宇宙喜欢简单和优美，他情愿追随这个信念，尽管它意味着破坏牛顿物理学的基础。这为他带来了无比清晰的空间和时间的新图景。

在本书后面，相对性原理还会发挥重要作用，所以我再用几页来 80 更深入地解释一下。

我们首先应该有一个参照系的概念。一个参照系就是一个实验室，它有各种测量仪器，你可以在里面做任何你想做的测量。实验室跟它所有仪器一道在宇宙中运动，它们必须经历相同的运动。事实上，参照系的运动才是真正重要的概念，当代物理学家说"不同的参照系"时，他强调的正是两个实验室的不同运动状态，而不是不同的测量仪器。

参照系的实验室和仪器都不必是真的，它们完全可以是一种想象的结构，只存在于物理学家的头脑中，使他们可以问某个问题，例如，"假如我在小行星带中穿行的宇宙飞船里，我想测量某颗小行星的大小，结果会怎样？"这些物理学家实际是想象他们有一个固定在宇宙飞船上的参照系（实验室），想象他们可以用那个参照系的仪器来进行测量。

爱因斯坦在表述他的相对性原理时，没有用任意的参照系，而是用了一类相当特殊的参照系：一类既不自己加速也不受外力推动，而只靠自身惯性自由运动的参照系（实验室），因而它总是保持它开始的那种匀速运动的状态。爱因斯坦称这类参照系为惯性系，因为它们的运动完全受惯性的支配。

固定在点火的火箭上的参照系（火箭里的实验室）就不是惯性系，因为它的运动不仅受惯性作用，还受火箭推进的影响。推进的系统的运动不再是匀速的了。固定在航天器上的参照系，在重新进入地球大气层时，也不是惯性的，因为航天器表面与地球空气分子的摩擦会使它变慢，从而运动不再是匀速的。

最重要的是，在任何大质量物体（如地球）附近，所有参照系都受引力作用，没有什么办法可以让参照系（或其他事物）躲避引力的吸引。所以，在惯性系的局限下，爱因斯坦在1905年无法考虑当引力起重要作用时的物理状态。[1]实际上，他将我们的宇宙理想化为一个完全没有引力的世界。像这类极端的理想化对物理学的进步是很重要的。[81]我们从概念上放弃宇宙的难以理解的方面，而当我们理性地把握了它的其余方面，即相对较容易的方面后，再回到那些困难的方面来。爱因斯坦在1905年理性地把握了没有引力的理想化的宇宙，然后他才转向一个更困难的任务，去认识真实的由引力主宰的宇宙的空间和时间的本性，这个任务最终迫使他得到这样的结论：引力卷曲了空间和时间（第2章）。

理解了惯性参照系的概念，我们现在更深入地来讨论爱因斯坦相对性原理更准确的形式：*以在一个惯性系中所进行的测量来建立任何物理学定律，那么，当以在任何其他惯性系中所进行的测量来重建这些定律时，它们必须具有与在原来参照系中完全相同的数学形式和逻辑形式。*换句话说，物理学定律不必为我们提供区别一个惯性系（一种匀速运动状态）和任何其他惯性系的方法。

看两个物理定律的例子，会更明白这一点：

• "初始静止在惯性参照系中的任意自由物体（即不受力作用的物体）将总保持静止；原来在惯性参照系中运动的任何自由物体，将永远以不变的速度沿直线向前运动。"如果（确实如此）我们有足够的理由相信，这个牛顿第一运动定律的相对论表述至少在一个惯性系

---

1. 这就是说，我在上面例子中用的高速汽车是不太恰当的，它也受地球的引力作用。不过，因为地球引力是垂直作用在汽车的运动方向上的（也就是一个向下，一个水平），它不会给我们在赛车故事里讨论的观点带来任何影响。

中是正确的，那么，相对性原理认定，它在一切惯性参照系中也一定是正确的，不管这些参照系在宇宙的什么地方，也不管它们运动得多么快。

• 麦克斯韦的电磁学定律必须在所有参照系中具有相同的数学形式。当我们在牛顿基础上建立这些定律时，它们并不如此（磁力线在某些参照系中可能有端点，而在另一些参照系中却没有端点），这一
82　缺陷深深刺激了洛伦兹、彭加勒、拉莫和爱因斯坦。在爱因斯坦看来，这些定律在一个参照系，即以太所在的参照系中简单而优美，但在其他所有相对于以太运动的参照系中却复杂而丑陋，这是不能接受的。通过重建物理学基础，爱因斯坦也使麦克斯韦定律在各惯性参照系中都有了一个简单而优美的形式，而在每个惯性系中的形式都是一样的（例如，"磁力线永远不会有端点"）—— 这正符合他的相对性原理。

相对性原理实际上是一个形而上的原理（metaprinciple），原因是，它本身并不是一个物理学走律，而是一种模式或规则，（爱因斯坦断言）所有的物理学定律都必须遵从这个原理，不论它是什么样的定律，也不论它是关于电的和磁的，或原子的和分子的，还是蒸汽机的和赛车的。这个形而上原理的力量是惊人的，每个新提出的定律都得经受它的检验。如果新定律通过了它的检验（即如果定律在每个惯性系中是一样的），那么这个定律也就有希望描绘我们的宇宙行为。如果检验失败了，那么爱因斯坦会断言它没有希望了，应该被抛弃。

自1905年以来，近百年的所有经验告诉我们，爱因斯坦是对的。所有成功描述了真实宇宙的新定律都已证明是服从爱因斯坦的相对

性原理的。这个形而上原理，已经成为物理学定律的定律。

1905年5月，爱因斯坦与贝索的讨论帮他打碎了思想上的拦路石，使他抛弃了绝对的时间和空间。接下来，他只思考和计算了几个星期，就形成了他的物理学新基础，导出了一系列关于空间、时间、电磁和高速运动物体行为本质的结论。其中的两个结论是很辉煌的：质量可以转化为能量（这将成为原子弹的基础，见第6章）；每个物体的惯性在速度接近光速时必然会快速地增大，以至不论我们费多大力量推动它，都不可能使它达到或超过光速（"没有什么能比光还跑得快"）。[1]

6月底，爱因斯坦将他的思想和结论写成一篇论文，投给《物理 83 学纪事》。他的论文有一个寻常意味的题目："论运动物体的电动力学"，内容却是异乎寻常的。匆匆读过，我们会看到，爱因斯坦，这位瑞士专利局的"三级技术员"，提出了一个全新的物理学基础，提出了一个未来所有的物理学定律都必须遵从的形而上原理，还极大地修正了我们的空间和时间的观念，导出了辉煌的结论。很快，爱因斯坦的新基础和结论就出名了，叫做狭义相对论（说它"狭义"是因为它只是在引力不重要的特殊情况下正确描绘了宇宙）。

莱比锡《物理学纪事》编辑部在1905年6月30日收到爱因斯坦的论文，经过仔细认真的审读，论文通过了，被接受了，发表了。[27]

在论文发表后的几个星期里，爱因斯坦期待着来自当代大物理

---

1. 不过这是有条件的，见第14章。

学家的反应。他的观点和结论太基本了，几乎没有实验基础，所以他等待着尖锐的批评和争论，然而，他等来的是冷漠的沉寂。许多个星期过去了，最后他收到一封来自柏林的信：马克斯·普朗克（Max Planck）询问文章里的几个技术细节，请他说明。爱因斯坦真是欣喜若狂！普朗克是还健在的最有名的物理学家之一，能引起他的注意，实在是令人满足的。第二年，当普朗克继续以爱因斯坦的相对性原理作为自己研究的核心工具时，爱因斯坦更加振奋了。因为普朗克的赞扬，因为慢慢来自其他杰出物理学家的赞扬，而最重要的，因为他本人极端的自信，当他所预料的争论在接下来的20年里真的纷扰在相对论周围时，爱因斯坦还能够坚定地挺过来。直到1922年，争论仍然很激烈，所以当瑞典科学院的秘书电告爱因斯坦获得诺贝尔奖时，还特别指出，相对论不在评奖所考虑的工作之内。

争论到30年代才最后结束，那时技术已经很先进了，可以为狭义相对论的预言带来精确的实验证据。到90年代，更没有丝毫可以怀疑的了：在斯坦福大学、康奈尔大学和其他地方的粒子加速器里，84 每天有10^{17}以上的电子被加速到高达0.999 999 999 5个光速——而它们在这种超高速下的行为完全与爱因斯坦狭义相对论的物理学定律相吻合。例如，随着速度接近光速，电子的惯性增加了，使它不能达到光速；当电子与靶子碰撞时，它们产生高速的被称为μ子的粒子。以μ子自身的时间来测量，它们只能生存2.22微秒，但是以静止在实验室中的物理学家的时间来测量，由于时间膨胀，它们可以生存100微秒或更长的时间。

物理学定律的本质

爱因斯坦狭义相对论的成功是否意味着我们必须完全抛弃牛顿的物理学定律呢？显然不是。在日常生活里，在大多数科学领域和大多数技术应用中，牛顿定律仍然被广泛运用着。我们在计划乘飞机旅行时不会关心时间膨胀；工程师在设计飞机时也不会为长度收缩而焦虑。这类膨胀和收缩太小了，用不着关心。

当然，如果愿意，我们可以在日常生活中运用爱因斯坦的定律，而不用牛顿的。两者对一切物理效应都给出几乎完全一样的预言，因为日常生活中达到的相对速度同光速比起来真是太小了。

只有在相对速度接近光速时，爱因斯坦和牛顿的预言才开始出现严重的分歧。这时，也只有在这时，我们才必须抛弃牛顿而严格忠实于爱因斯坦的预言。

这是一个极普遍的模式的一个例子，在未来的章节里我们还会遇到。这种模式在20世纪的物理学历史上曾反复出现：一组定律（在我们这儿，即牛顿定律）起初被广泛接受，因为它与实验吻合得很好。但是，随着实验越来越精确，起初的那组定律只有在一定的极限范围，即在定律的有效范围内（对牛顿定律而言，就是速度远小于光速的范围）才能较好地成立。然后，物理学家努力从实验和理论去认识在那个有效范围的边界上发生的事情，最后，他们建立一组在边界内、边界附近和边界以外都高度成功的新定律（在牛顿的情形，爱因斯坦的狭义相对论不仅对低速有效，在近光速时也有效）。物理学定律的历史重复着这个过程，在以后的章节，我们还会遇到这样的重复：当引力变得重要时，狭义相对论将失败，取而代之的是一组叫广义相对论的新定律（第2章）；在黑洞内部奇点的邻近，广义相对论将失败，取而代之的是一组叫量子引力的新定律（第13章）。

从旧定律到新定律的每一次转变，都有一个令人惊讶的特征：在每种情形下，物理学家（如果他们足够聪明）都不需要靠什么实验指引来告诉他们，旧定律会从哪儿开始崩溃，也就是说，有效性的边界在哪里。对牛顿物理学来说，我们已经看到了：麦克斯韦的电动力学定律没有很好地与牛顿物理学的绝对空间相吻合。在绝对空间中（即在以太的参照系中）静止时，麦克斯韦的定律简单而优美——例如，磁力线没有端点。在运动参照系中，它们变得复杂而丑陋——磁力线有时有端点。不过，当参照系以远小于光速的速度在绝对空间中运动时，这种复杂对实验结果的影响是可以忽略的，也就是说，几乎所有的力线都没有端点。只有在速度接近光速时，丑陋的复杂性才会带来容易测量的大影响：会出现许多端点。因此，即使没有迈克尔逊-莫雷实验，也有理由相信，牛顿物理学的有效范围是速度远小于光速，而牛顿定律可能会在速度接近光速时崩溃。

类似地，在第2章我们将看到狭义相对论如何预言自己会在引力出现时失败；而在第13章我们将看到广义相对论如何预言自己会在奇点的邻近失败。

在考虑上面那一系列定律（牛顿物理学、狭义相对论、广义相对论、量子引力）以及类似的一系列主宰物质结构和基本粒子的定律时，大多数物理学家都冲动地相信，这些系列的定律将汇聚成一组终极定律，它才真正主宰宇宙，它迫使宇宙照实际的方式运行，迫使雨水在窗户上凝结，迫使太阳燃烧核子，迫使黑洞在碰撞时产生引力波，等等。

可能会有人反驳说，在那个序列中，每一组定律"看起来"都与它前头的那些定律大不相同（例如，牛顿物理学的绝对时间看来就大不同于狭义相对论中的许多时间流）。"看起来"，这些定律没有任何汇聚的征兆。那么，我们为什么还期待着它们的汇聚呢？答案是，我们必须明确地区分一组定律的预言和这些定律所传达的理性图像（定律"像"什么）。我希望的汇聚只是就预言说的，但那也就是最终有意义的一切。理性的图像（牛顿物理学中的绝对时间，相对论物理学 [86] 中的许多时间流）对最终的实在的本质来说是不重要的。事实上，我们有可能完全改变一组定律"像"什么，而一点儿也不改变它的预言。在第11章里，我将讨论这个值得注意的事情，会举一些例子，还要解释它对实在的本质有什么意义。

我为什么希望预言意义上的汇聚呢？因为我们所有的证据都指明了这一点。每组定律都比它前头的定律有更大的有效范围：牛顿定律在日常生活的一切范围内都是成功的，但它不适用于物理学家的粒子加速器，不适用于遥远宇宙的奇异现象，如脉冲星、类星体和黑洞；爱因斯坦的广义相对论定律在我们实验室的各个地方，在遥远宇宙的每一个角落都是成功的，但它在黑洞的深处，在宇宙大爆炸诞生的地方却失败了；量子引力的定律（我们现在还远没有很好地认识）也许会绝对地在任何地方都成功。

在这本书里，我将不加辩解地采纳这个观点：确实存在着一组终极的物理学定律（我们现在还不知道，但也许就是量子引力），它们真正地统治着我们周围的宇宙的各个角落。它们迫使宇宙按它实际的方式运行。如果要说得更准确些，我应该说，我们现在用的定律（如广义相对论）"近似于"真实定律，或者说，它是真实定律的"一种近似描述"。然而，我一般都不提这个限制，也不区分真实定律和我们的近似。在这些情形，我会断言，例如，"广义相对论定律［而不说真实定律］迫使黑洞将光牢牢地抓住，使它不能从黑洞的视界逃脱。"在认识宇宙的奋斗中，我的物理学同行们和我就是这么思考的。这是一种卓有成效的思想方法，为我们带来了关于坍缩的恒星、黑洞、引力波和其他现象的崭新而深刻的认识。

与这种观点对立的是，人们普遍认为，物理学家在同一些理论打交道，这些理论试图描述宇宙，但它们不过是人类的发明，不会对宇宙产生真正的威力。实际上，理论一词包含了太多的试探性和人为的诡辩意味，我将尽可能回避它。需要的时候，我将在真正主宰宇宙、迫使宇宙以实际方式运行的严格意义上，用物理学定律这个词组来代替它。

第 2 章
空间和时间的卷曲

> 赫尔曼·闵可夫斯基
> 统一了空间和时间，
> 而爱因斯坦令它们发生卷曲

闵可夫斯基的绝对时空

> 我要摆在你们面前的空间和时间的观点，已经从实验物理学的土壤中萌芽了，那里积蓄着它们的力量。它们是基本的。从今往后，空间和时间本身都将注定在黑暗中消失，只有二者的一种结合能保持为一个独立的实体。[1]

1908年9月，赫尔曼·闵可夫斯基用这样的话向世界宣布了关于空间和时间本性的新发现。

爱因斯坦已经证明，空间和时间是"相对的"。物体的长和时间的流从不同参照系看来是不同的。如果我相对于你运动，那么我的时间就不同于你的，我的空间也不同于你的。我的时间是你的时间和空间的混合，我的空间是你的空间和时间的混合。

现在，闵可夫斯基在爱因斯坦工作的基础上发现，宇宙是由一种绝对的而不是相对的四维"时空"结构构成的，这种四维结构在所有参照系看来（当然，我们得学会怎么去"看"）都是一样的，它的存在独立于参照系。

下面的故事（根据泰勒和惠勒 1992 年的书改编）说明了闵可夫斯基发现的基本思想。

从前，在遥远的东方的大海上有个名叫蒙里迪那的岛，岛上居民有着奇特的风俗和禁忌。每年 6 月，在一年中最长的那个白天，所有蒙里迪那岛的男人都要乘着一艘大帆船，到遥远的一个叫塞罗那的圣岛去朝觐一只巨大的蟾蜍，蟾蜍将整夜地用恒星和星河、脉冲星和类星体的离奇故事来蛊惑他们。第二天，这些男人会带着神的启示回到蒙里迪那，在未来的一年里，这启示将一直伴随着他们。

每年 12 月，在一年中最长的那个夜晚，蒙里迪那的女人向塞罗那远航。第二天，她们白天朝觐那只大蟾蜍，夜里回去，满怀着恒星和星河、类星体和脉冲星的幻境。

不过，蒙里迪那的女人绝对不能向岛上的任何一个男人讲她们到塞罗那圣岛的经历，也不能讲蟾蜍告诉她们的任何故事。蒙里迪那的男人也得遵守这个禁令，从不向女人透露他们每年一度的航行。

1905年夏天，蒙里迪那岛一个名叫阿尔伯特的激进青年，他才不管什么文明的禁忌。他发现了两张神圣的地图，并将图泄露给岛上所有的男人和女人。有一张地图是蒙里迪那的女祭司在女人的冬夜远航时用来指引帆船的，另一张是祭司在男人夏日航行时用的。圣图暴露了，岛上的男人是多么羞愧！女人也多么羞愧！但地图摆在那儿，每个人都看到了——太令人吃惊了，塞罗那的位置在两张图上不一样！女人是先向东航行210浪 [1浪＝201.76米]，然后向北100浪；而男人是先向东航行164.5浪，再向北164.5浪。我们知道，宗教习俗是严厉的，女人和男人都必须在同一个塞罗那圣岛向同一只神圣的蟾蜍乞求每年的灵光。但事情怎么会这样呢？

大多数蒙里迪那人为了遮羞，说暴露的地图是假的。但有一位名叫赫尔曼的聪明老人相信图是真的。他为弄清地图差错的秘密奋斗了3年。最后，在1908年的一个秋日，真相大白了：原来，蒙里迪那男 89人的航行用的是磁性罗盘，而女人靠的是恒星（图2.1）。男人通过磁性确定北方和东方，女人则依靠由于地球自转而在头顶旋转的恒星来确定这些方向，两种定向方法偏离20°。当男人向他们确定的北方航行时，在女人看来，他们实际航行在"北偏东20°"的方向上，即约80％的北和20％的东。在这个意义上，男人的北方是女人的北方和东方的混合；同样，女人的北方也是男人的北方和东方的混合。

引导赫尔曼发现这一点的关键是毕达哥拉斯（Pythagoras）公式：取直角三角形的两个腰，将一个腰的平方与另一个腰的平方加起来，取平方根，结果就是三角形斜边的长。

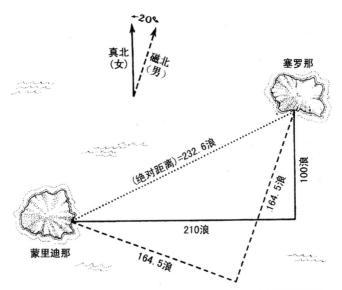

图2.1 两张重叠在一起的从蒙里迪那到塞罗那的路线图，图上有赫尔曼做的磁
北、真北和绝对距离的记号

　　斜边就是从蒙里迪那到塞罗那的直线路径。在女人的地图上，两
个腰沿真东和真北方向，照此，沿着这条直线路径的绝对距离是
$\sqrt{210^2+100^2}=232.6$（浪）。根据男人的地图，腰在磁东和磁北方向，
绝对距离为 $\sqrt{164.5^2+164.5^2}=232.6$（浪）。向东和向北的距离是"相
对"的，它依赖于地图的参照系是磁方向的还是真方向的。但是，不
论根据哪一组相对距离，我们都能计算出同一个绝对的直线距离。

　　蒙里迪那居民和他们的禁忌文化对这个绝妙的发现有什么反应
呢？历史没有记录。

　　赫尔曼·闵可夫斯基的发现，类似于蒙里迪那的那位赫尔曼老人
的发现：假设你相对于我运动（比如，在你超高速的赛车里），那么，

· 像磁北是真北和真东的混合一样, 我的时间也是你的时间和你的空间的混合。

· 像磁东是真东和真北的混合一样, 我的空间也是你的空间和你的时间的混合。

· 正如磁北和磁东、真北和真东不过是为了在一个先存在的二维曲面, 即地球表面上进行测量的不同方式, 我的空间和时间, 以及你的空间和时间, 也不过是为了在一个先存在的被闵可夫斯基称为时空的四维"曲面"或"结构"上进行测量的不同方式。

· 正如在地球表面存在一个从蒙里迪那到塞罗那的绝对直线距离 —— 它可以根据毕达哥拉斯公式, 用磁北和磁东方向的距离或用真北和真东方向的距离计算出来 —— 在时空的任意两个事件之间, 也存在着一个绝对的直线间隔, 它可以根据一个与毕达哥拉斯相类似的公式, 用我的或你的参照系中测量的长度和时间计算出来。

闵可夫斯基正是通过与毕达哥拉斯公式的类比 (我称它为闵可夫斯基公式), 发现了他的绝对时空。

闵可夫斯基公式的细节对本书其余部分是不重要的, 我们没有必要掌握它 (不过, 我还是为好奇的读者在卡片2.1中将它们写出来了)。惟一重要的是, 时空的事件类似于空间的点, 而且时空中任意两个事件之间存在着一个绝对的间隔, 完全类似于一张纸上任意两点间的直线距离。间隔的绝对性 (不论用谁的参照系来计算, 它的值都是一样 [92]

的）说明，时空有绝对的实在性，它是一个具有若干与运动无关的性质的四维结构。

91

卡片2.1

闵可夫斯基公式

你驾着 1 米长的大马力赛车，以每秒 162 000 千米的速度（光速的 54%）呼啸着从我身边飞过，回想一下图1.3的情形。下面的时空图画出了你的车的运动。图（a）是以你的视点画的，图（b）以我的视点。当你经过我时，汽车回火，从尾气管排出一阵烟，这个回火事件在图中记为 B。2

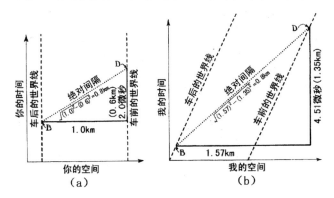

微秒（百万分之二秒）后，你看到前面防撞器上的鞭炮爆了，爆炸事件记为 D。

因为空间和时间是相对的（你的空间是我的空间和时间的混合），所以，关于回火事件 B 和爆炸事件 D 之间的时间间隔，你和我有不同的意见。照你的时间，它们间隔 2.0

微秒，而在我看来，是4.51微秒。同样，关于事件的空间
间隔我们的意见也不同，在你的空间中，是1.0千米，而在
我的空间中是1.57千米。尽管有时间和空间上的分歧，我
们都同意，两个分离的事件在四维时空里由一条直线联系
着，而且我们一致认为，沿这条直线的"绝对间隔"（线的
时空长度）是0.8千米。（这类似于蒙里迪那岛的男人和女
人们在蒙里迪那和塞罗那之间的直线距离上达成一致。）

我们可以用闵可夫斯基的公式来计算绝对间隔：将事
件的时间间隔乘上光速（每秒299 792千米），得到图中所
示的四舍五入的数（你的为0.60千米，我的为1.35千米）。
然后，将事件的时间间隔和空间间隔平方，从平方的空间
间隔中减去平方的时间间隔，再取平方根。（这类似于蒙
里迪那人东方和北方的距离平方，加起来，然后取平方
根。）从图中可以看到，尽管你的时间和空间间隔不同于
我的，关于绝对间隔，我们还是得到了相同的答案：0.8
千米。

你和我遵从的闵可夫斯基公式与蒙里迪那人遵从的毕
达哥拉斯公式之间，只有一点重要的差别：我们的平方间
隔是相减而不是相加。这里的减法是同你正在探索的时空
与蒙里迪那人所经历的地球表面的物理学差异密切联系着
的——不过，不怕你生气，我不想解释这种联系了，你可
以去看泰勒和惠勒（1992）的讨论。

在接下来的几页里我们将看到，引力是由时空的绝对的四维结构
的曲率（卷曲的结果）产生的，黑洞、虫洞、引力波和奇点都完全而

且惟一地由这个结构形成，也就是说，它们都是时空卷曲的一个特殊类型。

时空的绝对结构关联着那么迷人的现象，而你和我却不能在日常生活中经历，真令人灰心。问题还是出在我们的低速技术（例如，比光慢得多的赛车）。因为彼此的相对运动太慢，我们所经历的空间和时间是分离的两家，我们从来没有发现你和我测量的长度和时间有什么不同（我们从来没有发现空间和时间是相对的），也从来没有发现我们相对的空间和时间统一形成了一个绝对的四维时空结构。

你可能记得，闵可夫斯基就是在爱因斯坦读书时叫他懒狗的那位
93 数学教授。1902 年，俄国出身的闵可夫斯基离开了苏黎世 ETH，到德国哥廷根（它那时跟现在一样有国际声誉）去担任更有吸引力的教授。在哥廷根，闵可夫斯基研究了爱因斯坦关于狭义相对论的论文，印象很深，这引导他发现了四维时空的绝对性质。

爱因斯坦听说闵可夫斯基的发现时，并不在意。闵可夫斯基只是用一种新的更数学化的语言重写了狭义相对论的定律，而对爱因斯坦来说，数学掩盖了定律背后的物理意义。因为闵可夫斯基不断宣扬他的时空观如何美妙，爱因斯坦开始笑话哥廷根的数学家：他们用那么复杂的语言来描述相对论，物理学家简直弄不懂了。

事实上，笑话落到了爱因斯坦自己身上。在 4 年后的 1912 年，他将认识到，为了在狭义相对论中纳入引力，闵可夫斯基的绝对时空是根本性的基础。遗憾的是，闵可夫斯基没能活着看到这一点。1909 年，

他死于阑尾炎，那年他45岁。

在本章后面，我还会回来谈闵可夫斯基的绝对时空。不过现在，我得先引出我的故事的另一条线索：牛顿的引力定律和爱因斯坦为了协调它与狭义相对论而迈出的第一步，这是走在他借鉴闵可夫斯基成果之前的一步。

牛顿的引力定律，爱因斯坦协调它与相对论的第一步

牛顿将引力想象为一种作用在宇宙中每一对物体间的力，一种将物体相互拉近的力。物体的质量越大、距离越近，这个力就越强。更精确地说，这个力正比于物体质量的乘积，反比于它们之间的距离的平方。

这个引力定律是理性的巨大胜利。它与牛顿的运动定律结合，解释了行星绕太阳的轨道，卫星绕行星的轨道，海洋潮汐的涨落和岩石[94]的崩落；让牛顿和他17世纪的同胞们学会了如何去称量太阳和地球。[1]

在从牛顿到爱因斯坦之间的两个世纪中，天文学家对天体轨道的测量有了多方面的进步，牛顿的引力定律经受了越来越严格的检验。偶尔会出现一些新的天文测量不符合牛顿定律，但最终也发现这些观测或对它们的解释是错误的。牛顿定律一次又一次地战胜了实验或理性的错误。例如，当天王星（1781年发现）的运动似乎违背了牛顿引

1.详见书后第1章注释3。

力定律的预言时,人们猜想,很可能是因为一颗尚未发现的行星的引力作用在天王星上,干扰了它的轨道。完全依据牛顿的引力和运动定律以及对天王星的观测所进行的计算,预言了新行星应该在天空的某个地方。1846年,当勒维耶(U. J. J. Leverrier)将他的望远镜瞄准那个位置时,预言的行星果然在那儿出现了,尽管对肉眼而言太模糊,用望远镜看却很光亮。这颗捍卫牛顿定律的行星被命名为"海王星"。

20世纪初,牛顿的引力定律还有两个小小的却令人困惑的矛盾。一个是水星轨道的古怪行为,这最终预示了牛顿定律的失败;另一个是月球轨道的异常,后来发现这是天文学家对测量的解释错了。[2] 跟精确测量的通常情形一样,很难在这两个矛盾中判别应该忧虑哪一个。

爱因斯坦正确地猜想,水星的古怪行为(它的近日点的反常移动,见卡片2.2)是真的,而月亮的异常不是真的。水星的古怪"闻起来"是真的,而月亮不是。然而,对爱因斯坦来说,实验与引力定律的这个可疑的矛盾并没有多大意思,也不太重要。他相信,更重要也更有意思的是,牛顿定律将违反他新建立的相对性原理(即那个要求一切物理学定律在每个惯性参照系中必须相同的"形而上原理")。由于爱因斯坦坚信他的相对性原理,所以牛顿定律如果违反了它,就意味着有问题。[1]

---

1. 牛顿的引力定律违反爱因斯坦的相对性原理,并不完全是显而易见的。因为爱因斯坦在建立这个原理时,依赖的是惯性参照系的概念,而这个概念不能用于引力存在的情况。(没有什么办法可以让一个参照系躲避引力而完全在自己的惯性影响下运动)。不过,爱因斯坦相信,一定有办法把他的相对性原理的影响扩大到引力的领域(也就是说,有某种办法将它"推广"从而将引力效应囊括进来),并且他还相信,牛顿引力定律将违反这个尚未建立的"推广的相对性原理"。

卡片2.2

水星近日点的移动

开普勒 (Kepler) 曾将水星轨道描绘成以太阳为一个焦点的椭圆 (下方左图, 轨道椭圆被拉长了)。然而, 19世纪的天文学家根据观测发现, 水星轨道并不完全是椭圆。水星每沿轨道绕一圈, 都不能回到同一个出发点, 而是有一点小小的偏离, 可以描述为一种移动, 即每个轨道在水星离太阳最近的位置发生了移动 (轨道的近日点的移动)。天文学家观测到每个轨道的近日点一次移动1.38弧秒 (下方右图, 移动被夸大了)。

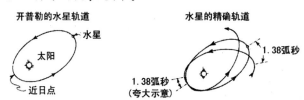

牛顿的引力定律可以解释这1.38弧秒中的1.28弧秒; 那是木星和其他行星对水星的引力作用产生的结果。但是, 还剩下0.10弧秒的偏差: 水星近日点在每个轨道周期中的0.10弧秒的异常移动。天文学家称, 他们的测量误差和不确定程度只有0.01弧秒的大小, 但考虑到所测角度太小 (0.01弧秒相当于人的一根头发的直径在10千米距离处所张的角), 我们一点儿也不会奇怪, 19世纪末和20世纪初的许多物理学家还会对此表示怀疑, 并且期待着牛顿定律的最后胜利。

96 爱因斯坦的理由很简单：照牛顿的观点，引力依赖于两个吸引物体（如太阳和水星）之间的*距离*，但根据相对论，这个距离在不同参照系中是不同的。例如，爱因斯坦的相对论定律预言，太阳与水星间的距离依赖于我们是在水星表面测量还是在太阳表面测量，两者会产生大约十亿分之一的差别。如果水星和太阳的这两个参照系在物理学定律看来都一样好，那么应该用哪个参照系来测量出现在牛顿引力定律中的距离呢？不论选择水星的还是太阳的参照系，都会违反相对性原理。这种进退两难的境地，使爱因斯坦确信，牛顿的引力定律一定有问题。

爱因斯坦的胆识令人惊讶。他已经在几乎没有实验证据的情况下抛弃了牛顿的绝对空间和绝对时间，现在他又要在更缺少实验证据的情况下抛弃牛顿获得过巨大成功的引力定律了。不过，激励他的并不是实验，而是他对物理学定律*应该*怎样的深刻的直觉的洞察。

1907 年，在一个写作计划的激发和引导下，爱因斯坦开始寻找新的引力定律。尽管这时他在专利局还只是一个"二级技术员"（刚从三级提升的），但全世界的大物理学家都很尊重他，所以有人请他为年刊《放射学与电子学年鉴》写一篇关于他的相对论物理学定律及其结果的综述。[3] 爱因斯坦在写作时发现了一条对科掌研究很有价值的思路：当我们要把一个主题以一种自洽的、一致的、适于教学的方式向公众展开时，我们被迫以新的方式来思考这个题目，被迫去考察它的所有缺陷和问题，并找寻弥补的办法。

在他的主题中，引力是最大的缺陷。狭义相对论和它不受引力作用的惯性系完全忽略了引力的作用。所以，爱因斯坦在写作中，一直在寻找将引力纳入他的相对论定律的途径。像大多数被问题困惑的人一样，即使在没有直接考虑这个问题时，他的内心也还在想着它。于是，在1907年11月的某一天，用爱因斯坦自己的话说，"我正坐在伯尔尼专利局的桌旁时，突然出现一个想法：'如果一个人自由下落，他 [97] 将感觉不到自己的重量。'"

你我今天也能有这种想法，但引不出什么结果。爱因斯坦却不同，他会追到思想的尽头，向它们索求每一点灵感。落体的想法是关键的，它指向了引力的革命性的新观点。他后来说它是"我一生中最快乐的思想"。

这个思想的结论滚滚而来，成为爱因斯坦那篇综述中的不朽篇章。假如你自由落下（如从悬崖上跳下），你不仅感觉不到自己的重量，而且还会在所有方面都感到，似乎引力完全从你的邻近消失了。例如，你在下落时从手上放落一些石块，你和石块将肩并肩地下落。如果你看着石块而忽略周围的其他事物，你不能判断自己和石块是在向着地面落下，还是远离引力物而在空中自由漂浮。事实上，在你的邻近，引力是没有作用的，不可能观测到。爱因斯坦认识到，在下落时所携带的小参照系（实验室）里，物理定律与在无引力宇宙中自由运动时必须是相同的。换句话说，你自由下落的小参照系"等效于"无引力宇宙中的惯性参照系，你所经历的物理学定律与在无引力惯性系中的是一样的，它们也就是狭义相对论的定律。（以后我们将知道，为什么参照系必须是小的，"小"的意思是，与地球的大小相比，它很小 —— 或者，更一般地说，与引力在强度和方向上发生改变的范围相比，它很小。）

我们来看一个无引力惯性系与自由下落的小参照系等效的例子，考虑在无引力宇宙中自由运动物体（假定它是一颗炮弹）行为的狭义相对论定律。从那个理想化宇宙中的任何惯性系看，炮弹一定沿直线以均匀速度运动。现在将它与在我们真实的引力宇宙中的运动进行比较：如果炮弹从地球的草地上的大炮中发射出来，从坐在草地上的一只狗来看，它将沿弧线向上，飞到空中，然后落回地球（图2.2）。在狗的参照系中，它沿一条抛物线（黑实线）运动。爱因斯坦请你在一98 个自由下落的小参照系中观察同一颗炮弹，如果草地有一个悬崖的边缘，这是很容易做到的。你可以在大炮发射时从悬崖跳下去，一边下落一边观察。

为了帮你描绘你下落时所看到的景象，想象你在面前举着一扇有12格玻璃的窗户，你透过玻璃观察炮弹（图2.2中间）。在下落中你会看到像图2.2画的顺时针图像序列。在看这个序列时，要忽略狗、大炮、树木和悬崖，只注意你的窗户格子和炮弹。在你看来，炮弹相对于你的窗户格子以不变的速度沿点画的直线运动。

这样，在狗的参照系里，炮弹服从牛顿定律，沿抛物线运动。在你自由下落的小参照系里，炮弹服从无引力的狭义相对论定律，沿直线匀速运动。而在这个例子中真实的事情在一般情况下也应该是真实的，从这个思想迈出一大步，爱因斯坦认识到：*在我们真实的引力宇宙的任何地方的任何自由下落的小参照系中，物理学定律必须与它们在理想化的无引力宇宙的惯性参照系中相同*。爱因斯坦称它为*等效原理*，因为它断言，在引力存在时自由下落的小参照系与没有引力的惯性系是等效的。

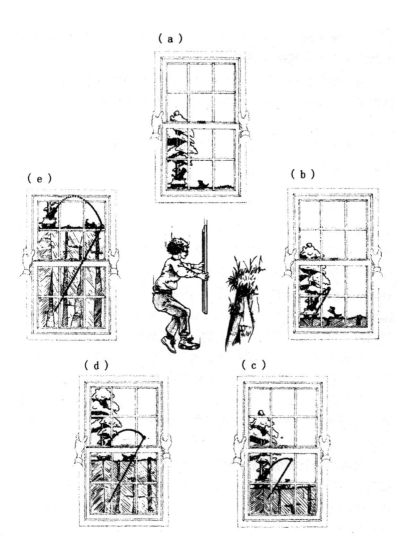

图2.2 中心：你面前举着带十二个格子的窗户从悬崖上跳下。其余的图，从顶上一幅起，依顺时针方向，是大炮发射时你透过窗户看到的情景。相对于下落的窗户参照系，炮弹的轨迹是点画的直线；相对于狗和地球表面，轨迹是实抛物线

爱因斯坦发现，这一断言有一个极其重要的结论：它意味着，只要我们把真实的引力宇宙中的每一个自由下落的小参照系（例如，你从悬崖上落下时带着的小实验室）都称做"惯性参照系"，那么，狭义相对论在理想的无引力宇宙中的惯性系的一切结果，在真实的宇宙中自然也将是正确的。最重要的是，"相对性原理必须正确：我们真实的引力宇宙中的惯性的（自由下落的）小参照系必须"构造成为等效的"，在物理学定律看来，没有哪个参照系会比其他任何一个更优越，或者，我们可以更准确地说（见第 1 章）：

以在一个惯性的（自由下落的）小参照系中所进行的测量来建立任何物理学定律，那么当以任何其他惯性的（自由下落的）小参照系中所进行的测量来重建这些定律时，它们必须具有与在原来的参照系中完全相同的数学形式和逻辑形式。而且，不论（自由下落的）惯性系是在无引力的星际空间，或者是从地球的悬崖上落下，或者处在我们的银河中心，或者落下来穿过黑洞的视界，它都是正确的。

100　　随着相对性原理向引力的扩张，爱因斯坦向他的新引力定律迈出了第一步 —— 从狭义相对论到广义相对论的第一步。

亲爱的读者，请耐心些，这可能是全书最难的一章。在下一章我们开始黑洞历险时，我的故事就不会这么专业了。

在建立了等效原理以后的几天里，爱因斯坦用它得到了一个令人惊愕的预言，被称为引力的时间膨胀：如果谁相对于引力物体静止，那么，离物体越近，他的时间流越慢。例如，在地球的一间屋子里，时间在地板附近比在天花板附近流得更慢。不过，地球上的快慢差异确实太小了（只有 $3/10^{16}$，即亿亿分之三），探测起来是极端困难的。相反（如我们将在下一章看到的），黑洞附近的引力时间膨胀是巨大的；如果黑洞有10个太阳重，那么在离黑洞视界1厘米的高度上的时间流将比远离视界的时间流慢600万倍，而刚好在视界面上的时间流则完全停止了。（想象一下，有没有可能作时间旅行：假如你正好落到一个黑洞的视界上，在那儿经历一年的视界附近的时间流，然后返回地球，你将发现，在你那一年的时间里，地球已经过千百万年了！）

爱因斯坦发现引力时间膨胀的论证多少有些复杂，但后来他找到了一种简单而优美的证明，漂亮地体现了他的物理学思想方法。这一证明在卡片2.4,[4] 它所依赖的光的多普勒频移的解释在卡片2.3。

开始写1907年的综述时，爱因斯坦希望它描述无引力宇宙的相对论，但在写作过程中，他发现了三条线索，可能会使引力与他的相对论相吻合 —— 等效原理、引力时间膨胀和他的相对性原理向引力的扩张 —— 所以，他把这些线索也写进去了。大概在12月初，他把文章寄给了《放射学与电子学年鉴》编辑，然后，全身心地去迎接为引力找一个完全的相对论描述的挑战。[5]

101

卡片2.3

多普勒频移

当波的发射者和接收者相互靠近时，接收者会发现波

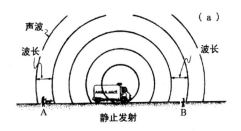

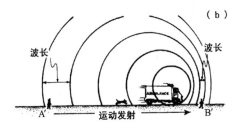

向更高的频率移动——即更短的周期和更短的波长。如果发射者和接收者分离，那么接收者会发现波向更低的频率移动——即更长的周期和更长的波长。这叫多普勒频移，是一切类型的波，如声波、水波、电磁波等都具有的性质。

声波的多普勒频移是我们日常熟悉的现象。当救护车尖啸着高速驶过或即将着陆的飞机从头顶飞过时，我们会听到声音突然降低（图 b）。想想下面的图，你可能就会理解多普勒频移。

波经历的事情，对脉冲也是正确的。如果发射者发出规则间隔的光（或其他）脉冲，那么，当发射者靠近时，接收者会遇到比在发射时具有更高频率的脉冲（两次脉冲间的时间更短）。

卡片2.4

引力时间膨胀

拿两个相同的钟，一个放在地板上一个洞的旁边（以后钟将落进这个洞），另一个用绳子吊在天花板上。地板钟的嘀嗒由地板附近的时间流决定，而天花板钟的嘀嗒由天花板附近的时间流决定。

每嘀嗒一声，天花板的钟就发出一个极短的光脉冲，指向下面地板上的钟。在天花板的钟刚要发射第一个脉冲前，将吊它的绳子剪断，让它自由下落。假如嘀嗒声的间隔极短，那么在下一声嘀嗒响起并发射第二个脉冲的时刻，还觉察不到钟的下落，相对于天花板它几乎还处在静止状态（图a）。这必然意味着，钟仍然与天花板感受着相同的时间流，也就是说，它的两个脉冲的间隔还是由天花板的时间流决定的。

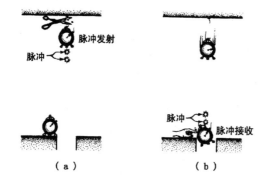

（a）　　　　　　　　（b）

当第一个脉冲刚要到达地板时，让地板上的钟落进洞（图b）。第二个脉冲跟着也很快到达了，在两个脉冲间，自由下落的地板钟的运动还不能被察觉，相对于地板它几乎还是静止的，从而仍然跟地板感受着相同的时间流。

103

通过这样的方式，爱因斯坦将比较天花板和地板所感觉的时间流的问题，转化成为比较两个自由下落的钟（感觉天花板时间的下落的天花板钟与感觉地板时间的下落的地板钟）的嘀嗒速度的问题。然后等效原理又让他可以借助狭义相对论定律来比较两个自由下落的钟。

天花板上的钟因为比地板上的钟先落，它向下的速度总比地板钟的大（图b），也就是说，它在向地板钟靠近。这意味着，地板钟将看到天花板钟发出的经历了多普勒频移（卡片2.3）的光脉冲，即它看到的脉冲到达的时间间隔比它自己嘀嗒的时间间隔更短。由于脉冲间的时间是天花板的时间流决定的，而地板钟的嘀嗒是地板的时间流决定的，这就意味着，地板附近的时间流一定比天花板附近的时间流更慢，换句话说，引力必然使时间流发生膨胀。

12月24日，他给朋友写信说，"我现在正忙着考虑与引力定律相联系的相对论……我希望弄清至今还没能解释的水星近日点移动的长期变化……但似乎还没得到什么结果。"到1908年初，还是没有任何实际的进展，爱因斯坦失望了，放弃了，而将注意力转到了原子、分子和辐射的领域（"小东西的天地"），那里的未解之谜在当时看来更容易，也更有趣。[1]

---

1. 见第4章，特别是卡片4.1。

在"小东西的天地"里，爱因斯坦度过了1908年（那年，闵可夫斯基统一了空间和时间，而爱因斯坦却一笑了之），在1909年至1911年期间，他离开了伯尔尼的专利局，在苏黎世大学当过副教授，然后到布拉格——那是奥（地利）-匈（牙利）帝国文化生活的中心——当教授。

爱因斯坦的教授做得不容易。他不得不上一些常规的与他研究不相干的课，这令他恼火。他既没有把讲义备好的劲头，也没有让课程生辉的热情。不过，在讲他心爱的题目时，他却是精彩绝伦的。[6]这个时候，爱因斯坦在欧洲学术界已经完全成熟起来了，但他也在付出代价。尽管代价不小，他在微观领域的研究却在令人瞩目地推进着，产生了后来为他赢得诺贝尔奖奖金的大发现（见卡片4.1）。

后来，1911年中期，爱因斯坦对微观的兴趣消退了，他又将精力转向引力的战场，几乎把全部时间都用上了，到1915年11月，他终于 104 成功地建立了广义相对论。

爱因斯坦在引力问题上斗争的第一个焦点是潮汐引力。

潮汐引力和时空曲率

想象你是一个正在遥远太空的宇航员，自由地向着地球赤道落下。尽管你在下落中感觉不出自己的重量，事实上你还是可以感觉某些小小的剩余的引力效应。这些剩余效应叫"潮汐引力"。我们先以地球上的某个观察者的观点，然后以你自己的观点来考虑你所感觉的引力。

105　　　从地球上看［图2.3（a）］，作用在你身上不同部位的引力有微小差别。因为你的脚离地球更近，引力对它们的作用比对头的作用更强，所以会从头到脚将你拉长。又因为引力作用总是指向地心，这个方向在你的右侧偏左，在你的左侧偏右，于是，作用在你右侧的引力有点儿向左，而左侧的向右，也就是说，引力把你的两侧挤向中央。

　　　从你的观点看［图2.3（b）］，巨大的向下的引力没有了，消失了。你觉得自己失重了。然而，消失的那部分引力只是拉你向下的部分，从头到脚的拉伸和两肋的挤压依然存在着，原因是作用在你身体较外的部分与作用在你身体中心的引力之间的差异，是你自由下落也摆脱

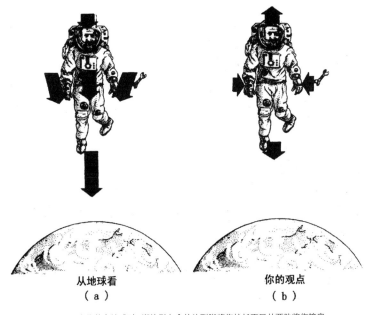

从地球看　　　　　　　　　你的观点
（a）　　　　　　　　　　（b）

图2.3 当你落向地球时，潮汐引力会从头到脚将你拉长而又从两肋将你挤扁

不掉的。

你在下落过程中所感觉的垂向拉伸和侧向挤压，叫潮汐引力或引潮力，因为，当引力源是月球而让地球代替你来感觉时，它们会产生海洋潮汐。见卡片2.5。

爱因斯坦在演绎他的等效原理时，没有考虑潮汐引力，他假定它们不存在。（回想一下他论证的基本内容：当你自由下落时，你"不仅感觉不到自己的重量"，而且"你还会在所有方面都感到，似乎引力完全从你的邻近消失了"。）爱因斯坦忽略潮汐引力之所以是正当的，是因为他想象你（和你的参照系）很小。例如，假如你像蚂蚁那么小或者更小，那么你身体的各部分会彼此靠得很近，从而作用在身体外部和中心的引力方向几乎是一样的，引起潮汐拉伸和挤压的引力差异会极端地微弱。反过来讲，如果你是5 000千米高的巨人，那么地球作用在你身体外部和中心的引力在方向和强度上都将产生巨大的差异，当你下落时，你会经受剧烈的潮汐拉伸和挤压。

根据这样的推理，爱因斯坦相信，在自由下落的足够小的参照系（与引力作用变化的范围相比很小的参照系）中，我们不可能探测到任何潮汐引力的影响，也就是说，在我们的引力宇宙中，自由下落的小参照系与无引力宇宙中的惯性系是等效的，但对大参照系就不是这样了。而大参照系所感觉的潮汐力对1911年的爱因斯坦来说，似乎是最终认识引力本质的一个关键。

卡片2.5

潮汐力产生的海洋潮汐

在地球离月球最近的一边，月球的引力比作用在地心的更强，所以它比对固体地球更强烈地将海洋拉向月球，而海洋也会涌向月球。在地球离月球最近的一边，月球引力较弱，所以它对海洋的吸引不如对固体地球那么强烈，海洋也会凸出而远离月球。在地球的左侧，指向月心的引力有一向右的小分量，而在右侧，它有向左的分量，这些分量将海洋向内挤压。当地球自转时，海洋因为

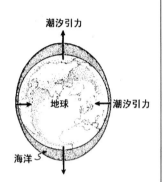

这个凸起和挤压的模式，在每天产生两个高潮和低潮。

也许，在你喜欢的海滨，潮汐并不完全是这样活动的，这不是月球引力的失败，而可能因为如下的两个效应：(1) 海水对潮汐引力的反应有一定滞后，它在海湾、港口、河道、狭湾等沿海岸线的缺口流进流出，需要时间；(2) 太阳引力对地球的拉伸和挤压作用与月球几乎是一样强的，但是因为太阳在空中的位置 (通常) 与月球不同，所以引力作用的方向不同。地球潮汐是太阳和月球的潮汐引力联合作用的结果。

牛顿引力定律怎样解释潮汐力，现在清楚了：它们是作用在不同地方的引力在强度和方向上产生差异的结果。但牛顿的定律却因为它的引力依赖于距离而必将是错的，它违反了相对性原理（"这个距离应在谁的参照系中测量呢？"）。爱因斯坦的挑战是建立一个全新的引力定律，它可以同时满足相对性原理并以一种简单而令人信服的新方法来解释潮汐引力。 107

从1911年中期到1912年中期，爱因斯坦试图通过假设时间卷曲而空间平直来解释潮汐引力。这个听起来很极端的想法是引力时间膨胀的自然产物；天花板附近与地板附近时间流的不同速率可以想象为时间的卷曲。爱因斯坦猜测，也许更复杂的时间卷曲模式能产生从潮汐引力到行星椭圆轨道甚至水星近日点反常移动的所有已知的引力效应。

在追寻这个有趣的想法12个月后，爱因斯坦把它放弃了，当然他有很好的理由。时间是相对的，你的时间是我的时间和空间的混合（假如我们彼此相对运动），于是，如果你的时间是卷曲的而你的空间是平直的，那么我的时间和空间将都是卷曲的，其他任何人的也一样。你而且只有你才有平直的空间，所以物理学定律一定会将你的这个与其他参照系根本不同的参照系驱逐出去 —— 因为它违反了相对性原理。

不过，凭爱因斯坦的感觉，时间卷曲"味道不错"，那么，也许 —— 他想 —— 每个人的时间都是卷曲的，相应的不可避免的是，每个人的空间也是卷曲的。也许这样联合的卷曲可以解释潮汐引力。

　　时间和空间两个都卷曲的想法是很吓人的。因为宇宙允许有无穷多个不同的参照系，每一个都以不同速度运动，那么将不得不有无穷多个卷曲的时间和无穷多个卷曲的空间！幸运的是，爱因斯坦认识到，闵可夫斯基已经为简化这个复杂的状态提供了有力的工具："从今往后，空间和时间本身都将注定在黑暗中消失，只有二者的一种结合能保持为一个独立的实体。"在我们的宇宙中，只有一个惟一的绝对的四维时空，而每个人的时间和空间的卷曲，必然表现为闵可夫斯基单独的惟一的绝对时空的一种卷曲。

　　这是爱因斯坦在1912年夏天被迫得到的结论（不过他更喜欢说"曲率"，不说"卷曲"）。4年来，他一直在嘲笑闵可夫斯基的绝对时空，最后，他终于被迫接受了它，并让它发生卷曲。

　　时空会弯曲（或卷曲），是什么意思？为了讲清楚，我们先问，二维面的弯曲（或卷曲）意味着什么？图2.4画了一个平面和一个曲面。在平面（一张普通的纸）上画了两条绝对直的线，两条线并列延伸，是平行的。古希腊数学家欧几里得（他创立了现在称为"欧几里得几何"的学科）曾将两条初始平行的直线永不相交的要求作为他的一个几何假设。对平行直线所在的面来说，永不相交是确认面的平直性的铁证。如果空间是平直的，那么初始平行的直线永远不会相交。如果我们找到一对原先平行的直线确实相交了，那么我们将知道，空间不是平直的。

　　图2.4中的曲面是地球的球面。我们在球面上找到厄瓜多尔首都基多，它坐落在赤道上。从基多出发，画一条指向北方的完全直线，

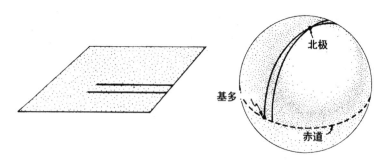

图2.4 在像左图的纸片那样的平面上,两条原先平行的直线永不相交。在像右图的地球球面那样的曲面上,两条原先平行的直线通常会相交

直线将在同一经度上向北延伸,穿过北极。

在什么意义上说它是一条直线呢?有两种意义。一种意义对航空 109
公司来说是极其重要的:直线是一个大圆,而地球球面上的大圆是两点间的最短路线,也就是航空公司愿意飞行的路线。任意另画一条联结基多与北极的路线,一定会比大圆长。

第二种平直性的意义我们在下面讨论时空时还会用到:在球面上沿大圆路径足够小的区域内,球面的曲率几乎测不出来。在这个区域,大圆看来是直的,就像我们通常在平坦的纸上所说的直线那样——这也是专业测量员在用经纬仪或激光束确定地产边界时所用的直线意义。在测量员的这个意义上,在沿大圆路径的每个区域内,大圆都是直线。

在弯曲或卷曲面上的任何路径,如果在这两种意义(航空上“最短路径”的意义和测量员的意义)上是直线,数学家就称它们是测地线。

现在，让我们在球面上从基多出发向东移动几厘米，画一条在赤道上完全与通过基多的那条线平行的新直线（大圆，测地线）。这条直线跟第一条一样，将经过球的北极。令这两条原先平行的直线后来在北极点相交的，正是球面的曲率。

明白了二维面上的曲率效应，我们就可以转向四维时空，去看看那里的曲率。

在理想化的无引力宇宙中，既没有空间的卷曲，也没有时间的卷曲，时空没有曲率。根据爱因斯坦的狭义相对论，在这个宇宙中自由下落的粒子必然沿绝对的直线运动，在任何一个惯性参照系看来，它们都必然保持相同的方向和相同的速度。这是狭义相对论的基本原则。

现在，爱因斯坦的等效原理保证，引力不会改变自由运动的这一基本原则：当在我们真实的引力宇宙中自由运动的粒子进入并穿过一个小惯性（自由下落的）参照系时，它必然沿直线穿过参照系。然而，穿过小参照系的直线运动，显然类似于测量员在地球表面的一个小区域内所观测的直线行为；正如这种在地球小区域内的直线意味着直线实际上是地球表面的测地线一样，粒子在时空小区域内的直线运动也意味着粒子沿时空中的测地线运动。而这一个粒子经历的事情，对所有粒子也一定是正确的：每个自由运动的粒子（每个不受引力之外的任何力作用的粒子），沿时空测地线运动。

认识到这一点后不久，对爱因斯坦来说，潮汐引力是时空曲率的一个表现，就成为显然的事实了。

为说明这是为什么，我们来看下面的（我的，不是爱因斯坦的）思想实验。你一只手拿一个小球站在北极的冰层上（图2.5），同时将两球抛向空中，使它们沿精确的平行轨道上升，然后观察它们落回地球。现在，在我们这个思想实验中，你可以做你愿意做的任何事情，只要它不违反物理学定律。

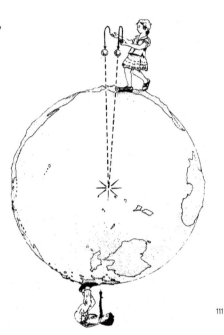

111

图2.5 两个沿精确平行路线抛入空中的球，如果能无阻碍地穿过地球，则它们会在地心附近相撞

你不但想观察引力作用下的球在地球表面以上的轨迹，还想观察它在地表下的轨迹。为此，你可以假想球是特殊材料制成的，可以毫不减速地穿过地球的土壤和岩石（小黑洞可能具有这种性质），你还可以假想，你和一个站在地球另一端观察的朋友，可以通过"X射线图像"跟踪球在地球内部的运动。

球落入地球后，会因地球的潮汐引力而挤到一起，就像下落的宇航员两肋被挤压一样（图2.3）。潮汐引力的强度正好使两球几乎精确地落向地心，并在那儿相撞。

现在我们来总结一下这个思想实验：每个球在时空中沿完全的直线（测地线）运动，两条直线初始是平行的，后来相交了（球发生碰撞）。原先平行的直线相交了，这是时空曲率的标志。从爱因斯坦的观点看，时空曲率导致平行线相交，即导致两球相撞，就像图2.4中地球的曲率导致直线相交一样。从牛顿的观点看，潮汐引力导致两球相撞。

这样，因为在空间和时间本性上存在迥然不同的观点，爱因斯坦和牛顿对导致平行线相交的原因有完全不同的说法，爱因斯坦说它是时空曲率，牛顿说它是潮汐引力。但只有一个原因在起作用，因此，时空曲率和潮汐引力必然完全是以不同语言表达的同一件事情。

我们人类的头脑很难想象高于二维的曲面的图像，于是，几乎不可能形象地表现四维时空的曲率。不过，从不同的二维时空碎片，我们还是能看出一些事情。图2.6用两个时空碎片来解释时空曲率如何产生引起海洋潮汐的潮汐拉伸和挤压。

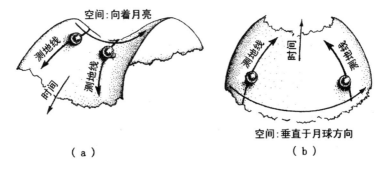

图2.6　地球附近的两片二维弯曲时空，曲率由月球产生。曲率在朝着月球的方向产生潮汐拉伸（a），在横向上产生挤压（b），拉伸和挤压以卡片2.5讨论的方式产生海洋潮汐

图2.6（a）描绘的是地球附近的时空碎片，包括时间和朝月球方向的空间。月球使这块时空弯曲，曲率以图中所示的方式将两条测地线拉开。相应地，我们看到两个沿测地线旅行的自由运动粒子被拉开 [112] 了，我们将这个拉开的作用解释为潮汐引力。拉伸作用的潮汐力（时空曲率）不仅影响自由运动粒子，也影响地球海洋，它像我们在卡片2.5中所看到的那样，在地球离月球最近和最远的一端掀起浪潮。浪潮也试图沿着弯曲时空的测地线运动［图2.6（a）］，从而也试图飞起来分开，但地球的引力（地球产生的时空曲率，没画在图中）不让它们飞起来，所以海洋只能在地球上汹涌。

图2.6（b）是地球附近的另一块时空碎片，包括时间和沿垂直于月球方向的空间。月球使这块时空发生弯曲，曲率像图中那样将测地线挤压在一起。相应地，我们看到两个沿着垂直于月球方向的测地线旅行的自由运动粒子被曲率（月球的潮汐引力）挤在一起，同样，我们也看到地球海洋在垂直于月球的方向上被挤扁了。这种潮汐的挤压作用导致我们在卡片2.5中所看到的海洋的横向压缩。

1912年夏，爱因斯坦发现潮汐引力与时空曲率是同一样东西时，[113] 是布拉格的教授。这是一个惊人的发现——尽管，他还不是那么肯定，理解也不像我描述的那么完全，也没有为引力提出一个完全的解释。它告诉爱因斯坦，时空曲率决定了自由粒子的运动，掀起了海洋的潮汐，但没有告诉他曲率是怎么产生的。爱因斯坦相信，太阳、地球和行星内部的物质以某种方式决定着曲率，但那是什么方式呢？*物质如何使时空卷曲，卷曲的具体情况又是怎样的呢？寻找卷曲的定律，成了爱因斯坦最关心的事情。*

在"发现"时空曲率几个星期后，爱因斯坦离开布拉格回到苏黎世，到他的母校ETH当教授。1912年8月，爱因斯坦刚到苏黎世就去请教老同学格罗斯曼（Marcel Grossmann），现在是那儿的数学教授。爱因斯坦向他解释了潮汐引力是时空曲率的思想，然后问他，有没有什么数学家已经建立的数学方程能帮他发现卷曲的定律，也就是描述物质如何令时空弯曲的定律。格罗斯曼没把握，他的专业在几何的其他方面。不过，去图书馆浏览后，他回来说，有的，确实有需要的方程。这些方程主要是德国数学家黎曼（Bernhard Riemann）在19世纪60年代、意大利的里奇（Gregorio Ricci）在80年代以及里奇的学生勒维-契维塔（Tullio Levi-Civita）在19世纪90年代和20世纪初建立起来的，叫"绝对微分计算"（或者，用1915～1960年间物理学家的语言说，"张量分析"）。不过，格罗斯曼告诉爱因斯坦，微分几何太乱了，物理学家不应该卷进来。还有别的可以用来揭示卷曲定律的几何吗？没有。

就这样，在格罗斯曼的大力协助下，爱因斯坦决定掌握复杂的微分几何，格罗斯曼教爱因斯坦数学，爱因斯坦也教格罗斯曼一些物理学的东西。后来，爱因斯坦引格罗斯曼的话说，"我承认，我毕竟还是通过物理学习得到了一些相当重要的东西。以前，当我坐在椅子上感觉到'前坐者'的余温时，总有点儿不舒服，现在这种感觉完全没有了。因为，在这一点上物理学家已经告诉了我，热是完全与个人无关的东西。"

114　　学微分几何对爱因斯坦并不是件容易的事情。这门学科的精神同他那自然的直觉的物理学论证是格格不入的。1912年10月底，他给索末菲（Arnold Sommerfeld，一个德国大物理学家）写信说，"我自己现在完全被引力问题占据了，我也相信，在当地的一个数学家朋友［格罗斯曼］的帮助下，我会有能力克服所有的困难。但有一点是肯定的，在我的一生中，还从来没有这么艰难地奋斗过，而且我已经对数学充满了敬佩，它那精妙的部分至今在我简单的头脑中还只能认为是一种奢望！同这个问题比起来，原先的相对性理论［狭义相对论］不过是儿童游戏。"

面对物质如何令时空弯曲的疑惑，爱因斯坦同格罗斯曼一道，从秋天奋斗到冬天，但不论多大的努力，都没能使数学与爱因斯坦的想象相吻合，卷曲的定律在躲着他们。

爱因斯坦确信，卷曲的定律应该服从推广（扩大）形式的相对性原理：对每一个参照系 —— 不仅是惯性（自由下落的）系，还包括非惯性系，它都应该是一样的。卷曲的定律不应为了自己的形式而依赖于任何特殊的参照系或者什么特殊类型的参照系。[1]痛苦的是，微分几何的方程似乎不允许有这样的定律。在暮冬时候，爱因斯坦和格罗斯曼最终放弃了寻找，发表了他们所能发现的最好的卷曲定律 —— 为了某种确定性而依赖于一类特殊参照系的定律。

永远乐观的爱因斯坦努力使自己相信，简单说，就是相信这不是什么灾难。1913年初，他在给朋友物理学家埃伦费斯特（Paul Ehrenfest）的信中说，"还有什么能比从［能量和动量守恒的数学方

---

1. 爱因斯坦用一个新名词"广义协变性"来称这种性质，尽管它不过是他的相对性原理的自然推广。

程] 得到的必然限制更美妙的呢？"但进一步考虑后，他认为这是一个灾难。1913 年 8 月，他写信给洛伦兹说，"我对这个理论 ['卷曲的定律'] 的可靠性的信心还在动摇⋯⋯ [因为不能遵从一般的相对性原理]，这个理论背离了它自己的出发点，一切都悬而未决。"

115　　　当爱因斯坦和格罗斯曼在跟时空曲率斗争时，遍布欧洲大陆的其他物理学家担起了统一引力定律和狭义相对论的挑战。但是，他们——芬兰赫尔辛基的诺德斯特勒姆（Gunnar Nordstrøsm）、德国格赖夫斯瓦尔德的米（Gustar Mie）、意大利米兰的亚伯拉罕（Max Abraham）——没有一个人采纳了爱因斯坦的时空曲率观点，而是像电磁那样将引力当成一种活动在闵可夫斯基的平直的狭义相对论时空中的力场。他们采用这种方法也并不奇怪：爱因斯坦和格罗斯曼所用的数学吓人地复杂，而且得到的卷曲定律违反了作者自己的原则。

　　　在不同观点的拥有者之间，发生了激烈的论战。亚伯拉罕写道："像本作者一样曾不得不反复告诫要警惕 [相对性原理] 的诱惑的人，将满意地欢迎这样的事实：它的创始者现在已经令自己相信它是不可能维持下去的。"爱因斯坦在答复中写道："照我的意见，这种情况并不说明相对性原理失败了⋯⋯没有一点儿根据怀疑它的有效性。"私下里，他把亚伯拉罕的引力理论描述成"一匹缺了三条腿的高贵马儿"。在 1913 年和 1914 年间写给朋友们的信中，爱因斯坦谈了这场争论，"我喜欢这个，至少事情有了必要的生气，我欣赏这种争论，费加罗式的：他想跳舞，我愿为他伴奏。[1]""我很高兴，同行们都投身到

1. 这里，爱因斯坦引用了歌剧《费加罗的婚礼》（Lorenzo Da Ponte 编剧，莫扎特曲，见第二幕）里的台词。——译者注

这个[格罗斯曼和我发展起来的]理论中来了，尽管他们现在的目的是要抹煞它 …… 从表面看，诺德斯特勒姆的理论 …… 似乎合理得多，但它也是建立在[平直的闵可夫斯基时空]的，我感到，人们对[平直时空]的信仰，差不多像某种迷信了。"

1914年4月，爱因斯坦离开苏黎世，到柏林做一名不用讲课的教授。他终于可以如愿地尽情工作了，甚至在柏林的大物理学家普朗克和能斯特（Walther Nernst）的影响里，他还是这么做。尽管在1914年爆发了第一次世界大战，爱因斯坦在柏林仍然继续追寻着一个能让人接受的关于物质如何使时空发生弯曲的描述，一个不依赖于任何特殊类型的参照系的描述 —— 一个改进的关于卷曲的定律。

从柏林坐3个小时火车就来到闵呵夫斯基曾经工作过的哥廷根大学村，历史上最伟大的数学家之一，大卫·希尔伯特（David Hilbert）就在那里。在1914和1915年间，他对物理学产生了强烈的兴趣。爱因斯坦发表的思想令他着迷。于是，1915年6月底，他邀请爱因斯坦来¹¹⁶访问。爱因斯坦去了约一个星期，为希尔伯特和他的同事们作了6次两个小时的演讲。访问过了几天以后，爱因斯坦给朋友写信说，"看到[关于我工作的]每件事情在哥廷根都能得到最彻底的理解，我真太高兴了。希尔伯特也令我着迷。"

回柏林几个月后，爱因斯坦-格罗斯曼卷曲定律令他比以前更痛苦。它不但违反了他的引力定律应在所有参照系相同的理想，而且，经过艰难计算后，他还发现，得到的水星轨道近日点的异常移动值是错的。他原希望这个理论能够解释这个近日点移动，从而胜利解决移动与牛顿定律的偏差，这个成果至少能带来一点实验证据，证明他的引力定律是对的，而牛顿的是错的。然而，他在爱因斯坦–格罗斯曼卷曲定律基础上的计算却只得到了观察到的近日点移动的一半。

爱因斯坦彻底检查了他和格罗斯曼过去的计算，发现几个关键性的错误。整个10月，他都在满怀激情地工作。11月4日，他在柏林的普鲁士科学院周末全体会议上提交了关于他的错误和修正的卷曲定律的报告 —— 定律对一类特殊的参照系仍存在一定依赖性，不过不像以前那么强。

爱因斯坦还是不满意，他又同11月4日的定律斗争了一个星期，发现了错误，向11月11日的科学院大会又提出一个卷曲定律的建议。但是，定律还是依赖于特殊参照系，仍然违背他的相对性原埋。

就让它违背下去吧。接下来的一个星期里，爱因斯坦计算了他的新定律的可以通过望远镜观测的结果。他发现定律预言，经过太阳边缘的星光应被引力偏转1.7弧秒的角度（4年以后在一次日食中进行的精确测量将证实这个预言）。而对爱因斯坦最重要的是，新定律给出了正确的水星近日点移动！他欣喜若狂，兴奋得3天做不了事情。在11月18日的科学院大会上，他报告了这个胜利。

117　　　但是，他的定律违背相对性原理，这仍令他烦恼。于是，他在下个星期又检查了计算，发现了另外的错误 —— 最关键的一个。终于，一切都明白了，整个数学体系现在都摆脱了对特殊参照系的任何依赖：在任意一个参照系中定律都有相同的形式（见下面的卡片2.6），因此服从相对性原理。爱因斯坦1914年的理想完全实现了！新的公式对水星近日点进动和光的引力偏折给出相同的预言，而且把他1907年的引力时间膨胀的预言也包括进来了。11月25日，爱因斯坦向普鲁士科学院报告了他这些结果和他的广义相对论的最终确定形式。[7]

3天后，爱因斯坦给朋友索末菲写信说："在过去的一个月里，我度过了一生中最兴奋、最艰苦但也最成功的时光。"接着，在［1916年］1月给埃伦费斯特的信中，他说："你能想象我有多快乐［我的新的卷曲定律遵从相对性原理］，它还预言了正确的水星近日点的运动。我狂喜了几天。"后来，他谈了这个时期的感受："在黑暗中找寻我们感觉得到却表达不出的真理的年月里，那强烈的欲望和动摇的信心以及成功前的焦虑，只有亲身经历过的人才能体会。"

值得注意的是，爱因斯坦并不是第一个发现卷曲定律的正确形式（服从相对性原理的形式）的人，第一个发现者应该是希尔伯特。1915年秋，当爱因斯坦还在向正确定律努力，数学错误接连不断时，希尔伯特也在考虑他从爱因斯坦夏季来哥廷根访问时学来的东西。他在波罗的海的陆根岛度假时，突然产生一个关键的想法，几个星期后，他得到了正确的定律——他没有走爱因斯坦那条艰难的试错路线，而是走一条优美而简捷的数学道路。1915年11月20日，希尔伯特向哥廷根的皇家科学院报告了他的推导和最后的定律，正好比爱因斯坦在柏林向普鲁士科学院报告相同定律早5天。

不过，最后的卷曲定律很快被称为爱因斯坦场方程（卡片2.6），而没有用希尔伯特的名字来命名，这是很自然的，也符合希尔伯特自

119 己对事情的看法。希尔伯特独立并几乎与爱因斯坦同时完成了这个发现的最后几个数学步骤，但爱因斯坦发现了这些步骤之前的几乎一切东西：认识了潮汐引力与时空卷曲必须是同一件事情，设想卷曲定律必然服从相对性原理，它们是这个定律（爱因斯坦场方程）的 90%。事实上，如果没有爱因斯坦，引力的广义相对论定律可能会晚发现几十年。

118

卡片 2.6

爱因斯坦场方程：爱因斯坦的时空卷曲定律 [8]

　　爱因斯坦的时空卷曲定律，即爱因斯坦场方程指出，"物质和压力使时空卷曲。"更具体地说：

　　在时空任一位置任选一个参照系，通过研究在这个选定的参照系的三个方向（东－西、南－北和上－下）上曲率（即潮汐引力）将自由运动的粒子推近或拉开的方式来寻找时空的曲率。粒子沿时空的测地线运动（图 2.6），它们被推近或拉开的速率正比于它们之间的方向上的曲率大小。如果它们像在图（a）和（b）中那样被推近，我们就说曲率是正的；如果它们像在图（c）中那样被拉开，曲率就是负的。

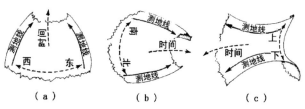

（a）　　　　　　（b）　　　　　　（c）

将东-西 [图 (a)]、南-北 [图 (b)] 和上-下 [图 (c)] 三个方向上的曲率加起来，爱因斯坦场方程指出，这三个曲率大小的和正比于粒子附近的质量密度（乘以光速的平方化为能量密度，见卡片 5.2）加上粒子附近物质压力的 3 倍。

即使你和我可能处在时空的同一位置（如，1996 年 7 月 14 日中午飞在法国巴黎上空），如果我们彼此相对运动，你的空间将不同于我的，同样，你测量的质量密度（如我们周围空气的质量）也将不同于我测量的密度，我们测量的物质压力（如空气压力）也将不同。同样，你测量的三个时空曲率之和也将不同于我测量的和。然而，你和我都一定会发现，我们测量的曲率之和正比于我们测量的质量密度加上我们测量的压力的 3 倍。在这个意义上，爱因斯坦场方程在每个参照系中都是一样的。它服从爱因斯坦的相对性原理。

在大多数情况下（如整个太阳系），物质的压力与它的质量密度乘以光速平方相比很小，因而压力对时空曲率的贡献是不重要的；时空卷曲几乎只归因于质量。只有在中子星内部深处（第 3 章）和其他特别的地方，压力对卷曲的贡献才有意义。

通过爱因斯坦场方程的数学计算，爱因斯坦和其他物理学家不但解释了光线被太阳的偏折和行星在轨道上的运动（包括奇怪的水星近日点的移动），而且还预言了黑洞（第 3 章）、引力波（第 10 章）、时空奇点（第 13 章）的存在，也许还有虫洞和时间机器（第 14 章）的存在。本书其余部分就用来讨论爱因斯坦这些天才的遗物。

当我浏览爱因斯坦发表的科学论文时（很遗憾，我只能看1965年的俄文本选集，因为我不懂德文，而他的大多数论文到1993年才开始译成英文）[9]，我惊讶地发现他的研究风格在1912年发生了巨大的改变。1912年前，他的文章以优美的文笔、深刻的直觉和简单的数学而令人赏心悦目，其中许多论证跟我们在90年代讲相对论时所用的是一样的，没人想去改进它们。相反，1912年以后，爱因斯坦的论文里出现了大量复杂的数学——尽管通常结合着他对物理学定律的洞察。这种数学与物理学洞察的结合，在1912～1915年间所有在引力领域工作的物理学家中，只有爱因斯坦才有，它最终将他引向了引力定律的完全形式。

但是，爱因斯坦的数学工具用得有点儿笨拙，像希尔伯特后来说的，"哥廷根街上的每个小孩儿都比爱因斯坦更理解四维几何。不过，尽管如此，爱因斯坦还是做成了这件事［建立引力的广义相对论定律］，而数学家没有。"他之所以做成了，是因为这件事仅有数学是不够的，还需要他那独特的物理学洞察。

实际上，希尔伯特说得过分了。爱因斯坦是一个很不错的数学家，尽管，他在数学技巧上不像在物理学洞察中那样算得上是一个大师。结果，我们现在很少用爱因斯坦1912年以后提出的形式来讨论他当时的论证，我们已经学会了更好的形式。而且，随着1915年过后，物理学定律的数学味道越来越浓，爱因斯坦当年那个巨人的身影也越来越淡，火炬已经传给了别人。

第 3 章
黑洞，发现与拒绝

爱因斯坦的卷曲时空定律
预言了黑洞，
爱因斯坦拒绝了这个预言

"至于为什么'史瓦西奇点'不存在于物理学实体中"，1939年，爱因斯坦在一篇论文中写道，"这个考察的基本结果说得很清楚了。"[1]爱因斯坦用这句话明确地拒绝了他自己的理性财产：他的广义相对论引力定律似乎正在预言的黑洞。

那时，根据爱因斯坦的定律还只能得到黑洞的几个性质，而"黑洞"这个名字也还没有，它们被称为"史瓦西奇点"。不过，人们已经明白，落入黑洞的任何事物不可能再逃出来，也不可能发出光或其他东西，而这已经足以让爱因斯坦和他那个时代的大多数物理学家相信，黑洞是可怕的怪物，肯定不会存在于真实宇宙中。物理学定律一定会以某种方法使宇宙不受这种怪物的侵害。

　　爱因斯坦如此强烈地拒绝黑洞，那么，关于黑洞，他们那时都知道些什么呢？广义相对论关于黑洞存在的预言有多大力量？爱因斯坦怎么能拒绝这个预言而仍然相信他的广义相对论的定律呢？这些问题的答案有着18世纪的渊源。

　　在整个18世纪，科学家（那时叫自然哲学家）们相信，引力服从牛顿定律，光由光源以极高的普适速度发出的微粒（粒子）组成。通过望远镜对木卫在绕木星的轨道上所发出的光的测量，知道光速大约是每秒300 000千米。

　　1783年，英国自然哲学家米歇尔（John Michell）大胆地将光的微粒描述与牛顿的引力定律结合，从而预言了非常致密的星体应该是什么样的。[2] 我把他的思想实验换个说法重复一遍。

　　在一颗星体的表面，以某初始速度抛出一个粒子让它自由向上运动。如果初始速度太低，星体引力将减慢粒子速度，使它停下来，然后将它拉回星体表面。如果初始速度足够大，引力也将使粒子慢下来，但不会使它停止，粒子将设法逃掉。回落与逃逸的界线，即为了逃逸的最小初始速度，叫"逃逸速度"。对从地球表面抛出的粒子来说，逃逸速度是每秒11千米，从太阳表面抛出的粒子，逃逸速度为每秒617千米，或光速的0.2%。

　　米歇尔能用牛顿的引力定律计算逃逸速度，证明它正比于星体质量除以其周长的平方根。因此，对质量一定的星体来说，周长越小，逃逸速度越大。理由很简单：周长越小，星体表面离中心越近，因而表面的引力越强,粒子为了逃脱星体的引力作用就越困难。

米歇尔推论,存在一个临界周长,对它来说逃逸速度是光速。如果光微粒像其他类型的粒子一样受引力作用,那么光几乎不能从具有临界周长的星体逃逸出去。对更小的星体光就完全不能逃逸了。如果以标准光速299 792千米/秒从这样的星体发射一颗光微粒,微粒起初会向上,然后慢慢停下来,又落回星体表面,见图3.1。

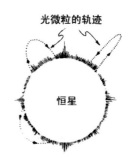

图3.1 米歇尔1783年用牛顿引力定律和光的微粒描述计算的从比临界周长小的星体发出的光的行为

米歇尔能够很容易地计算临界周长。假如星体与太阳有相同质量,那么周长是18.5千米,而且随质量成比例地增大。

18世纪的物理学定律无法阻止如此致密星体的存在,因此,米歇尔猜想,宇宙中可能存在大量这样的黑(暗)星,它们都圆满地存在于自己的临界周长内,从地球看不到它们,因为从它表面发出的光微粒都被无情地拉回去了。这样的暗星就是黑洞在18世纪的形式。[123]

米歇尔是英格兰约克郡桑希尔的教区长,1783年11月27日,他向皇家学会报告了也许存在暗星的预言。报告在英国自然哲学界产生了一点影响。13年后,法国自然哲学家拉普拉斯(Pierre Simon Laplace)在他的名著《宇宙体系论》的第1版里,通俗地提出了相同的预言,而没有提到比他更早的米歇尔的工作。在1799年的第2版里,拉普拉斯还保留了暗星的预言;但是到第3版(1808年)的时候，托马斯·杨（Thomas Young）发现了光的自干涉，[1] 证实了惠更斯（Christiann Huygens）提出的光的波动描述，从而迫使自然哲学家们放弃光的微粒描述 —— 不过那时还不知道如何协调波动描述与牛顿引力定律，以计算星体引力对它发出的光的作用。大概为了这个原因，拉普拉斯在第3版和后来的版本中删除了暗星的概念。[3]

124 只有在1915年11月，爱因斯坦建立了广义相对论的引力定律以后，物理学家才又一次相信他们对引力和光的认识已经足以计算星体引力对它发出的光的作用了。只有在这个时候，他们才又满怀信心地转到米歇尔和拉普拉斯的暗星（黑洞）上来。

第一步是史瓦西（Karl Schwarzschild）迈出的，他是20世纪初最有名的天体物理学家。那时，他正在第一次世界大战俄国前线的德国军队服役，在1915年的《普鲁士科学院会议报告》里看到了爱因斯坦建立的广义相对论。他几乎立即就开始寻找爱因斯坦的新引力定律对星体能作出什么预言。

由于分析旋转的或非球形的星体在数学上很复杂，为了简化计算，史瓦西只考虑了完全没有旋转的球状星体，他先去找星体外部的数学描述，然后再来揭示星体的内部。几天之内，他就找到了答案。他根据爱因斯坦的新场方程，详细计算了任意无旋转球状星体外的时空曲率。他的计算简洁而优美，计算所预言的弯曲几何，很快成为大家所熟悉的史瓦西几何，注定会对我们认识引力和宇宙产生巨大的影响。

---

1. 见第10章。

史瓦西把计算论文寄给爱因斯坦。1916年1月13日，爱因斯坦代表他在柏林普鲁士科学院的一次会议上作了报告。几个星期后，爱因斯坦向科学院报告了史瓦西的第二篇论文：关于星体内部的时空弯曲的精确计算。[4] 仅仅4个月后，史瓦西令人瞩目的成果终止了：6月19日，爱因斯坦悲痛地向科学院报告，卡尔·史瓦西在俄国前线染病去世了。

史瓦西几何是我们在本书遇到的第一个时空弯曲的具体例子，而且对黑洞性质非常重要，所以我们要详细地来考察它。

假如我们把在空间和时间各处的所有活动都想象为一个绝对的统一的四维时空"结构"，那么，用弯曲（卷曲）的四维时空语言来描述史瓦西几何真是再恰当不过了。然而，我们日常经历的是三维空间与一维时间，它们是没有统一的。所以，我在描述中，将卷曲的时空分解为卷曲的空间加卷曲的时间。 ₁₂₆

因为空间和时间是"相对的"（如果我们彼此相对运动，则我的空间不同于你的空间，我的时间也不同于你的时间[1]），时空的分解首先要求选择一个参照系 —— 也就是选择一种运动状态。对某颗星而言，我们有一种自然的选择，即令星体处于静止，也就是，我们选择星体自己的参照系。换句话说，我们来检验星体自己的空间和时间而不是某个高速经过星体的运动者的空间和时间，这是很自然的。

1.见图1.3和第2章里关于蒙里迪那和塞罗那岛的故事。

125

身穿学者长袍的卡尔·史瓦西在德国哥廷根
［美国物理学联合会（AIP）Emilio Segrè 图像档案馆提供。］

为了更形象地认识星体空间的曲率（卷曲），我将借助一种叫嵌入图的绘图方法。因为嵌入图将在以后的章节里充当重要角色，我现在通过类比来仔细介绍这个概念。

想象一族生活在只有两个空间维的宇宙中的类人生物，他们的宇宙是一个弯曲的碗面，如图3.2所示。他们也跟他们的宇宙一样，是二维的，在垂直于曲面的方向上，是无限薄的。而且，他们看不到曲面的外头，他们通过在曲面上运动而永不离开曲面的光来观察事物。于是，这些"二维生物"（我这么称呼他们）没有任何方法来获得关于他们二维宇宙以外的任何事物的任何信息。

二维生物可以通过对直线、三角形和圆的测量来探索他们二维宇宙的几何。他们的直线是第2章讨论过的"测地线"（图2.4及有关正文）：他们二维宇宙中存在的最直的线。在他们宇宙的"碗"底（在图3.2中我们看到是球面的一部分），他们的直线是像地球赤道或者经线一样的大圆的一部分。在碗口以外，他们的宇宙是平坦的，所以那里的直线是我们通常所认识的直线。

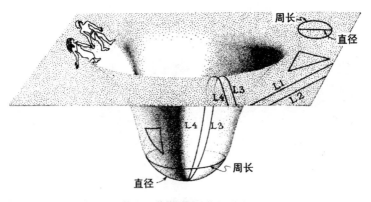

图3.2 居住着二维生命的二维宇宙

　　如果二维生物去检验他们宇宙外部平直部分的一对平行直线（如
127 图3.2中的L1和L2），那么不论他们跟踪直线多远，都不会看到它们
相交。用这个办法，他们发现外部区域是平直的。另一方面，如果他
们在碗口外作平行直线L3和L4，然后跟踪两线进入碗内，尽可能让
它们保持为直线（测地线），他们将看到线在碗底相交。他们用这个
办法发现，在碗的内部区域，他们的宇宙是弯曲的。

　　通过测量圆和三角形（图3.2），二维生物也可以发现外部区域是
平直的，而内部区域是弯曲的。在外部区域，所有圆的周长都等于π
（3.141 592 65 … ）乘以它们的直径。在内部区域，圆的周长小于π乘
以圆的直径。例如，图3.2中近碗底的大圆的周长等于2.5乘以直径。
如果二维生物以直线（测地线）为边作一个三角形，然后将三个内角
相加，那么，在平直的外部区域，结果是180度；而在弯曲的内部区
域，结果会大于180度。

　　通过这些测量，二维生物发现了他们的宇宙是弯曲的，接着他们
开始推测，可能存在一个三维空间，他们的宇宙就处在 —— 即嵌在
其中。他们可能将那个三维空间叫超空间并猜想它的性质。例如，他
们可能想象它在欧几里得意义上是"平直的"（其中的平行线永不相
交）。你我看这个空间都没有困难，它就是图3.2中的三维空间，我
们每天经历的空间。然而，二维生物因为只有二维经验，他们来看这
个空间是大有困难的。而且，他们不可能有什么办法知道，这样的超
曲面是否真的存在。他们不可能走出二维宇宙进入超曲面的第三维，
又因为只能通过永远在宇宙中的光线来观察，所以他们永远也看不到
超曲面。对他们来说，超曲面完全是假想的。

　　超曲面的第三维与二维生物可能也会认为是第三维的"时间维"无关。当他们想象超曲面时，实际不得不用四维的语言：两维是他们宇宙的空间，一维是它的时间，还有一维，就是超曲面的第三维。

　　我们是三维生物，生活在一个弯曲的三维空间里。如果我们也去测量我们在一个星体内部和附近的空间几何 —— 史瓦西几何，我们将发现它会像二维生物的宇宙那样弯曲。

　　我们可以想象一个更高维的平直超曲面，我们弯曲的三维空间就嵌在其中。为了适应像我们这样的三维弯曲空间，结果，这样的超曲面必须有六个维。（记住，我们的宇宙也有一个时间维，所以总体上我们必须在七维下进行思考。）

　　现在，要我将我们嵌在六维超曲面中的三维空间形象地表现出来，就比二维生物表示他们嵌在三维超曲面中的二维宇宙，困难得多了。不过，有一种技巧可以帮很大的忙，如图3.3。

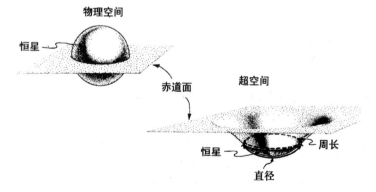

图3.3 用嵌入图（右下）表示的星体内部和周围（左上）的三维空间的曲率，这是爱因斯坦场方程的史瓦西解所预言的曲率

　　图3.3描述了一个思想实验：将一张薄片插入一个星体的赤道平面（左上图），薄片将星体切成完全相同的上下两半。赤道薄片虽然在图中看起来还是平的，但实际上是不平的。星体的质量使星体内部和周围的三维空间发生卷曲（左上图不能表现卷曲方式），卷曲又以图中没有表现的方式使赤道片发生弯曲。我们可以完全像二维生物在他们宇宙的二维空间那样，在我们真实的物理空间中进行几何测量，从而发现薄片的曲率。这样的测量将揭示，原先平行的直线在星体中心附近相交，任何星体内部或附近的圆的周长小于π乘以其直径，三角形内角和大于180度。弯曲空间的这些古怪事情都是爱因斯坦方程的史瓦西解预言的。

　　为了形象地表现史瓦西曲率，我们可以像二维生物那样，想象将赤道片从我们宇宙弯曲的三维空间中取出来，然后将它嵌入一个假想的平直的三维超曲面（图3.3右下）。在没有弯曲的超曲面中，薄片只有向下弯曲成碗状，才能保持它的弯曲几何。这样从我们弯曲宇宙中取出来嵌入假想的三维平直超曲面的二维薄片图，就叫嵌入图。

　　将超曲面的第三维想象为我们自己宇宙的第三个空间维是很诱人的，但我们必须拒绝这种诱惑。超曲面的第三维与我们自己宇宙的任何一维都没有任何关系，那一维我们既走不进也看不见，也不能从它得到任何信息，是纯假想的一维。不过，它还是有用的。它可以帮助我们看见史瓦西几何，而且在本书后面它还将帮助我们看见其他的弯曲几何：黑洞的、引力波的、奇点的和虫洞的（见第6，7，10，13和14章）。

　　如从图3.3的嵌入图所看到的，星体赤道片的史瓦西几何在定性上同二维生物宇宙的几何是一样的：在星体内部，几何是碗状弯曲的，在远离星体的地方，几何是平直的。跟在二维生物的碗内的大圆（图3.2）一样，在这儿（图3.3），星体的周长除以直径也小于π。对我们的太阳而言，它预言周长与直径之比比π小百万分之几。换句话说，在太阳内部，空间在百万分之几以内的精度上是平直的。然而，假如让太阳保持相同的质量而周长越来越小，那么它内部的曲率会越来越大，图3.3的嵌入图的碗的下凹将更显著，周长与直径之比将大大地小于π。

　　因为在不同参照系中空间的曲率不同（"如果我们彼此相对运动，你的空间是我的空间和我的时间的混合"），所以在相对于星体以高速度运动的参照系中和在星体处于静止的参照系中所测量的星体空间弯曲的细节是不同的。在高速参照系的空间里，星体在垂直于运动的方向上以某种方式被压扁了，所以嵌入图很像图3.3的，但碗被横向挤压成为长椭圆形。压扁是弯曲空间发生了菲兹杰拉德在无引力宇宙中所发现的空间收缩的结果（见第1章）。

　　爱因斯坦场方程的史瓦西解不仅描述了空间的曲率（或卷曲），还描述了星体附近的时间卷曲——由星体的强大引力产生的卷曲。在相对于星体静止或飞行速度不高的参照系中，时间卷曲完全是第2章讨论过的引力时间膨胀（卡片2.4及相关讨论）：靠近星体表面的时 [131]间流比远处的慢，而在星体中心，时间流更慢。

　　在太阳的情形，时间卷曲很小：在太阳表面，时间流只比远离太阳慢百万分之二（1年慢64秒），而在太阳中心，它比在远处慢大约十万分之一（1年慢5分钟）。然而，如果太阳保持相同质量而周长更小，表面离中心更近，那么引力作用会更强。相应地，它的引力时间膨胀——时间卷曲——将变得更大。

时间卷曲的一个结果是，从恒星发出的光会经历引力红移。因为光的振荡频率由光发射处的时间流决定，从星体表面的原子发出的光在到达地球时，将比从星际空间的同类原子发出的光具有更低的频率。频率降低的量完全与时间流变慢的数量相同。较低的频率意味着较大的波长，所以，来自星体的光必然会以星体表面时间膨胀的数量向光谱的红端移动。

在太阳表面，时间膨胀为百万分之二，所以，从太阳到达地球时，光的引力红移也是百万分之二。在爱因斯坦时代，这么小的红移是不能确定地测量的。但在60年代初，实验技术赶上了爱因斯坦的引力定律：普林斯顿大学的布劳特（Jim Brault）用一个精巧的实验测量了太阳光的红移，得到了与爱因斯坦预言非常一致的结果。[5]

在史瓦西过早去世后的几年里，他的时空几何成了物理学家和天体物理学家的标准研究工具。包括爱因斯坦在内的大多数人都在研究它，估量它的意义。所有的人都同意而且重视这样的结论，如果星体像太阳那样有很大的周长，那么它内部和周围的时空只会出现很小的弯曲，从它表面发出而在地球接收的光向红色方向的移动会更少。他们也同意，如果星体越致密，那么它的时空卷曲越大，从它表面发出的光的引力红移也越大。不过，很少有人愿意去认真考虑史瓦西几何

在高致密星体情况下的那些极端预言（图3.4）。[6]   132

　　史瓦西几何预言，每个星体都存在一个依赖于星体质量的临界周
长 —— 与米歇尔和拉普拉斯在一个多世纪以前发现的那个临界周长
相同：18.5千米乘以以太阳质量为单位的星体质量。如果星体的实际
周长大于这个临界值的4倍（图3.4上），那么星体空间将像图中表现
的那样适度弯曲，它表面的时间流会比远处的慢15%，从表面发出的
光也会向红端移动15%。如果星体周长较小，只是临界值的2倍（图
3.4中），它的表面将更强烈地弯曲，表面的时间会比远处的慢41%，[133]
表面发出的光也将红移41%。这些预言看来都是合理的，可以接受的。
在20年代甚至60年代末的物理学家和天体物理学家们看来根本不合
理的，是在实际周长与临界值相同的星体情况下的预言（图3.4下）。

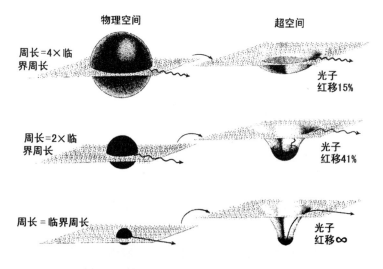

图3.4 广义相对论对空间曲率和光的红移的预言，光线来自3个质量相同而周长
不同的高度致密的星体。第1个星体的周长是临界周长的4倍；第2个是临界周长的2
倍；第3个正好具有与临界值相同的周长。用现代语言说，第3个星体的表面是黑洞的
视界

这样一个星体，因为它更强烈弯曲的空间，表面的时间流无限地膨胀，时间根本不流了——冻结了。相应的是，不论从星体表面出发向上旅行的光开始是什么颜色，它都一定会移过光谱的红端，超越红外线，超越无线电波的波长，一直到无限大，就是说，直到不存在。用现代语言来说，具有临界周长的星体表面正好处在黑洞的视界；而星体以它强大的引力产生一个包围它自身的黑洞视界。

史瓦西几何论证的基本观点与米歇尔和拉普拉斯发现的相同：像临界周长那么小的星体，从远处看来，必然完全是黑的，一定是我们现在所说的黑洞。尽管基本结果相同，但机制完全不同。

米歇尔和拉普拉斯基于牛顿的空间和时间绝对而光速相对的观点相信，对刚好比临界周长小一点儿的星体，光微粒几乎逃逸了。它们会飞到离星体很远的高度，比任何行星轨道还高；但当它们向上爬的时候，将被星体引力减慢，停在某个尚未达到星际空间的地方，然后调头，被拉回星体。尽管在沿轨道运动的行星上的生物可以通过减速的光看到这颗恒星（对他们来说，它不是黑的），但我们生活在遥远地球上的人却根本看不到它，星光不能到达我们。对我们来说，星体完全是黑的。

相反，史瓦西的时空曲率要求光总是以相同的普适速度传播，永远也不会变慢。（光速是绝对的，但空间和时间是相对的。）但是，如果光是从临界边界发出的，那么，当它向上经过无限小的距离时，它的波长必然产生无限大的移动。（波长移动之所以无限大，是因为时间流在视界处是无限膨胀的，而波长总是以与时间膨胀相同的量移动。）波长无限大移动的结果是消耗了所有的光能，因此光也不复存在了！这样，不论行星离临界边界多近，它上面的生物也根本看不见从星体发出的光。

我们将在第7章研究，从黑洞临界面内部看，光的行为是怎样的。[134] 我们会发现，光毕竟没有消失，它只不过是不能逃出临界面（黑洞的视界），尽管它仍在以标准的、普适的每秒299 792千米的速度向外运动。但是，本书才开头，我们还不能很好地理解这种看似矛盾的行为。现在，我们必须首先建立对其他事物的认识，这也是从1916到1960年这几十年间物理学家们所做的。

在20年代和进入30年代后，世界上最有名的广义相对论专家是爱因斯坦和英国天文学家爱丁顿（Arthur Eddington）。虽然别人也懂相对论，但爱因斯坦和爱丁顿为这个学科定下了理性的基调。在有人愿意把黑洞当真时，爱因斯坦和爱丁顿不愿意。黑洞就是"味不对"，它们太奇怪了，它们违背了爱因斯坦和爱丁顿关于我们的宇宙应该如何表现的直觉。

爱因斯坦在20年代似乎已经研究过这个问题，却将它忽略了。那时候，没人认为黑洞是什么重要的预言，所以也没有多大必要为此清理这些事情。而且因为别的自然之谜更有趣，更令人困惑，所以爱因斯坦把精力放到了别的地方。

爱丁顿在20年代的方法更天真。他像个业余演员，喜欢普及科学。只要没人把黑洞太当真，它们就是在别人面前摇摆的玩物。于是，

我们看到他在 1926 年的《恒星的内部结构》一书中写道，没有什么可
观察的星体能比临界周长的星更致密："第一，引力的作用会大得连
光也不能从它逃逸，光线会像石头落回地球那样落回恒星。第二，谱
线的红移会大得连它的谱都不存在了。第三，质量会产生很大的时空
度规的曲率，使空间封闭起来，将星体包在里面，而将我们留在外头
（不知那是什么地方）。"第一个结论是光不能逃逸的牛顿式说法；第
二个结论是半精确的相对论表达；而第三个结论就是典型的爱丁顿式
135 的夸张了。我们从图 3.4 的嵌入图已经清楚地看到，当星体像临界周
长那么小时，空间弯曲是很强烈的，但还不是无穷大，空间当然也不
会卷起来包围星体。爱丁顿大概是知道这一点的，但他的描述很动听，
在天真和幽默中把握了史瓦西时空曲率的精神。

　　我们将在第 4 章看到，在 30 年代，要求认真考虑黑洞的压力开始
增加了。随着压力的增加，爱丁顿、爱因斯坦和其他一些"一言九鼎"
的人物开始明确表示他们对这些怪物的反对。

　　1939 年，爱因斯坦发表了一篇广义相对论的计算文章，作为一个
例子，他解释了为什么黑洞不能存在。[7] 他的计算分析了人们也许想
136 过可以用来制造黑洞的一类理想物体。那是一个靠引力相互吸引从而
聚在一起的粒子集，很像太阳通过引力作用于它的行星而将太阳系团
结在一起。爱因斯坦集合的粒子都沿圆轨道围绕一个共同的中心运动，
它们的轨道形成一个球面，球面上一端的粒子靠引力吸引着另一端的
粒子（图 3.5 左）。

　　爱因斯坦想象，让集合越来越小，将实际周长向临界周长压缩。

正如我们所预料的，他的计算表明，集合越紧密，球面的引力越强，在球面上运动的粒子为不至被引力拉进去，一定会运动得更快。爱因斯坦证明如果集合小于1.5倍临界周长，引力将非常强大，为避免被它吸进去，粒子不得不比光还跑得快。因为没有东西能比光运动得更快，所以粒子集不可能比1.5倍临界值还小。"至于为什么'史瓦西奇点'不存在于物理学实体中"，爱因斯坦写道，"这个考察的基本结果说得很清楚了。"

作为对自己观点的支持，爱因斯坦还借助了一个其物质密度为常数的理想星体的内部结构（图3.5右）。这样的星体靠它内部气体的压力而避免坍缩。史瓦西曾用广义相对论导出了这种星体的完备的数学描述，他的公式表明，如果让星体越来越紧密，那么，为了反抗内部引力强度的增大，星体内部的压力也一定会越来越高。史瓦西公式

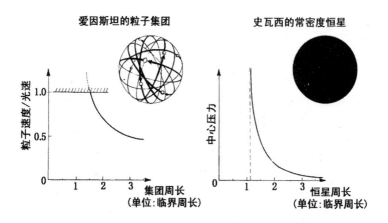

图3.5 爱因斯坦关于不可能存在像临界周长那么小的物体的证明。左：如果爱因斯坦的球状粒子集的周长小于1.5倍临界周长，那么粒子速度一定会超过光速，而这是不可能的。右：如果常密度的星体小于9/8=1.125倍临界周长，那么星体中心的压强一定会无穷大，这也是不可能的

表明，在星体周长压缩到 9/8 = 1.125 倍临界周长时，中心压力成为无限大。因为真实气体不可能产生真正的无限大的压力（任何其他物质也不能），所以爱因斯坦相信，这样的星体不可能像 1.125 倍临界周长那么小。[8]

爱因斯坦的计算是正确的，但他对结果的解释却错了。他总结的结论，即没有物体能变得像临界周长那么小，更多地是由他反对史瓦西奇点（黑洞）的直觉决定的，而不是根据计算本身。回头来看，我们现在知道，正确的解释是：

爱因斯坦的粒子集和常密度星体不可能达到形成黑洞的致密程度，因为爱因斯坦需要内部的某种力来平衡引力的挤压：在恒星情形，他需要气体压力；在粒子集的情形，他需要粒子运动的离心力。事实上，在物体很接近它的临界周长时，确实没有什么力量能够抵抗引力的挤压，但这并不意味物体不能这么小。相反，它倒意味着，假如物体真那么小，那么，引力必然超越物体内部其他一切力量，挤压物体产生灾难性的坍缩，从而形成黑洞。爱因斯坦的计算没有包括坍缩的可能性（他所有的方程都忽略了这一点），所以失去了这个结果。

我们今天对黑洞概念太熟悉了，难免会问，"爱因斯坦那时怎么会那么笨？他怎么正好把产生黑洞的坍缩给忘了呢？"这种反应说明我们还不了解 20 年代和 30 年代几乎每一个人所具有的思想倾向。

人们那时对广义相对论的理解还很贫乏，没人认识到足够致密的物体必然会坍缩，而坍缩将产生黑洞。人们错误地将史瓦西奇点（黑洞）想象成一个在临界周长附近或内部的由某种内力支持着抗拒引力的物体；于是，爱因斯坦认为，他可以通过证明没有什么由内力支持的东西可以像临界周长那么小，来揭露黑洞的荒谬。

假如爱因斯坦猜想"史瓦西奇点"确实可能存在，那他当然也会认识到坍缩是它们形成的关键，而内力是无关紧要的。但是，他太相信它们不能存在了（它们"味道不对"，非常不对），跟那时差不多所有的同行一样，他的头脑里有一块打不破的石头，遮住了真理。

在怀特（Terence Hanbury White）的史诗小说《过去和未来的国王》里，有一个蚂蚁社会，它们有句格言，"凡不被禁止的事情都是必然的"。物理学定律和真实的宇宙并不是这样的。许多物理学定律允许的事情也是很不可能的，实际上从来没有发生过。一个简单的广为流传的例子是打碎在地板上的鸡蛋自发地重新聚集起来：鸡蛋落到地板上，碎成蛋黄和蛋清，将这个过程拍成电影。然后，将影片倒放，[138]会看到鸡蛋又自发地重新聚在一起，飞离地板。物理学定律允许这样的重聚过程在时间长河里发生，但它从来没有实际发生过，因为太不可能了。

在20年代和30年代，甚至到了40年代和50年代，物理学家的黑洞研究都只在针对一个问题：物理学定律是否允许这种物体存在——而答案是不定的：乍看起来，黑洞似乎是可能的。然后，爱因斯坦、爱丁顿和其他一些人（错误地）论证，它们是不允许的。50年代，当这些论证最终被否定了以后，许多物理学家又来讨论，黑洞也许是物理学定律允许的，但太不可能了（像重组的鸡蛋那样），永远不会实际出现。

实际上，黑洞不像重组的蛋，在某些普通条件下它们是必然的。不过，只是到了60年代后期，当它们的必然的证据已经压倒一切时，大多数物理学家才开始认真面对黑洞。在接下来的三章里，我将叙述这些证据是如何在从30年代到60年代间积累起来的，又曾遇到过多少阻力。

黑洞在20世纪遇到的广泛而且几乎普遍的抵制，与它在米歇尔和拉普拉斯的18世纪受到的热烈欢迎，形成了鲜明的对比。阿尔伯达大学的当代物理学家伊斯雷尔（Werner Israel）深入研究了这段历史，猜测了这种差别的原因。

"我相信，[18世纪对黑洞的接受]不仅是18世纪90年代的革命热情的一个征兆，"他写道，"解释必然是，拉普拉斯的暗星[黑洞]没有给我们对物质的永恒性和稳定性的根深蒂固的信仰带来威胁。相反，20世纪的黑洞对那个信仰却是一个巨大的威胁。"[9]

米歇尔和拉普拉斯都想象，它们的暗星是由与水或土或岩石或太阳密度大致相同（大约每立方英寸[16.39立方厘米]1克）的物质构成的。以这样的密度，星体若要成为暗星（包围在临界周长内），它的质量就必须比太阳大4亿倍，周长比地球轨道大3倍。这样受牛顿物理学定律支配的星体也许是奇异的，但确实没有威胁到我们关于自然的任何根深蒂固的信仰。如果谁想看看这颗恒星，他只需要站在邻近的一个行星上看它的光微粒：它们在各自的轨道内上升，然后很快落回恒星的表面。如果谁想要一块恒星组成物质的样本，他只需要飞到恒星的表面，取一块带回地球实验室来做研究。我不知道米歇尔、拉普拉斯和他们那个时代的其他人是不是想过这些事情，显然，如果他们想过，也没有什么理由替自然规律担心，替物质的永恒性和稳定性担心。

20世纪黑洞的临界边界（视界）提出了一个不同的挑战。视界上没有什么地方可以让我们看到任何发出的光，任何落进视界的东西都不可能再逃逸出来。它从我们宇宙消失了，它的消失又给物理学家关于质量和能量守恒的观念带来了严峻的挑战。

"黑洞的历史和大陆漂移（地球上大陆之间的相对漂移运动）的历史有着惊人的相似，"伊斯雷尔写道："两者的证据到1916年就已经不容忽视了；但两种思想都被一种近乎无理的阻力在半路上阻挡了半个世纪。我相信，两种情况下的基本的心理学原因都是一样的。另外还有一个巧合：两个阻力都大约是在1960年开始崩溃的。当然，两个领域（天体物理学和地球物理学）都获益于战后的技术进步。但更有趣的是，正是在这个年代，苏联的氢弹和人造卫星扫荡了西方科学牢不可破和不容挑战的观念，而且也许还带来了更多的怀疑：在天地之间可能存在着比西方科学所能梦想的更多的东西。"[10]

第 4 章
白矮星之谜

爱丁顿和钱德拉塞卡，

为大质量星体的死亡而争论。

它们死亡时一定会收缩而产生黑洞吗？

量子力学能拯救它们吗？

那是在1928年，在印度东南部濒临孟加拉湾的马德拉斯市，17岁的印度少年钱德拉塞卡（Subrahmanyan Chandrasekhar）正在马德拉斯大学沉溺在物理学、化学和数学中。钱德拉塞卡高大英俊，举止大方，踌躇满志。最近，他刚读了索末菲的经典教科书《原子结构和光谱》。现在，他高兴极了，索末菲这位世界大物理学家从他在慕尼黑的家来马德拉斯访问了。

钱德拉塞卡急切地想接近索末菲，他来到他所在宾馆的房间，请他接见。索末菲答应了，约他几天后来。

约好的那天，以为掌握了现代物理学的钱德拉塞卡满怀骄傲和自信，来到索末菲的房间，敲了门，索末菲礼貌地请他进来，询问了他的学习情况，然后，向他泼了点儿凉水。他解释说："你学的物理是过去的东西，在我的书写好以后的五年里，物理学有了很大的变化。"他接着介绍了物理学家在对统治微观领域的规律的认识中发生的革命，在这个分子、原子、电子和质子的领域里，牛顿定律以相对论没有料到的方式失败了，取代它们的是一组根本不同的物理学定律——量子力学的定律，[1] 因为它们处理的是物质粒子（"量子"）的行为（"力学"）。尽管新的量子力学定律才两岁，但在解释原子和分子如何运动方面，已经获得了巨大的成功。

钱德拉塞卡在索末菲的书中读到了新定律的原始形式。但索末菲告诉他，原始量子定律是不令人满意的。虽然对像氢那样的简单原子和分子来说，它们与实验符合得很好，但不能解释更复杂的原子和分子的行为，而且也不能在逻辑上同其他物理学定律一致地吻合。它们不过是一些难看的、特设的计算法则的大杂烩。

定律的新表达尽管在形式上太离奇了，看起来却更有希望。它解释了复杂的原子和复杂的分子，而且似乎同其他物理学也吻合得非常好。

钱德拉塞卡仔细地听着，出神了。

1.关于量子力学定律的清晰讨论，见 Heinz Pagels 的 *The Cosmic Code*（Simon and Schuster，1982）。（中译本是《宇宙密码》，朱栋培、陈宏芳译，中国科学技术大学出版社，1988.——译者注）

量子力学与白矮星的内部结构

告别时，索末菲给了钱德拉塞卡一篇他刚写好的论文校样，文章推导了决定被挤压在一个小体积（如金属）内的大电子集团行为的量子力学定律。

钱德拉塞卡如痴如醉地阅读索末菲的校样，读懂了，然后又用了好些天在图书馆学习他能找到的所有与此有关的论文。特别令他感兴趣的是英国物理学家福勒（R. H. Fowler）的一篇题为"论致密物质"的文章，发表在1926年12月10日出版的《皇家天文学会月报》上。[1] 福勒的文章将钱德拉塞卡引向了一本更令人着迷的书，著名英国天体物理学家爱丁顿的《恒星的内部结构》，[2] 在这本书里，钱德拉塞卡发现了如何描述白矮星的秘密。

白矮星是天文学家通过望远镜发现的一种星体，白矮星的神秘在于它内部物质的极高密度远大于人类曾经遇到过的密度。钱德拉塞卡在打开爱丁顿的书时，还无从知道它，但为了揭示这个高密度的秘密，他和爱丁顿最后不得不面对致密星体存在的可能，这些星体死后，会收缩形成黑洞。

"白矮星可能很多，"钱德拉塞卡从爱丁顿的书中看到，"我们只有限地知道3个，但它们都在离太阳很近的距离内 …… 其中最著名的是［正常星］天狼星的伴星"，叫天狼B。天狼星和天狼B是距地球第6和第7近的两个星体，8.6光年远，而且，天狼星还是我们天空中最亮的恒星。天狼B像地球绕太阳那样围绕天狼星旋转，但它转一周需要50年，而地球只需要1年。

爱丁顿讲了天文学家如何根据望远镜的观测来估计天狼B的质量和周长。它的质量是0.85个太阳质量，周长是118 000千米。这意味着天狼B的平均密度为每立方厘米61 000克——水密度的61 000倍，大约正好每立方英寸1吨。"这个方法我们已经知道好多年了，我想很多人都想过，加上'这个荒谬的'结论也是恰当的。"大多数天文学家不可能认真地看待一个比在地球上所遇到的大那么多的密度——假如他们知道更多的现代天文观测所揭示的那些事实（1.05个太阳质量，31 000千米的周长，每立方厘米400万克或每立方英寸60吨的密度），他们会认为更荒谬。见图4.1。

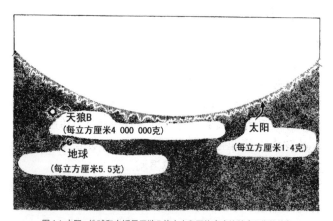

图4.1 太阳、地球和白矮星天狼B的大小和平均密度比较（现代数值）

爱丁顿接着描述了巩固这个"荒谬"结论的一个关键的新观测。如果天狼B的密度确实是水的61 000倍，那么根据爱因斯坦的引力定律，从它的强引力场中"爬出来"的光将向红端移动十万分之六——

比从太阳发出的光的红移大30倍，从而更容易测量。红移的预言似乎在1925年爱丁顿的书即将出版前就经过了威尔逊山天文台（坐落在加利福尼亚帕萨迪纳的一个山顶上）的亚当斯（W. S. Adams）的检验和证实。[1] 爱丁顿写道，"亚当斯教授一石二鸟，实现了爱因斯坦广义相对论的新检验，还证实了我们的猜想：比天狼B致密2 000倍的物质不仅是可能的，而且在宇宙中确实出现了。"

在爱丁顿的书里，钱德拉塞卡还看到了星体（如太阳和天狼B）的内部结构是如何靠内部压力与引力的平衡来维持的。压缩与膨胀的平衡，可以通过一个类比来理解（虽然这不是爱丁顿的方法）：挤压你手中的气球（图4.2左），你双手向内挤压的力正好被气球空气向外的压力所平衡 —— 空气压力是由气球内部的空气分子撞击气球的橡皮壁而产生的。

对星体（图4.2右）而言，与你挤压的双手类似的，是星体外层物质的重量，而与气球内空气类似的是星体在那一层以内的球形物质。外层与内球的边界可以选在你喜欢的任何地方 —— 星体内部1米深、1千米深、1000千米深，都可以。不论边界选在什么地方，它都必须满足这样的要求：挤压内球的外层星体物质的重量正好被内球分子撞击外层的压力所平衡。这种在星体内处处存在的平衡，决定了星体的结构，也就是说，决定了星体的压力、引力和密度是如何从星体表面向中心变化的。

---

1. 得到一个结果，认为它正是我们想得到的结果，这在精密测量里是容易而又危险的，亚当斯的红移测量就是一个例子。他的结果符合预言，但由于天文学家对天狼B的质量和周长的估计的误差，预言却是严重错误的（小了5倍）。[3]

图4.2 左：双手的挤压与气球内部压力之间的平衡。右：星体外层物质的引力挤压（重量）与层内球体物质膨胀之间的平衡

爱丁顿的书还讲述了那时所知道的关于白矮星结构的一个恼人的困惑。爱丁顿相信 —— 实际上在1925年所有的天文学家都相信 —— 白矮星物质的压力一定像气球那样是由热产生的。热使物质的原子以很高的速度在星体内部四处飞动，相互碰撞，并撞击星体外层与内球间的界面。如果用"宏观的"观点看（对探测单个原子来说它太粗了），那么，我们能够测量的只是一个总的撞击力，例如所有原子撞击每平方厘米界面的力，这个总力就是星体的膨胀压力。

星体通过向空间发出辐射而冷却，它的原子将随之而越飞越慢，原子的压力也下降，从而外层星体的重量会将内球挤压到更小的体积。[145]然而，球体的压缩又将星体加热，增大它的膨胀，于是又能达到一个新的压缩–膨胀平衡 —— 这时星体比原先小一点。这样，随着向星际空间辐射热量而冷却，星体必然会逐渐地收缩变小。

这种逐渐收缩的过程如何结束呢？天狼B的最终命运是什么？最显然（但是错误）的答案是，星体将一直收缩到它所能形成的黑洞那么小，然而这个答案在爱丁顿看来太讨厌了，他甚至不曾想过。他断言，惟一合理的答案是，星体最终会变冷，但支持它自身的不是热压力（即热产生的压力），而是 1925 年认识的惟一的另一类型的压力：人们在岩石那样的固体物质中发现的一种压力，也就是一种由相邻原子间的排斥所产生的压力。但是爱丁顿（不正确地）相信，假如星体物质具有像岩石那样的密度，每立方厘米几克 —— 比天狼 B 表现的密度小 10 000 倍，那么这样的"岩石压力"就是惟一可能的。

沿着这样的思路，爱丁顿遇到了一个疑惑。星体为了重新扩张到岩石的密度从而能在冷却后支撑自身，它不得不做很大的功来克服自身的引力，而物理学家不知道星体内有什么能量供应能满足这样的功。"想想看，一个物体在不断地失去热量却没有足够的能量变冷！"爱丁顿写道，"这是一个很离奇的问题，至于实际会发生什么事情，我们可以想出很多建议。这个困难还不一定是致命的，我们在这儿就将它抛在一边。"

钱德拉塞卡在福勒 1926 年"论致密物质"的文章里发现了这个1925 年疑难问题的解决办法，解决的基础在于他认识到爱丁顿所用的物理学定律失败了。那些定律必须用新的量子力学来代替，量子力学不是将天狼 B 和其他白矮星的内部压力归因于热，而是将它们归因于一种新的量子力学现象：电子的退化运动，或者叫电子简并[1]。

电子简并有点儿像人的幽闭。当物质被挤压到比岩石高 10 000 倍的密度时，围绕各原子核的电子云被压缩 10 000 倍，从而每个电子

---

1. "degenerate"（退化）一词在这儿并不是它在"道德败坏"（"moral degeneracy"）里的原义（最低的道德水平），而是说电子达到它们的最低可能的能级。

被限制在比它原来可以活动的空间体积小10 000倍的"格子"内。因 [146]
为只有这么小的活动空间，所以电子就像幽闭的人情不自禁地颤动，
开始在小格子里高速地飞来飞去，以极大的力量撞击格子里的相邻电
子。这种物理学家所说的退化的（简并）运动不可能靠物质冷却来阻
止，没有什么东西可以令它停止，它是被量子力学定律强迫作用在电
子上的，即使物质处在绝对零度，它仍然存在着。

简并运动是牛顿物理学家做梦也没想到的一种物质特性的结果，
这种特性叫作波粒二象性：根据量子力学，每种粒子的行为有时像波，
而每种波的行为有时像粒子。这样，波和粒子其实是一个东西，一个
有时像波有时像粒子的"东西"，见卡片4.1。

用波粒二象性的概念，电子简并是很容易理解的。当物质被压缩
到高密度时，物质内部的每个电子都限制在被相邻格子挤压成的极小
格子里，部分表现出波的样子。电子的波长（波峰间的距离）不能大
于电子的格子，否则波就会超过格子。这时候，波长很短的粒子必然
是高能的。（一个普通的例子是与一个电磁波相联系的粒子，即光子。
X射线光子的波长远小于可见光光子的波长，结果，X射线光子的能
量远比可见光光子大。高能的X射线光子能够透过人体的骨肉。）

在非常致密的物质中，电子的短波长和相应的高能量意味着快
速运动，就是说电子一定在格子里四处飞动，不规则地快速地变来变
去，一半是粒子，一半是波。物理学家说电子是"简并的"，他们将这
种由电子的高速不规则运动产生的压力称为"电子简并压力"。没有
办法摆脱这个简并压力，它是电子限在小格子里不可避免的结果。而

且，物质密度越大，格子越小，电子波长越短，能量越高，运动越快，从而简并压力越大。在寻常密度的寻常物质中，电子简并的压力太小了，没有人发现过，但在白矮星的巨大密度下，它是很显著的。

卡片4.1

波粒二象性简史

147

　　还在伊萨克·牛顿的时代（17世纪末），物理学家就争论过，光是粒子还是波组成的？牛顿在这个问题上虽然犹豫不决，但还是倾向粒子，称它们为微粒，而惠更斯（Christiaan Huygens）主张是波。19世纪初以前，牛顿的粒子观点一直占统治地位。后来发现，光可以发生干涉（第10章），物理学家就转向了惠更斯的波动观点。19世纪中叶，麦克斯韦以他统一的电磁定律为波动描述奠定了坚实的基础，物理学家那时就认为，问题最终解决了。不过，这是在量子力学以前的事情。

　　19世纪90年代，普朗克在热物体发出的光的谱线形态中，发现物理学家在光的认识上可能忽略了什么东西。1905年，爱因斯坦找到了那失去的东西：光的行为有时像波，有时像粒子（现在叫光子）。爱因斯坦解释，当它与自身干涉时，它像波；但在光电效应中，它像粒子：当一束微光照在金属片上时，光每次从金属片打出一个电子，就像每一个光的粒子（单个光子）打在电子上，然后一个一个地将它们从金属表面打出来。爱因斯坦根据电子的能量推测，光子的能量总是与光的波长成反比。这样，光子和光的波动性质就交织在一起，波长不可抗拒地与光子的能量联系在一起了。爱因斯坦关于光的波粒二象性的发现和他开始在这个发现的基础上建立的原始的量子力学的物理学定律，在1922年为他赢得了1921年度的诺贝尔奖。

尽管爱因斯坦几乎是一手建立了广义相对论，但在量子力学定律——关于"小东西的天地"的定律，他只是众多贡献者中的一个。爱因斯坦发现光的波粒二象性时，还没认识到电子和质子也能有时表现像粒子，有时像波。直到20年代中期，还没有人认识到这一点，后来，德布洛意（Louis de Broglie）将它作为一个猜想提出来，然后，薛定谔（Erwin Schrødinger）将它作为一个完整的量子力学定律的基础，在这个定律中，电子是一种概率波。那是关于什么的概率呢？粒子位置的概率。这些"新"的量子力学定律在我们这本书里没有多大关系（在解释电子、质子、原子和原子核如何表现上，它已经取得了巨大的成功）。不过，它们的一些性质会越来越重要。在本章里，重要的性质是电子简并。

爱丁顿写书的时候，还没有谁预言过电子简并，也就没有可能正[148]确地计算在压缩到天狼B那样的超高密度时岩石或其他材料会产生什么反应。现在有了电子简并的定律，这样的计算成为可能，而且福勒在1926年的文章里已经想到并实现了。

根据福勒的计算，因为在天狼B和其他白矮星内的电子被压缩到那么小的格子里，所以它们的简并压力远大于它们的（热运动引起的）热压力。相应地，当天狼B冷却下来后，它微弱的热压力将消失，但它们巨大的简并压力将保留并持续地支撑着它抵抗引力。

这样，爱丁顿的白矮星疑难的解决在于两个方面：（1）天狼B对抗它自身的引力，所依靠的并不是人们在新量子力学出现之前所想的热压力，而是简并压力。（2）天狼B冷却后，不必再膨胀到岩石的密度来维持自己；相反，它在每立方厘米400万克的密度下的简并压力足以让自己继续维持下去。

在马德拉斯图书馆里读着这些东西，学着它们的数学公式，钱德拉塞卡入迷了。这是他头一回接触现代天文学，他在这儿看到20世纪两大物理学革命的深刻结果汇聚到一起了：爱因斯坦的广义相对论，因它关于空间和时间的新观点，在来自天狼B的光线的引力红移上表现出来了；而新的量子力学，因它的波粒二象性而产生了天狼B的内部压力。天文学是一块肥沃的土地，年轻人能在那儿尽情地耕耘。

钱德拉塞卡在马德拉斯继续求学，进一步探讨天文学宇宙的量子 149 力学结果。他甚至将自己的思想写成一篇小文章，寄给英国他从没见过的福勒，福勒想办法让它发表了。

终于，1930年19岁那年，钱德拉塞卡在印度完成了相当于美国学士学位的学业，在7月的最后一个星期，他登上了驶向英国的轮船。他已经被录取为剑桥大学的研究生，那里是他心中的英雄福勒和爱丁顿的家乡。

极大质量

　　从马德拉斯到南安普顿的海上18天里，钱德拉塞卡摆脱了常规的学习和考试。许多个月以来，他第一次有机会静静地思考物理学。大海的单调有助于思想，而钱德拉塞卡的思想是很丰富的，真的很丰富，还将为他赢得诺贝尔奖，不过那是54年以后，他成功地使他的思想得到世界天文学界认同之后的事情了。

　　上船之后，钱德拉塞卡的头脑里浮现着白矮星、爱丁顿的疑惑和福勒的解决办法。福勒的方法几乎肯定是对的，没有别的办法。不过，福勒没有完全认识到白矮星中简并压力与引力之间平衡的细节，也没有计算星体最终的内部结构——当我们通过它的表面到达中心时，它的密度、压力和引力是如何变化的。他遇到一个有趣的挑战，可以帮他消除长途旅行的无聊。

　　作为发现星体的结构的工具，钱德拉塞卡需要知道下面这个问题的答案：假定白矮星物质已经被压缩到某一密度（例如，每立方厘米100万克），将它再压缩（就是说，减小它的体积，增大它的密度）1%，则它将通过提高压力来反抗这点增大的压缩，那么它的压力会增大多少个百分点呢？物理学家用绝热指数来称1%的压缩所产生的压力增大的百分比。在本书中，我将用一个更形象的名字，压缩阻抗或者简单说，阻抗。（这个"压缩阻抗"不应与"电阻"相混，它们是完全不同的概念。）

150

　　钱德拉塞卡解出压缩阻抗，是通过一步步地检验白矮星物质密度每增加1%所产生的结果：电子格子的减小，电子波长的减小，电子能量和速度的增加以及最终电子压力的增加。[4] 结果很清楚：每1%的密度增加产生5/3个百分点（1.667％）的压力增加，从而白矮星物质的阻抗为5 / 3。

在钱德拉塞卡这次旅行的许多年前，天文学家已经计算了物质压缩阻抗与星体深度无关的星体内部引力与压力相平衡的细节——就是说，压力与密度彼此同步增加的星体，在越来越深入它的内部时，每个百分点的密度增加总是伴随着同一固定百分比的压力增加。结果产生的星体结构情形都包含在爱丁顿的《恒星的内部结构》一书里，钱德拉塞卡把书带上了船，因为他太珍爱它了。这样，当钱德拉塞卡发现白矮星物质有5/3的与密度无关的压缩阻抗时，他满意了。现在他可以直接深入爱丁顿的书去发现星体的内部结构：星体的密度和压力从表面到中心的变化方式。

钱德拉塞卡将爱丁顿书中的公式与他自己的公式联系起来，发现天狼B中心的密度为每立方厘米360 000克（每立方英寸6吨），电子简并运动速度为光速的57％。

这样的电子速度大得惊人。钱德拉塞卡像他之前的福勒一样，用量子力学定律计算了白矮星物质的阻抗，但忽略了相对论效应。然而，当任何物体以近乎光的速度运动时，即使粒子服从量子力学定律，狭义相对论的效应也必然变得重要了。在57％的光速，相对论效应可能还不太大，但引力更强的更致密的白矮星需要更大的中心压力来维持自己，它的电子的随机速度也将相应地更大。对这样的白矮星，相对

论效应当然不能忽略。所以，钱德拉塞卡回到他分析的出发点，计算
白矮星物质的压缩阻抗，这回他决心把相对论效应包括进来。 151

　　为将相对论纳入计算，需要将狭义相对论的定律与量子力学定律
融合起来——这个融合，理论物理学的伟大头脑们那时刚开始考虑。
一个人在船上，又刚从大学毕业，钱德拉塞卡不可能实现完全的融合，
但是，他能达到的融合足似揭示出高速电子的主要效应了。

　　量子力学坚持，当已经致密的物质再压缩一点，使每个电子的格
子比原来更小时，电子的波长必然减小，相应地，简并运动的能量必
然增大。然而，钱德拉塞卡认识到，增加的电子能量在性质上是不同
的，它依赖于电子的运动是低于光速还是接近光速。假如电子运动
慢，那么像平常一样，能量的增加意味着更快的运动，也就是说，电
子将具有更高的速度。然而，假如电子接近光速运动，那么它的速度
就没有办法增得更高（否则，它就将超过光速了），所以能量的增加
有不同的形式，是我们在日常生活中所不熟悉的：增加的能量变成惯
性。就是说，它增加了电子加速的阻力——电子表现为似乎更重了
一点。增加的能量的这两种不同命运（增加速度或者增加惯性）产生
不同的电子压力的增加，也就是不同的压缩阻抗——钱德拉塞卡推
出：在低电子速度时，压缩阻抗为5/3，与他以前的计算相同；在高
速时，压缩阻抗为4/3。

　　将相对论性简并物质（也就是简并电子以近乎光的速度运动的致
密物质）的4/3的阻抗与爱丁顿书中给的公式联合起来后，钱德拉塞
卡导出了高密度、大质量白矮星的性质。答案令人震惊：高密度物质

要让自己对抗它的引力是困难的 —— 星体只有在小于1.4个太阳质量时，才可能与挤压它的引力相抗衡。这意味着没有哪颗白矮星的质量可以超过1.4个太阳！

钱德拉塞卡的天体物理学知识有限，这个奇怪结果的意义令他感到疑惑。他一次次检查了计算，但找不出错误。于是，在旅行的最后几天，他写了两篇稿子想发表。在一篇文章里，他描述了关于天狼B那样的低质量低密度白矮星结构的结论。在另一篇文章里，他简要地解释了他的结果：没有一颗白矮星能比1.4个太阳更重。

钱德拉塞卡来到剑桥时，福勒正在国外。9月，福勒回来了，钱德拉塞卡急切地去他的办公室，把两篇稿子交给他。福勒赞同第一篇，将它寄给《哲学杂志》发表。但第二篇，关于白矮星最大质量的那一篇，却令他迷惑。他不理解钱德拉塞卡关于没有白矮星能比1.4个太阳更重的证明。他那时是物理学家，不是天文学家，于是他去请他的同事，著名天文学家米尔恩（E. A. Milne）帮着看看，当米尔恩也不明白这些证明时，福勒就没有拿它去发表。

钱德拉塞卡很着急。他到英格兰3个月了，文章在福勒那儿也搁了2个月，他没有那么多时间等待发表。最后，钱德拉塞卡被惹火了，他放弃了文章在英国发表的努力，把稿子寄给了美国的《天体物理学杂志》。

几星期后，芝加哥大学的编辑回信了：手稿已经寄给美国物理学家埃卡特（Carl Eckart）审查。在稿子中，钱德拉塞卡不加解释地叙

述了他的相对论和量子力学计算的结果：在极高密度下的压缩阻抗为
4/3。4/3的阻抗对限制白矮星质量是有基本意义的。假如阻抗大于
4/3，那么白矮星可以要多重有多重 —— 埃卡特认为它应该更大一
些。钱德拉塞卡回了信，回信有4/3阻抗的数学推导。埃卡特细读过
后，相信钱德拉塞卡是对的，同意发表他的论文。[5] 在钱德拉塞卡写
成整整一年后，论文终于发表了。[1]

天文学界对论文没什么反应，似乎没人感兴趣。所以，为了完成
博士学位，钱德拉塞卡只好转到别的更容易被接受的研究上去了。

3年后，钱德拉塞卡成了博士，来到俄罗斯同苏联科学家交流研
究思想。在列宁格勒，年轻的亚美尼亚天体物理学家安巴楚勉（Viktor 153
Amazapovich Ambartsumian）告诉钱德拉塞卡，世界的天文学家不会
相信他对白矮星质量的限制，除非他能根据物理学定律计算有代表
性的白矮星样本的质量，并具体说明它们都在他宣布的极限以下。他
还指出，钱德拉塞卡分析了相当低的密度下5/3阻抗的白矮星和极端
高密度下4/3阻抗的白矮星，这是不够的。他还需要分析大量的密度
在二者之间的白矮星样本，并证明它们的质量也总是低于1.4个太阳。
一回到剑桥，钱德拉塞卡就担起了安巴楚勉的挑战。

钱德拉塞卡需要的一个基础是白矮星物质在从低到极高的整个
密度范围内的状态方程。（物理学家说的物质的"状态"，指的是物质
的密度和压力 —— 或等价地说，物质的密度和压缩阻抗，因为我们

1.同时，斯托纳（Edmund C. Stoner）也独立推导并发表了白矮星最大质量的存在，但他的推导不
如钱德拉塞卡的令人信服，因为他假定了星体在整个内部具有不变的密度。[6]

可以根据阻抗和密度来计算压力。"状态方程"指的是阻抗与密度间的关系，也就是阻抗作为密度的函数。）

　　1934年下半年，在钱德拉塞卡接受安巴楚勉的挑战时，白矮星物质的状态方程已经知道了，这要归功于英国利兹大学的斯托纳和爱沙尼亚塔图大学的安德森（Wilhelm Anderson）的计算。[7] 斯托纳–安德森状态方程表明，当白矮星物质的密度被挤压得越来越高，从非相对论的低密度和低电子速度区域进入相对论的高密度和近光速的高电子速度区域，物质的压缩阻抗光滑地从5/3降到4/3（图4.3左）。阻抗的变化不会比这更简单了。

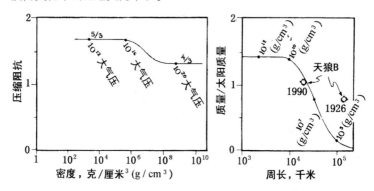

图4.3　左：白矮星物质的斯托纳–安德森状态方程，也就是物质的密度与它的压力之间的关系。水平方向是物质被压缩到的密度，垂直方向是物质的阻抗（1%的密度增加所伴随的压力增加的百分点）。曲线上的点是以地球大气压为单位的挤压力（等于内部压力）。右：钱德拉塞卡用爱丁顿的布伦瑞克机械计算器计算的白矮星的周长（水平方向）和质量（垂直方向）。曲线上的点是以克每立方厘米为单位的星体中心的物质密度[8]

　　为了回答安巴楚勉的挑战，钱德拉塞卡不得不将状态方程（阻抗对密度的依赖性）与引力和压力相平衡的星体定律联合起来，从而得到一个描述星体内部结构 —— 也就是描述密度随到星体中心距离而

变化的微分方程。[1] 然后，他还得为中心密度范围从低到极高的十多个
星体求解这个微分方程。 只有对每颗星都解出了微分方程，他才能
知道星体的质量，才知道它是否小于1.4个太阳质量。   154

　　对中心密度低和极高的星体，钱德拉塞卡在船上就研究过，他发
现了微分方程的解和爱丁顿书中得到的星体结构。但是，对中间密度
的星体，爱丁顿的书没什么帮助，而且，不论费多大气力，钱德拉塞 155
卡也没能用数学公式导出方程的解。数学太复杂了，没有别的办法，
只能在计算机上数值求解他的微分方程。

　　1934年那个时候的计算机跟90年代的大不相同。它们更像最简
单的袖珍计算器：一次只能进行两个数的乘法，使用者先得用手输入
数据，然后摇动曲柄。曲柄带动复杂的齿轮系统进行乘法运算，给出
答案。

　　这种计算机很贵，很难得到，不过爱丁顿有一台"布伦瑞克"
（Braunschweigen），大小像90年代初期的个人台式电脑。钱德拉塞
卡这时同这位大人物已经很熟了，所以他去爱丁顿那儿向他借计算机。
爱丁顿那时正为白矮星问题与米尔恩争得不可开交，很想看看白矮星
结构的全部情形，所以他让钱德拉塞卡把布伦瑞克搬到他在三一学院
的宿舍里去。

---

1. 微分方程将不同的函数和它们的变化率，也就是将函数和它们的"导数"结合在一个单独的公
式里。在钱德拉塞卡的微分方程中，函数是星体的密度和压力以及它的引力强度，它们都是到星
体中心距离的函数。微分方程是这些函数与它们在从中心穿过星体向外运动时的变化率之间的关
系。"求解微分方程"的意思是，"根据这个微分方程计算函数本身"。

　　计算冗长而令人生厌。每天晚饭后，爱丁顿（那时是三一学院的老师）都会爬上楼梯，来到钱德拉塞卡的小屋里，看计算怎么运行，能为他带来什么令人鼓舞的东西。

　　好多天以后，钱德拉塞卡终于算完了。他回答了安巴楚勉的挑战。对10个有代表性的白矮星，他计算了每一个的内部结构，然后根据内部结构计算了星体的总质量和周长。所有质量都像他顽强期待的那样小于1.4个太阳。而且，当他把星体质量和周长点在图上并"将点联结起来"时，他得到了一条光滑曲线（图4.3右；也可参见卡片4.2），天狼B和其他已知白矮星的观测质量和周长都很好地符合这条曲线。（随着现代天文观测的进步，符合情况更好了。注意图4.3中天狼B的质量和周长的1990年最新数值。）结果令人自豪，想到全世界的天文学家将终于接受他说的白矮星不能比1.4个太阳更重，钱德拉塞卡感到无比的幸福。

156　　特别令他满足的还是他有机会向伦敦的皇家天文学会报告这些结果。钱德拉塞卡的报告时间安排在1935年1月11日星期五。照惯例，在会议开始之前，会议议题的细节是保密的。不过，钱德拉塞卡的朋友、学会助理秘书威廉（Kay Williams）小姐总会偷偷地提前将会议内容告诉他。星期四傍晚，他收到了会议内容的邮件，惊讶地发现紧跟在他自己讲话后面的是爱丁顿关于"相对论性简并"的讲话。钱德拉
157 塞卡有点儿生气。在过去几个月里，爱丁顿每星期至少来一次，看他的工作情况，还读过他正在写的论文草稿，却一句也没提他自己在这个课题上的任何研究！

钱德拉塞卡抑制着愤怒下楼去晚餐，爱丁顿也在那儿，在高桌上用餐。钱德拉塞卡于是坐在另一处，一句话也不说，因为礼仪告诉他，像爱丁顿那样的大人物，你认识他，而且他又表示了对你的工作感兴趣，那么你就没有权力因为这样的事情去打扰他。

晚饭后，爱丁顿自己把钱德拉塞卡找出去说，"我已经请斯马特（Smart）明天给你半个小时的时间，而通常只有15分钟。"钱德拉塞卡谢了，还等他说他自己的讲话，但爱丁顿却找借口走了。钱德拉塞卡恼火之外，现在更感到焦急和痛苦。

卡片4.2

白矮星的质量和周长的解释

为了定量地认识为什么白矮星有如图4.3所示的质量和周长，我们来看下面的图。它表示了作为星体周长（画在右边）和密度（画在左边）的函数的白矮星内部的平均压力和引力（画在上边）。如果星体被压缩，那么它的密

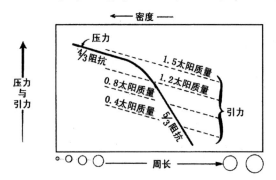

度会增加，周长会减小（图中向左运动），星体压力将沿实线上升，在压缩阻抗为 5/3 的低密度上升较陡，在阻抗为 4/3 的高密度上升较缓。同样的星体压缩还导致星体表面向中心运动，从而沿虚线增大了星体内部引力的强度。引力的增长率类似于 4/3 的阻抗：每 1 个百分点的压缩对应着 4/3 个百分点的引力强度的增加。图中画出了几条引力虚线，每条线对应一个星体质量，因为星体质量越大，它的引力越强。

在每颗恒星（例如，1.2 个太阳质量的星体）的内部，引力和压力必须相互平衡，因此这颗星必然处在标有"1.2 太阳质量"的引力虚线与压力实线的交点上，这个交点决定了恒星的周长（标在图的底部）。如果周长更大，则恒星的引力虚线将在压力实线之上，引力超过压力，星体向内坍缩；假如周长较小，压力将超过引力，星体发生爆炸。

几条虚线与实线的交点对应于图 4.3 右图的平衡白矮星的质量和周长。对小质量的恒星（最低的那条虚线），交点处的周长较大；质量更大的恒星（高处的虚线）周长较小。1.4 个太阳质量的星体，就没有任何交点，引力虚线总是在压力实曲线的上面，所以引力总比压力大，不论星体的周长多大，引力都迫使它坍缩。

论战

第二天早晨，钱德拉塞卡坐火车到伦敦，然后乘出租车来到伯林顿宫的皇家天文学会。在他和朋友麦克里（Bill McCrae）等着会议开幕时，爱丁顿走过来，刚看了议题的麦克里问他，"爱丁顿教授，我们该怎么理解您说的'相对论性简并'？"爱丁顿转向钱德拉塞卡，回答说，"那会令你吃惊的。"说着就走了，令钱德拉塞卡更加焦虑不安。

会议终于开始了。学会主席宣布了许多事情，许多天文学家又做了不同性质的发言，时间拖长了。最后才轮到钱德拉塞卡。他抑制着 [159] 不安，作了一个完美的报告，特别强调了他的白矮星的最大质量。

会员们礼貌地鼓掌后，主席请爱丁顿讲话。

爱丁顿开始平和地回顾了白矮星的研究历史，然后，他激动地讲述了钱德拉塞卡的最大质量结果所隐含的令人不安的事实：

在钱德拉塞卡以水平方向画星体周长、垂直方向画星体质量的图中（图4.4），只有在一组质量和周长条件下，引力能被非热压力（星体冷却后仍然存在的压力）所平衡：这就是白矮星。在钱德拉塞卡白矮星曲线的左边区域（阴影区，小周长星体），星体的非热简并压力完全超过了引力。简并压力将使区域内的任何星体发生爆炸。在白矮星曲线右边的区域（白区，较大周长的星体），引力完全超过了星体的简并压力。任何一颗处在这个区域的冷星都将在引力挤压下立刻发生坍缩。

太阳能存在于白区只是因为它现在还很热；它的热（热产生的）压力设法平衡了引力。然而，当太阳最终冷却下来时，热压力将消失，从而不可能继续维持自身。引力将迫使它收缩得越来越小，将它的电

左：A. S. 爱丁顿，1932年。右：S. 钱德拉塞卡，1934年。[左：UPI/Bettman提供；右：钱德拉赛卡提供。]

子挤到越来越小的格子里去，直到它们最后具有足够的简并压力（非热压力）来抵抗引力，阻止压缩。在这个压缩"死亡"的过程中，太阳质量将近似保持为常数，但它的周长会减小，所以它将沿着图4.4中的水平线向左移动，最终停在白矮星曲线上 —— 那是它的归宿。太阳将成为一颗白矮星永远停留在那里，逐渐冷却，成为黑矮星 —— 一颗冷的、暗淡的固态星体，约地球大小，但质量和密度比地球大100万倍。

　　太阳的这个最终命运似乎令爱丁顿很满意。比钱德拉塞卡的1.4个太阳质量的白矮星极限质量更大的星体 —— 例如，天狼星，天狼160 B的伴星，2.5个太阳质量 —— 就没有这样令人满意的归宿。假如钱德拉塞卡是正确的，这样的星体就永远不可能像太阳那样平静地死亡。当它向空中发出的辐射带走了足够的热量而开始冷却时，它的热压力将衰减，引力的挤压将使它收缩得越来越小。像天狼星那么大质量的恒星，非热简并压力是不可能阻挡这样的收缩的。这一点在图4.4中看得很清楚，在那里，阴影区没有延伸到能与天狼星的收缩路线相交的高度。爱丁顿发现，这个预言令人不安。

"恒星将不得不持续地辐射下去，收缩下去。我想，它会一直辐射收缩到几千米的半径，那时引力会变得很强大，足以平息这些辐射，而恒星也最终找到了安宁。"（用90年代的话说，它必然形成黑洞。）爱丁顿告诉他的听众，"钱德拉塞卡博士以前得到过这个结论，在最近的一篇文章里他又特别强调了这一点。在同他讨论的时候，我被迫作出这样的结论：这几乎是相对论性简并公式的一个反证。可能会出现许多事件来挽救恒星，但我想的不仅是这样的保护。我想，应该存在一个自然律来阻止恒星那么荒谬的行为！"[9]

接着，爱丁顿论证钱德拉塞卡结果的数学证明不能令人相信，因为它的基础是在没有充分根据的条件下人为地将狭义相对论与量子力学揉在一起。"这样的产儿，我想不会是合法婚姻的结果。"爱丁顿说，"我自己满意的是[如果揉合是对的]，相对论修正将获得补偿，于是我们回到'平常的'公式"（也就是回到5/3的阻抗，它允许白矮星有任意大的质量，从而压力能够阻止天狼星在图4.4中假想虚线上的收缩）。然后，爱丁顿大概讲了他认为狭义相对论和量子力学应该怎样融合，融合的方法与钱德拉塞卡、斯托纳和安德森用过的都不同。爱丁顿宣称，这将使所有的恒星都摆脱黑洞的命运。

钱德拉塞卡惊呆了。他从没想到他的工作会遭到这么大的攻击。爱丁顿为什么不事先跟他讨论呢？至于爱丁顿的论证，在钱德拉塞卡看来似是而非 —— 几乎肯定是错的。

161 那时候，爱丁顿才是英国天文学的伟人，他的发现几乎都是充满传奇的。天文学家们对太阳和天狼星那样的正常恒星的内部，对它们的大气和它们发出的光的认识，在很大程度上都是靠爱丁顿的发现。所以，学会的会员们和来自全世界的天文学家们，都自然地满怀敬意地听他讲话。显然，如果爱丁顿认为钱德拉塞卡的分析错了，那么它一定是错的。

会后，会员们一个个走到钱德拉塞卡跟前来安慰他。米尔恩告诉他，"我知道爱丁顿是对的，尽管不知道为什么。"

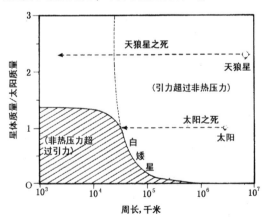

图4.4 像太阳和天狼星（不是天狼B）那样的正常恒星冷却时，一定会发生收缩，沿着图中的质量−周长曲线向左运动。太阳的收缩在到达阴影区边缘（白矮星曲线）时停止，那里的简并压力平衡了引力的挤压。相反，天狼星的收缩不可能这样停下来，因为它永远也不会达到阴影区的边缘。这些结论的不同表示请看卡片4.2。假如照爱丁顿宣布的那样，白矮星物质的压缩阻抗总是5/3，也就是说相对论在高密度下没有将它减小到4/3，那么质量−周长图将具有点虚线的形式，从而天狼星将在这条线上停止收缩

第二天，钱德拉塞卡开始向他的物理学朋友们求助。在给哥本哈根的罗森菲尔德（Leon Rosenfeld）的信中，他写道："假如爱丁顿是对的，那我最近四个月的工作全都将化为灰烬。爱丁顿能对吗？我非常想知道玻尔的意见。"（尼尔斯·玻尔（Niels Bohr）是量子力学创立者之一，30年代最受尊重的物理学家）。两天后，罗森菲尔德回信了，保证他和玻尔都相信爱丁顿是错的，而钱德拉塞卡是对的。"我想，你的信有点儿令我吃惊，"他写道，"因为没人会那样去追问那些 [你用来推导4/3阻抗的] 方程，你信中说的爱丁顿的评论完全是模糊不清的。所以你最好高兴起来，别让那些大神父们把你吓成这个样子。"在同一天的后一封信里，罗森菲尔德写道："玻尔和我在爱丁顿的讲话中绝对没看出一点儿有意义的东西。"[10]

但是，天文学家当初对这个问题并不是那么清楚的。他们在这些量子力学和相对论问题上没有多少专门经验，所以爱丁顿的权威在他们中间还影响了几年。而且，爱丁顿仍然坚持着自己的立场。他同黑洞的对立蒙住了他的双眼，他的判断也是一团云雾。他太想"有一个自然律来阻止恒星那么荒谬的行为"了，在他的余生，他仍然相信有这样的定律 —— 事实上，并没有。

到30年代后期，天文学家通过与物理学家同事的对话，认识到了爱丁顿的错误，但由于尊重他早年的巨大成就，他们没有公开这么讲。1939年在巴黎的一次天文学会议的演讲中，爱丁顿又攻击了钱德拉塞卡的结论。在爱丁顿讲话时，钱德拉塞卡给主持人罗素（Henry Norris Russell，来自美国普林斯顿大学的著名天文学家）递了张字条，请允许他答辩。罗素也回了张字条说，"最好不要"，尽管那天早些时候，罗素曾私下告诉钱德拉塞卡，"走出这儿，我们都不相信爱丁顿。"[11]

全世界的主要天文学家最终都 —— 至少背着爱丁顿 —— 接受了钱德拉塞卡的最大白矮星质量，那么，他们愿意承认黑洞能在真实宇宙中存在吗？一点儿也不。假如自然没有提供爱丁顿寻找的那种对抗黑洞的定律，那么它一定会找到别的出路：大概每颗大质量的恒星在老化和垂死过程中会向星际空间发射足够多的物质，将自身质量减到 1.4 个太阳质量以下，从而平安进入白矮星的墓穴。[12] 在爱丁顿论战失败后，大多数天文学家都相信这种看法，而且一直坚持到 60 年代初。

对钱德拉塞卡来说，与爱丁顿的争论给他造成了很大的伤害。大约 40 年后，他回忆说，"我感到天文学家无一例外地都认为我错了。他们把我看成一心想杀害爱丁顿的堂·吉诃德。你可以想象，当我发现自己在同天文学的巨人论争，而且我的工作完全不被天文学界相信 —— 那对我来说是多么沮丧的经历啊。下一步做什么，我只得自己下决心。我应该在我的余生继续奋斗吗？毕竟那时我才二十四五岁，我想自己还可以做 30 到 40 年的科学工作。我根本没有想过拿重复别人做过的事情来当科学创造。对我来说，更好的是改变我的兴趣进入别的什么领域。"[13]

于是，1939 年，钱德拉塞卡离开了白矮星和恒星死亡的领域，等四分之一世纪以后他才会回来（第 7 章）。

那么爱丁顿呢？他对钱德拉塞卡为什么那样无情？对爱丁顿来说，这样的对待似乎一点儿也不过分。在他看来，生命之路，就是吵闹和自由的理性论争。以这种态度对待年轻的钱德拉塞卡，在某种意义上，可能是尊重的表现，也是一个信号，说明他已经接受了钱德拉塞卡，把他作为天文学的建立者中的一员。[14] 事实上，从1935年他们第一次对立到1944年爱丁顿去世，爱丁顿对钱德拉塞卡都表现出热情和喜爱，钱德拉塞卡尽管为争论而难过，也还是同样地尊重和爱戴爱丁顿。[1]

---

1. 1982年，钱德拉塞卡发表了纪念A. S. 爱丁顿诞辰100周年的演说，全面总结并高度评价了爱丁顿的功绩。这篇演说的中译文收在我们这个《第一推动丛书》系列里《莎士比亚、牛顿和贝多芬 —— 不同的创造模式》一书中（杨建邺、王晓明等译，1997）。—— 译者注

第 5 章
坍缩是必然的

> 即使我们认为
> 在所有力中最强的核力
> 也顶不住引力的挤压

茨维基

在三四十年代，弗里兹·茨维基（Fritz Zwicky）的许多同事都认为他是一个令人头痛的小丑，后代的天文学家回头来看，会认为他是一个有创造力的天才。

"在我1933年认识弗里兹时，他完全相信自己内心有一条通向终极知识的道路，而别人个个都是错的。"[1] 福勒这么说，那时他是加州理工学院（加利福尼亚理工学院）的学生，茨维基在那儿教书和研究。从40年代后期就在学院与茨维基同事的格林斯坦（Jesse Greenstein）回忆说，茨维基是"一个喜欢自我宣扬的天才……无疑，他具有与众不同的思想，但是，尽管他不承认，他确实有些粗野，也不是那么能控制自己 …… 他上一门物理课，让谁听课全凭他喜欢，如果他认为谁能够领会他的思想，他就让他来听课 …… [在学院的物理教授中，] 他很孤单，而且不讨学校的喜欢 …… 他常在发表的文章中猛烈攻击别人 "。[2]

敦实而自负的茨维基总喜欢斗争 —— 他不懈地宣扬他那通向终极知识的思想路线，夸耀它所带来的启示。30年代，他在一个个演讲、[165]一篇篇文章中宣传他的中子星概念 —— 这个概念是他茨维基为了解释天文学家观察到的高能现象超新星和宇宙线的起源而创造的。他甚至到全国性的广播节目中去普及他的中子星。[3] 但是，仔细研究会发现，他的文章和演说是不能令人信服的，它们没有提供多少能证实他思想的东西。

有一个传说。在茨维基大肆宣扬时，有人问密立根 (Robert Millikan，是他将加州理工学院建成为科研院校中的一个强者)，为什么把茨维基留在加州，他回答说，也许茨维基的远见中有些是对的。[166]密立根与科学机构的其他一些人不同，他一定感觉到了茨维基直觉的天赋 —— 等到35年之后人们才普遍认识到这一点，那时，实测天文学家在天空中发现了真实的中子星，证实了茨维基关于它们的一些夸大的论断。

在茨维基的论断中，与本书关系最密切的是中子星扮演的恒星遗骸的角色。我们将看到，质量太大的不能成为白矮星的正常恒星死亡后可能成为中子星。假如所有的大质量恒星都以这种方式死亡，那么宇宙就能摆脱那种最奇异的假想的星体遗骸：黑洞。轻恒星死亡后变

茨维基   密立根 爱因斯坦   托尔曼

茨维基1931年在加州理工学院的科学家聚会中。照片上还有托尔曼（他是本章后面的重要人物）、密立根和爱因斯坦。[加利福尼亚理工学院档案馆藏。]

成白矮星，重恒星变成中子星，看来大自然没有办法生成黑洞了。爱因斯坦和爱丁顿以及他们那个年代的大多数天文学家可以长长地舒一口气。

茨维基是1925年受密立根吸引来到加州理工学院的。密立根希望他在原子和晶体的量子力学结构方面做理论研究，但在20年代后期和30年代初，茨维基越来越多地对天文学感兴趣。在帕萨迪纳工作的人，是很难不为天文学的宇宙着迷的，那儿不仅是加州理工学院的家，也是威尔逊山天文台的家，天文台有着世界最大的直径为2.5米（100英寸）的反射望远镜。

1931年，茨维基认识了巴德（Walter Baade），他刚从汉堡和哥廷根来到威尔逊山，是一名优秀的实测天文学家。他们有相同的文化背景：巴德是德国人，茨维基是瑞士人，都讲德语。他们也都钦佩对方的成就。不过，他们的共同之处到此为止。巴德的气质跟茨维基不同，他沉默、高傲，很难接近，消息灵通——而且对同事的怪癖很宽容。从第二年到第二次世界大战期间两人决裂，茨维基常令巴德忍无可忍。"茨维基叫巴德纳粹，但他不是。巴德说，他害怕茨维基会杀他。让他们这对儿住在同一间屋子里是很危险的。"格林斯坦回忆说。[4]

1932和1933年间，巴德和茨维基常在帕萨迪纳用德语热烈讨论叫"新星"的星体，它会突然爆发，比先前亮10 000倍，然后大概过一个月，又慢慢暗淡下来，回到正常状态。巴德凭他渊博的天文学知识知道，有初步的证据表明，除了这些"平常的"新星外，可能还存在不平常的罕见的超级光亮的新星。天文学家起初并没想到这些新星是超亮度的，因为从望远镜看它们表现的亮度跟平常的新星差不多是一样的。然而，它们处在特殊的星云（闪光的"云"）里。20年代，威尔逊山和别处的观测开始让天文学家相信，那些星云不像我们原先认为的那样只是我们银河系中的气体云，而本来就是一些星系——由近10^{12}（万亿）颗恒星形成的巨大集合，远在我们自己的星系之外。我们所看到的这些星系里的罕见新星比我们自己星系里的平常新星遥远得多，为了能够表现出从地球上看到的亮度，它们必然在本质上具有比平常新星强得多的发光能力。

世纪之交以来，天文学家观测到36颗这样的超光亮新星，巴德从已经发表的文献中把能找到的观测数据都收集起来，将这些数据同他得到的有关新星到银河系距离的观测资料相结合，根据结合计算这些超光亮新星发出了多少光。他的结果令人惊讶：在爆发中，超光亮

后发座内的星系NGC4725。左：1940年5月10日超新星爆发前的照片。右：
1941年1月2日超新星爆发中的照片。星系外围白色所指即超新星。现在知道，此星
系距地球3000万光年，包含$3×10^{11}$（3000亿）颗恒星。[加利福尼亚理工学院藏。]

新星的发光本领典型地比我们的太阳大10^8（1亿）倍！（现在我们知
道，这些距离在30年代被低估了约10倍，[5] 相应地，超光亮新星的
发光能力应比我们太阳强10^{10}（100亿）倍。[1] 这在很大程度上也应归
功于巴德1952年的工作。）

168　　喜欢极端的茨维基被这些超光亮新星迷住了。他和巴德没完没了
地讨论，将它们命名为超新星。他们设想（对的），每颗超新星都是正
常恒星爆炸产生的。因为爆炸太热，他们猜想（这回错了），更多的能
量是通过紫外线和X射线辐射出去的，而可见光较少。由于紫外线和
X射线不能穿透地球大气，所以不可能测量它们包含了多少能量。然
而，有可能根据观测到的光谱线和决定在爆炸中超新星热气体行为的
物理学定律来估计能量。

　　将巴德的观测和平常新星的知识与茨维基的理论物理学认识相

---

1. 地球接收到的光总量反比于到超新星的距离的平方，所以距离的10倍误差意味着巴德估计的光
的总输出量有100倍的误差。

结合，巴德和茨维基得到结论（错的），来自超新星的紫外线和X射线携的能量至少是可见光的1万倍或者也许1000万倍。[6] 喜欢极端的茨维基立刻认定较大的因子（1 000万）是正确的，而且满怀热情地引用它。

这个（不正确的）1 000万的因子意味着，在超新星最亮的几天内，它将发出巨大的能量：大约是我们的太阳在它100亿年寿命中以热和光的形式辐射出的能量的100倍。这差不多是我们将太阳质量的十分之一转化为纯光能所能获得的能量！

（由于后来几十年的超新星的观测研究 —— 许多工作是茨维基自己做的 —— 我们现在知道，巴德–茨维基超新星能量估计并没偏离太远，但我们也知道，他们的能量计算有严重的缺陷：几乎所有释放的能量实际上都是被称为中微子的粒子带走的，而不是他们认为的X射线和紫外辐射。巴德和茨维基能得到正确答案全靠运气。）

巨大的超新星能量会来自哪里呢？为解释这个问题，茨维基提出了中子星。

茨维基对物理学和天文学的所有分支都感兴趣，他想象自己是一个哲学家。他试图以一种被他后来称为"形态学方式"的方法把他遇到的所有现象都联系起来。1932年，在所有物理学和天文学课题中最受欢迎的是核物理学，即研究原子核的学问。茨维基从那儿汲取了他的中子星思想的关键要素：中子的概念。

中子在本章和下一章都很重要，我现在暂时离开茨维基和他的中子星，来谈谈中子的发现和它与原子结构的关系。

1926年"新的"量子力学定律建立后（第4章），物理学家在接下来的5年里，用这些量子力学定律去探索微观世界。他们揭开了原子以及那些由原子组成的分子、金属、晶体和白矮星物质等材料的秘密（卡片5.1）。接着，1931年，物理学家将注意力转到了原子的中心和处在中心的原子核。

原子核的性质曾是个大秘密。大多数物理学家认为它是由一组电子和双倍的质子以某种未知的方式束缚在一起而构成的。但是，英国剑桥的卢瑟福（Ernst Rutherford）有不同的假设：原子核由质子和中子构成。那时，已经知道质子是存在的，物理学实验已经研究几十年了，而且还知道它比电子重约2 000倍，带有正电荷。中子还不知道。为了用量子力学定律成功解释原子核，卢瑟福只好假定中子是存在的。成功的解释需要三个条件：（1）中子必须具有大致与质子相同的质量，但不带电荷。（2）每个核必须包含大致相同数目的中子和质子。（3）所有中子和质子必须通过一种新类型的力紧密地聚集在小小的核内——这种力既不是电力，也不是引力，自然被称为核力（现在我们也称它强力）。中子和质子通过幽闭的无规则的高速运动来对抗原子核的约束，这些运动产生简并压力，压力与核力平衡以维持核的稳定和约10^{-13}厘米的大小。

卡片5.1

原子的内部结构

原子由围绕中心的大质量核的电子云组成。电子云的大小约为10^{-8}厘米（大概是人的头发直径的百万分之一），处在中心的核要小100 000倍，约为10^{-13}厘米，见下面的图。假如把电子云扩到地球大小，那么原子核有足球场那么大。核尽管小，却比空空的电子云重几千倍。

带负电的电子被带正电的原子核的电作用力吸引而留在电子云里，但它们并不落进核内，原因与白矮星不发生坍缩是一样的：一个叫泡利不相容原理的量子力学定律禁止两个以上的电子在同一时间占据空间的同一个区域（如果两个电子有相反的"自旋"，那是可以的。在第4章，我们忽略了"自旋"这个微妙的东西）。云里的电子于是成对出现在被称为"轨道"的空间。每对电子都不愿局限在它的小格子里，它们将像"幽闭者"那样快速无常地运动，就像在白矮星中的电子一样（第4章）。这些运动提高了"电子简并压力"，抵消了核的电力作用。因此，我们可以认为原子是小小的白矮星，向内吸引电子的不是引力而是电力，而电子简并压力将电子向外推。

下面的右图简单地勾画了刚才讨论的原子核的结构，它是靠核力聚集的质子和中子小集合。

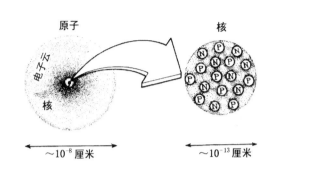

171　　　1931年到1932年初，实验物理学家们竞相检验原子核的这种描述。方法是，用高能辐射轰击原子核，设法将卢瑟福假想的中子从核中打出来。1932年，卢瑟福自己的实验小组成员查德威克（James Chadwick）赢得了竞赛。查德威克的轰击成功了，中子大量出现，正好具有卢瑟福假想的那些性质。世界各地的报纸热热闹闹地宣布了这个发现，茨维基当然也注意了。

　　　中子出现的那年，正是巴德和茨维基在为认识超新星奋斗的一年。在茨维基看来，这个中子正好就是他们需要的东西。[7] 他推测，正常星体的核，比如密度为每立方厘米100克，可能会通过坍缩达到像原子核那样的密度，即每立方厘米10^{14}（百万亿）克，也许在那个收缩的星体核中的物质会使自己变成中子的"气体"——茨维基称它为"中子星"。假如真是这样，茨维基算出（这回对了），收缩核的强大引力会紧紧地将它束缚起来，这不仅会减小它的周长，还会减少它的质量。星体核现在的质量将比它坍缩前轻10％。那10％的质量跑到哪儿去了呢？茨维基猜想，它们变成了爆发的能量（这回他又对了。见图5.1和卡片5.2）。

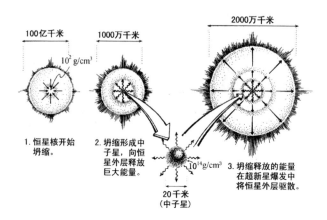

图5.1 茨维基触发超新星爆发的假设：超新星爆发的能量来自星体从正常密度核坍缩成中子星的过程

　　茨维基相信（对了），假如星体收缩核的质量与太阳的质量相同，那么当核转变成中子星时，那10％的质量将转变为爆发的能量，约10^{46}焦耳，接近茨维基所想的超新星需要的动力。爆发的能量能将星体外层加热到很高的温度，然后将它们吹散在星际空间（图5.1）；星体爆炸时，因高温而发光，那正是他和巴德所认定的超新星的行为。

　　茨维基不知道什么东西能引起星核坍缩而使它转变为中子星，也不知道核在坍缩时有什么行为，所以他没法估计坍缩会持续多长时间（是慢慢收缩，还是迅速坍缩？）（60年代，我们终于发现了所有的细节，原来坍缩是很剧烈的；强大的引力在不到10秒钟内就使星体从地 173 球那么大坍缩到100千米的周长）。茨维基也没有完全认识核收缩的能量如何能产生超新星爆发，或者说，他不理解，为什么爆炸的碎屑在几天里会那么耀眼，而且还能亮几个月，而不是几秒钟、几个小时或者几年？然而，他知道——或者说他认为他知道——在中子星形成时放出的能量正好是那么多，这对他足够了。

172

卡片5.2

质能等价

　　根据爱因斯坦的狭义相对论定律，质量不过是能量的一种非常紧致的形式。任何质量（包括人的）都可能转化为爆发的能量，尽管如何转化并不是一个平常的问题。这样转化而来的能量是巨大的，它由爱因斯坦的著名公式计算：$E=mc^2$，这里 E 是爆发的能量，M 是转化为能量的质量，$c=2.99792\times10^8$ 米/秒是光速。这个公式预言，一个正常人的75千克质量的爆发能量为 7×10^{18} 焦耳，是爆炸过的最具威力的氢弹能量的30倍。

　　质量转化为热量或爆发的动能，是茨维基解释超新星（图5.1）、解释维持太阳热量的核燃烧（本章后面）和核爆炸（下一章）的基础。

　　茨维基并不满足于解释超新星，他还想解释宇宙间的一切事物。1932～1933年，在所有还没解释的事物中，在加州理工学院最受注意的是宇宙线——来自空间的轰击地球的高速粒子。学院的密立根是宇宙线研究的世界领袖，他为它们命了名；安德森发现，有些宇宙线是由反物质构成的。[1] 爱走极端的茨维基想让自己相信，大多数宇宙

1.反物质的名字源于这样的事实：当物质粒子遇到反物质粒子时，它会彼此湮灭。

线来自我们太阳系以外（这是对的），而且大多数还来自我们银河系之外——实际上，来自宇宙最遥远的地方（错了）——然后，他相信（基本是对的），所有宇宙线携带的能量，大约与整个宇宙间超新星释放的总能量相同。在茨维基看来，下面的结论是显然的（也许是对的[1]）：宇宙线是超新星爆发的产物。

茨维基认识到超新星、中子星和宇宙线的这些联系是在1933年下半年。因为巴德广博的实测天文学知识是这些联系的决定性基础，而茨维基的许多计算和推测也是在与巴德的口头讨论中完成的，所以茨维基和巴德同意一起在斯坦福大学（从帕萨迪纳出发，轻轻松松沿海滨坐一天的车就到了）举行的美国物理学会会议上报告他们的工作。他们报告的摘要刊在1934年1月15日出版的《物理学评论》上，如图5.2。这是物理学和天文学史上最富远见的文献之一。[8]

174

他们明确地断言，存在超新星这样一类独特的天体——不过，要等到4年以后的1938年，巴德和茨维基才能拿出严格证明它们不同于普通新星的充分证据。他们第一次为这种天体提出了"超新星"的名字；正确地估计了超新星释放的能量；提出了宇宙线来自超新星的建议——在1933年还是似乎合理的假说，但没有严格确立（见脚注）。他们发明了由中子形成的星体的概念——这个概念到1939年才在理论上获得广泛的赞同，而实际观测确认要等到1968年。他们为这个概念起了中子星的名字。他们还"完全保留"（这大概是谨慎

1. 现在看来，宇宙线有许多不同的来源。但我们还不知道哪种方式产生的宇宙线最多，不过，很有可能是，在超新星爆发很久以后，残留气体云的激波将粒子加速到很高的速度。如果确实如此，那么在间接意义上说，茨维基是对的。

的巴德插进的一个短语）地提出，超新星是正常星向中子星转化的产物 —— 到 60 年代初，人们才看到这个建议在理论上是可能的，但等到 60 年代末在古代超新星爆发的气体内发现脉冲星（旋转的磁性的中子星）后，它才得到观测的证明。

JANUARY 15, 1934　　PHYSICAL REVIEW　　VOLUME 45

Proceedings
of the
American Physical Society

MINUTES OF THE STANFORD MEETING, DECEMBER 15–16, 1933

38. Supernovae and Cosmic Rays. W. BAADE, *Mt. Wilson Observatory*, AND F. ZWICKY, *California Institute of Technology.*—Supernovae flare up in every stellar system (nebula) once in several centuries. The lifetime of a supernova is about twenty days and its absolute brightness at maximum may be as high as $M_{vis} = -14^m$. The visible radiation L_v of a supernova is about 10^8 times the radiation of our sun, that is, $L_v = 3.78 \times 10^{41}$ ergs/sec. Calculations indicate that the total radiation, visible and invisible, is of the order $L_r = 10^7 L_v = 3.78 \times 10^{48}$ ergs/sec. The supernova therefore emits during its life a total energy $E_r \geq 10^5 L_r = 3.78 \times 10^{53}$ ergs. If supernovae initially are quite ordinary stars of mass $M < 10^{34}$ g, E_r/c^2 is of the same order as M itself. In the *supernova* process mass *in bulk is annihilated*. In addition the hypothesis suggests itself that *cosmic rays are produced by supernovae*. Assuming that in every nebula one supernova occurs every thousand years, the intensity of the cosmic rays to be observed on the earth should be of the order $\sigma = 2 \times 10^{-3}$ erg/cm^2 sec. The observational values are about $\sigma = 3 \times 10^{-3}$ erg/cm^2 sec. (Millikan, Regener). With all reserve we advance the view that supernovae represent the transitions from ordinary stars into *neutron stars*, which in their final stages consist of extremely closely packed neutrons.

图 5.2 巴德和茨维基 1933 年 12 月在斯坦福大学关于超新星、中子星和宇宙线的报告的摘要

30 年代的天文学家热烈响应巴德-茨维基超新星概念，但对茨维基关于中子星和宇宙线的思想却不大看得起。普遍认为它"太假了"；可能还有人说它"建立在不可靠的计算基础上"，说得很对。茨维基的文章和谈话没有为他的思想提供更充分的证明线索。事实上，我在仔细研究茨维基那个年代的文章后发现，他没有很好地理解物理学定律，所以没能证明他的想法。本章后面我还会回来谈这一点。

回溯起来，有些科学概念本来是很显然的，所以我们会奇怪，当时竟没有人马上认识到它们。中子星与黑洞的联系就是这样的例子。茨维基在 1933 年就可能发现这个联系，但他没有；6 年以后，这种联系才初步建立起来，而在 20 多年以后它才确定下来。这段令物理学家想起来就脸红的曲折经历，是本章后面的主题。

物理学家是如何认识到中子星－黑洞联系的呢？为讲好这个故事，先应该知道关于这个联系的一些事情，下面我们就来看看。

恒星死后的命运如何？第4章揭示了部分答案，画在图5.3的右边（与图4.4是一样的）。那个答案依赖于恒星的质量是小于还是大于1.4个太阳（钱德拉塞卡极限质量）。

假如恒星质量小于钱德拉塞卡极限，比如太阳自己，它在生命的尽头将走上图5.3中写着"太阳之死"的路径。它一面向空间辐射光，一面慢慢冷却，失去（热产生的）热压力。因为压力减小了，它不再能够抵抗引力向内的挤压。引力迫使它收缩。收缩时，它在图5.3中向着左端移动到更小的周长，而总是处在图中相同的高度上，因为它的质量不会改变（注意，图中质量向上、周长向右增加）。收缩时，内部的电子被挤到越来越小的格子里。最后，电子以它强大的简并压力顶住了星体的收缩。简并压力对抗着星体向内的引力挤压，迫使它在图5.3的白区和阴影区的边界曲线（白矮星曲线）上安静下来，走进白矮星的墓穴。如果星体还要收缩（也就是从白矮星曲线向左走进阴影区），电子简并压力会变得更强，使星体膨胀又回到白矮星曲线。[176] 如果星体还要膨胀到白区，电子简并压力将减弱，引力又使它收缩，回到白矮星曲线。这样，星体除了永远停留在白矮星曲线上，没有别的选择。引力和压力在这里完全平衡，它将慢慢冷却而变成一颗黑矮星——一个地球大小却具有太阳质量的冰冷而黑暗的天体。

假如恒星质量超过了钱德拉塞卡1.4个太阳质量的极限，比如天狼星，它在生命的尽头会走上"天狼星之死"的道路。当它发出辐射，冷却收缩，沿着那条道路向左走向越来越小的周长时，它的电子也被挤到越来越小的格子里。这些电子以不断增大的简并压力反抗着，然而反抗是徒劳的。因为恒星质量太大，引力足以压倒一切电子的反抗。电子不可能产生足够的简并压力来对抗恒星的引力，[1] 恒星必然像爱丁顿说的那样，"继续地辐射下去，收缩下去，我想，它会一直辐射收缩到几千米的半径，那时引力会变得很强大，足以平息这些辐射，而恒星也最终找到了安宁。"

如果不是中子星，恒星的命运可能会是这样的。假如茨维基是对的，中子星能够存在，那么它们一定会像白矮星，不过内部压力是中子而不是电子产生的。这意味着在图5.3中应该有一条类似于白矮星曲线的中子星曲线，但周长（标在水平轴上）大约是几百千米，而不是几万千米。在中子星曲线上，中子压力完全与引力相平衡，所以中

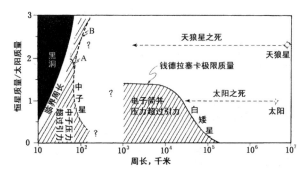

图5.3 质量大于1.4个太阳质量的钱德拉塞卡极限的恒星的最终命运，依赖于中子星的质量能有多大。假如中子星质量可以任意大（曲线B），那么像天狼星那样的恒星死亡后只能坍缩成中子星，不能形成黑洞；假如中子星存在质量上限（如曲线A），那么大质量的死亡恒星既不能成为白矮星，也不能成为中子星；如果没有别的归宿，它们就只能成为黑洞

1.理由在卡片4.2中解释过。

子星会永远留在那儿。

假定中子星曲线在图5.3中向上延伸到更大的质量，就是说，假定它像图中的曲线B那样，那么，天狼星死亡时不会生成黑洞。相反，它会收缩到中子星曲线，然后就不再收缩了。如果还要收缩（就是说，向中子星曲线的左端移动，进入阴影区），它内部的中子将反抗挤压，产生巨大的压力（部分是因为简并，即"幽闭"，部分是核力）；压力 [177] 很大，足以超过引力从而使星体向外扩张，回到中子星曲线。如果星体想扩张到白区，中子的压力将降低，又让引力占上风，将星体挤压回来。这样，天狼星没有别的选择，只好停在中子星曲线上，永远留在那儿，慢慢冷却下来，成为一颗致密、冰冷而黑暗的中子星。

假定中子星曲线不向上延伸到更大的质量，而是像假想曲线A那样弯曲。这意味着任意中子星都存在一个极大质量，类似于白矮星的1.4个太阳质量的钱德拉塞卡极限。对中子星来说，也像白矮星的情形一样，极大质量的存在预示着一个极其重要的事实：在质量超过极大值的恒星内，引力将完全超越中子的压力。于是，当这么大质量的恒星死亡时，它要么放出足够多的质量而低于极大值，要么在引力作 [178] 用下无情地收缩下去，通过中子星曲线，然后 —— 假如除了白矮星、中子星和黑洞以外，没有其他可能的星体归宿 —— 它会一直收缩下去，形成一个黑洞。

因此，中心问题，也就是关系着大质量恒星的最终命运的问题是，一个中子星能有多大质量，如果可以很大，大于任何正常星体，那么黑洞就不可能在真实宇宙中形成。如果中子星有一个极大的可能质量，而那个极大质量又不是太大，那么黑洞是会形成的 —— 除非还有什么别的在30年代未曾想到过的恒星归宿。

现在看来，这条推理路线那么明显，但茨维基没走上来，钱德拉塞卡没走上来，爱丁顿也没走上来，真是令人奇怪。不过，就算茨维基走上来了，也不会走得太远，他对核物理和相对论了解得太少，不可能发现物理学定律是否为中子星安排了质量极限。然而，在加州理工学院真有两位懂物理的人，他们能推导中子星的质量：一个是托尔曼（Richard Chace Tolman），他从化学家变成物理学家，写过一本题为《相对论、热力学和宇宙学》的经典教科书；另一个是奥本海默（J. Robert Oppenheimer），他后来将领导美国发展原子弹。

但是，托尔曼和奥本海默对茨维基的中子星一点兴趣也没有，直到1938年他们才注意到它，那年，中子星的思想发表了（名字稍有不同，叫中子核），作者是另一个人，他不像茨维基那样不太讨人喜欢，而是大家尊敬的莫斯科的朗道（Lev Davidovich Landau）。

朗道

朗道关于中子核的文章实际上是一篇求助的呼唤。[9] 那时，斯大林的清洗运动席卷整个苏联，朗道很危险。他希望以他的中子核思想在报纸上激起大波，这样可能会使他免遭逮捕和死亡，但关于这点，托尔曼和奥本海默一无所知。

　　　　朗道的危险来自他过去与西方科学家的接触。

俄国革命不久，科学成了新共产党领导人特别关注的目标。列宁促使在1919年的布尔什维克党第八次会议上通过一项决议，免除了对科学家的意识形态纯洁性的要求："工业和经济发展的问题需要立刻广泛地发挥我们从资本主义那里得来的科学和技术专家们的作用，尽管他们难免沾染些资产阶级的思想和作风。"特别令苏维埃科学领导者们关心的是苏联理论物理学的可怜状况，所以，托共产党和政府的福，苏联最有才华和希望的年轻理论家们来到列宁格勒（圣彼德堡）读了几年研究生，完成相当于博士学位的课程后，被送到西欧作一两年的博士后研究。

为什么要读博士后呢？因为到20年代，物理学已经太复杂了，博士水平的培养不能满足精通的需要。为了在全世界促进更高的培养，一个博士后奖学金体系就建立起来了，主要靠洛克菲勒基金的资助（来自资本主义石油企业的好处）。任何人，即使是热情的苏联马克思主义者，都能竞争奖学金，获奖者就被称为"博士后研究生"或简称"博士后"。

为什么到西欧去读博士后呢？因为在20年代，西欧是理论物理学的圣地，几乎是每一个世界知名的理论物理学家的故乡。苏联的领导者们为了显示他们的恩赐，要把西方的理论物理灌输到苏联，没有别的选择，只好将他们年轻的理论家送到那儿去培养，也顾不上精神污染的危险了。

在经历过到列宁格勒，然后去西欧，然后回苏联的年轻苏维埃理论家中，朗道在物理学界是最有影响的。他1908年出生在一个小

康的犹太家庭（父亲是里海之滨巴库的石油工程师），他 16 岁进列
宁格勒大学，19 岁本科毕业。在列宁格勒技术物理学院只读了两年
的研究生，他就完成了相当于博士学位的学习，然后来到西欧。在
1929～1930 年的 18 个月里，他走遍了瑞士、德国、丹麦、英国、比利
时和荷兰的大理论物理学中心。

180　　德国出生的皮尔斯（Rudolph Peierls）是朗道在苏黎世的博士后
同学，他后来回忆说，"我还清晰记得朗道 1929 年在苏黎世出现在泡
利的系里时，给我们留下的深刻印象。…… 没过多久就能发现他对现
代物理学的深刻认识和他解决基础问题的技巧。他很少详细阅读理论
物理学的论文，只是大概看看，问题是否有趣，如果有趣，作者的方
法是什么。然后他开始自己计算，如果答案和作者的一致，他就赞同
这篇文章。"[10] 皮尔斯和朗道成了最要好的朋友。

　　朗道高而瘦，对别人、对自己都很严厉。他很失望自己晚生了几
年。他认为，物理学的黄金年代是 1925～1927 年，那时德布罗意、薛
定谔、海森伯、玻尔等人正在开创新的量子力学。如果生得早些，他
朗道也能加入其间了。"所有的漂亮女孩儿都被抢走跟人结婚了，所
181 有好的物理问题都被解决了。我实在不喜欢剩下的那些东西。"[11]
1929 年，他在柏林曾这样失望地抱怨。但是，实际上，量子力学和相
对论的结果的探索才刚刚开始，那些结果也会带来惊奇：原子核的结
构、核能、黑洞和它们的蒸发、超流、超导、晶体管、激光以及磁共振
图像等，这只不过是几个例子。朗道虽然悲观，但他将成为探寻这些
结果的核心人物。

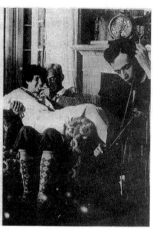

左：20年代中叶在列宁格勒读书的朗道。右：在列宁格勒读书期间（约1927年），朗道和物理系同学盖莫夫和 **Yevgenia Kanegiesser** 在开玩笑。其实，朗道从来不玩任何乐器。[左：美国物理学联合会（AIP）Emilio Segrè 图像档案馆，Margarethe Bohr 藏；右：国会图书馆藏。]

朗道是一个热情的马克思主义者和爱国者，1931年一回到列宁格勒，他就决心集中精力向苏联输入现代理论物理学，在后面的章节我们会看到，他取得了巨大的成功。

朗道回国不久，斯大林的铁幕降下来，再去西方几乎不可能了。据朗道在列宁格勒的同学盖莫夫（George Gamow）后来回忆，"俄国科学现在成了与资本主义世界斗争的武器。跟希特勒将科学和艺术分为犹太的和亚利安的一样，斯大林发明了资产阶级科学和无产阶级科学的名词。俄国科学家同资本主义国家科学家'友好'……成了一种犯罪。"[12]

政治气候从恶劣走向恐怖。1936年，在强迫农业合作化过程中

杀害了六七百万农民和富农（土地所有者）的斯大林，开始了对全国
政界和知识界领导人长达7年的清洗，现在称这场清洗为大恐怖。清
洗处决了几乎所有原列宁的政治局成员。苏维埃军队的最高指挥官
们，71名共产党中央委员会委员中的50名，大多数的驻外使节以及
非俄罗斯联邦的总理和高级官员，都在清洗中被处决或者被迫消失，
永远不再出现。据保守估计，大约700万人被抓进监狱，250万人死
亡 —— 其中一半是知识分子，包括大批科学家和一些研究群体。苏
联的生物学、遗传学和农业科学被毁了。[13]

1937年下半年，朗道（他现在是莫斯科理论物理学研究的领导
者）感到清洗的恶浪正向他逼近。他在惶恐中寻求保护，一个可能的
办法是，让公众都来注意他这个知名的科学家，于是他在他的科学思
182　想中找一个可能在西方和东方都激起巨澜的东西。他选的是从30年
代就开始思考的一个思想：像太阳那样的"正常"恒星，可能会在中
心拥有中子星 —— 朗道称它们是中子核。

朗道是这样想的：太阳和其他正常恒星通过（热产生的）热压力
来抵抗引力而维持自身。太阳向空间辐射热和光时，必然要冷却、收
缩，在大约3000万年的时间里慢慢死亡 —— 除非它有什么办法补充
失去的热量。在20年代和30年代，有令人信服的证据表明，地球在
10亿年或更长的时期内保持着大致相同的温度，所以太阳也一定通过
某种方式补充它的热量。爱丁顿等人已经在20年代提出（对的），新
的热量可能来自核反应，在反应中，一类原子核转变成另一类原子
核 —— 现在我们称它为核燃烧或核聚变，[14] 见卡片5.3。不过，到
1937年，核燃烧的细节还了解太少，物理学家不知道它是否能够这样。

朗道的中子核提供了一个很诱人的可能。

茨维基曾想象，在正常星坍缩成中子星时释放的能量为超新星提

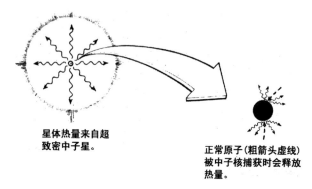

星体热量来自超
致密中子星。

正常原子(粗箭头虚线)
被中子核捕获时会释放
热量。

图5.4 朗道关于维持正常恒星热量的能源的猜想

供了动力，同样，朗道也能想象，太阳或其他正常恒星也是通过它们
的原子一个个被中子核捕获时释放的能量来补充动力的（图5.4）。

卡片5.3

183

核燃烧（聚变）与普通燃烧的对比

　　普通的燃烧是一种化学反应。在化学反应中，原子结
合成分子，在分子中共享彼此的电子云，电子云将分子维
系在一起；核燃烧是一种核反应。在核反应中，原子核聚
在一起（核聚变）形成质量更大的核。核力维系着这个更
大质量的核。

　　下图是普通燃烧的一个例子：氢燃烧生成水（一种通

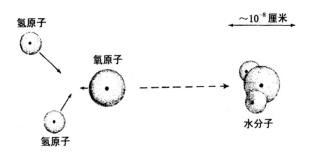

过燃烧提供爆发性动力的形式，常用来作为火箭的动力，
送卫星上天）。两个氢原子和一个氧原子结合形成一个水
分子。在水分子中，氢氧原子分享彼此的电子云，但它们
的核还是独立的。

　　下图是核燃烧的例子：氘（"重氢"）核与普通氢核聚
合形成氦-3核，我们现在知道，这种核聚变反应是太阳和
其他恒星的动力，也是氢弹的动力（第6章），氘核包含一
个中子和一个质子，由核力束缚在一起；氢核只含有一个
质子；聚变生成的氦-3核包含一个中子和两个质子。

184　　原子被中子核捕获很像一块石头从很高的地方落到水泥板上：引
力将石块拉下来，使它获得很高的速度，当它打在水泥板上时，巨大
的动能（运动的能量）会使它摔得粉碎。同样，朗道认为，中子核上
的引力能使塌陷的原子达到很高的速度。当这些原子落进核时，会碎

裂开来，动能（相当于总质量的10%）将转化为热量。在这样的图景中，太阳的最终热量来源是中子核的强大引力；而对于茨维基的超新星，核的引力在塌陷原子的质量转化为热量的过程中只有10%的作用。

与中子核捕获原子（图5.4）相比，核燃料的燃烧（卡片5.3）只能将百分之零点几的燃料质量转化为热量。换句话说，爱丁顿的热源（核能）大约比朗道的热源（引力能）小30倍。[1]

朗道在1931年实际上发现了他的中子核思想的更原始的形式。但是，那时还没有发现中子，原子核也还是个谜，所以，在他1931年的模型里，核捕获原子释放能量是通过一个完全假想的过程，而过程的基础（错的）在于怀疑量子力学定律在原子核问题上可能会失败。[15]现在中子发现5年了，原子核的性质也开始为人们所认识，朗道可以让他的思想更精确更服人了。把它向世界提出来，在大众中激起波澜，他也许能够躲过斯大林大清洗的浪头。

1937年下半年，朗道写了篇稿子讲他的中子核思想；[16]为保证它能受到尽可能多的注意，他采取了一系列非常的措施：他把稿子交给苏联的Doklady Akademii Nauk（《苏联科学院报告》）发表，同时将英文稿寄给哥本哈根的玻尔 —— 也就是钱德拉塞卡受爱丁顿攻击时曾求助过的那位西方著名物理学家（玻尔作为苏联科学荣誉院 185

---

1. 认为核力远比引力更有威力的人看来，这是很奇怪的。只有几个原子或原子核时，核力确实有很强的动力。不过，当有几个太阳或更多的原子（10^{57}个）时，所有原子聚在一起的引力将在动力上远远超过它们的核力。在本章后面我们会看到，这个简单的事实最终会保证，当大质量恒星死亡时，巨大的引力将超过原子核的排斥而将它们挤压成一个黑洞。

士，即使在大恐怖年代，也多少还能为苏联当局所接受）。同稿子一起，朗道还给玻尔写了下面的信：

> 亲爱的玻尔先生！
>
> 　我随信给您寄来一篇我写的关于星体能量的文章。如果您认为它还有点儿物理意义，请您把它交给《自然》。如果您不嫌太麻烦，我会乐意听听您对这个工作的意见。
>
> 　万分感谢。
>
> 您的，L. 朗道
> 1937 年 11 月 5 日，莫斯科

（《自然》是英国科学杂志，及时发表一切科学领域的发现，也是世界各类科学期刊中发行量最大的杂志之一。）

朗道有个身居高位的朋友 —— 他一听到玻尔认可了他的文章并交给了《自然》，就让《消息报》（苏联最有影响的两家报纸之一，是由苏联政府管理并代表政府的报纸）编辑部给玻尔发了一封电报。电报是 1937 年 11 月 16 日发出的：

> 　请告知您对朗道教授工作的意见。电告您的简单结论。
>
> 《消息报》编辑部

玻尔显然对这个要求感到疑惑和忧虑，当天就从哥本哈根回了信：

> 朗道教授关于大质量恒星的中子核的新思想是很杰出

而大有希望的。我会很高兴地对它和朗道的多个其他研究
发表一个简短的评价。请更详细地告诉我，为什么要我的
意见。

玻尔

《消息报》编辑部回答说，他们想把玻尔的意见在报上发表。11月23日，[186]
他们真那么做了，那是一篇讲述朗道的思想并给予高度赞扬的文章：

朗道教授的工作在苏联科学家中间激起了极大的兴趣，
他大胆的思想为天体物理学中最重要的过程之一带来了新
的生命。有充分的理由认为，朗道的新假说将被证明是正
确的，它将为天体物理学中的一大堆尚未解决的问题带来
答案。……尼尔斯·玻尔对这位苏联科学家［朗道］的工
作作了极高的补充评价，说"L. 朗道的新思想是很杰出而
大有希望的。"[17]

这场运动还是没能挽救朗道。1938年4月28日清晨，他寓所的
门响了，未婚妻科娜在门里震惊地看到他被一辆黑色官方轿车带走了。
许多人遭遇的命运现在也降临到了朗道的头上。

轿车将朗道带到莫斯科最臭名昭著的政治监狱 —— 布提斯卡雅。
人家告诉他，他的德国间谍活动已经暴露了，他得为此付出代价。滑
稽的罪名是无关紧要的（朗道，一个犹太人，热情的马克思主义者，
为纳粹德国做间谍？），实际上那时几乎所有的罪名都是可笑的。在
斯大林的俄国，很少有人知道被抓进监狱的真正原因 —— 不过，关

于朗道的案子，在最近公开的克格勃文件中可以找到一点儿线索：
[18] 他在与同事的谈话中，批评过共产党和苏联政府的科研组织方式
和大恐怖引发的1936～1937年的大逮捕。这些批评被认为是"反苏联
行为"，很容易让人进监狱。

　　朗道很幸运，他在狱中只待了一年就活着出来了——这是少有
的。他在1939年4月被释放，卡皮查（Pyotr Kapitsa）救了他。卡皮查
是30年代苏联最著名的实验物理学家，他直接向莫洛托夫和斯大林
说明了理由：朗道，而且在苏联所有的理论物理学家中，只有朗道
有能力解开超流出现之谜。[超流是在卡皮查实验室发现的，英国剑
桥的阿伦（J. F. Allen）和米斯纳（A. D. Misener）也独立发现了。如果
苏联科学家能解释这个现象，就能双倍地向世界证明苏联科学的
能力。][19]

　　朗道从监狱出来，憔悴不堪，病情严重。终于，他在身心恢复后，
用量子力学定律解开了超流之谜，赢得了诺贝尔奖。但他的精神崩溃
了，再也经受不住来自政治集团的哪怕一点点精神压力。

奥本海默

　　在加利福尼亚，奥本海默照习惯仔细读了朗道发表的每一篇文章。
于是，朗道发表在1938年2月19日《自然》杂志上的关于中子核的文
章立刻就引起了他的注意。茨维基提出的中子星为超新星提供能源的

1.超流是某些流体冷却到绝对零度以上几度（也就是冷却到约 – 270℃）时出现的一种完全没有黏
滞力（内摩擦力）的状态。

思想，在奥本海默看来，是容易破碎的幻想，而朗道提出的为正常恒星提供能源的中子核则值得认真考虑。也许，太阳真有这样的核？奥本海默发誓要把它弄清楚。

奥本海默的研究风格与我们迄今为止在本书遇到的任何一个人都不同。巴德和茨维基一起工作，是平等的伙伴，两人的才能和知识互为补充；钱德拉塞卡和爱因斯坦喜欢一个人做研究；而奥本海默热情洋溢，身边总簇拥着一大群学生。爱因斯坦曾为教学感到痛苦，而奥本海默却是在讲课中成长起来的。

跟朗道一样，奥本海默也到过西欧理论物理学圣地学习；跟朗道一样，奥本海默一回家，就着手把从欧洲学来的理论物理学传给他的祖国。

回到美国时，奥本海默赢得了巨大的荣誉，包括哈佛和加州理工在内的十所美国大学和两所欧洲大学都为他提供了教授的职位。这些邀请中，有一个来自在伯克利的加利福尼亚大学，那儿根本没有理论物理。奥本海默后来回忆，"我访问了伯克利，我想我应该去那儿，因为那儿是荒漠。"他在伯克利能开创一些完全属于他个人的东西。不过，奥本海默同时接受了伯克利和加州理工的邀请，因为他怕在学术上孤独。秋天和冬天他在伯克利，春天在加州理工学院。"我保持着 [188] 与加州理工的联系 …… 如果我偏离基础太远了，那儿能让我走回来；我还能从那儿学到一些在发表的文献里可能反映得不够充分的东西。"

奥本海默刚当老师时，对学生太严厉，太没有耐心，太傲慢。他不了解学生知道多少，也不愿让自己适应他们的水平。1930 年春，他在加州理工学院的头一课真是讲绝了 —— 论证有力，语言优美，见解深远。课讲完了，人都走了，托尔曼（这位从化学家来的物理学家现在是他的亲密朋友）跟在身后，让他回到现实："好的，罗伯特，"他说，"讲得太好了，但我一个该死的词儿也没听懂。"[20]

然而，奥本海默很快就会讲课了。一年中，研究生和博士后从美国各地聚到伯克利来跟他学物理。几年内，他就让伯克利成为在美国理论物理学博士后看来比欧洲更有吸引力的地方。

奥本海默的一个博士后塞伯（Robert Serber）后来讲述了跟他工作的感受："奥比（伯克利的学生都这么叫他）反应快，很急躁，讲话刻薄，刚当老师的时候，听说他对学生很严厉，但经过 5 年后，他成熟了（愿他早年的学生也相信这一点）。他的 [量子力学] 课能激发人的灵感，也是一个教育成果。他让学生感到物理学的逻辑结构那么美妙，物理学的发展那么激动人心。这门课几乎每个人都听过不止一次，奥比有时劝学生不要来听第三次、第四次，但劝不住 ……

"奥比同他的研究生们的合作方式也是前所未有的。他的小组由 8 ~ 10 名研究生和六七名博士后组成。每天他在办公室同小组见一面。会见前，组员们陆续进来，在桌旁和墙边坐下。奥比走进来，逐个地同他们讨论研究问题的状况，别的人在旁听着，发表意见。所有的人都面对着广泛的问题。奥本海默对什么事情都感兴趣，一个题目接着一个题目地来，彼此依存。下午，他们可能讨论电动力学、宇宙线、天体物理和核物理。"

　　每年春天，奥本海默把书和论文塞进他的敞篷车里，后面坐上几个学生，开到帕萨迪纳。塞伯说，"放弃我们在伯克利的房子和公寓是无所谓的，我们相信在帕萨迪纳可以找到一个月租金25美元的花园房子。"[21]

　　针对每个令他感兴趣的问题，奥本海默都会选一个学生或博士后去研究它的细节。对朗道的问题，中子核能否维持太阳的热量，他选择了塞伯。

　　奥本海默和塞伯很快发现，假如太阳的中心有中子核，假如核的质量占太阳质量的大部分，那么核的强大引力将紧紧地抓住太阳的外层物质，使太阳周长远远小于实际的长度。于是，朗道的中子核思想只有在核的质量远远小于太阳质量时才能成立。190

　　"中子核的质量能有多小？"奥本海默和塞伯被迫这样问自己。"中子核可能的极小值是什么？"注意，这个问题是与黑洞存在的决定性问题相反的：为知道黑洞是否能够形成，我们需要知道一颗中子星的最大可能质量（上面图5.3）。奥本海默还一点儿也没看到极大质量问题的重要性，但他现在知道，对朗道的思想来说，中子核的极小质量是关键的。

　　朗道在文章里也知道中子核极小质量的重要，还用物理学定律估算过。奥本海默和塞伯仔细审查了朗道的估计。他们看到，朗道恰当地考虑了核内部和附近引力的吸引，这是对的；他考虑了核的中子的简并压力（当中子被挤压到一个小空间内时由中子的幽闭运动产生的

塞伯（左）和奥本海默（右）在讨论物理，约1942年。［美国新闻局提供。］

压力），也是对的；但是，他没有考虑中子彼此之间的核力，这就错了。那种力当时也还没有完全明白，不过对奥本海默和塞伯来说，已经足以得到一个可能的结论（不是绝对确定，只是可能）：中子核的质量不可能小于1/10太阳质量。假如自然生成了比这还轻的中子核，它的引力还不够维持自己，压力将使它爆炸。

乍看起来，这并不排除太阳拥有一个中子核。毕竟，奥本海默和塞伯估计允许的1/10个太阳质量的核太小了，可能会藏在太阳内部而不会对它的表面性质产生太多的影响（不会影响我们看见的事情）。但是，进一步计算核的引力与周围气体压力间的平衡，他们发现核的效应是藏不住的：核外包着一层白矮星型的物质壳，差不多跟太阳一样重，壳外却只有很少的正常气体，太阳将一点儿也不像我们现在看见的样子。所以，太阳不可能有中子核，维持太阳热量的能源一定来自别的地方。

那是哪儿呢？当奥本海默和塞伯在伯克利计算的时候，纽约绮色佳康奈尔大学的贝特（Hans Bethe）和乔治·华盛顿大学的克里奇菲尔德（Charles Critchfield）正在用新发现的核物理学定律来详细说明核燃烧（原子核聚变，卡片5.3）能够维持太阳和其他恒星的热量。[19] 爱丁顿对了，朗道错了 —— 至少对太阳和大多数恒星来说是这样的。（90年代初，有些巨星看来也许就在用朗道的机制。[22]）

奥本海默和塞伯一点儿也不知道朗道的文章是他在绝望中写来躲避监狱和可能的死亡的，所以，在1938年9月1日，朗道正在布提斯卡雅监狱受折磨的时候，他们向《物理学评论》投了一篇批评他的文章。因为朗道是大物理学家，足以激起人们的热情，所以他们直截了当地说："［我们根据］朗道的估计 …… 导出［中子核的］0.001个太阳质量的［极小］极限质量。这个数似乎是错的。…… 通常假定的自旋交换类型的［核力］否定了质量与太阳相当的恒星会存在［中子］核。"[23]

朗道的中子核与茨维基的中子星实际上是同一种东西。中子核不过正好是以某种方式处在正常恒星内部的中子星。在奥本海默看来，这一定是很清楚的，他现在开始考虑中子星了，当然也得无情面对茨维基本该解决却没能解决的问题：严格地说，大质量恒星在耗尽（据

贝特和克里奇菲尔德的观点）维持其热量的核燃料后，会遭遇什么样
的命运？它们会留下哪种遗骸呢：白矮星？中子星？黑洞？还是别的
什么？

钱德拉塞卡的计算已经不容置疑地证明，质量小于1.4个太阳的
恒星一定会变成白矮星。茨维基在大胆地猜想，至少某些质量大于
1.4个太阳的恒星会坍缩形成中子星，并在此过程中产生超新星。茨
维基能是正确的吗？是不是所有大质量恒星都像这样死亡，从而使宇
宙远离黑洞？

奥本海默作为理论家的一大本领是能正确认识复杂的问题，能
剥去它的复杂性，发现左右它的核心。几年后，他成为美国原子弹计
划的领导人时，这种才能将卓越地发挥出来。现在，面对恒星的死亡，
他感到忽略茨维基所宣扬的所有复杂的东西 —— 如恒星坍缩的细节，
正常物质向中子物质的转化，巨大能量的释放以及超新星和宇宙线的
可能动力，这些都与恒星的最终命运无关。惟一相关的事情是中子星
所能有的最大质量。假如中子星能有任意大的质量（上面图5.3中的
曲线B），那么黑洞永远不会形成。假如中子星的质量有一个可能的极
大值（图5.3曲线A），那么质量大于极大值的恒星可能在死亡时形成
黑洞。

极大质量的问题已经完全清楚地提出来了，奥本海默还是跟平
常的作风一样，和学生一道开始明确地、有条不紊地去解决它 ——
这回跟他的年轻人叫沃尔科夫（George Volkoff）。奥本海默和沃尔科
夫寻找中子星质量的经过和奥本海默在加州理工学院的朋友托尔曼

的重要贡献，见卡片5.4。这个故事讲述了奥本海默的研究方法和物理学家采取的几个策略。那时，关于决定他们正在研究的现象的定律，他们知道一些，但不是全部。在这里，奥本海默知道量子力学和广义相对论，但不论他还是任何别的人都不太了解核力。

尽管核力知识贫乏，奥本海默和沃尔科夫还是能够不容争辩地说明（卡片5.4），中子星有一个极大质量，它介于半个和几个太阳质量之间。

又经过50年的努力，到90年代，我们知道奥本海默和沃尔科夫是正确的；中子星的确有一个极大允许质量，现在知道它在1.5到3个太阳质量之间，[24] 与他们的大致估计是一样的。另外，自1967年以来，天文学家已发现了几百颗中子星，还高精度地测量了其中几个的质量，测得的质量都接近1.4个太阳质量，为什么呢？我们不知道。

卡片5.4

奥本海默、沃尔科夫和托尔曼的故事：
寻找中子星质量 [25]

在进行复杂性分析时，为帮助确定自己的方向，可以从较粗的"数量级"计算开始，这种计算只精确到一个因子，例如，10。奥本海默很熟悉这种经验方法，他先就是通过几页篇幅的粗略计算来看中子星是否能有一个极大质量。结果很诱人：他对任意中子星得到了6个太阳质量的极限。如果详细计算得到相同结果，奥本海默就可以下结论了：当恒星质量大于6个太阳时，黑洞就可能形成。

"详细计算"是说，为假想的中子星选一个质量，然后看在这个质量下恒星内的压力是否能与引力平衡。假如平衡可以达到，那么中子星就可以有这样的质量。这需要选一个个的质量，每次都寻求压力与引力间的平衡。这件事比看起来要艰难得多，因为压力与引力在星体内部必须处处平衡。不过，钱德拉塞卡在分析白矮星的时候就已经走过这条路了（分析是在爱丁顿的关照下，用爱丁顿的布伦瑞克计算器实现的，见第4章）。

奥本海默也能像钱德拉塞卡计算白矮星那样计算他的中子星，但必须先做两个关键的修改：第一，在白矮星，压力是电子产生的，而在中子星，压力由中子产生，所以物态方程（压力与密度的关系）将不相同；第二，在白矮星，引力较弱，用牛顿定律和爱因斯坦广义相对论都能很好地描述，两种描述会得到几乎完全一样的预言，所以钱德拉塞卡选择了简单的牛顿描述；反过来，在中子星，因为周长很小，引力太强，牛顿定律可能带来严重误差，所以，奥本海默只得用爱因斯坦的广义相对论定律来描述引力。[1] 除了这两点变化——新的物态方程（用中子压力代替电子压力）和新的引力描述（用爱因斯坦的取代牛顿的）——奥本海默的计算与钱德拉塞卡的一样。

走到这里，奥本海默觉得可以把计算的细节交给学

1. 关于不同的物理学描述和它们的有效范围的关系，请看第1章最后一节的讨论（"物理学定律的本质"）。

生了。他选择了沃尔科夫，一个来自多伦多的年轻人，是1924年从俄国移民来的。

奥本海默向沃尔科夫解释了这个问题，告诉他，需要的引力的数学描述在托尔曼写的教科书《相对论、热力学和宇宙学》里。不过中子压力的状态方程更难一些，因为压力会受核力的影响（中子通过它相互推拉）。尽管在原子核内的密度下，我们对核力已有了很好的认识，但在大质量中子星深处中子可能面临的密度下，我们的认识还很贫乏。物理学家甚至不知道，在这种密度下核力是吸引的还是排斥的（中子是相互推还是拉），所以也就没有办法知道，核力是增大压力还是减小压力。但奥本海默有对付这些未知事情的办法。

奥本海默建议沃尔科夫先假定核力不存在，那么压力将是我们很好地认识了的那一类，就是中子简并压力（由中子的"幽闭"运动产生的力）。平衡中子简并压力与引力，然后根据平衡计算中子星在没有任何核力的宇宙中可能具有的结构和质量。然后，在核力以这样或那样方式作用的真实宇宙中，估计星体的结构和质量会如何变化。

在这么好的指引下，不会再有迷失了。沃尔科夫每天同奥本海默讨论，加上托尔曼教科书的帮助，他只用几天就导出了中子星内部引力的广义相对论描述，也只用几天就将大家熟知的简并电子压力的状态方程转化成了简并中子压力的状态方程。平衡压力与引力，沃尔科夫得到一个复杂的微分方程，它的解将告诉他星体的内部结构。这时，他被困住了。沃尔科夫竭尽全力也解不了他的微分方程，得不到星体结构的公式；他只好像钱德拉塞卡计算白矮星那样数值求解他的方程。1934年，钱德拉塞卡曾在爱丁顿的布伦瑞克计算器上敲了好多天的键钮来计算类似的白矮星结构，同样，沃尔科夫在1938年11月到12月间的大部分时间也费在马尔琴特（Marchant）计算器的键钮上了。

沃尔科夫在伯克利埋头计算时，帕萨迪纳的托尔曼正在采取不同的策略：他更喜欢用公式而不是计算器的数字来表达恒星的结构。一个公式可以表现包含在许许多多数表里的信息。如果他得到了正确公式，它会同时包含1个太阳、2个太阳、5个太阳质量——以至任意质量的恒星的结构。但托尔曼凭他卓越的数学技巧，也没能用公式解决沃尔科夫的方程。

"另一方面"，托尔曼大概会跟自己争论，"我们知道沃尔科夫用的并不真的是那个正确的物态方程。沃尔科夫忽略了核力；因为我们不知道那个力在高密度下的情况，所以也就不知道正确的物态方程。那么让我来问一个与沃尔科夫不同的问题：中子星的质量如何依赖于物态方程呢？假定物态方程很'硬'，就是说，它给出特别高的压力，我要问，在这种情况下中子星的质量有多大？接下来，我假定物态方程很'软'，就是说，它给出特别低的压力，那么这个时候中子星质量又如何呢？在每种情况下，我都将假想的物态方程调整到我能用公式解沃尔科夫微分方程的形式。尽管我用的物态方程几乎肯定不会是正确的，但我的计算还是能够一般性地告诉我，当自然选择了硬物态方程时，中子星质量可能是多大；当自然选择了软方程时，它又可能是多大。"

10月19日，托尔曼给奥本海默发了封长信，讲了他根据几个假想物态方程导出的星体结构公式和中子星质量。大约一个星期后，奥本海默驱车来到帕萨迪纳，同托尔曼就这个问题讨论了几天。11月9日，托尔曼又给奥本海默写了封长信，公式更多了。[26] 同时，沃尔科夫还在他的马尔琴特键钮上敲打。12月初，他算完了。他得到了质量为0.3、0.6、0.7个太阳质量的中子星的数值模型，发现如果我们的宇宙中没有核力，那么中子星将总是低于0.7个太阳质量。

太奇怪了！奥本海默在沃尔科夫计算前的粗略估计是6个太阳质量。为了阻止大质量恒星成为黑洞，详细计算本应将极大质量推到100个或更多的太阳质量，相反，它却把质量降下来了——只有0.7个太阳质量。

托尔曼来到伯克利了解详情。50年后，沃尔科夫高兴地回忆了当时的情景："我记得自己很怕向奥本海默和托尔曼解释我做的事情。我们坐在伯克利旧教工俱乐部的草地上。在高高的大树下的茵茵绿草间是令人尊敬的两位先生，还有我这位刚读完博士的研究生，要向他们解释我的计算。"[27]

196

既然已经知道了没有核力的理想宇宙的中子星的质量，奥本海默和沃尔科夫现在可以估计核力的影响了。托尔曼为不同假想物态方程仔细求解的公式将在这儿发挥作用。从托尔曼的公式可以大概看到，如果核力是排斥的，从而物态方程比沃尔科夫用过的"硬"，星体结构将如何改变；

> 如果核力是吸引的，从而物态方程更"软"，它又将如何。在可信的核力范围内，这些变化都不大。托尔曼、奥本海默和沃尔科夫最后认为，中子星还是必须有一个极大质量，处在大约半个到几个太阳质量之间。[28]

奥本海默和沃尔科夫的结论不会令爱丁顿和爱因斯坦那些诅咒黑洞的人满意。如果人们最终相信了钱德拉塞卡（在1938年，大多数天文学家都逐步理解他了），相信了奥本海默和沃尔科夫（那时反驳他们也不容易），那么，不论白矮星还是中子星，它们那样的墓穴都不能埋葬大质量的恒星。还有别的可信的方式让大质量恒星避免死于黑洞吗？是的，有两条。

第一，所有大质量恒星都可能在成长中释放大量的物质（例如，通过强大的风吹散星球表面，或者通过核爆炸），从而将质量减小到1.4个太阳质量以下，进入白矮星的墓穴；或者（假如谁相信茨维基的机制，不过很少有人相信），它们会在超新星爆发中释放物质，将质量减到大约1个太阳质量以下，然后终结在中子星墓穴里。从40年代到50年代直到60年代初，大多数天文学家 —— 假如他们都考虑这个问题 —— 都相信这一点。

第二，除白矮星、中子星和黑洞墓穴外，可能还存在着大质量恒星的第四种墓穴，是30年代还没认识到的。例如，我们可以想象图 5.3的一个墓穴，周长在中子星和白矮星之间 —— 几百或1000千米。大质量恒星可能在变得更小而形成中子星或黑洞之前就在这种墓穴停止了收缩。

假如没有第二次世界大战和后来冷战的干扰,奥本海默和他的学生们或别的人,很可能在40年代考察这种墓穴,他们将严格地证明,不存在这第四种墓穴。

然而,第二次世界大战爆发了,它耗尽了几乎全世界所有理论物理学家的精力。接着,战后的氢弹紧急计划进一步耽误了物理学家回到正常生活中来(见下一章)。

最后,50年代中期,两个物理学家从各自的氢弹研究中脱颖而出,来到奥本海默和他的学生们离开了的地方。他们是美国普林斯顿大学的惠勒(John Archibald Wheeler)和莫斯科应用数学研究所的泽尔多维奇(Yakov Borisovich Zel'dovich)—— 两位杰出的物理学家,将成为本书后面的主角。

惠勒

1956年3月,惠勒花了几天时间研究钱德拉塞卡、朗道以及奥本海默和沃尔科夫的文章,他在这儿发现了值得深入探索的奥秘。[29] 质量大于1.4个太阳的恒星死亡时只能形成黑洞,而没有别的选择,这能是真的吗?不久后,惠勒写道,"在广义相对论关于宇宙的结构和演化的所有结果中,大质量物体的命运问题是最具挑战性的。"他决心去完成钱德拉塞卡、奥本海默和沃尔科夫开创的星体墓穴的探索。

惠勒为了把他的使命表达得更准确,仔细描述了构成冷星和死星的那一类物质,称它为热核演化终点的物质,因为热核一词在为星体 198

J. A. 惠勒，约 1954 年［Blackstone-Shelburne 摄于纽约；惠勒提供。］

的核燃烧和氢弹提供动力的聚合反应中已经用得很普遍了。这类物质是绝对冷的，已经燃尽了核燃料，不会有什么办法通过任何类型的核反应从它的核内得到更多的能量。因为这个理由，本书将用*冷死物质*来代替"热核演化终点的物质"。

　　惠勒为自己设的目标是认识所有能用冷死物质构造的物体，这将包括像铁球那样的小物体，像由铁构成的冷死行星那样的较重物体以及其他更重的物体，如白矮星、中子星和别的物理学定律允许的任意类型的冷死物体。惠勒想要一个冷死事物的*综合编目*。

惠勒的工作模式同奥本海默一样，身边围着一帮学生和博士后。他让他们中的一个来自犹他州的虔诚摩门教徒哈里森（B. Kent Harrison）来解决具体的冷死物质状态方程。这个物态方程将描述这[199]类物质的压力在密度越来越高时会如何增加 —— 或者等价地说，它的压缩阻抗如何随密度的增长而变化。

惠勒为哈里森计算冷死物质的状态方程准备了足够的指导，因为在决定物质结构的物理学定律（量子力学定律和核物理定律）的领域内，他跻身于世界最伟大的专家行列之中。在过去的20年里，他发展了描述原子核行为的强有力的数学模型；他同玻尔一道发现了核裂变（像铀、钚那样的重原子的分裂，这是原子弹的基础）；他还曾是设计美国氢弹的一个小组的领导人（第6章）。[30] 凭着这些经历，惠勒指引哈里森在错综复杂的问题中穿行。

他们关于冷死物质状态方程的分析结果，我们在卡片5.5中讨论说明。在白矮星密度方面，它与钱德拉塞卡研究白矮星时用的物态方程是一样的（第4章）；在中子星密度方面，它与奥本海默和沃尔科夫用过的相同（卡片5.4）；密度在白矮星以下以及在白矮星和中子星之间时，方程是全新的。

掌握了冷死物质的状态方程后，惠勒请来自日本的博士后若野正巳（Masami Wakano）去做一件沃尔科夫为中子星和钱德拉塞卡为白矮星做过的事情：将物态方程与广义相对论方程结合起来，描述星体内部引力与压力的平衡；根据这样的结合导出描述星体结构的微分方程；然后数值求解这个微分方程。数值计算将给出所有冷死星体的内部结构情况，而最重要的是能给出星体的质量。

30年代，为了计算一个星体的结构（星体内部密度、压力和引力
202 的分布），钱德拉塞卡和沃尔科夫在剑桥和伯克利的计算器上敲打了
好多天。50年代就大不一样了。普林斯顿有世界上第一台数字计算机，
MANIAC——在普林斯顿高等研究院的一间满是真空管和电缆的屋
子里，这原是为氢弹设计建造的。有了MANIAC，若野用不了一个小
时就能解决一颗星的结构。

200
卡片5.5

冷死物质状态的哈里森-惠勒方程[31]

下面的图表示了哈里森-惠勒物态方程。水平画的是
物质密度，竖直画的是它的压缩阻抗（或绝热指数，物理
学家喜欢这么叫它）——1个百分点的密度增长所对应的
压力增长的百分数。曲线上的格子说明物质在从低密度压
缩到高密度时在微观上发生的事情。格子的大小写在顶部
（以厘米为单位）。

在正常密度下（图的左边），冷死物质由铁构成。如
果物质的原子核比铁重，它会通过分裂释放能量而变成铁
（核裂变，与在原子弹中发生的事情一样）。如果核比铁轻，
它们会通过结合释放能量而变成铁（核聚变，与氢弹中发
生的事情一样）。物质一旦形成铁，就不再以任何方式释
放核能了。物质形成铁核时，核力会比在它们形成其他任

何类型的原子核时，将中子和质子束缚得更紧。

在铁从7.6克/厘米³的正常密度压缩到100克/厘米³、再到1000克/厘米³时，它也像岩石那样反抗压缩：每个电子以"幽闭"（简并式的）运动来抵抗相邻原子的电子挤压。阻抗起初很大，但不是因为排斥力特别强，而是因为初始压力在低密度时很低。（回想一下，阻抗是1个百分点的密度增长所伴随的压力增长的百分点。压力很低时，猛烈增长的压力代表着巨大的增长百分点。也就是巨大的"阻抗"。过后，在压力大的高密度下，强烈的压力增长代表着小得多的增长百分点，从而阻抗也小得多。）

起初，冷物质被压缩，电子紧密聚集在铁核周围，形成电子轨道构成的电子云。（每个轨道上实际有两个电子，而不是一个——第4章忽略了这点微妙的不同，但在卡片5.1中简单讨论过了。）随着压缩继续，每个轨道和它的两个电子被逐渐限制在一个越来越小的活动空间，为了反抗这种限制，幽闭的电子变得更像波一样不规则地高速运动（"简并运动"，见第4章）。当密度达到10^5克/厘米³时，电子的简并运动和它产生的简并压力会变得非常大，完全超过了原子核作用在电子上的电力。电子不再围绕铁核，根本不把它放在眼里。原先还是一块铁的冷死物质，现在成了白矮星的构成材料，物态方程也变成了钱德拉塞卡、安德森和斯托纳在30年代初计算过的那一个（图4.3）：5/3的阻抗光滑地变到4/3，这时候，电子不规则运动的速度接近光速，密度为10^7克/厘米³。

根据哈里森和惠勒的计算，白矮星物质向中子星物质

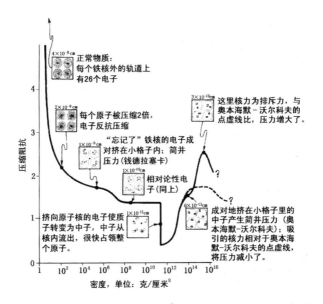

的转变发生在 4×10^{11} 克/厘米^3 的密度。计算表明了转变的几个阶段：第一阶段，电子被挤入原子核，核的质子吞没电子而形成中子。物质从而失去了一些维持压力的电子，压力阻抗突然变小，这导致了物态方程曲线的陡落（见上图）。随着第一阶段的进行，阻抗陡然下降，原子核因中子而越胀越大，也触发了第二阶段：中子开始从核中流出（被挤出来），汇入留在核外的少数电子。流出的中子跟电子一样，凭自己的简并压力对抗着不断的挤压。中子简并压力终止了物态方程的陡落，压力阻抗又重新开始上升。在第三阶段，密度为 $10^{12} \sim 4 \times 10^{12}$ 克/厘米^3，每个因中子而膨胀的核都彻底破裂了，碎成一个个中子，形成奥本海默和沃尔科夫研究过的中子气，以及少数散开的电子和质子。密度从此开始上升，物态方程表现出奥本海默－沃尔

202

科夫中子星的形式（忽略核力时，即图中的虚线；实线考虑了90年代对核力影响的最新认识）。

若野的计算结果见图5.5。本图是冷死物体的严格而最终的分类，它回答了我们在本章前面图5.3的讨论中所提出的所有问题。

在图5.5中，星体周长向右，质量向上。周长和质量处在白区的任何恒星的内部引力都大于其压力，所以引力使星体向左收缩。在阴影区的恒星，压力大于引力，所以压力使星体向右膨胀。只有在白区和阴影区的界线上，引力和压力才相互平衡，因此，这条边界线就是处于压力–引力平衡状态的冷死星曲线。

203

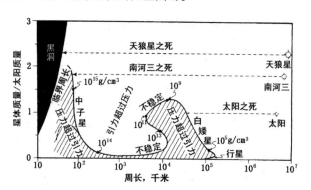

图5.5 冷死星的周长（水平方向）、质量（垂直方向）和中心密度（标在曲线上）。这是若野在惠勒指导下用卡片5.5中的物态方程计算的结果。中心密度超过原子核（2×10^{14}克/厘米^3）时，实线是90年代的结果，恰当考虑了核力的影响；虚线是奥本海默和沃尔科夫忽略核力的结果[32]

假如你沿平衡曲线追踪，你会遇到密度越来越高的死"星"。在最低密度（沿图的底线，大部分看不见），这些"星"根本不是什么恒星，不过是由铁构成的冷行星。（当木星最终耗尽内部的热辐射而冷却下来时，也将落在平衡曲线最右端的附近，尽管它大部分是由氢而不是铁构成的。）比行星密度高的地方是钱德拉塞卡的白矮星。

　　当你到达曲线上白矮星部分的最高点（具有 1.4 个太阳质量的钱德拉塞卡极限质量的白矮星[1]），然后继续向更高密度走，你会遇到不可能自然存在的冷死星，因为它们在收缩和膨胀中是不稳定的（卡片 5.6）。从白矮星密度走到中子星密度，这些不稳定平衡星体的质量将减小到大约 0.1 个太阳质量的极小值，周长为 1000 千米，中心密度为 3×10^{13} 克 / 厘米^3。这是最初的中子星，也就是奥本海默和塞伯研究过的 "中子核"，他们曾证明这种核不可能比 0.001 个太阳质量更小，那是朗道为太阳内核所设想的质量。

204

卡片 5.6

白矮星和中子星之间的不稳定过客

　　图 5.5 的平衡曲线上，所有处在白矮星和中子星之间的星体都是不稳定的。例如，中心密度为 10^{13} 克 / 厘米^3 的星体（它的质量和周长在图 5.5 中标记 10^{13} 的点上）。在 10^{13} 这一点，星体是平衡的，它的引力和压力彼此完全平衡。然而，它像立在尖儿上的铅笔一样是不稳定的。

---

1. 实际上，图 5.5（若野的计算）的白矮星极大质量是 1.2 个太阳，比钱德拉塞卡计算的值略小。区别在于不同的化学组成：若野的星体由 "冷死物质"（大部分是铁）构成，电子数是核子（中子和质子）数的 46%，钱德拉塞卡的星由氢、碳、氮、氧等元素构成，电子数占核子数的 50%。事实上，我们宇宙间大多数白矮星更像钱德拉塞卡的，不太像若野的。这也是为什么我在本书一直采用钱德拉塞卡的极限质量值：1.4 个太阳质量。

假如某个随机力（例如星际气体落在星体上）将星体轻轻挤了一下，就是说减小了它的周长，使它在图5.5中向左移了一点，进入白区，那么，星体的引力将开始超过压力，把星体引向坍缩；星体坍缩时，会强烈地向左移动，穿过中子星曲线进入阴影区，而中子压力将在这里暴涨，阻止坍缩，把星体表面向外推，使它落回中子星曲线，进入中子星的墓穴。

反过来，假如在 10^{13} 那点的星体不是被小的随机力向内挤压，而是向外推了一点（例如，某些中子的不规则运动随机增大了），那么它将进入压力超过引力的阴影区；压力会使星体表面爆炸，向外穿过白矮星曲线进入图的白区，在那儿，引力将占上风，把它向内拉回白矮星曲线，进入白矮星的墓穴。

这种不稳定性（ 10^{13} 的星体，收缩一点会坍缩成为中子星；扩张一点会爆炸成白矮星）意味着，在 10^{13} 的密度上——或者在平衡曲线上标明"不稳定"的区间内，不可能长时间存在什么真实的星体。

走在平衡曲线上，我们遇见了质量大约从0.1～2个太阳质量的 [205] 整个中子星族。2个太阳的中子星极大质量到90年代仍然有些不确定，因为极高密度下的核力行为还没有得到很好的认识。极大值可能低到1.5个太阳质量，但不会更低；也可能高到3个太阳质量，但也不会更高多少。

在平衡曲线的（近似）2个太阳质量的峰值上，中子星终结了。当我们沿着曲线进一步向更高的密度追踪时，平衡的星体也像在白矮星和中子星之间那样，是不稳定的（卡片5.6）。因为相同的理由，这些不稳定的"星"在自然界是不存在的。假如真形成了这种星体，它们立刻会坍缩成为黑洞，或爆炸成为中子星。

图5.5是绝对严格和不容争辩的：在白矮星和中子星之间不存在第三类稳定的大质量的冷死物体。因此，像天狼星那样质量大于2个太阳的恒星在耗尽核燃料后，要么释放所有多余的质量，要么发生坍缩，超过白矮星和中子星的密度，进入临界周长以内——在90年代的我们能完全肯定，它们会形成黑洞。坍缩是必然的。对质量足够大的星体来说，不论电子的简并压力还是中子间的核力，都阻止不了坍缩。引力甚至超过了核力。

不过，还有一条出路，可以让所有恒星，甚至最大质量的恒星，逃脱黑洞的命运；也许，所有大质量恒星在它们晚年或死亡中（以风或爆炸的形式）放出足够的质量，使自己小于2个太阳质量，这样就能终结在中子星或白矮星的墓穴。在40年代、50年代和60年代初，假如天文学家从各方面考虑星体最终命运的问题，他们都会倾向这个观点。（然而，大体说来，他们不会考虑这个问题。没有什么观测数据促使他们去考虑它，天文学家的注意力都被吸引到其他类型的物体上去了——正常恒星、星云、星系——他们得到的观测数据已经够多了，够富挑战性了，够报答他们了。）

在90年代当期，我们知道重星确实会在成长和死亡时放出大量物质。事实上，放出物质之多是惊人的：大多数诞生时有8个太阳质量的恒星因释放了足够的质量而终结在白矮星的墓穴；而大多数天生有8～20个太阳质量的恒星，最后成了中子星。这样看来，大自然也 206 几乎不愿自己看到黑洞。但并不完全这样：大多数观测数据提醒我们（但没有确实证明），多数天生大于20个太阳质量的恒星在死亡时还是那么重，它们的压力抗拒不了引力。当它们耗尽核燃料开始冷却时，引力超过了压力，它们便坍缩而形成黑洞。在第8章里，我们会看到这样一些观测数据。

我们还有好些关于科学和科学家的本质的东西，需要从30年代的中子星和中子核的研究中学习。

奥本海默和沃尔科夫研究的东西是茨维基的中子星，而不是朗道的中子核，因为中子星没有星体物质的包围。不过，奥本海默对茨维基不太尊重，他不愿用茨维基的名字来命名它们，而坚持用朗道的名字。这样，他和沃尔科夫讲述他们结果的那篇发表在1939年2月15日《物理学评论》上的文章，题目就叫"关于大质量中子核"。[33] 为保证没人误会他关于这些星体思想的来源，奥本海默在文章里零星地提了朗道，而茨维基先发表的那么多东西，他一次也没引用过。

就茨维基来说，1938年，他一直在关注着托尔曼、奥本海默和沃尔科夫的中子星研究，他们怎么做这个？他愤怒了。中子星是他的孩子，而不是他们的；他们没有权力研究中子星——而且，尽管托尔曼偶尔跟他谈谈，奥本海默却根本没理他！

然而，在茨维基就中子星写的大量文章中，只有空谈和猜想，没有实质性的内容。他更多地在忙着观测寻找超新星（很成功），忙着写文章谈中子星和它在超新星中的作用，从来没找时间来充实内容。不过，想同别人争，还得自己行动。1938年初，他尽自己的努力完成了中子星的数学理论，并同他的超新星观测结合起来。他努力的结果发表在1939年4月15日的《物理学评论》上，题目是"高坍缩星体的观测和理论"。[34] 他的文章比奥本海默和沃尔科夫的长两倍半，没有单独提他们两个目前的文章，不过提了沃尔科夫个人的一篇辅助性的小文章。这篇文章没有什么值得记住的东西，事实上，很多都是完全错误的。相反，奥本海默－沃尔科夫一文却是一篇杰作，优美而富有远见，所有细节也都是正确的。

尽管如此，半个多世纪过去了，我们今天还是尊敬茨维基的——他发现了中子星的概念；正确认识到了中子星是超新星爆发的产物和能源；他和巴德在观测上证明了超新星实际上是一类独特的天体；他开创并实现了几十年的确定性的超新星观测研究；另外，他还有许多中子星和超新星之外的见解。

他对物理学定律的认识那么少，而他的远见那么多，这是怎么回事呢？在我看来，他的身上融合着几种个性特征：他对理论物理学的理解足够让他在定性上（如果不是定量的话）正确认识事物；强烈的好奇心令他紧跟发生在物理学和天文学中的每一件事情；他能以某种直觉的方法识别（别人很少能做到）不同现象之间的联系；另外，同样重要的是，他太相信内心的通向真理的道路，从来不怕他的猜想会如何愚弄自己。他知道他是对的（尽管他常常是错的），如山的证据也不能令他相信他认为是错误的东西。

朗道跟茨维基一样，也很自信，也不怕自己像傻子。例如，他毫不犹豫地发表了他1931年的观点：恒星由超致密的星核提供能源，量子力学定律在那儿失败了。朗道对理论物理学的把握远远超过了茨维基，他是20世纪十大理论家之一。不过，他的猜想错了，而茨维基是对的。太阳没有中子核的能源；超新星才由中子星提供能量。那么，朗道与茨维基相比，是不是差点儿运气呢？也许部分是这样，但还有一个因素：茨维基投身在威尔逊山的环境中，那儿是世界天文观测的中心。他还与世界大实测天文学家巴德（他掌握着观测数据）合作；在加州理工学院，他可以而且确实几乎每天都与世界上的宇宙线观测大师们交谈。反过来，朗道与实测天文学几乎没有直接往来，他的文章也证明了这一点。没有这些实际接触，他不可能培养出对远在地球之外的那些事物的敏锐感觉。朗道最伟大的胜利是用量子力学定律解释超流现象，在这项研究中，他与实验家卡皮查进行过广泛的交流，那时卡皮查正在探索超流的细节。

与茨维基和朗道不同的是，对爱因斯坦来说，观测与理论之间的密切接触并不很重要：他发现广义相对论的引力定律就几乎没有靠什么观测。但这是一个罕见的例外。观测与理论在多方面的相互影响对物理学和天文学大多数分支的发展是有基本意义的。

奥本海默又如何呢？他的物理学造诣是堪与朗道比肩的。他与沃尔科夫合作的关于中子星结构的文章是历史上最伟大的天体物理学文献之一，但尽管文章优美，却"只不过"为中子星的概念填充了一些细节。概念实际上还是茨维基的孩子——超新星也是他的，星核坍缩形成中子星从而为超新星提供动力的思想还是他的。为什么奥本海默有那么多好条件，却没有茨维基那么多创造呢？我想，主要是因为他不愿意 —— 甚至也许害怕 —— 猜想。奥本海默的好朋友和崇拜者拉比（Isidore I-Rabi）更深刻地描述过这一点：

"我以为，奥本海默在某些方面受科学传统以外的东西的影响太深，比如他对宗教特别是对印度宗教的兴趣，产生了雾一般的对宇宙奥秘的感觉。面对已经做过的事情，他把物理学看得很清楚，但在学科的边缘，他却感到神秘和奇异的事情比实际存在的多得多。他不太相信已经掌握的理论工具的威力，没有将他的思想发挥到尽头，因为他本能地感到，如果他和他的学生想比现在走得更远，就必须靠新的思想和方法。"[35]

第 6 章
坍缩成什么

所有的理论物理学家
都挡不住一个结论：
坍缩产生黑洞

不是冤家不聚头。奥本海默和惠勒，这两个在宇宙和人类处境问题上观念截然不同的人，越来越发现他们在国家安全和核武器政策等深层问题上也站在两个极端 —— 而他们现在的问题是黑洞。

他们相聚在比利时布鲁塞尔大学的演讲厅。这两位在新泽西普林斯顿的邻居，与来自世界各地的其他31位大物理学家和天文学家一起，到这儿来聚会一个星期，讨论宇宙的结构和演化。

那是1958年6月10日，星期二。[1] 惠勒刚向聚在这儿的著名学者们报告了他与哈里森和若野最近的计算结果 —— 这些计算不容争辩地确认了所有可能冷死星体的质量和周长（第5章）。他填补了钱德拉塞卡和奥本海默–沃尔科夫计算之间的鸿沟，还证实了他们的结

210 果：质量大于 2 个太阳的恒星在死亡时，坍缩是必然的，而且，只要死亡中的恒星没有释放出足够的质量将自己减轻到大约 2 个太阳的极限质量以下，它的坍缩就不会产生白矮星、中子星或者任何其他类型的冷死星体。

"在广义相对论关于宇宙的结构和演化的所有结果中，大质量物体的命运问题是最具挑战性的。"惠勒说。在这一点上，听众们都会同意。接着，惠勒似乎回答了 24 年前爱丁顿对钱德拉塞卡的攻击（第 4 章）。他描述了奥本海默关于大质量恒星一定会通过坍缩成黑洞而死亡的观点，然后反驳说，这类坍缩"不会得到令人接受的答案"。为什么呢？基本上还是当年爱丁顿拒绝它的那个原因，用爱丁顿的话说，"应该存在一个自然律来阻止恒星那么荒谬的行为。"但是爱丁顿与惠勒之间存在着深刻的差别：爱丁顿 1935 年猜想的让宇宙摆脱黑洞的机制立刻就被玻尔那样的专家否定了；惠勒 1958 年猜想的机制一时还证实不了，也否定不了 —— 15 年后发现它部分是正确的（第 12 章）。

惠勒的猜测是这样的。（在他看来）形成黑洞的坍缩在物理学上一定是不合理的，应该抛弃，因此"似乎没有什么能摆脱这样的结论：坍缩恒星中心的核子 [中子和质子] 必然会融入辐射，而辐射会很快逃离恒星以减少恒星的质量 [低于 2 个太阳]"从而使它能终结在中子星的墓穴。[2] 惠勒愿意承认，这样的核子向辐射的转化超出了已知物理学定律的范围。不过，这种转化可能是那时还不知道的广义相对论与量子力学"结合"的一个结果（12～14 章）。对惠勒来说，这才是"大质量问题"最诱人的一点：既然坍缩成黑洞是荒谬的，他只好考虑一种全新的物理学过程（图 6.1）。

　　奥本海默没有被感动。惠勒讲完后，他头一个站起来，带着年轻时少有的礼貌，强调了自己的观点："我不知道远比太阳重的非旋转物质是否真的能在星体演化过程中出现；但如果有的话，我相信它的坍缩可以在广义相对论框架内进行描述［而不需要什么新的物理定律］。这些物质持续经受引力收缩，最终越来越多地与宇宙的其余部分隔绝［也就是形成黑洞］，这难道不是最简单的设想吗？"（见图 6.1。）[211]

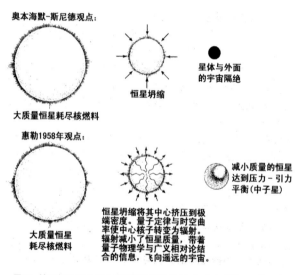

　　图6.1 关于大质量恒星命运的奥本海默观点（上序列）与惠勒1958年观点（下序列）的比较

　　惠勒也一样有礼貌，但还是坚持着自己的立场。"很难相信'引力隔绝'是令人满意的答案"，他这么说。

　　奥本海默对黑洞的信服，来自他19年前的具体计算。

黑洞的诞生：初步认识

1938年冬到1939年，奥本海默刚与沃尔科夫完成中子星的质量和周长的计算（第5章）。他确信，大质量恒星在死亡时会发生坍缩。接下来的挑战是显然的：用物理学定律来计算坍缩的细节。从围绕恒星的轨道上看，坍缩像什么？从恒星表面看，坍缩像什么？坍缩千百年后，恒星的最终状态是什么？

计算是不容易的。奥本海默和他的学生们面临着巨大的数学挑战：坍缩的恒星会随时间改变性质，而奥本海默－沃尔科夫中子星却是静止不变的。在坍缩恒星的内部，时空曲率会变得很大，而在中子星内它却很小。为处理这些复杂的事情，还需要一个很专门的学生，人选是明摆着的：哈特兰·斯尼德（Hartland Snyder）。

斯尼德跟奥本海默的其他学生不同。别人来自中产阶级家庭，而斯尼德是工人。在伯克利有人说他成为物理学家前曾是犹他州的一个卡车司机。据塞伯回忆，"奥比的学生习以为常的好多事情，如听巴赫和莫扎特，玩弦乐四重奏，吃精美的食品，谈自由政治，哈特兰都瞧不起。"[3]

加州理工学院的那群核物理学家比奥本海默周围的人热闹得多。每年春天奥本海默来帕萨迪纳时，哈特兰正好也到这儿来。福勒说，"奥比修养极高，爱文学、艺术和音乐，还懂梵文，而哈特兰则跟我们这群闲人差不多。他喜欢克洛格实验室的晚会。晚会上，托米（Tommy Lauritsen）弹钢琴，查理（Charlie Lauritsen）[实验室的头儿〕拉小提琴，我们大家喝着酒，唱着校歌和酒歌。在奥比所有的学生中，哈特兰是最特别的一个。"[4]

在智力上斯尼德也与众不同。塞伯回忆，"哈特兰在数学难题上比我们大家都能干，我们做的粗略计算他都能有很好的改进。"[5] 正因为这些才干，他成为当然的做坍缩计算的人。

在展开完全的复杂计算前，奥本海默坚持（像往常一样）先对问题作一个大概的考察。[6] 只花一点儿气力，能认识多少？初步考察的关键是恒星外的弯曲时空的史瓦西几何（第3章）。

史瓦西通过解爱因斯坦广义相对论场方程发现了他的时空几何。这是既不坍缩，也不爆炸，也不脉动的静态恒星的外部解，但是，哈佛大学数学家贝克霍夫（George Birkhoff）在1923年证明了一个重要的数学定理：史瓦西几何描述了任何球状恒星的外部，不仅包括静态的恒星，也包括坍缩的、爆炸的和脉动的恒星。

213

初步计算时，奥本海默和斯尼德简单假定球状恒星在耗尽核燃料后会无限坍缩，他们没考虑恒星内部会发生什么事情，而去计算在远处的人看来，坍缩的恒星会像什么样子。他们很轻松地发现，由于坍缩，恒星外的时空几何与任何静态恒星外的几何是一样的，所以坍缩的恒星看起来很像一个静态恒星序列，序列中每颗星都比前一颗更紧密。

到1920年前后，这种静态恒星的外在表现已经研究过20多年了。图6.2画出了我们在第3章曾用来讨论那些表现的嵌入图。回想一

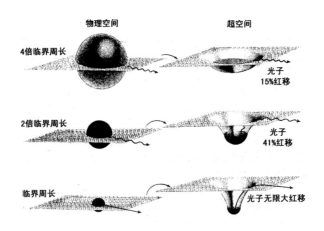

图6.2（与图3.4相同）广义相对论对空间曲率和光线红移的预言。三个高度致密的静态（不坍缩的）恒星，有相同的质量和不同的周长

下，每个嵌入图都刻画了恒星内部和附近的空间曲率。为了综合表现这些曲率，图中只画出了三维空间的二维曲率，也就是落在恒星赤道214 "面"的那两维（图左）。想象将赤道面从恒星拉出来，从我们和它所在的物理空间拉出来，将它放到一个平直的（没有弯曲的）假想超曲面中，我们就能具体看见空间的曲率了。在没有弯曲的超曲面中，赤道面的弯曲几何只有通过向下弯曲的碗来表现（右图）。

图中的3个静态恒星构成的序列模拟了奥本海默和斯尼德准备分析的坍缩过程。每颗星的质量相同，但周长不同。第一颗星约是临界周长的4倍（也就是恒星在引力作用下形成黑洞的周长的4倍），第二颗星是2倍，第三颗星正好具有临界周长。嵌入图表明，恒星越接近临界周长，周围空间的曲率就越大。然而，曲率不会变得无限大。即使恒星处在临界周长，碗状几何也是处处光滑的，没有尖点，也没有褶皱。也就是说，时空曲率不是无限大的；于是相应地，潮汐引力（将人从头到脚拉长或引起地球潮汐的那种力）作为时空曲率的物理学表现，在临界周长也不会无限大。

我们在第3章还讨论了从静态恒星表面发出的光的命运。我们知道，因为星体表面的时间比远处的时间流得更慢（引力的时间膨胀），所以在远处接收的来自恒星表面的光将具有被拉长了的振动周期，相应地也就有更大的波长和更红的颜色。光从恒星的强大引力场中往外"爬"时，它的波长将向光谱的红端移动（引力红移）。当静态恒星比临界周长大4倍时，光的波长被拉长了15%（见图右上角的光子）；当恒星为2倍临界周长时，红移为41%（中间）；当恒星刚好处在临界周长时，光的波长将产生无限红移，意味着光根本没有留下能量，从而也就不存在了。

215

奥本海默和斯尼德在大概的计算中根据这个静态恒星序列发现了两件事情：第一，像这些静态恒星一样，坍缩的恒星在接近临界周长时可能会产生强大的时空曲率，但不会无限大，因而也不会有无限大的潮汐引力。第二，恒星坍缩时，表面发出的光将经历越来越大的红移，当恒星达到临界周长时，红移将无限大，恒星也就完全看不见了。用奥本海默的话来说，我们将看着恒星将它自己与外面的宇宙"隔绝"开来。

奥本海默和斯尼德问自己，恒星的内部性质——在大概计算时忽略了——能有什么办法使恒星摆脱隔绝的命运吗？例如，坍缩会不会因某种力量被迫慢下来，即使经过无限长时间也不可能实际达到临界周长？

　　他想通过真实恒星坍缩（如图6.3左图所示）的具体计算来回答这些问题。任何真实恒星都像地球一样会自转，至少也会慢慢地转，自转的离心力会使恒星赤道像地球赤道一样，至少会向外凸出一点。所以，恒星不可能是正球形的。恒星在坍缩时会像溜冰者收回双臂那样越转越快，这使星体内部的离心力越来越大，赤道隆起将越来越显著 —— 也许会显著到令坍缩停止的地步，这时向外的离心力与引力完全平衡了。任何真实恒星在中心都有很高的密度和压力，而外层的密度和压力都较低；当它坍缩时，高密度会像浆果饼里的蓝色浆果一样到处成堆。而且，恒星的气体物质在坍缩时会产生激波 —— 像破碎的海浪 —— 从恒星表面的某些部分射出物质和质量，就像海浪溅起浪花，将水滴洒向空中。最后，辐射（电磁波、引力波、中微子）将从恒星流出，带走质量。

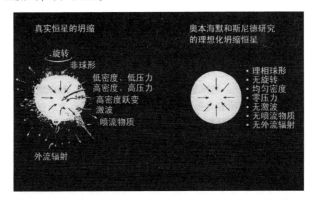

图6.3 左：发生在真实坍缩恒星的物理现象。右：奥本海默和斯尼德为计算星体坍缩而假定的理想情况

　　奥本海默和斯尼德很想在他们的计算中包容所有这些效应，但这

是不可能的，这样的计算远远超越了1939年的任何一个物理学家或计算机器的能力。要等到80年代出现超大型计算机，那才能实现。所以，为了一点儿进步，必须建立坍缩恒星的理想化模型，然后为这个模型计算物理学定律的预言。 [216]

这样的理想化奥本海默太熟悉了：每当面对这么纷繁复杂的情况时，他几乎总能没有错误地分辨出哪些现象是核心的，哪些现象是边缘的。

对坍缩的恒星来说，奥本海默相信，有一个特征比其他任何特征更关键，那就是爱因斯坦广义相对论定律所描述的引力。在建立可行的计算时，它而且只有它是不能被破坏的。相反，恒星的自转和非球对称形状是可以忽略的，它们对某些坍缩的恒星可能有决定性的意义，但对缓慢旋转的恒星来说，它们可能不会产生强烈的影响。奥本海默不能从数学上证明，但从直觉看那是很清楚的，而且实际上也是正确的。同样，直觉告诉他，辐射的外流与激波和密度堆积一样，都是不太重要的细节。另外，由于（如奥本海默和沃尔科夫证明的那样）在大质量死星里，引力会超过一切压力，那么，似乎可以安然地假定（当然，这是错误的），坍缩的恒星没有任何内部压力 —— 不论是热压力，还是电子和中子的幽闭简并运动产生的压力，或者核力产生的压力。一颗真实的恒星因为实际上存在着压力，所以它的坍缩方式可能会与理想化的没有压力的恒星不同。不过，奥本海默凭直觉认为，差别应该很小，不会太大。

这样，奥本海默与斯尼德提出一个理想化的计算问题：用广义相对论的精确定律研究一个完全球形、无自转、无辐射、密度均匀（表面附近的密度与中心的密度相同）、无任何内部压力的理想化恒星的坍缩。见图6.3。

即使做了这么多的理想化 —— 在未来的30年里，其他物理学家总在怀疑这些理想化条件 —— 计算还是极其艰难的。幸运的是，托尔曼就在帕萨迪纳，他能提供帮助。靠着托尔曼和奥本海默的指导，斯尼德发现了决定整个坍缩的方程 —— 他想了一个巧妙的办法来解决它们。现在，坍缩的所有细节他都能用公式表达了！从不同的角度审视这些方程，物理学家能读到他们感兴趣的关于坍缩的方方面面 —— 从恒星外面看，它像什么？从里面看，它像什么？从恒星表面看，它又像什么？等等。[7]

坍缩恒星特别有趣的表现是从外面的静止参照系看到的。也就是说，观察者处在恒星外面的一个固定参照系中，而不随恒星坍缩的物质向内运动。从这个外面的静止参照系看，恒星开始坍缩的方式正是我们所料想的。像从屋顶下落的石头那样，恒星的表面起先也是慢慢下落（向内收缩），然后越落越快。如果牛顿的引力定律是正确的，坍缩就将持续加速，直到没有任何内部压力的恒星被高速挤压成一个点。据奥本海默和斯尼德的相对论公式，情形就不是这样的了。当恒星接近临界周长时，收缩会慢下来。随着恒星越来越小，它的坍缩也越来越慢，最后完全冻结在临界周长。不论等待多长时间，恒星外的静止观察者（即在外面的静止参考系中的人）都不可能看到恒星坍缩经过临界周长。这是奥本海默和斯尼德公式不容争辩的论断。

坦缩的冻结是不是由恒星内部某些未曾预料的广义相对论的力量引起的呢？不，奥本海默和斯尼德认识到，完全不是。实际上，它是由临界周长附近引力的时间膨胀（时间流慢了）引起的。在外面的静止观察者看来，坦缩恒星表面的时间在接近临界周长的过程中必然会越流越慢，相应地，发生在恒星表面和内部的各个事件，包括坦缩，都必然表现出缓慢的运动，然后逐渐冻结起来。

这件事情看来够特别了，而奥本海默和斯尼德的公式还预言了更特别的事情：虽然在外面的静止观察者看见坦缩在临界周长冻结了，但在恒星表面下落的观察者却会发现，坦缩根本没有冻结。如果恒星有几个太阳质量，从太阳大小开始坦缩，那么，从它自己表面上看，大约在1个小时内恒星就坦缩到了临界周长，然后继续坦缩下去，经过临界值，到达更小的周长。

到1939年，当奥本海默和斯尼德发现这些事情时，物理学家们已经习惯了时间是相对的事实；在宇宙中以不同方式运动的参照系所测量的时间流是不同的。但以前还没有谁遇到过不同参照系之间的如此极端的差别。从外面的静止参照系观测，坦缩将永远冻结，而在恒星表面的参照系中观测，坦缩将迅速地通过冻结点。研究奥本海默和斯尼德数学的人，没有谁会对如此极端的时间卷曲感到满意。不过，他们的公式就是这样的。人们可能欢迎启发性的解释，但似乎没有一个解释令人满意。到了50年代后期（本章结束时），我们才完全弄明白。

从恒星表面的观察者的观点看奥本海默和斯尼德的公式，我们甚至可以导出恒星沉没到临界周长以后的坍缩情况；就是说，我们可以发现恒星收缩到无限大密度和零体积，而且可以导出在这一点的时空曲率的细节。然而，奥本海默和斯尼德在描述他们计算的文章里却回避了任何关于零体积的讨论。奥本海默在科学上天生是保守的，他不愿猜想（见第5章最后两段），这大概也令他不愿去讨论这些东西。

从公式中认识致密的零体积状态，这对奥本海默和斯尼德来说太困难了；在1939年，即使临界周长和它外面的细节，对大多数物理学家来说也太离奇了。例如，在加州理工学院，托尔曼是相信的，毕竟这个预言是广义相对论不容争辩的结果。但别的人就不太相信。[8]广义相对论只在太阳系内经受过实验检验，而那里的引力太弱了，牛顿定律差不多也能给出相同的预言。反过来，奥本海默和斯尼德的奇异预言依赖于超强的引力，多数物理学家想，在这么强大的引力面前，广义相对论也同样可能是失败的，即使没有失败，奥本海默和斯尼德也可能错误解释了他们的数学意义；即使他们没有错误解释，他们的计算也太过理想化，忽略了自转、密度堆积、激波和辐射，也是不能太当真的。

在美国和西欧，处处是这样的怀疑，但在苏联却没有。那时，朗道还在出狱后的恢复中，他有张"黄金名单"，记着发表在世界各地的重要物理学研究论文。读到奥本海默和斯尼德的论文时，朗道也将它列入那个名单。他向朋友和伙伴们宣布，奥本海默的那些最新发现一定是正确的，虽然人类理解起来还极其困难。[9]朗道的影响是巨大的，他的观点从那时起就在苏联主要物理学家中间生根了。

219

插曲：原子弹

奥本海默和斯尼德是对还是错？假如没有第二次世界大战和后来发展氢弹的紧急计划，答案本来在40年代就该确切地知道了，但战争和氢弹确实来了，像黑洞那样不切实际的神秘研究停止了，物理学家的全部精力都转到了武器的设计方面。

到50年代后期，紧张的武器奋战才轻松了一些，星体坍缩又回到物理学家的意识中来。这个时候，怀疑者们向奥本海默－斯尼德预[220]言发动了第一次严厉的攻击。首先高举怀疑大旗的是惠勒，但他没举多久；从一开始信仰者们的领袖就是惠勒的苏联对手，泽尔多维奇。

惠勒和泽尔多维奇的性格是在近20年的核武器计划的熔炉中形成的，那是40年代和50年代的20年，是黑洞研究冻结的20年。他们从核武器研究中走出来，带来了分析黑洞的重要工具：强有力的计算技术，对物理学定律的深刻理解，以及相互协作的研究作风，他们将以这种作风不断激发年轻的同事。他们也带来了沉重的包袱 ——与几个主要同行的一系列复杂的人际关系：惠勒与奥本海默，泽尔多维奇与朗道和萨哈洛夫（Andrei Dmitrievich Sakharov）。

惠勒1933年刚研究生毕业，就获得了洛克菲勒基金资助的国家研究委员会（NRC）的博士后奖学金。他要选择到哪儿去、跟谁做博士后研究。他本可以像那时大多数NRC的理论物理学博士后一样去伯克利跟奥本海默，但他选择了纽约大学和布雷特（Gregory Breit）。惠勒说，"他们［奥本海默和布雷特］在个性上完全不同，奥本海默看事情黑白分明，绝对果断；而布雷特的工作总带着灰蒙蒙的色彩。我追求的东西需要长久的思考，所以我选择了布雷特。"[10]

1933年，惠勒从纽约大学去哥本哈根追随玻尔，然后到北加利福尼亚大学做副教授，接着又来到新泽西的普林斯顿大学。1939年，当加利福尼亚的奥本海默和他的学生正在探索中子星和黑洞时，惠勒和玻尔正在普林斯顿（玻尔来访）发展核裂变的理论：像铀那样的重原子核在受到中子轰击时会分裂成较小的碎片（卡片6.1）。那时，裂变刚被德国的哈恩（Otto Hahn）和斯特拉斯曼（Fritz Strassman）意外发现，而它的意义却是不祥的：通过裂变的一连串反应，可以造出威力空前的武器。但玻尔和惠勒并没考虑什么链式反应或武器，他们只想知道，裂变是怎么产生的？背后的机制是什么？物理学定律如何产生这个机制？

卡片6.1

聚变、裂变和链式反应

很轻的原子核聚变而形成中间大小的核，放出巨大能量。卡片5.3的一个简单例子是1个氘核（"重氢"，含一个质子和一个中子）和1个普通氢核（单个质子）形成1个

氘核　　　　氢核　　　　　　　　　氦-3核

~10⁻¹³厘米

221

氦-3核（两个质子和一个中子）的聚变。

这种聚变反应维持着太阳的热量，也是氢弹（在四五十年代，人们称它"超弹"）的能源。

很重的原子核裂变（分裂）而形成两个中间大小的核，放出巨大能量——远远超过化学反应的能量（因为决定核的核力远比决定化学反应原子的电磁力强大），但又远远小于轻核聚变的能量。有几种很重的核会自然裂变，而不需要任何外来帮助。本章更感兴趣的裂变是，中子轰击像铀-235（有235个质子和中子的铀核）那样的重核，将它一分为二。

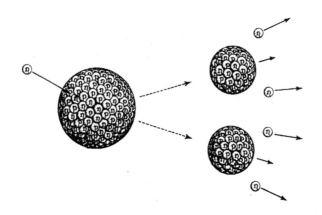

有两个特殊的重核，铀-235和钚-239，它们的裂变不仅产生两个中间大小的核，还产生一群中子（如上面图中画的）。这些中子可能引起链式反应：假如铀-235和钚-239聚集在一个很小的包裹里，那么从一次裂变中放出的中子会撞击其他铀或钚的核，诱发它们裂变，生成更多的中子，而这些中子又诱发更多的裂变，如此下去。这

> 种链式反应如果不受限制，将产生巨大的爆炸（原子弹爆炸），如果限制在反应堆里，那将是高效的电能。

玻尔和惠勒获得了显著的成功。他们发现了物理学定律如何产生裂变，他们预言了哪些核在持续的链式反应中最为有效，铀-235（后来成为毁灭广岛的那颗原子弹的燃料）和钚-239（这类核在自然界里并不存在，但美国物理学家很快会知道如何在核反应堆中产生，后来它点燃了毁灭长崎的那颗原子弹）。然而，玻尔和惠勒在1939年并没想原子弹，他们只想去理解。

玻尔和惠勒解释核裂变的文章，与奥本海默和斯尼德描述恒星坍缩的文章，发表在同一期《物理学评论》上，[11] 发表日期是1939年9月1日，这一天，希特勒的军队入侵波兰，第二次世界大战爆发了。

1914年，泽尔多维奇出生在明斯克的一个犹太家庭，那年下半年，全家迁到圣彼得堡（20年代改称列宁格勒，90年代又恢复旧名）。泽尔多维奇15岁读完中学，后来没进大学，而是到列宁格勒的物理技术研究所的实验室当助手。他在那儿自学了很多物理和化学，也做了许多动人的研究，结果，没有受过任何正规大学训练的他在1934年获得了博士学位，那年他20岁。

223　　1939年，当惠勒和玻尔正在探索核裂变理论时，泽尔多维奇和他的一个亲密朋友哈里顿（Yuli Borisovich Khariton）正在研究核裂变产生的链式反应的理论。激发他们研究的是法国物理学家佩兰（Francis Perrin）的一个有趣（但是错误）的设想：火山喷发的动力可能来自天然的地下核爆炸，那是原子核裂变链式反应的结果。不过，没人（包括佩兰）知道这种链式反应的细节。泽尔多维奇和哈里顿 —— 已经走进世界最优秀的化学爆炸专家的行列 —— 向着这个问题冲锋了。几个月里，他们（同时西方也有人）证明了这类爆炸不可能自然发生，因为自然出现的铀大多是铀-238，而没有足够的铀-235。不过，他们下结论说，如果人工分离出铀-235，将它们聚集起来，那就可以制造链式反应爆炸。（美国人马上就会开始这种分离，为他们的"广岛原子弹"制造燃料。）罩着核研究的秘密帷幕还没有降下，泽尔多维奇和哈里顿将他们的计算发表在最有名的苏联物理学刊物《实验与理论物理学杂志》上，让全世界都来看。[12]

在6年的战争中，参战国的物理学家们发明了声呐、扫雷器、火箭、雷达以及最要命的原子弹。在新墨西哥州洛斯阿莫斯，奥本海默领导"曼哈顿计划"，设计和制造美国的原子弹；在华盛顿汉佛，惠勒作为首席科学家，设计和建造世界上第一个生产规模的原子核反应堆，为"长崎原子弹"制造燃料。[13]

广岛和长崎在原子弹中毁灭，几十万人在原子弹下丧生，令奥本海默很痛苦："如果原子弹一定要添加进战争国家的军火库或者准备战争的国家的军火库，那么人类总会有诅咒洛斯阿莫斯和广岛的一天。"[14]"粗俗也罢，幽默也罢，夸张也罢，总之从某种意义说，物理学家已经认识到犯罪了；而这是他们不能失去的良知。"[15]

惠勒却另有一样悔恨："回头来看[1939年我与玻尔关于裂变理论的研究]，我感到很难过。我首先是以物理学家的眼光来看核裂变

224 的〔那只不过是为了好奇,想知道裂变是怎么回事〕,其次才以一个公民的眼光来看它〔为了我的国家的国防〕,怎么会是这样呢?为什么我没想到自己首先是一个公民,其次才是物理学家呢?简单看看记录就知道,约2 000万到2 500万人在第二次大战中死亡,而大多数是在后几年死的。战争每缩短一个月,就可能拯救50万到100万的生命,我的哥哥乔也可能会活下来,他是1944年10月在意大利的战斗中死去的。假如〔第一次在战争中使用原子弹〕那转折的一天不是1945年8月6日,而是1943年8月6日,该会有多大的不同啊!"[16]

在苏联,物理学家在1941年6月德国来进攻时放弃了所有的核研究,因为对国防来说别的物理学领域能更快产生结果。德军压进,包围列宁格勒时,泽尔多维奇和朋友哈里顿撤退到卡赞,在那儿热烈地研究常规炸弹的理论,以提高它们的威力。后来,他们在1943年被召到了莫斯科。他们听说,美国和德国正加紧制造原子弹,这是很明显的。他们将加入库尔恰托夫(Igor V. Kurchatov)领导的一个杰出小组,发展苏联的原子弹。

两年后,美国原子弹在广岛和长崎爆炸时,库尔恰托夫的小组彻底从理论上认识了生产钚-239的核反应堆,设计了几种可能的原子弹——哈里顿和泽尔多维奇成了这个计划的理论领导。

斯大林知道美国原子弹爆炸后非常生气,大骂库尔恰托夫,恨他的苏联小组进展太慢。库尔恰托夫为他的小组辩解说,在战争的蹂躏下,凭有限的资源,他的小组的进展已经够快了。斯大林愤怒地告诉他,如果小孩不哭,妈妈怎么知道他想要什么?!你需要什么就说,可以答应一切要求！然后，他又要求实施一个行动不受限制的原子弹紧急计划，由那位可怕的秘密警察领导人别里亚（Lavrenty Pavlovich Beria）全权负责。

很难想象别里亚费了多大的力气。斯大林监狱里的几百万人被迫应征，这些"泽克"们（在口头上人们这样称呼）[1] 建立了铀矿、铀提炼厂、核反应堆、理论物理研究中心、武器试验中心和为这些机构提供自给服务的小城市。它们散布在全国各地，迷雾重重，为的是不让美国的曼哈顿计划知道。泽尔多维奇和哈里顿被调往其中的一处，在"一个遥远的地方"，它的位置，尽管西方国家在50年代末就几乎确定了，但苏联到90年代才向国人公开。[2] 他们去的地方简称是 Obyeht（"基地"），哈里顿是负责人，而泽尔多维奇负责下面一个关键的原子弹设计小组。在别里亚领导下，库尔恰托夫建立了几个物理学家小组，同时而完全独立地探讨原子弹计划的各个方面。尽管烦琐复杂，但能保证安全。基地的小组向其他小组提出设计问题，其中一个小组的领导者是莫斯科物理问题研究所的朗道。

当研究队伍滚滚向前时，苏联间谍通过福奇斯（Klaus Fuchs，参加美国原子弹计划的英国物理学家）获得了美国钚弹的设计，它与泽尔多维奇和他的同事们提出的设计有些不同。这样，库尔恰托夫、哈里顿和伙伴们就面临着艰难的抉择：他们承受着沉重的压力，斯大林和别里亚在等着结果；他们害怕原子弹试验失败的后果，在那个年代，失败就意味着杀头。他们知道美国的设计在广岛和长崎成功了，而他

225

---

1. zek，苏联监狱称犯人的黑话，是 zaklyuchennyi 监狱的简称。——译者注
2. 在舍里亚宾斯克和乌拉尔山之间的阿兹马斯城附近。

们有的钚只够一颗原子弹。如何抉择是显然的，也是痛苦的：他们将自己的设计放到一边，¹将他们的紧急计划照着美国的设计进行修改。[17]

4年过去了，经过无数紧张的奋斗，不知有多少秘密，说不清死了多少被劳役的犯人，在舍里亚宾斯克附近的核反应堆产生了多少废物——10年后那儿发生爆炸，污染了几百平方英里的土地[18]——紧急计划在1949年8月29日终于到头了。第一颗苏联原子弹在亚洲的谢米帕拉京斯克附近爆炸了，苏军最高司令和政府官员现场观看了试验。

226   1949年9月3日，一架美国WB-29气象探测飞机在从日本飞往阿拉斯加的航线上，发现了苏联核裂变试验的产物，数据被送给包括奥本海默在内的一个专家委员会评估，毫无疑问地证实了苏联试验了一颗原子弹！

这给美国带来了恐慌（如后方的原子弹隐蔽所，学校孩子们的原子弹演习，麦卡锡在政府、军队、媒体和大学中清理共产党间谍和他们的同党的政治迫害），在物理学家和政治家之间爆发了巨大的争论。在美国原子弹设计中最具创造力的物理学家特勒（Edward Teller）倡导尽快设计和建造"超弹"（或"氢弹"）——一种以氢核聚变形成氦为基础的武器。如果造出氢弹来，那将是很可怕的。似乎没有办法限制它的威力。谁想过比广岛原子弹威力大十倍、百倍、千倍甚至百万

---

1. 在美国设计基础上的原子弹试验成功以后，苏联人又回到自己的设计，在它基础上建造了原子弹，1951年试验成功。

倍的炸弹吗？如果氢弹成功了，它的威力要多大有多大。

惠勒支持特勒。他相信为对抗苏联的威胁，"超弹"的紧急计划是基本的。奥本海默和他的美国原子能委员会一般咨询委员会表示反对。他们指出，人们相信的"超弹"是否能建造成功，还并不是很清楚。退一步讲，即使成功了，那些威力比普通原子弹大得多的超弹也可能会太重，不能用飞机或火箭来发射。另外，还有道德上的问题。奥本海默和他的委员会说，"我们相信，这个建议 [紧急计划] 必然会带来的对人类的极大危险完全超过了可能由它带来的军事上的优势，这也是我们反对它的原因。我们要让大家都清楚地认识到，这是一种超级武器，与原子弹属于完全不同的范畴。要发展这种超弹，就得容忍用一颗炸弹去毁灭一大片；使用这种武器，意味着决心去屠杀大量的国民。至于几个可能规模的超弹的爆炸会产生多大的全球性的辐射影响，我们感到更可怕了。假如超弹成功了，它的破坏力是没有极限的；因此，超弹可能成为种族灭绝的凶器。"[19]

227

在特勒和惠勒看来，这些理由是毫无意义的。他们相信，俄国人肯定会向氢弹推进的，如果美国落后了，自由世界就将陷入巨大的危险。

特勒和惠勒的观点占了上风。1950年3月10日，杜鲁门总统下令实施超弹紧急计划。

现在看来，美国1949年的超弹计划似乎真像奥本海默的委员会猜测的那样，是一个失败的策略。不过，它不是一定会失败，而当时对它也没有更好的认识，所以大家都还在努力探索，到1951年3月，特勒和乌拉姆（Stanislaw Ulam）发明了一种全新设计，看来大有希望。

特勒和乌拉姆发现的只是一种设计思想。正如贝特（Hans Bethe）所说，"特勒的想法，十个有九个是没用的。他需要判断力更强的人，即使天赋差些，来帮他选择第十个思想，那常常是天才的灵感。"[20] 为了检验这个思想是天才的灵感还是骗人的废物，需要将它落实到具体周详的原子弹设计中去，然后用最大的计算机来执行那些复杂的计算，看设计是否可行；如果计算成功，那么接下来就是制造和试验真正的原子弹了。

1952年，普林斯顿大学惠勒氢弹设计小组部分成员。左起，前排：Margaret Fellows，Margaret Murray，Dorothea Ruffel，Audrey Ojala，Christene Shack，Roberta Casey。第二排：Walter Aron，William Clendenin，Solomon Bochner，John Toll，惠勒，Kenneth Ford。第三、四排：David Layzer，Lawrence Wilets，David Carter，Edward Frieman，Jay Berger，John Mcintosh，Ralph Pennington，不详，Robert Goerss。[Howard Schrader摄；Lawrence Wilets和惠勒提供。]

　　为计算设立了两个小组：一个在洛斯阿莫斯，另一个在普林斯顿大学。惠勒负责普林斯顿那组。惠勒的小组夜以继日几个月，在特勒–乌拉姆思想基础上提出了一个完整的原子弹设计方案，并用计算机检验了它是否可行。惠勒后来回忆，"我们做了大量的计算，用了纽约、费城和华盛顿的计算机设备——实际上，全美国大部分的计算机都用上了。为了弄清问题，维勒茨（Larry Wilets）、托尔（John Toll）、福德（Ken Ford）、亨尼耶（Louis Henyey）、豪斯曼（Carl Hausman）、奥利维尔（Dickl' Olivier）等人每天6个小时三班倒。"[21]

　　计算清楚说明，特勒–乌拉姆思想大概是可行的。在普林斯顿高等研究院（奥本海默是那儿的院长）召开了一个会，向奥本海默的一般咨询委员会和它的上级美国原子能委员会报告这个思想。特勒先作介绍，然后，惠勒讲述了他的小组的具体设计和得到的爆炸结果。惠勒后来回忆说，"在我开始讲话时，福德从外面赶到窗口，将窗户抬起，²²⁸递进一大卷图。我将图展开，挂在墙上，它说明了［我们所计算的］热核燃烧的过程……委员会没有别的选择，只得承认这些事情还是有意义的……我们的计算也让奥比改变了对这个计划的看法。"[22]

　　奥本海默也讲过他自己的感受："我们在1949年的计划［那个 ²²⁹'失败的策略'］是一个被扭曲了的东西，你可以有充分理由认为它不会有多大技术意义，于是还可能认为，即使有了它，也并不需要。1952年的计划［以特勒–乌拉姆思想为基础的新设计］在技术上是很吸引人的，没有什么可以争论的。问题只是军事的、政治的和人道的，那就是一旦你有了超弹，你要怎么做？"[23] 他没有再表示对有关伦理学问题的忧虑，同委员会其他成员和特勒、惠勒以及超弹的拥护者们走到了一起。制造和试验超弹的计划在加速向前, 像惠勒小组和洛斯阿莫斯小组同时进行的计算所预料的那样, 进展很顺利。

惠勒小组复杂的设计计算最后写成秘密的《马特哈恩计划, B 部, 报告 31》或 PMB-31。惠勒说, "我听说, 至少在 10 年里, PMB-31 是热核装置 [氢弹] 设计的圣经。"[24]

1949 ~ 1950 年, 当奥本海默、特勒等人在美国的恐慌中争论是否该紧急发展超弹时, 苏联已经在施行他们自己的超弹计划了。

1948 年春, 苏联第一颗原子弹试验 15 个月前,[25] 泽尔多维奇和他的小组在"基地"完成了类似于美国"失败策略"的关于超弹设计的计算。¹ 1948 年 6 月, 在苏联最著名的理论物理学家之一的塔姆（Igor Tamm）领导下, 在莫斯科建立了第二个超弹小组。[26] 成员有金兹堡（Vitaly Lazarevich Ginzburg, 在第 8、10 章我们会听到他更多的事情）、萨哈洛夫（70 年代他将成为一个异议人士, 到 80 和 90 年代, 他又将成为苏联的英雄和圣人）、别连斯基（Semyon Belen ' ky）和罗玛诺夫（Yuri Romanov）。塔姆小组的任务是审查和优化泽尔多维奇小组的设计计算。

230　　　他们对这个任务的态度, 还是别连斯基说得干脆: "我们的工作就是为泽尔多维奇舔屁股。"[28] 泽尔多维奇的个性很矛盾, 在学术上

---

1. 萨哈洛夫猜测, 这个设计可能直接受通过间谍活动（也许通过间谍福奇斯）从美国得到的情报的激发。而泽尔多维奇则断言, 不论福奇斯还是别的间谍, 都没有提供过他的设计小组所不知道的任何有价值的情报; 苏联超弹间谍活动的最大作用在于让苏联政治当局相信他们的物理学家知道自己在做什么。[27]

坚强有力，对别人要求苛刻，而政治上胆小懦弱，在苏联物理学家中不大讨人喜欢，但他的确是很卓越的。朗道领导着下面的一个辅助设计小组，偶尔会接到泽尔多维奇的命令，要他就原子弹的设计分析这分析那。有时，他会在背后说他是"母狗，泽尔多维奇"。[29] 不过，泽尔多维奇倒是很尊重朗道，认为他是判决物理学思想的伟大法官，是他最伟大的老师——虽然他从来没有正式听过朗道的一堂课。

塔姆小组的萨哈洛夫和金兹堡只用几个月就得到一个远比泽尔多维奇和美国人正在探寻的"失败的策略"好的超弹设计方案。萨哈洛夫提出造一个重裂变层（铀）和轻聚变层相间的千层饼式的超弹，金兹堡提出轻聚变燃料用氘化锂（LiD）[30]，在超弹强烈爆炸中，LiD的锂核将裂变成氚核，氚核将与氘核一起聚合成氦核，释放出巨大能量。重元素铀会阻止能量过快释放，帮助压缩聚合燃料，向燃料加入裂变能量，通过这些过程，它会增加爆炸的威力。当萨哈洛夫报告这些思想时，泽尔多维奇一下子就看到了希望。萨哈洛夫的千层饼和金兹堡的LiD很快就成为苏联超弹计划的焦点。

为将超弹计划更快向前推进，萨哈洛夫、塔姆、别连斯基和罗玛诺夫奉命从莫斯科迁往基地，但金兹堡没去，原因是很清楚的：3年前他与伊凡诺夫娜（Nina Ivanovna）结婚，她是一个活泼而有才华的女人，40年代初被人诬陷谋害斯大林而进了监狱。有人告她和她的伙伴密谋从她家的窗户向下面经过阿尔巴特街的斯大林开枪。正当三人法官小组判决时，有人指出她家的窗户根本看不到阿尔巴特街。于是，她享受了难得的恩赐，命保住了，只被判坐牢，然后被流放，没有死。夫人的坐牢流放大概足以玷污金兹堡的名誉，这位超弹的LiD

231　燃料的发明者只好被基地拒之门外。他高兴了，比起超弹设计，他更喜欢基础的物理学研究；而科学世界也得到了他的回报：在泽尔多维奇、萨哈洛夫和惠勒集中精力研究超弹时，金兹堡揭开了宇宙线如何在银河系中传播的秘密，又同朗道一起用量子力学定律解释了超导性的起源。

　　1949 年，当苏联原子弹计划结束时，斯大林命令动员全国一切力量立即投入超弹计划。从囚犯到理论研究人员、工厂、试验场以及有关设计和建造各方面的物理学家小组都要集中起来，在氢弹上与美国斗争。而美国人对此却一无所知，他们还在争吵是否需要赶紧发展超弹。不过，美国技术领先，起步也快。

　　1952 年 11 月 1 日，美国爆炸了一个代号麦克（*Mike*）的氢弹型的装置。麦克是为了检验 1951 年的特勒－乌拉姆发明而设计的，基础是惠勒和洛斯阿莫斯两个小组同时进行的设计计算。它以液氘为主要燃料。为了液化氘并注入爆炸区，需要工厂那么大的设备，所以这不是那种可以用任何飞机或火箭发射的炸弹。不管怎样，它还是完全摧毁了西太平洋埃尼威托克岛的埃卢格兰礁屿，威力比在广岛令 100 000 人丧生的那颗原子弹大 800 倍。[31]

　　1953 年 3 月 5 日，莫斯科广播电台在哀乐声中宣布约瑟夫·斯大林逝世。美国人高兴了，苏联一片悲伤。萨哈洛夫给妻子克拉娃写信说，"伟人的死给我带来了巨大的影响，我正在想他这个人。"[32]

　　1953 年 8 月 12 日，在舍米帕拉京斯克，苏联爆炸了他们的第一颗氢弹，美国人称它为"乔-4"（Joe-4），是照萨哈洛夫的千层饼设计的，聚变燃料用金兹堡的LiD，体积很小，可以用飞机投放。不过，乔-4的燃料不能用特勒-乌拉姆方法点燃，结果它的威力就远比美国的麦克小：它"只有"广岛原子弹的30倍，而麦克是800倍。

　　实际上，用美国超弹设计者的话说，乔-4根本不是氢弹，而是*加强的原子弹*，也就是说，在原子弹中加入了一些聚变燃料，从而增 232 大了威力。这种加强的原子弹早就在美国的军火库里了；美国人不承认它们是氢弹，因为千层饼的设计方法不能点燃任意量的聚合燃料。举例说：凭这种设计没办法造出比广岛原子弹强几千倍的"世界末日武器"。

　　但30颗广岛原子弹也是不能轻视的，何况它还可以用飞机投放。不过，乔-4实际上只是令人敬畏的武器，而惠勒和其他美国人却长长舒了口气，幸好自己有真正的氢弹，苏联新领导人马林科夫（Georgi Malenkov）不能用它来威胁美国了。

　　1954年3月1日，美国爆炸了第一颗由LiD做燃料的可投放氢弹，代号为布拉沃（Bravo），同麦克一样，它的基础是惠勒和洛斯阿莫斯小组的设计计算，也用特勒-乌拉姆的发明。爆炸能量是广岛原子弹的1300倍。

　　1954年3月，萨哈洛夫和泽尔多维奇（独立于美国）联合发现了特勒-乌拉姆思想。[33] 几个月内，苏联的力量都集中来实现一颗真正的超弹，破坏力要多大有多大。他们只用了18个月就完成了设计和建造，1955年11月23日，它突然爆炸了，能量是"广岛"的300倍。

正如奥本海默的一般咨询委员会在反对超弹紧急计划时所猜测的那样，这些大能量的超弹——以及后来苏联为了恐吓肯尼迪而爆炸的5000个广岛原子弹威力的庞然大物——并没引起美国和苏联军队的多大兴趣。现在俄国和美国军火库里有的只是约30个广岛的原子弹，没有几千倍的。尽管它们是真正的氢弹，却并不比大原子弹更有威力。军队不需要也不想要"世界末日"的东西。这种东西惟一的作用在于给敌人以心理上的威慑——在有像斯大林那样的领导者的世界里，这种威慑作用还是很重要的。

234 1953年7月2日，施特劳斯（Lewis Strauss）成为美国原子能委员会主席，他当委员时曾在超弹紧急计划问题上与奥本海默激烈争论过。他当权的头一件事就是将普林斯顿的奥本海默办公室的所有秘密材料拿走。施特劳斯和华盛顿的许多人都很怀疑奥本海默的忠诚。一个忠于美国的人怎么可能像他那样在惠勒小组证明特勒－乌拉姆思想前反对超弹计划呢？原子能国会联合委员会的首席律师波尔登（William Borden）在超弹争论期间给胡佛（J. Edgar Hover）写信说，"此信的目的在于表达我个人深思熟虑的意见。通过对所有秘密证据的多年研究，J. 罗伯特·奥本海默很有可能是苏联的代理人。"奥本海默的忠诚审查被取消了，1954年4、5月，在美国第一次投放氢弹试验期间，原子能委员会举行听证会，决定奥本海默是否真的危及国家安全。

235 听证会期间，惠勒正在华盛顿忙别的事情，没有卷进来。然而，他的亲密伙伴特勒在去作证的前一天晚上来到他所在宾馆的房间，在地板上走来走去，彷徨了几个小时。假如特勒说他想说的话，会极大伤害奥本海默；但他能不那么说吗？惠勒没什么疑虑，在他看来，特勒很正直，一定会说实话。

惠勒是对的。第二天，特勒说的话大概只有惠勒能理解："在很多时候，我看到奥本海默博士做的事情…… 我非常难以理解。在许多观点上，我完全不同意他的，而他的行为对我来说太复杂了，简直令我疑惑。在这一点上，我感觉应该考虑目前最重要的国家利益，这一点我认识更多，也相信更多…… 我相信 —— 当然，这只是信仰问题，没有什么专业问题和背景 —— 奥本海默博士，凭他的性格，是不会故意也不会愿意做危害国家安全的事情的。所以，如果你们的问题说的是一种倾向的话，我可以说，我找不到什么理由说他不忠；如果问题是要凭他在1945年以来的行为来作出明智的判决，那么我可以说最好也不要肯定他的忠诚。"[34]

几乎所有来作证的物理学家都无疑是支持奥本海默的 —— 特勒的证词令他们惊呆了。尽管如此，尽管没有可靠的证据说明奥本海默是"苏联的代理人"，时代的潮流还是占了上风；奥本海默被宣布危害国家安全，是对国家不忠的人，没有资格参与秘密事务。

在多数美国物理学家看来，奥本海默是时代的牺牲品，而特勒是小人。特勒在他的余生将被物理学界唾弃。但在惠勒看来，特勒才是牺牲者，他相信，特勒"凭勇气表达了他忠实的判断，他把国家利益放在物理学家的团结之上。"[35] 惠勒认为，他的证词"值得考虑"而不该被排斥。35年后，萨哈洛夫也同意这一点。[1]

黑洞的诞生；深入理解

236　　　惠勒和奥本海默不仅在国家安全问题上有重大分歧，他们的理论物理学方法也大相径庭。奥本海默只信奉已经建立起来的物理学定律的预言，而惠勒渴望知道那些定律背后的事情。他的思想常常走近旧定律破灭而新定律出现的边缘。他想从他的道路跳进21世纪，去看看20世纪物理学前沿之外的那些物理学定律会是什么样子。

　　　　他可能看到些什么呢？从50年代起，在惠勒看来，未来最有希望的莫过于广义相对论（宏观领域）和量子力学（微观领域）的交流，那时两者还没有逻辑一致地融和起来。起初尝试解决这个问题时，它们就像一个纵横字谜。你可以试着用一组词横填，用另一组词纵填。你会发现纵横交叉处出现了矛盾：横的那行GENERAL需要E，而纵的那列QUANTUM需要U；横的RELATIVITY要E，而纵的QUANTUM
237　要T。看看这些行列，就会明白，要么改一个字，要么两个都改，才会没有矛盾。类似地，对广义相对论和量子力学，为了从逻辑上将两者融和起来，显然应该修改其中的一个，或者两个都要修改。如果这种融和实现了，那么广义相对论与量子力学的最终统一将产生一组新的强有力的定律，物理学家称它为量子引力。不过，50年代的物理学家对两者结合的认识还太简单，尽管费力不少，但进展不多。

---

1. 在这一点上，我决不赞同惠勒（尽管他是我最亲密的朋友和老师）和萨哈洛夫。关于特勒-奥本海默的矛盾和美国是否该造原子弹的争论，我推荐大家去看Bethe（1982）和York（1976）的思想性和知识性都很强的著作。关于萨哈洛夫的观点，可以看他1990年的东西；贝特（1990）对他有过批评。奥本海默听证会的实况，可以看美国原子能委员会（USAEC）1954年的记录。[36]

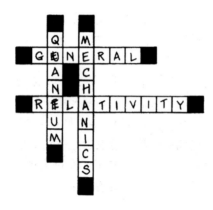

进展同样缓慢的还有对原子核的基本构成要素的认识 —— 中子、电子以及粒子加速器正在产生的越来越多的基本粒子。

惠勒想跳过这个泥潭，一眼看到量子引力和基本粒子的本性。他认为，找出理论物理学中疑惑多的地方，就能看到这些本性。疑惑的背后就是深刻的认识。疑惑越深，我们的认识超越20世纪物理学前沿可能就越远。

惠勒刚从超弹中解脱出来，就带着这种精神，同哈里森和若野一起填补了我们对冷死星体认识的空白（第5章）；他也带着这种精神思考"大质量物体最终命运"的问题。他在这儿遇到了一个他正在寻找的疑惑：没有比2个太阳质量更大的冷死星；然而天空中却有很多质量远比它们大的热星 —— 总有一天会冷却死亡的。奥本海默曾以一贯的直率作风向确立的物理学定律寻求那些星体的行为，（与斯尼德一起）得到一个答案，这似乎令惠勒感到奇怪，也更令惠勒相信，他可能会在这个大质量的命运问题上发现超越20世纪前沿的物理学。

我们将在第 12、13 章看到，惠勒是对的。

惠勒满怀火一样的热情——深深地、不懈地追寻大质量物体的命运，想知道它们的命运是否能解开量子引力和基本粒子的秘密。奥本海默不一样，他在 1958 年似乎对很多事情都不太关心。他相信自己和斯尼德的计算，但没想过把它更推进一步，也没兴趣更深入去认识它。也许他太累了，在过去的 20 年里，他一直在斗争——武器设计的斗争，政治的斗争，个人的斗争。也许他在未解之谜面前畏缩了。不管怎么说，他再也没有回答这些问题。火炬传给了新一代。奥本海默留下的东西，是惠勒的基础；而在苏联，朗道留下来的，也成了泽尔多维奇的基础。

238

1958 年在布鲁塞尔遇到奥本海默时，惠勒断言奥本海默–斯尼德计算是靠不住的。为什么呢？因为他们的理想化条件太苛刻了（见图 6.3）。最特别的是，奥本海默一开始就假定坍缩的恒星不存在任何压力。如果没有压力，坍缩的物质就不可能形成激波（类似于破碎的带着泡沫的海浪）。没有压力和激波，坍缩的物质就无法加热。没有热量和压力，就无法引起核反应，无法产生辐射。没有通过核反应、压力和激波产生的辐射外流和物质喷发，恒星就无法失去质量。一开始就禁止了质量的损失，大质量恒星就不可能将质量减到 2 个太阳以下而成为冷死的中子星。惠勒由此推论，奥本海默的坍缩星体无疑会形成黑洞；到头来，他的理想化什么事也做不成！

奥本海默和斯尼德在 1939 年做他们的研究时，还不可能具体计算具有真实压力（热压力、简并压力和核力产生的压力）的伴随着核反应、激波、热辐射和物质喷射的坍缩过程。不过，核武器设计的20年正好提供了必需的工具。压力、核反应、激波、热、辐射和质量喷射，都是氢弹的重要特性。没有它们，氢弹是不会爆炸的。为设计氢弹，需要将所有这些事情放到计算机里一起计算。当然，惠勒的小组就做这件事。所以，他们现在很自然地会重写原来的计算程序，不过不是去模拟氢弹的爆炸，而是模拟大质量恒量的坍缩。

假如那个小组还在，这会是很自然的事情。然而，小组解散了。他们曾写过PMB-31报告，分散后，有的当了老师，有的搞物理学研 [239] 究，还有的成了各大学和政府实验室的行政领导。

美国原子弹设计机构现在都集中在洛斯阿莫斯和加利福尼亚利弗莫尔的一个新的政府实验室里。50年代后期，科尔盖特（Stirling Colgate）在利弗莫尔迷上了星体坍缩问题。他在特勒鼓励下，与怀特（Richard White）、后来又与麦（Michael May）合作，在计算机上模拟坍缩。他们的模拟还保留了一些奥本海默的理想化：一开始就认定坍缩的恒星是无旋转球形的。如果不这样限定，计算会困难得多。不过，他们的模拟还是将困惑惠勒的那些东西都考虑进来了——压力、核反应、激波、热、辐射、质量喷射——他们所依靠的是原子弹设计的专业知识和计算机编码。完善设计费了几年的努力，但到60年代初，他们已经做得很好了。

60年代初的一天，惠勒急匆匆赶到普林斯顿大学的一个相对论讨论班，我那时正在那儿跟他读研究生。他来晚了一点儿，但满脸高兴。他刚从利弗莫尔访问回来，在那儿看到了科尔盖特、怀特和麦的最新模拟结果。他在黑板上画了一个又一个圆，用激动的声音向我们解释他的利弗莫尔朋友们知道了什么。

如果坍缩恒星的质量小，它将导致超新星爆发，像茨维基30年前猜想的那样形成中子星。当恒星质量超过2个太阳的最大中子星质量时，不管多大压力、也不管核反应、激波、热和辐射，它都将坍缩形成黑洞。[37] 而黑洞的诞生显著地类似于奥本海默和斯尼德在近25年前高度理想化的计算。从外面看，坍缩会越来越慢，最后在临界周长处冻结；在星体表面的人看来，坍缩一点儿也没冻结。星体的表面会毫不犹豫地一直收缩下去，穿过临界周长。

其实，惠勒已经在期待这一点了。由于其他的认识（下面讲），他240已经从奥本海默黑洞的批评者变成了热情的支持者。不过他开始相信的还是一个具体的来自实际计算机模拟的证明：坍缩必然产生黑洞。

奥本海默为惠勒的转变高兴吗？不，他几乎没表现出什么兴趣和愉快。1963年12月，当类星体发现时（第9章），在德克萨斯的达拉斯举行了一个国际会议，惠勒在会上发表了关于星体坍缩的长篇演说，热情讲述了奥本海默和斯尼德1939年的计算。奥本海默也参加了会议，惠勒演讲时，他正坐在走廊的长椅上跟朋友聊别的事情。30年后，惠勒回想这一幕，说起来还很难过，两眼满是伤悲。

50年代后期，泽尔多维奇开始对核武器设计工作感到厌倦，大多数真正有意思的问题都已经解决了。为寻找新的挑战，他用一部分时间去尝试研究基本粒子的理论，然后又转向天体物理学。同时，他仍然领导着基地的一个原子弹设计小组和一个在莫斯科应用数学研究所里做辅助计算的小组。

在原子弹设计工作中，泽尔多维奇常用一些思想来激发他的小组，组员们会通过计算来看这些思想是否行得通。"泽尔多维奇点火，队员们加油"，这是金兹堡的说法。在天体物理学研究中，泽尔多维奇仍然保持着这种作风。

在天体物理学问题中，令泽尔多维奇感兴趣的是星体的坍缩。像美国的惠勒、科尔盖特、麦和怀特一样，泽尔多维奇也明显感到，氢弹设计的工具完全适用于坍缩恒星的数学模拟。

为弄清真实星体坍缩的具体情况，泽尔多维奇留了几个年轻人在身边：应用数学所的纳杰任（Dmitri Nadezhin）、伊姆舍尼克（Vladimir Imshennik）和基地的波杜利茨（Mikhal Podurets）。经过一系列激烈讨论，他向他们讲了自己如何考虑在计算机上模拟坍缩，并包括那些对氢弹来说十分重要的效应：压力、核反应、激波、热、辐射、物质喷射。

在这些讨论启发下，伊姆舍尼克和纳杰任模拟了小质量恒星的坍缩，还独立于美国的科尔盖特和怀特证实了茨维基关于超新星的猜想。同时，波杜利茨模拟了大质量恒星的坍缩，他的结果几乎与麦和怀特的同时发表，而且在内容上与那两位美国同行也差不多是一样的。[38] 没有什么可以怀疑的了：坍缩产生黑洞，而且正是按照奥本海默 241 和斯尼德声明的那种方式。

　　原子弹设计代码能用来模拟星体坍缩，这不过是核武器与天体物理学众多密切联系的一个表现。那些联系，萨哈洛夫在 1948 年就看清了。他奉命参加塔姆的原子弹设计小组时，就开始以天体物理学研究来为自己做准备。1969 年，我也意外地卷进了这些联系。

　　我从没真正想过要明白特勒 - 乌拉姆和萨哈洛夫 - 泽尔多维奇的思想是什么。凭他们的思想，那些能"具有任意威力"的超弹，在我看来是很讨厌的东西，我甚至根本不去想它如何实现。但我想知道中子星在宇宙中会起什么作用，只好被迫去考虑特勒 - 乌拉姆思想。

　　泽尔多维奇几年前指出，星际空间或恒星附近的气体在落到中子星上时会加热发光，它辐射出来的实际上大多是高能的 X 射线，而不是低能的可见光，那该有多热！泽尔多维奇认为，下落的气体控制着 X 射线外流的速率；反过来，外流的 X 射线也影响着气体下落的速率。于是，协同作用的气体和 X 射线产生一种稳定的自调节流。如果下落气体太快，它将产生大量 X 射线，而外泻的 X 射线将与下落的气体相撞，产生向外的压力，从而减缓气体的下落［图 6.4（a）］。另一方面，如果气体下落太慢，它产生的 X 射线将很少，没有能力减缓气体的下落，从而下落速率会增大。只存在一个惟一的气体下落速率，不太高，也不太低，正好能让 X 射线和气体达到平衡。

　　气体与 X 射线的这幅流动图景令我困惑。我清楚地知道，在地球上，假如想用低密度液体（如水）在下面支撑高密度液体（如水银），那么水银会很快像舌头一样钻进水中，水银下沉，而水上升［图 6.4（b）］，这个现象叫瑞利 - 泰勒不稳定性。在泽尔多维奇的图景中，X

射线就像低密度的水，而下落的气体像高密度的水银。气体的舌头难
道不会钻进X射线吗？然后，气体不会自由落向那些舌头，从而破坏 242
泽尔多维奇的自调节流吗 [图6.4 (c)]？用物理学定律详细计算，可
能会告诉我这种事情是否发生，但这样的计算太复杂，又费时间；所
以我没有算，而直接去问泽尔多维奇，那是1969年的一个下午，我们
正在他的莫斯科公寓里讨论物理学。

我提出这个问题时，泽尔多维奇有点儿不高兴，但他的回答很
坚决："不，基普，那是不会发生的。没有舌头钻进X射线，气流是稳
定的。""您怎么知道呢，雅科夫波里索维奇？"我问。奇怪的是，我
没能得到回答。显然，泽尔多维奇或其他什么人做过详细计算或实验，
证明了X射线能顶住气体而不会出现瑞利－泰勒的舌头来破坏，但泽
尔多维奇却不能向我指出发表在文献里的任何一家的计算或实验，也
没有为我详细讲述其中的物理学。这太不像泽尔多维奇了！

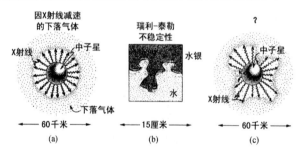

图6.4 (a) 落向中子星的气体被外流的X射线压力减速。
　　(b) 水银在地球的引力作用下下落，它下面的水将它支撑着，结果出现瑞利－
泰勒不稳定性。
　　(c) 下落的气体被中子星的X射线所支撑，也会出现瑞利－泰勒不稳定性吗

几个月后的一天，我和科尔盖特在加利福尼亚内华达山上漫步
（科尔盖特是美国最好的辐射和流体运动专家之一，是美国后期超弹 243

工作的主要参与者，也是在利弗莫尔用计算机模拟恒星坍缩的三个物理学家中的一个），我向他提出我问泽尔多维奇的那个问题，他也那样回答我：气流是稳定的，气体不可能生成舌头而逃脱X射线的作用。"你怎么知道呢，斯特林？"我问。"已经证明过了。"他回答。"哪儿能找到计算或者实验呢？"我问。"我不知道 ……"

"那太奇怪了，"我告诉斯特林，"泽尔多维奇也是这样给我说的 —— 流是稳定的。可他也跟你一样，不告诉我证明在哪儿。""哦，那么泽尔多维奇也知道了，真有意思。"斯特林说。

那么，现在我也知道了。我没想过要知道。但结果是不可避免的。特勒－乌拉姆思想一定是用裂变（原子弹）触发器最初产生的X射线来加热、增压，点燃超弹的聚变燃料（图6.5）。80年代，几种解了密

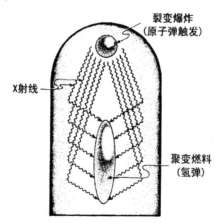

图6.5 特勒－乌拉姆和萨哈洛夫－泽尔多维奇氢弹设计思想的草图：由裂变提供能源的爆炸（原子弹触发器）产生强X射线，X射线以某种方式聚焦到聚变燃料（氘化锂，LiD），将它加热并压缩足够长的时间，产生聚合反应。X射线的聚焦技术和其他实际问题要困难得多，即使知道了特勒和乌拉姆的这点"机密"，也不过是在制造实际超弹的路上向前走了"无限小"的一步

的美国出版物证实了这确实是特勒-乌拉姆思想的一部分，要不，我也不会在这儿讲了。

是什么令惠勒从黑洞的怀疑者变成了信仰者和宣扬者？恒星坍 244 缩的计算机模拟不过是最后的激发因素。更重要的还是他想打破认识上的障碍。从20年代到50年代，这些障碍普遍存在于全世界物理学家的头脑中。它部分来自那个出现在黑洞中的史瓦西奇点，也来自奥本海默和斯尼德理想化计算的令人疑惑的结果：从外面静止的观察者看，坍缩的恒星将在临界周长处（"史瓦西奇点"）永远冻结，而从恒星表面的观察者看，坍缩会很快通过冻结点继续下去。

在莫斯科，朗道和他的伙伴们，一方面相信奥本海默和斯尼德的计算，同时却在协调这两个观点上遇到了很大的麻烦。"当人类头脑面临两个可能同时都正确的观点时，你不能想象那是多么难以理解。"[39] 若干年以后，朗道最亲密的朋友栗弗席兹（Evgeny Lifshitz）这样告诉我。

1958年（也就是惠勒攻击奥本海默和斯尼德结论那年）的某一天，莫斯科收到一期刊有芬克尔斯坦（David Finkelstein）文章的《物理学评论》，[40] 作者是一个不出名的博士后，来自美国一所不太有名的大学，新泽西霍伯肯的史蒂芬斯理工学院。朗道和栗弗席兹读了这篇文章。它揭示了好多东西，一切事情都豁然开朗了。[1]

---

1. 实际上，包括爱丁顿在内的其他物理学家很早就在其他场合发现了芬克尔斯坦的见解，但他们没有理解它的意义，很快就把它忘了。[41]

那年，芬克尔斯坦访问了英国，在伦敦国王学院作演讲时，彭罗斯（他后来将变革我们对黑洞内部事物的认识，见第 13 章）曾乘火车赶来听，然后满怀热情地回剑桥。

在普林斯顿，惠勒起先有点兴趣，但没全信。等几年他才会慢慢相信。他之所以比朗道和彭罗斯迟疑，我想是因为他看得更深。他坚持认为量子引力会使核子（中子和质子）在坍缩的恒星中化为辐射而脱离坍缩，这个想法似乎不可能与芬克尔斯坦的见解协调。不过，我们以后会看到，在更深的意义上，两家观点都是对的。

那么，芬克尔斯坦的见识是什么呢？他很偶然地凭简单的数学发现了一个描述史瓦西时空几何的新参照系。他对恒星坍缩不感兴趣，也没有把他的新参照系同星体坍缩联系起来。[42] 但对别人来说，他的新参照系的含义是很清楚的，为他们带来了对星体坍缩的全新认识。

坍缩恒星外的时空几何还是史瓦西的几何，所以能用芬克尔斯坦的新参照系来描述，它与我们以前遇到过的参照系（第 1, 2 章）大不相同。那些参照系（假想实验室）都很小，而且每个参照系的各部分（顶、底、边和中心）都是相对静止的。相反，芬克尔斯坦的参照系很大，可以同时覆盖远离坍缩恒星的时空区域、恒星附近的区域以及它们之间的区域。更重要的是，这些参照系的不同部分是相对运动的。远离恒星的部分是静止的，也就是没有坍缩；而恒星附近的部分则随坍缩的恒星表面向下落。相应地，芬克尔斯坦的参照系同时可以用来描述遥远的静止观察者和随坍缩恒星一起下落的观察者所看到的恒星坍缩过程。结果，这样的描述把从远处观察到的坍缩冻结与从恒星

大卫·芬克尔斯坦，约1958年。[Herbert S. Sonnefeld摄；芬克尔斯坦提供。]

表面观察到的持续坍缩优美地协调起来了。

1962年，惠勒的普林斯顿研究小组的两个成员，贝克多夫（David Beckedorf）和米斯纳（Charles Misner）构造了一组嵌入图来说明这种和谐的描述，1967年，我在为《科学美国人》写的一篇文章里将他们的嵌入图改成了下面更富想象的样子。[43]

从前，在一只大橡皮膜上生活着6只蚂蚁（图6.6），这些蚂蚁都很聪明，让信号球以不变的速度（他们的"光速"）在膜面上滚动来互通讯息。遗憾的是，这些蚂蚁没有计算膜的强度。

一天，5只蚂蚁刚好汇聚到膜中心，他们的重量使膜往下坍缩，自己也陷了进去，但爬得太慢，出不来了。第6只蚂蚁——他们的"宇航员"——带着望远镜在远处的安全地方。当膜塌陷时，被陷的蚂蚁向"宇航员"发了信号球，所以她能跟踪他们的命运。

248　　膜在塌陷时发生了两件事：第一，它的表面向内收缩，把周围的事物拖向塌陷中心，就像坍缩恒星的引力将事物吸向它的中心一样。第二，膜塌下来形成一个碗，就像坍缩恒星周围的空间弯曲的形状（与图6.2对比）。

膜的表面将随着塌陷而越来越快地收缩，结果，被陷的蚂蚁等时间间隔发出的信号球要经过越来越长的时间才能被"宇航员"蚂蚁收到（这类似于从坍缩恒星发出的光的红移）。塌陷开始15秒后，发出第15号球，在这同一瞬间，陷落的蚂蚁正好被吸进临界周长。因为临界周长处的膜正好以球的运动速度（光速）收缩，所以第15号球将永远停在那儿。在到达临界周长前0.001秒，陷落的蚂蚁发出第14.999号球（只画在最后一幅图上），这个球勉强比膜的收缩快一点儿，要等到137秒后才能到达宇航员蚂蚁。过了临界周长0.001秒以后发出的15.001号球必然会被吸进高度弯曲的膜区，与那5只陷落的蚂蚁挤在一起。

但宇航员蚂蚁永远也不会知道他们挤压的情况。她永远也收不到15号和在它之后发出的信号球；而刚好在15号以前发出的球却要过

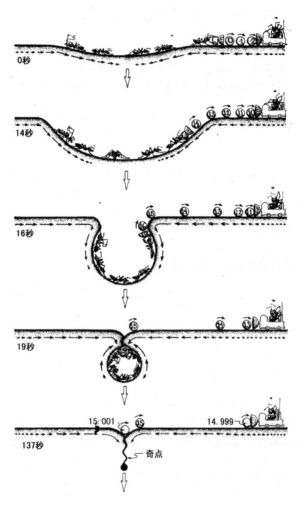

图6.6 居住着蚂蚁的橡皮膜的塌陷, 为恒星形成黑洞的引力坍缩提供了一个富有想象的类比。(引自Thorne (1967)

很长时间才能逃出来, 所以在她看来, 塌陷会很慢, 而且正好在临界周长处冻结。

这个类比非常忠实地再现了坍缩恒星的行为：

1. 膜的形状正好就是恒星周围弯曲空间嵌在嵌入图中的形状。

2. 信号球在膜上的运动与光子在坍缩恒星的弯曲空间中的运动是完全一样的。特别是，在膜上的任何静止蚂蚁局部测得的信号球都以光速运动，但刚在 15 号之前发出的球却要过很长时间才能逃出来，在宇航员蚂蚁看来就像坍缩要冻结了。同样地，任何人局部测得的从恒星表面发出的光子也以光速运动，但刚在恒星收缩到临界周长（它的视界）前发出的光子也要过很长时间才能逃出来，在外面的观察者看来，坍缩必然显得要冻结了。

3. 陷落的蚂蚁看不到任何在临界周长冻结的事情，他们会被无
249 情地吸进临界周长，挤在一起。类似地，任何在坍缩恒星表面的人也看不到坍缩冻结，他们毫不犹豫地经历坍缩，被潮汐引力压得粉碎（第 13 章）。

用嵌入图来说，这就是芬克尔斯坦新参照系带来的认识。以这种方式思考坍缩就不再有什么神秘的事情了。坍缩的恒星确实会毫不犹豫地收缩到临界周长以下，远处看到的冻结表现是一种错觉。

蚂蚁比喻的嵌入图只能说明芬克尔斯坦新参照系的部分内容，更进一步的思想表现在图 6.7 的坍缩恒星的时空图上。

到现在为止，我们见过的惟一时空图是在狭义相对论中遇到的，

例如图1.3。那张图，我们是用两种观点画的：静止在帕萨迪纳城的惯性参照系（忽略向下的引力）的观点，图1.3（c），和固定在帕萨迪纳科罗拉多林荫大道上高速奔驰的跑车上的惯性系的观点，图1.3（b）。在每幅图中，我们将选出的参照系的空间画在水平方向，时间画在垂直方向。

在图6.7中，我们选的是芬克尔斯坦的参照系，跟往常一样，这个参照系的三维空间（"芬克尔斯坦空间"）的二维画在水平方向上，而从它观测的时间（"芬克尔斯坦时间"）画在垂直方向上。因为芬克尔斯坦参照系在远离恒星处是静止的（没有坍缩），所以在那儿的时间也就是静止观察者所经历的时间；又因为芬克尔斯坦参照系在恒星附近会随坍缩的恒星表面向下落，所以在那儿的时间也就是下落的观察者所经历的时间。

图中表现了两个水平碎片，分别示意特定时刻的两个空间维，但忽略了空间弯曲，所以它看起来是平直的。更特别的是，包围恒星中心的周长被忠实地表现在这两个水平面上，但是半径（距中心的距离）却表现不出来；为了同时忠实地表现周长和半径，我们还得用图6.2那样的嵌入图或者图6.6的蚂蚁的类比。空间曲率那时也会慢慢清楚：周长将小于2π乘以半径。将水平碎片画平，是人为抹去了它的曲率。这种错误的空间平直化是为了把图画明白所付出的代价。代价的收获是，我们能在单独的一幅图中同时看清空间和时间。

图中最初时刻（底下的水平面），缺了一个空间维的恒星是大圆的内部，假如失去的那一维还在，恒星应该是一个大球的内部。在后

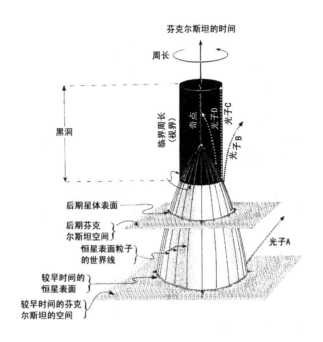

图6.7 恒星坍缩为黑洞的时空示意图。用芬克尔斯坦参照系的时间，方向向上。这个参照系的三维空间的二维画在水平方向上。水平碎片是坍缩的恒星和它生成的黑洞在芬克尔斯坦的特定时刻的二维"快照"，但空间的弯曲被抹平了

来时刻（第二片），恒星收缩了，成了小圆的内部。再后来，恒星通过临界周长；再后来，它就收缩到零周长，在那儿生成一个奇点，照广义相对论，恒星在那里被挤碎了，不存在了。奇点的具体情况我们要到第13章才讨论，但应该知道，它完全不同于物理学家从20年代讲到50年代的那个"史瓦西奇点"。"史瓦西奇点"是他们对临界周长和黑洞的误会的说法；这里的"奇点"是留在黑洞中心的一样东西。

黑洞本身是图中黑色的时空区域，也就是临界周长（即坍缩恒星未来的表面）以内的区域。黑洞表面（视界）就在临界周长处。

　　在图中还画了几个跟着恒星表面的粒子的世界线（穿过时空的轨道）。当我们从图的下方往上看时（也就是随时间流逝），会发现这些世界线越来越向恒星中心（图的中心轴线）靠拢。这个运动体现了恒星随时间的收缩。

　　最有意思的是四个光子（光的粒子）的世界线。这些光子类似于蚂蚁的信号球。光子A是在恒星开始坍缩的时刻从表面向外发出的（底下的空间片）。随时间流逝（从图下往上看）它很轻松地越走越远。光子B是在恒星到达临界周长前一会儿发出的，要过很长时间才能逃出去；它有点儿像蚂蚁发出的14.999号信号球。光子C是在临界周长处发出的，像15号信号球一样，它将永远停留在那儿。光子D从临界周长内部（黑洞内部）发出，永远逃不出来，像15.001号信号球一样，它将被黑洞的强大引力拉进奇点。

251

　　将我们现在对来自坍缩恒星的光的传播的认识，与18世纪关于从小于临界周长的恒星发出的光的预言进行对比，是很有意思的。

　　回想一下（第3章），18世纪末，英国的米歇尔和法国的拉普拉斯用牛顿的引力定律和光微粒预言了黑洞的存在，那些"牛顿黑洞"实 252 际上是周长很小（小于临界周长）的静态星体，引力阻止了星体附近的光逃逸出去。

　　图6.8的左边（空间图，不是时空图）描绘了这样一颗在临界周长内的恒星和从它表面近垂直（径向）发出的光子（光微粒）的空间轨道。向外飞的光子像扔出去的石块，会被恒星引力减速、停止，然

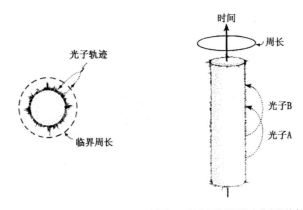

图6.8 根据牛顿物理学定律预言的从临界周长内部的恒星发出的光微粒（光子）的运动。左：空间图（同图3.1）；右：时空图

后落回恒星。

右图描绘了两个光子在时空图中的运动。向上的是牛顿宇宙的时间，向外的是绝对空间。随时间流过，圆形的恒星扫过一立体柱，在任一时刻（通过图的水平面），恒星由与左图相同的圆表示。光子A随时间向外飞，然后落回来；光子B发出稍晚，但行为是一样的。

253 　关于临界周长以下的恒星和它发出的光子，将这个（错误的）牛顿观点与（正确的）相对论观点（图6.7）拿来对比是很有好处的。对比说明了牛顿定律和爱因斯坦定律的预言的两点显著的差别：

1. 牛顿定律（图6.8）允许小于临界周长的恒星健全地存在，没有坍缩，引力的挤压被内部压力所平衡。爱因斯坦定律（图6.7）坚信，当恒星小于临界周长时，没有什么内部压力能够抵抗强大的引力挤压，恒星别无选择，只有坍缩。

2. 牛顿定律预言，从恒星表面发出的光子先可以向外飞得很远，甚至跑到临界周长以外，然后被拉回来。爱因斯坦定律要求，任何从临界周长内部发出的光子总是向越来越小的周长运动。只有在恒星收缩比光子向内运动更快的情况下，这些光子才可能脱离恒星的表面（图6.7）。

尽管芬克尔斯坦的发现和原子弹的数字模拟完全令惠勒相信大质量恒星的坍缩必然产生黑洞，但坍缩的星体物质的命运在60年代仍然困扰着他，跟他1958年在布鲁塞尔遇到奥本海默时一样。广义相对论认为，恒星物质在黑洞中心的奇点处会被压碎而消失（第13章），但这个预言在物理上是不能接受的。在惠勒看来，广义相对论显然不能用在黑洞的中心，而该拿新的量子引力定律采取代它，这些新定律一定不会让恒星被压得粉碎。惠勒猜测，以他在布鲁塞尔阐释的观点为基础，也许新定律能将坍缩物质转化为辐射，通过量子力学的"隧道"而逃出黑洞散入星际空间。检验这个猜想需要更深刻地认识量子力学与广义相对论的结合，猜想的美妙也在于此。这是发现量子引力新定律的试验基础。

作为惠勒60年代初的学生，我认为他的猜想太无理了，物质在 254 奇点转化成辐射，然后通过隧道脱离黑洞 —— 惠勒怎么会相信这样的事情呢？如惠勒所说，量子引力新定律在黑洞中心的奇点当然是重要的，但不是在临界周长附近。临界周长是"宏观领域"的东西，广义相对论一定是高度精确的；而广义相对论的定律也是不容争辩

的 —— 没有什么东西可以逃出临界周长。引力把握万物，所以不会有 "量子力学的隧道"（不管它是什么）让辐射跑出去，我坚信这一点。

1964 和 1965 年，惠勒和我同哈里森和若野一起写了一本关于冷死星和星体坍缩的专业书。[44] 惠勒一定要在最后一章写进他关于辐射可能通过隧道逃出黑洞散入星际空间的猜想，令我很吃惊。为说服他不要在书里写这个猜想，最后我打电话向大卫·夏普（David Sharp）求助，他是惠勒的一个博士后。惠勒、大卫和我在三方电话上激烈争论，最后他终于投降了。

惠勒是对的，大卫和我错了。10 年后，泽尔多维奇和霍金将用新建立起来的广义相对论与量子力学的部分结合，从数学上证明辐射能够通过隧道逃出黑洞 —— 尽管很慢很慢（第 12 章）。换句话说，黑洞会蒸发，不过蒸发很慢。一个黑洞，从恒星坍缩形成到最后消失，所经历的时间将远大于我们宇宙现在的年龄。

我们为事物取的名字是很重要的。电影明星经纪人大概很明白这一点，所以他们把诺玛·珍妮·贝克尔（Norma Jean Baker）改为玛丽莲·梦露（Marilyn Monroe），把贝拉·布拉斯柯（Béla Blasko）改为贝拉·卢戈西（Béla Lugosi）。[1] 物理学家当然也明白。在电影业，一个名字定下一个基调，也就是观众评价影星的思想基础 —— 如梦露的魅力，卢戈西的恐怖。在物理学中，一个名词有助于建立认识物理学概念的思想参照系。好的名词会让人构想出一幅能突出概念最重要性质

---

1. 卢戈西（1882～1956）是匈牙利出生的美国演员，他以扮演恐怖角色出名，而且恐怖的角色也成了他生活的一部分。—— 译者注

的认识图景，从而有助于以某种潜意识的直观的方式启发好的研究；坏名词则会产生阻碍研究的思想障碍。

在从1939年到1958年间，对物理学家们认识恒星坍缩起最大阻碍作用的，也许是他们为临界周长所取的名字："史瓦西奇点"。"奇点"一词会令人想象一个引力无限大的区域，我们知道的物理学定律在这儿失败了——我们现在认识了，这幅图景对在黑洞中心的物体来说是正确的，但对临界周长并不正确。由于这幅图景，物理学家难以接受奥本海默–斯尼德结论，在坍缩的恒星上通过史瓦西奇点（临界周长）的人感觉不到无限的引力，也没看到物理学定律的失败。

史瓦西奇点（临界周长）一点儿也不奇异，芬克尔斯坦发现的新参照系让这一点完全清楚了。他的参照系说明，史瓦西奇点不过是一个位置，事物可能落到它的里面，却没有什么能从它里面跑出来——也就是说，我们在外的人不可能看到它的里面。芬克尔斯坦的参照系还表明，坍缩的恒星在沉没到史瓦西奇点以后将继续存在，就像太阳落到地平线下也仍然存在着。不过，正如我们地球上的人看不到地平线下的太阳，远离坍缩恒星的观察者在恒星坍落到史瓦西奇点后，也就看不到它了。这样的类比激发了50年代康奈尔大学的物理学家林德勒（Wolfgang Rindler），他为史瓦西奇点（临界周长）取了个新名字，一直叫到现在：他叫它视界（地平线）。

剩下的问题是，恒星坍缩生成的物体该叫什么？从1958年到1968年，东西方都用过不同的名字：苏联物理学家用的名字突出远离坍缩的天文学家的观点。回想一下，由于光为了逃脱引力的掌握需克服的巨大困难，在远离坍缩的人看来是永远存在的，所以恒星表面似乎不会真的到达临界周长，视界不会真的形成。对天文学家来说（假如他们的望远镜真能看到坍缩的恒星），它似乎刚好在临界周长处冻结了。因此，苏联物理学家把坍缩生成的物体称为冻星 —— 这个名字为他们在 60 年代的坍缩研究奠定了基调和认识基础。

相反，西方强调的是运动者的观点，观测者随坍缩的恒星表面下落，通过视界，到达真正的奇点，所以相应地他们将生成的物体称为坍缩星。这个名字有助于物理学家将精力集中到一点，那是后来惠勒最关心的一点：奇点的本质，量子物理学与时空曲率可能会在这里结合到一起。

两个名字都不令人满意。也没有人特别关注包围坍缩星的视界，也就是那个引起人们产生星体"冻结"的光学错觉的视界。60 年代，物理学家的计算逐步揭示了视界的重要性，而惠勒 —— 他比谁都更关心用一个优美的名字 —— 也越来越感到不满意了。

惠勒喜欢躺在浴缸里放松或躺在床上考虑我们关于事物的名称。有时为了一个正确的名字他会这样寻找几个月。现在他要找一个词来代替"冻星"和"坍缩星"，在 1967 年下半年，他终于找到了一个理想的名字。

照他一贯的作风，惠勒没有去告诉他的同事们说，"我为这些东西找到了一个伟大的新名字，让我们叫它这 …… 这个吧。"相反，他干脆自己就用了，好像本来就不存在别的名字，好像大家都同意这个名字。他公开这个命名是1967年晚秋在纽约市举行的一次脉冲星会议上，然后，12月在美国科学促进会的一个题为"我们的宇宙，已知与未知"的演讲中，他又顽强地引用了这个词。我们没有在场的人是在演讲稿上头一回碰到这个词的："由于下落越来越快，[坍缩恒星的表面]将越来越快地离开[远处的]观察者。光向红端移动，一毫秒一毫秒地变暗，在不足1秒的时间内，就暗得看不见了……[恒星]像柴郡猫一样消失了，猫只留下它的笑，¹ 而恒星只留下它的引力。引力，是的，只有引力，没有光，同样也没有出现任何粒子。而且，从外面看，光和粒子是一样的……[它们]落下黑洞只是为它补充了质量，增强了引力。"[45]

257

黑洞是惠勒取的新名字。几个月内，东西方的相对论物理学家、天体物理学家和普通大众就热情采纳了 —— 只有一个例外：在法国，词组 *trou noir*（黑洞）隐含淫秽的意思，被抵制了好多年。

---

1. 这儿说的是《爱丽丝漫游奇境记》（Lewis Carroll 著，汉译本有几种，最有趣的可能是赵元任先生1969年在美国出版的译本（商务印书馆，1988））第6章的那只柴郡（cheshire）猫："这回它慢慢地消失，从尾巴尖儿起，一直到头上的笑脸。那笑在它全身都消失后还留了好一会儿。"（这尽管是儿童文学名著，但西方科学家也常在科学作品里引用其中的故事和语言。）—— 译者注

第 7 章
黄金年代

> 黑洞被发现会自转和脉动，
>
> 它贮藏能量，
>
> 也释放能量，
>
> 而且没有毛

那是 1975 年，在芝加哥城南部密歇根湖畔的芝加哥大学，在一间俯瞰 56 号大街的办公室里，钱德拉塞卡正埋头发展黑洞的完备的数学描述。他这时分析的黑洞，与 60 年代初物理学家刚开始把握黑洞概念时的那些怪物有根本的不同。这中间的 10 年，是黑洞研究的黄金年代，是我们改变对广义相对论预言的认识的年代。

在黄金年代开始的 1964 年，黑洞被顾名思义地认为是空间中物体可以落进却没有东西可以出来的一个洞。但在黄金年代里，经过 100 多位物理学家用爱因斯坦广义相对论进行的一次又一次计算，这种图像已经改变了。现在，当钱德拉塞卡坐在芝加哥办公室里计算的时候，黑洞不再被认为仅仅是一个静悄悄的洞，而是一个活动的物体：黑洞会旋转，旋转时，在它周围的弯曲时空里会产生龙卷风一样的涡旋运动。在旋涡中应该贮藏着大量的能量，自然可以开发这些能 259 量，用它作为宇宙爆炸的动力。当恒星、行星或小黑洞落进大黑洞时，能量会使大黑洞脉动，大黑洞的视界会内外波动，像地震后地球表面上下振动一样。这样的脉动将产生引力波 —— 在宇宙空间向外传播的时空曲率的微澜，带着黑洞和谐的乐音。

黄金年代出现的最大惊奇，也许是广义相对论坚信黑洞的所有性质都能用三个参数来预言：黑洞的质量、旋转速度和电荷。如果谁有足够的数学素养，他就能根据这三个参数进行计算。例如，他可以计算黑洞视界的形状，引力作用的强度，周围时空涡旋的细节和脉动的频率。到1975年，多数性质我们都知道了，但还不是全部。认识黑洞剩下的性质是艰苦的挑战，正好也是钱德拉塞卡喜欢的那类挑战，为了自己的追求，他在1975年接受了挑战。

260

1971年秋，钱德拉塞卡与研究生特奥科尔斯基（左）和莱特曼（Alan Lightman，右）在加州理工学院学生自助食堂。[Sándor J. Kovács提供。]

1975年夏，在普林斯顿大学参加会议为黑洞黄金年代"送行"的年轻人。左起，前排：Jacobus Petterson，Philip Yasskin，普雷斯，Larry Smarr，Beverly Berger，Georgia Witt，Bob Wald。二、三排：Philip Marcus，Peter DEath，Paul Schechter，特奥科尔斯基，Jim Nestor，Paul Wiita，Michael Schull，Benrard Carr，Clifford Will，Tom Chester，Bill Unruh，Steve Christensen。[特奥科尔斯基提供。]

在近40年的时间里，30年代与爱丁顿论战的痛苦一直郁积在钱德拉塞卡内心，他没能回到大质量恒星的黑洞命运的研究上来。在这40年里，他为现代天体物理学做出了许多基础性的贡献——关于恒星及其脉动的，关于星系的，关于星际气体云的以及关于许多其他方面的。但总的说来，大质量恒星的命运在诱惑着他，他终于在这个黄金年代从痛苦中摆脱出来了。

他回到了多数是学生和博士后的研究大家庭。黄金年代是年轻人的，他们欢迎钱德拉塞卡来到他们中间，他虽已人到中年而且行为保守，却还有颗年轻的心。在长期访问加州理工学院和剑桥大学时，他常去自助食堂，周围都是轻松随便、穿戴漂亮的研究生，而他却穿着一身暗淡的灰衣服——年轻的朋友说这种颜色是"钱德拉灰"。

黄金年代是短暂的。加州理工学院的研究生普雷斯（Bill Press）曾为黄金年代命了名，而在1975年夏当钱德拉塞卡开始计算黑洞性质时，普雷斯却忙着它的"葬礼"：筹划在普林斯顿大学召开一个为期4天的只请30岁以下的研究者参加的会。[1] 会上，普雷斯和他的年轻同事们一致认为，现在是转向研究其他课题的时候了。黑洞作为旋转、脉动的动态天体的图像已大概勾画出来，而理论发现的步子开始慢下来了。所有剩下的事情似乎只是补些细节。钱德拉塞卡和几个人能将它画好，而他的年轻（现在长大了）朋友们寻找新的挑战去了。钱德拉塞卡并不满意。

261

良师：惠勒，泽尔多维奇，席艾玛

改变我们对黑洞的认识的那些年轻人是谁？是三位杰出先生的学生、博士后和学生的学生。那三位先生是：美国新泽西州普林斯顿的惠勒（John Archibald Wheeler），莫斯科的泽尔多维奇（Yatov Borisovich Zel'dovich）和英格兰剑桥的席艾玛（Dennis Sciama）。他们通过他们的徒子徒孙，在黑洞的现代认识上留下了自己的烙印。

三个好老师，都有自己的风格。事实上，恐怕难以找到比这更鲜明的风格了。惠勒是有魅力、凭灵感的幻想家。泽尔多维奇像一个紧密团结的球队的雄心勃勃的队员和教练。席艾玛像自我牺牲的"催化剂"。在接下来的几页，我们会一个个地认识他们。

1.据比尔·普雷斯的同胞特奥科尔斯基（Saul Teukolsky）的回忆，"这个会是比尔对他所谓的受了刺激的反应。那时在开另一个会，我们都没被邀请，但所有灰色大人物都参加了，于是比尔决定为年轻人开一个会。"

　　第一次与惠勒见面的情景我还记得很清楚。那是黄金年代来临两年前的 1962 年 9 月。那时，他刚相信了黑洞的概念，而 22 岁的我也刚从加州理工学院毕业来普林斯顿攻读博士。我很想在惠勒指导下从事相对论研究，于是惶恐地第一次敲响了他办公室的门。

　　惠勒教授热情微笑地招呼我，让我进了办公室，马上就开始讨论
262　星体坍缩的奥秘（他把我看成是他尊重的同行，而不是一个十足的新手）。惠勒在谈那个年代的文章里描述了我们讨论时的心情："在物理学史中，人们现在比过去任何时候［在星体坍缩的研究中］更有把握猜测他遇到了新现象，它有自己神秘的本性，等着人们去揭示 ……不论［未来研究的］结果如何，我们感到，最终会［在星体坍缩中］发现某个现象，广义相对论将在这里戏剧性地找到自己的归宿，圆满实现它与量子物理学火热的结合。"[1] 一个小时后我出来时，已经完全相信了。

　　惠勒带着 5 到 10 名普林斯顿的学生和博士后 —— 启发他们，但不具体指导。他认为我们很不错，能自己做好具体的事情。他为我们每个人提出了第一个研究问题 —— 可能为星体坍缩、黑洞或广义相对论与量子物理学的"火热的结合"带来新发现的那些问题。如果发现第一个问题太难，他会慢慢将我们引向更容易的方向；如果问题很容易，他会鼓励我们把能认识到的东西都提出来，写一篇论文，然后去迎接更有挑战性的问题。我们很快学会了同时解决几个问题 ——一个太难的问题在解决之前，在有希望带来巨大回报之前，会一次又一次地走进脑海，而那些简单的问题很快就会有结果。自始至终，惠勒都只是给我们提些忠告，免得错误太多，但从来不会让我们感觉是

他替我们解决了问题。

我的头一个问题很怪：拿根磁铁棒，磁场穿过它，从两端出来。场由力线组成，将铁粉洒在下面有磁铁的白纸上，谁都能看到这些力线［图7.1（a）］。相邻的力线相互排斥（将两块磁铁的北极相互推近，就能感觉这种排斥）。尽管如此，每个磁场的力线还是因为磁铁而聚在一起。把磁铁拿走，排斥会使力线爆裂（图7.1（b））。这件事情，我还在读大学时就熟悉了。在普林斯顿的惠勒办公室里与他的一次私人长谈中，他又让我想起它来。他那回讲了他的朋友，塔拉哈西佛罗里 263
达大学的梅尔文（Mael Melvin）教授的最新发现。

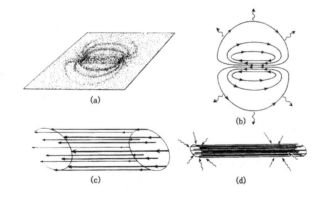

图7.1 (a) 磁棒的磁力线，在磁棒上面的白纸上洒些铁粉，就能看到这些力线。
（b）纸和磁棒拿走后，同样的磁力线。相邻力线间的压力使它们沿箭头方向爆裂。
（c）无限长的柱状磁力线束，它的场很强，能量产生的时空弯曲（引力）足以克服力线间的排斥而将线束维系在一起。
（d）惠勒猜测，如果（c）的磁力线束收缩一点，则引力足以使线束发生坍缩（波浪线）

梅尔文发现，根据爱因斯坦场方程，磁力线不但能靠磁棒中的铁约束在一起而不会爆裂，也可以靠引力而不需要任何磁力的帮助。原因很简单：磁场有能量，而能量产生引力。[为什么能量会产生引

力？回想一下，能量与质量是"等价的"（卡片 5.2）：任何类型的物
264 质（铀，氢或者别的东西）都可能转变为能量；反过来，任何类型的
能量（磁能、爆发能或者别的）也能转化成物质。因此，在深层意义
上，质量和能量不过是同一事物的不同名称，这意味着，由于一切形
式的物质都产生引力，所以一切形式的能量也必然如此。仔细检验
爱因斯坦场方程就能证明这一点。] 现在，假如我们有一个极强的磁
场 —— 远比在地球上遇到的强 —— 那么，强磁场将产生强引力，而
引力会压缩磁场，将磁力线约束在一起，而不管这些力线之间有多大
压力 [图 7.1 (C)]。这就是梅尔文的发现。

惠勒的直觉告诉他，这种"被引力捆绑的"磁力线可能像立在笔
尖的铅笔一样是不稳定的；轻轻推一下铅笔，它会因重力而倒下。轻
轻压缩磁力线，引力可能会超过压力，使力线发生坍缩 [图 7.1 (d)]。
坍缩成什么呢？也许形成一个无限长的圆柱状黑洞，也许形成一个裸
露的奇点（没有视界遮蔽的奇点）。

在真实宇宙中，磁场太弱了，不可能形成足够强大的引力来反抗
爆裂，不过这一点在惠勒看来是无关紧要的。惠勒追求的不是去认识
存在的宇宙，而是要认识主宰宇宙的基本定律。他希望通过提出一些
将定律推向极端的理想化问题，获得对这些定律的新认识。照这种精
神，他为我选定了第一个引力研究的问题：试用爱因斯坦场方程来判
断梅尔文的磁力线束是否会坍缩，如果会，它将坍缩成什么？

我为这个问题奋斗了好几个月。白天的战场是普林斯顿帕尔玛物
理实验室的顶楼，我在那儿跟其他学物理的同学共用一间大办公室，

我们一起讨论问题，互相尊重，友好和睦。晚上，回到一间小屋子，那是从第二次世界大战的士兵营房改造来的，我跟妻子琳达（画家和数学系学生）、女儿卡莱丝和我们的大柯利狗"王子"就住在这里。每天，我带着问题往返于兵营和实验楼。每过几天，就去找惠勒，请他指导。不知在纸上写了多少，在计算机上算了多少，在黑板上跟同学讨论了多少，问题终于慢慢清楚了。爱因斯坦的方程在我的穷追猛打下，终于告诉我，惠勒的猜想错了。不论用多大力量挤压梅尔文的圆柱状磁力线束，它总会反弹回来。引力永远也不可能克服磁场的排斥 265 压力。这里没有坍缩。

这是最好的结果，惠勒热情地向我解释：当计算证实了希望，那不过是增强了一点儿对物理学定律的直觉认识。但如果计算与希望矛盾，那么我们就走上了一条通向新认识的道路。

球状星体与梅尔文的圆柱状磁力线束之间的差异是极端的，惠勒和我认识到：当球状星体非常致密时，内部引力会超过星体所能聚集的任何形式的压力。大质量球状星体的坍缩是必然的（第5章）。反过来，不论费多大力量挤压圆柱状磁力线束，不论将它的圆形截面[图7.1（d）]压得多么紧密，力线束的压力总会超过引力而将力线拉回来。圆柱状磁力线的坍缩是禁戒的，永远不会发生。

为什么球状星体和圆柱状磁场会表现得那么不同？惠勒鼓励我从每个可能的方向去探讨这个问题，答案可能会为物理学定律带来深刻的认识。但他没有告诉我该如何去探寻，我正在成为一个独立的研究者。他相信，不要他的进一步指导而发挥我自己的研究思想，对我来说是最好的。独立能培养人的力量。

从1963到1972年，黄金年代的大部分时间，我都在努力去理解球状星体与圆柱状磁场间的差异，但只能零星地做些事情。这个问题太深太难，而另外还有些更容易的问题等着我用更多的精力去研究：星体的脉动，星体在脉动时可能发射的引力波，时空弯曲对巨大星团和对它们坍缩的影响。在这些研究中，我每年都有一两次会从抽屉里拿出几本马尼拉纸的小册子，上面记着我的磁场计算。后来，我将这些计算扩大到另一种理想化的无限长圆柱状物体的计算：热气体构成的圆柱状"星"，也就是会坍缩或者既有自转同时也坍缩的圆柱状尘埃云。尽管真实的宇宙中并没有这类东西，我零星做出的关于它们的计算却逐渐带来了结果。

266　　　到1972年，真相大白了，只有当物体在所有三个空间方向，南-北、东-西、上-下，都受到压缩时（例如，球状压缩），引力才可能超过任何形式的内部压力。相反，如果物体只在两个空间方向上经历压缩（例如，圆柱状压缩使它成为一根细长的线），引力也会增大，但还大不到战胜压力的程度。很小的一点压力，不论来自热气体还是电子简并还是磁力线，都容易超过引力，使圆柱状物体向外膨胀。如果物体只在一个方向上压缩，变成一张薄饼，压力要超过引力就更容易了。

在球形、无限长圆柱形和无限延展的薄饼的情形，我的计算是明白而确定的，对这些物体，计算容易把握。更难计算的——实际上远远超出了我的能力——是有限大小的非球形物体。但从我和我年轻同学的计算得来的物理直觉告诉了我应该期待的东西。我提出了一个环猜想。[2]

请你随便想一类物体 —— 一颗星，一个星团，一束磁力线或别的你喜欢的东西，测量它的质量（例如，可以通过测量引力作用在轨道上行星的强度来实现），根据质量计算物体的临界周长（18.5千米乘以以太阳质量为单位的星体质量）。如果星体是球形的（实际上它不是）而且迟早会坍缩或被挤压，那么当它压缩到临界周长以下时，它会形成黑洞。假如物体不是球形的，会发生什么呢？环猜想旨在提出一个答案（图7.2）。

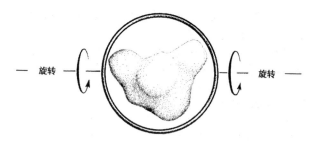

图7.2 照环猜想，只有当一个具有临界周长的环能够将物体圈起来时，那个坍缩的物体才能形成黑洞

做一个周长等于那个物体的临界周长的环。然后，将物体放在环的中心，旋转环，看它是否能在各个方向包围物体，如果做到了，那么物体必然已经形成了一个包围自己的黑洞视界。如果做不到，那么物体还不够致密，成不了黑洞。

换句话说，环猜想讲的是，如果一个物体（一颗星，一个星团或者别的什么）经历高度非球形压缩，那么只有当它在各个方向的周长都小于临界周长时，它才会形成包围自己的黑洞。

　　我提出这个猜想是在1972年，从那时起，我一直在同别人一起努
267 力，想知道它是对还是错。答案藏在爱因斯坦场方程里，但事实证明
想找到答案是极其困难的。同时，支持环猜想的偶然证据不断在增多。
最近，1991年，康奈尔大学的夏皮罗（Stuart Sharpiro）和特奥科尔斯
基在超级计算机上模拟了高度非球形恒星的坍缩，发现包围坍缩星体
的黑洞的形成完全像环猜想预言的那样。假如环能在坍缩的星体上滑
动和旋转，黑洞就可以形成；如果不能，就没有黑洞。但他们只模拟了
几个具有特殊非球对称形状的星体，所以在我提出环猜想近四分之一
世纪后，我们还是不能肯定它是否正确，不过看来它很可能是正确的。

　　如果说，泽尔多维奇是苏联的惠勒，那么从许多方面说，伊
戈·诺维科夫（Igor Dmitrievich Novikov）就像我。1962年，当我第一
次见到惠勒并在他的指导下开始我的研究生涯时，诺维科夫也第一次
来到泽尔多维奇身边，成为他的研究队伍的一员。

　　我小时候的生活简单富裕 —— 出生和成长在犹他州洛根市一个
严格的摩门教大家庭里[1] —— 相比之下，诺维科夫的生活则是崎岖
268 艰难的。1937年，伊戈两岁时，在莫斯科铁道部任高级官员的父亲
在斯大林的大恐怖中被陷害、逮捕，然后（没有朗道那么幸运）被处
决了。母亲活下来，但被抓进了监狱，然后被流放。伊戈是一个叔叔
养大的。

1.80年代末，根据母亲的建议，全家要求脱离摩门教，以反对教会对女权的压制。

60年代初，我在加州理工学院学物理，伊戈是莫斯科大学的物理学研究生。

1962年，我准备去普林斯顿读研究生，跟惠勒研究广义相对论，加州的一个教授告诫我，不要学那门课。广义相对论与真实宇宙没多大关系；应该在别的地方寻找有趣的物理学挑战。（那个年代，普遍都在怀疑黑洞，没多少人对它有兴趣。）这个时候，伊戈在莫斯科以广义相对论的专题研究成了博士，他夫人诺娜也是物理学家，朋友告诫她，相对论是逆流，与真实宇宙无关。为了前途，她丈夫应该离开它。

我对那些告诫满不在乎，还是赶到了普林斯顿。而诺娜却很担心，她利用在爱沙尼亚开物理学会议的机会，向著名物理学家泽尔多维奇征求意见。她找到泽尔多维奇，问他广义相对论是不是很重要。泽尔多维奇坚决有力地回答她，相对论对天体物理学研究来说，将变得极端重要。接着，诺娜介绍了她丈夫正在研究的一个思想：星体形成黑洞的坍缩可能类似于我们宇宙的大爆炸起源，只不过时间倒转往回流了。[3] 诺娜讲着，泽尔多维奇越听越高兴，他自己有过同样的想法，而且还在探讨。

几天后，泽尔多维奇闯进了诺维科夫和许多同学在莫斯科大学史特恩堡天文研究所的办公室，一进门就向诺维科夫追问他的研究。他们尽管思想相同，但研究方法全然不同。诺维科夫已经是相对论大家了，他用了一种巧妙的数学计算来说明大爆炸与星体坍缩之间的相似性。泽尔多维奇不太了解相对论，他靠的是深刻的物理学洞察，而计算很粗。泽尔多维奇意识到，在这儿遇到跟他一样的天才了。那时候，

左，惠勒，约 1970 年。右，诺维科夫和泽尔多维奇，1972 年。[左，普林斯顿大学 Joseph Henry 实验室藏；右，钱德拉塞卡提供。]

席艾玛，1955 年。[席艾玛提供]

他刚从核武器的发明者和设计者的生命中走出来，正要组建一支新的研究队伍来研究他新发现的天体物理学。作为广义相对论的大师，诺维科夫自然是理想的队员。

诺维科夫在莫斯科大学很快乐，不太想跟他走，泽尔多维奇只好施压了。他找到应用数学研究所（他的队伍要在这儿集中）所长克尔迪什（Mstislav Keldysh），克尔迪什给莫斯科大学校长彼得洛夫斯基（Ivan Petrovsky）打电话，彼得洛夫斯基请来诺维科夫。诺维科夫惶恐地走进校长的办公室，他从没想过会走进这个高居校园中心大楼的办公室。彼得洛夫斯基很坚决："也许你现在不想离开学校去跟泽尔多维奇工作，但你会想去的。"[4] 诺维科夫同意了，尽管会遇到一些困难，但他从没后悔过。

泽尔多维奇作为年轻天体物理学家的老师，作风还是他在核武器设计小组工作时形成的："泽尔多维奇点火，队员加油"——当然，偶尔也会有别的组员闪出新的思想火花（如在相对论研究中，诺维科夫经常如此）。然后，泽尔多维奇会热情地将年轻同事的观点拿给队员们认真辩论，让它很快成熟起来，成为他自己和发现者共享的财富。

诺维科夫生动讲述了泽尔多维奇的风格。他用名加简称的姓来称呼他的老师（在俄语中，这种称呼显得尊重而亲切），他说："雅科夫·波里希常在早晨五六点钟打电话叫醒我，'我有了一个新想法！一个新想法！快到我房间来，我们谈谈！'我去了，常常要谈很长很长的时间。雅科夫·波里希认为我们也都能像他那样长时间地工作。他和队员们常从早晨6点到10点讨论一个题目，然后换另一个题目，讨论到中午。午餐后，大家散散步，做做操，或者打个盹。喝点儿咖啡后，又更激烈地争论到五六点钟。晚上，大家自由了，可以算点儿东西，想点儿问题或者写点儿什么，为明天做好准备。"[5]

270 　　泽尔多维奇在设计核武器时养成了坏毛病，一贯要别人跟他走：照他的时间表，他工作时别人也工作，他睡觉时别人也睡觉。（1968年，惠勒、萨哈洛夫和我在苏联南端的一家旅馆的房间里跟他讨论了一个下午的物理学。激烈讨论几个小时后，泽尔多维奇突然宣布该睡会儿觉了。然后他躺下来睡了20分钟，惠勒、萨哈洛夫和我也轻松了，各人在房间角落里静悄悄地看书，等着他起来。）

　　泽尔多维奇可没耐心做像我这样的完美主义者，他不在乎一定要把所有计算细节都弄对，他只关心主要概念。他能像奥本海默那样，将无关紧要的事情抛开，集中在关键问题上，而且几乎不会出错。他在黑板上画几个箭头，几条曲线，一个不到半行的方程，几句生动的点评，就把队员引到了研究问题的核心。

　　他能很快判断一个思想或一个物理学家的价值，却很难改变自己的判断。一个轻率的错误判断，他能坚持好多年，这常常使他看不到重要的事实。他不相信微小黑洞会蒸发，就是这样一个例子（第12章）。但如果他的迅速判断是正确的（通常是这样），它们会使他大踏步地走向知识的前沿，比我见过的任何人都更快。

　　泽尔多维奇与惠勒是截然不同的。泽尔多维奇以他自己源源不断的思想和与队员们共同发展起来的思想，凭着严格的管理来塑造他的队伍。惠勒为他羽翼未丰的学生提供的是一种哲学氛围，让他们感觉到处都有思想，正等着他们去采撷。但是他从不参加学生们的讨论。惠勒的最高目标是学生的教育，不在乎拖慢了他发现的步伐。而泽尔多维奇还像在超弹计划里那样，不惜多大代价也要尽可能赶在前头。

泽尔多维奇老爱在大清早可恶地打电话把别人吵醒，要人家注意他，跟他谈论，赶快往前走。惠勒在我们学生看来是世界上最忙的人，忙着他自己的计划而把我们忘了。不过，当我们需要他的指导、智慧和鼓励时，总能找到他。

那个年代的第三位良师席艾玛的风格又与众不同。60年代和70 ²⁷²年代初，他大部分精力都用来为他的剑桥大学的学生营造一个理想的成长环境。因为他把个人研究放在第二位，所以他比那些学生还落后，总没能升为堂堂的剑桥教授（比美国的教授地位更高）。获得奖励和荣誉的更多是他的学生。到70年代末，他原来的学生霍金（Stephan Hawking）和里斯（Martin Rees）成了剑桥教授。

席艾玛是催化剂，他让学生密切接触物理学最重要的新发现。每当一个有意义的发现发表了，他都让学生去阅读，并向别人报告。每当伦敦有什么精彩的演讲，他都会带着周围的学生或让他们坐火车去听。他有很敏锐的感觉，知道哪些思想有意义，什么问题值得探索；启动研究计划该读什么书，寻求技术指导该找哪些人。

一种忘我的渴望驱动着席艾玛去认识宇宙是如何构造的。他自己说这个驱动是一种形而上学的焦虑。宇宙似乎太疯狂，太怪异，也太迷人，接近它的惟一途径是想办法认识它，而认识它的最佳路线是依靠他的学生。让学生解决最艰难的问题，他可以比自己停留在这些问题上更快地走向下一个问题。

黑洞没有毛

黄金年代的一大发现是"黑洞无毛"。科学中，有些发现是个人很快完成的，有些发现较慢，是许多研究者多方面贡献的结果。黑洞无毛属于第二种。它是三位大师泽尔多维奇、惠勒和席艾玛的学生们和其他许多人研究的产物。在接下来的几页里，我们会看到，无数研究者一步步地建立起黑洞无毛的概念，然后证明它、把握它的意义。

273

"黑洞无毛"的第一个线索1964年来自金兹堡，他曾为苏联氢弹发明了LiD（氘化锂）燃料，因为妻子有参与谋害斯大林的嫌疑，他没能进一步参加氢弹设计工作（第6章）。加州理工学院的天文学家刚发现类星体，宇宙最遥远的一种奇异的爆发天体时，金兹堡正在研究类星体的能源从哪儿来（第9章）。他想，一种可能是来自磁化的超大质量恒量形成黑洞时的坍缩。这种恒星的磁力线具有图7.3（a）上面所示的形状，也就是地球磁力线的形状。金兹堡猜想，恒星坍缩时，磁力线会被强烈压缩，然后猛烈爆炸，放出巨大能量。这可能有助于解释类星体。

274

通过计算星体坍缩的全部细节来检验这个猜想，是极端困难的，因此金兹堡走了另一条路，完成了他的第二大发现。他像奥本海默第一次粗略计算恒星坍缩所发生的事情一样，检验了一个静态恒星序列，序列中的恒星一个比一个紧密，而且穿过内部的磁力线数目都一样多。金兹堡认为，这个静态恒星序列应该能够模拟一颗单独的恒星。他导出了描述序列中每颗恒星的磁力线形状的公式，发现了令他大吃一惊

左：发现第一个"无毛猜想"证据的金兹堡（约1962年）。右：第一个严格证明"无毛猜想"的伊斯雷尔（1964年）。[左，金兹堡提供；右，伊斯雷尔提供。]

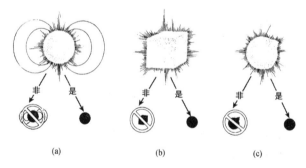

图7.3 "无毛猜想"的几个例子：（a）磁化恒星坍缩形成的黑洞没有磁场。（b）方形恒星坍缩形成的黑洞是圆的，而不是方的。（c）表面有山脉的恒星坍缩形成的黑洞没有山脉

的事情。当恒星接近临界周长开始形成包围自己的黑洞时，引力将把磁力线吸到恒星表面，使它紧紧贴在表面上。黑洞形成后，被吸附的磁力线就都落进视界了，没有留下能伸到洞外的［图7.3（a）］。这对金兹堡的类星体动力思想并不是好消息，但确实提出了一种有趣的

可能：磁化星体坍缩成黑洞时，黑洞仍然可能像根本没有磁场那样诞生。[6]

　　大约在金兹堡发现的同时，在几千米外的莫斯科，泽尔多维奇的研究小组 —— 诺维科夫和多罗什克维奇（Andrei Doroshkevich）领头 —— 开始问自己："圆恒星坍缩形成圆黑洞，那么变形的恒星会产生变形的黑洞吗？"举一个极端例子，方形星产生方形洞吗？[图7.3（b）]。计算假想的方形星的坍缩是很困难的，于是多罗什克维奇、诺维科夫和泽尔多维奇找了一个更容易的例子：表面上隆起一座小山的近球状恒星在坍缩后形成的黑洞视界面上也会有隆起的小山吗？这样提问，计算就大大简化了，他们可以用惠勒和他的博士后雷吉（Tullio Regge）在几年前发展的一种叫微扰方法的数学技术。在卡片7.1中对这种技术作了一点解释，它是为了研究其他球对称情形的微小扰动而提出的。泽尔多维奇小组的恒星上隆起的小山所产生的引力变形，正是这种扰动。

　　多罗什克维奇、诺维科夫和泽尔多维奇还用奥本海默和金兹堡用过的技巧进一步简化了计算：他们没有去模拟山星的完全的动力学坍缩，而只是检验了后一个比前一个更紧密的静态山星序列。利用这个技巧和微扰方法，经过激烈争论，他们很快发现了一个显著的结果：当静态山星小到足以形成包围自己的黑洞时，黑洞视界必然是圆的，没有隆起的小山[图7.3（c）]。[7]

　　类似的一个诱人的猜想是，如果坍缩的方形恒星要形成黑洞，它的视界也会是圆的而不会有棱角[图7.3（b）]。假如猜想正确，那么黑洞就不会留下什么证据来证明产生它的恒星是方的、圆的或者是有山的，而且（照金兹堡的看法），也不会有证据证明原来的恒星是磁化的还是无磁性的。

7年以后，当猜想逐渐显得正确时，惠勒发明了一个精炼的短语来描述它：黑洞无毛——"毛"说的是那些可能探出黑洞泄露形成它的原来恒星的细节的东西。

惠勒的大多数同事都难以相信，这位保守高贵的先生会知道[277]他的短语的淫邪意思。但我怀疑他知道；我在私下里偶尔也见过他玩恶作剧。[1]惠勒的词儿很快传开了，不过还有来自帕斯特纳克（Simon Pasternak）的反对。他是《物理学评论》主编，多数西方黑洞研究都发表在这家杂志。大约1971年，当伊斯雷尔想在论文中用这个词时，帕斯特纳克回信告诉他，不论什么条件下，他都决不允许这种猥亵的字眼儿出现在他的杂志上。但帕斯特纳克没能挡住滚滚而来的"无毛"论文。在法国和苏联，惠勒那个词的法语和俄语译名也是令人厌恶的，遭到了更长时间的抵制。然而，到70年代后期，这个词已经在全世界各种语言的物理学家中公开使用了，没人笑话。

---

1. 在公开场合，我只见过一次。1971年，惠勒70岁时，正好出席在哥廷根一个城堡的高级宴会——宴会是为一个国际会议举办的，不是为他的生日。为庆祝生日，惠勒在他的椅子后挂了串鞭炮，引得邻座大乱。

276

卡片7.1

为喜欢代数的读者解释微扰方法

在代数学里，我们学过用下面的公式计算两个数 a 和 b 的和的平方：

$$(a+b)^2=a^2+2ab+b^2$$

假定 a 是一个大数，例如 1 000，而相比之下 b 很小，例如是 3，那么公式中的第 3 项 b^2 比起其余两项来是非常小的，因而可以舍去而不会产生多大误差：

$$(1\,000+3)^2=1\,000^2+2\times1\,000\times3+3^2=1\,006\,009\approx1\,000^2+2\times1\,000\times3$$
$$=1\,006\,000$$

微扰方法就以这种近似为基础。$a=1\,000$ 就相当于一个完全球状的恒星，$b=3$ 像恒星上的小山，而 $(a+b)^2$ 就是恒星和小山共同产生的时空曲率。计算曲率时，微扰法只保留山的特性的线性效应（如效应 $2ab=6\,000$，在 $b=3$ 时是线性的）；这些方法抛弃了山的所有其他影响（如 $b^2=9$ 的影响）。只要山比恒星小得多，微扰法是高度精确的。不过，假如山长得与恒星一样大（为了使恒星变成方的，就需要这样的山），那么微扰法将产生严重的误差——就像在上面的公式里 $a=1\,000$ 而 $b=1\,000$：

$$(1\,000+1\,000)^2=1\,000^2+2\times1\,000\times1\,000+1\,000^2=4\,000\,000$$
$$\approx1\,000^2+2\times1\,000\times1\,000=3\,000\,000$$

两个结果大不相同。

金兹堡、多罗什克维奇、诺维科夫和泽尔多维奇提出无毛猜想，并为它收集证据，是在1964～1965年的冬天。广义相对论专家每3年都要在世界的某个地方团聚一次，开一个星期的会，交流思想和研究结果。第4次这样的会议6月在伦敦举行。

泽尔多维奇的队员从没有走出社会主义国家的圈子，他自己当然更不行了，他刚离开核武器研究没多久。不过，诺维科夫还年轻，没进氢弹计划，他的广义相对论修养在队里是最好的（这也是泽尔多维奇招他进来的主要原因），现在成了队长（泽尔多维奇是教练），而且，他的英语虽远未精通，但也还过得去。会议当然应该选他去参加。

这是东西关系良好的时期。自斯大林12年前去世以来，苏联科学家与西方同行之间的通讯往来和相互访问逐渐在恢复。自然，现在每 278 个重要的国际会议，苏联都会派一个小规模的科学家代表团参加，它的重要不仅在于保持苏联的科学力量，也是为了向西方科学家证明苏联的力量。自沙皇时代起，俄罗斯的官僚们在西方人面前就很自卑，现在他们可以在西方公众面前因为祖国的成就而骄傲地昂起头来。这对他们来说才是更重要的。

这样，泽尔多维奇很容易地说服了当权者让他年轻的同事诺维科夫参加苏联代表团，他已经从伦敦为他争到了一个在相对论会议上作大会报告的邀请。诺维科夫有许多激动人心的事情要报告，他将深刻地体现苏联物理学的力量。

在伦敦，诺维科夫向全世界的300名杰出的相对论物理学家作了一个小时的演说，精彩极了。关于山星引力坍缩的结果只是演说的一部分，其余部分对我们认识相对论引力、中子星、星体坍缩、黑洞、类星体本质、引力辐射以及宇宙起源，是同样重要的贡献。我坐在下面听着，被泽尔多维奇小组研究的广泛和力量惊呆了。我从没见过这样的事情。[8]

诺维科夫讲完后，我同大家热烈地围着他，我发现我的俄语比他的英语还好一点儿，太令我高兴了，我成了讨论的翻译。人散后，诺维科夫和我一起出来，接着讨论。这样，我又多了一个好朋友。

我和大家都不可能在伦敦完全消化泽尔多维奇小组关于"黑洞无毛"的分析。细节太复杂了，我们在等着有人来为这项研究写篇文章，把那些细节认真地写出来。

1965年，用俄文写的东西传到了普林斯顿。[9] 我又庆幸自己曾在大学时费了好多讨厌的时间学俄语。文章分析包括两部分。第一部分，
279 显然是多罗什克维奇和诺维科夫的工作，从数学上证明了有小山隆起的静态恒星越来越紧密时，只能产生两种结果。要么生成一个包围自己的黑洞，要么产生巨大的时空曲率。由于在恒星接近临界周长时山的影响不再是"小扰动"了，这时微扰的计算方法无效，坍缩的结果也就无从知道了。第二部分我很快知道是"泽尔多维奇式"的论证：如果山原先很小，那么从直觉看，它显然不可能在恒星接近临界周长时产生巨大的时空曲率。我们必须抛弃这种可能性。另一种可能性一定是真的：恒星必然生成一个完全球形的黑洞。

在泽尔多维奇从直觉看来是显然的事情（最终也将证明是对的），对多数西方物理学家来说则远不是显然的。于是，争论卷进来了。

一个有争议的研究结果有很大的吸引力，就像野炊吸引蚂蚁那样。于是，泽尔多维奇小组的无毛证据把物理学家吸引过来了，先是一个一个的，然后是一群一群的。

第一个是伊斯雷尔，他生在柏林，长在南非，在爱尔兰学相对论，现在想在加拿大埃德蒙特发起一个相对论研究小组。伊斯雷尔用绝妙的数学技巧改进了那篇苏联论文的第一部分，即多罗什克维奇和诺维科夫研究的部分：他不仅像苏联人那样考虑了小山的情况，还考虑了任意形状和大小的山。事实上，他的计算对任何坍缩都是正确的，即使恒星是非球形的，甚至是方形的，而且计算还允许坍缩是动态的，而不仅是理想化的静态的恒星序列。伊斯雷尔的结论同样令人瞩目，它类似于多罗什克维奇和诺维科夫的结论，但要强得多："一个高度非球形的坍缩只能有两个结果：要么根本不产生黑洞，要么产生完全球形的黑洞。"不过，要让这个结论正确，坍缩体必须具有两个特殊性质：它必须不带一点电荷，必须一点也不旋转。在下面我们会明白这是为什么。[10]

伊斯雷尔第一次提出他的分析和结果是1967年2月8日在伦敦国王学院的一个演讲中。演讲很难理解，但剑桥的席艾玛却急着让学生到伦敦来听。他的学生埃利斯（George Ellis）后来回忆说，"那是一个非常非常有趣的演讲。伊斯雷尔证明了一个完全在无意中出现的定理，谁也没有想到过它，谁也没有做过这样的事情。"在伊斯雷尔快讲完的时候，米斯纳（曾是惠勒的学生）站起来提出一个猜想：如果坍缩的恒星要旋转、有电荷，会发生什么事情呢？大概也只有两种可能：或者根本没有黑洞，或者生成一个完全由坍缩星体的质量、自旋和电荷决定的具有惟一形式的黑洞。最终证明这个答案是对的，不过要等到泽尔多维奇的直觉经过检验以后。

你大概记得，泽尔多维奇、多罗什克维奇和诺维科夫曾研究过变形不大的恒星，也就是有小山隆起的近球状恒星。他们的分析和泽尔多维奇的论断引出了太多的问题。

如果坍缩恒星的表面有小山，那么坍缩的结果是什么？是山在恒星接近临界周长时产生巨大的时空曲率呢（泽尔多维奇凭直觉否决了这个结果）？还是山的影响消失而留下一个完全球形的黑洞（泽尔多维奇喜欢这个结果）？另外，如果完全球形的黑洞形成了，它用什么办法使自己摆脱山的引力影响呢？什么使黑洞成为球形的？

作为惠勒的学生，我考虑过这些问题。不过，我没有把它们作为对我的挑战，而是让我自己的学生来迎接这个挑战。那是在1968年，我在普林斯顿读完了博士又回到了母校加州理工学院，先是博士后，现在是教授了。我也学着惠勒在普林斯顿那样开始在我周围组织自己的学生队伍。

来自布鲁克林的普赖斯（Richard Price）是一个200磅重的健壮小伙子，留着粗胡须，系着黑色的空手道绸带。他跟我做过几个小项目的研究，包括运用微扰论的数学方法解决那些问题。现在他成熟了，能够承担更具挑战性的项目。泽尔多维奇的直觉的检验似乎是很理想的，但那只是一种情况。那是个热点，别的人在别的地方正在跟它斗，蚂蚁正一群群地向着野炊进攻。普赖斯得赶快去。

可惜他来晚了，别人赶到前头去了。他是第三个得到答案的，跟 [281]在诺维科夫和伊斯雷尔后面，[11] 但他来得更坚决，更彻底，也更有远见。

普赖斯的远见经史密斯（Jack Smith）的笔而不朽了。史密斯是《洛杉矶时报》一个幽默的专栏作家，在1970年8月27日的《时报》上，他讲述了前一天访问加州理工学院的情景："在教工俱乐部吃过午饭后，我独自在校园里转。我能感觉飘在空气中的深刻思想，即使在夏天，它也在吹动着橄榄树枝。我向一扇窗户看去，黑板上盖满了方程，像路上厚厚的落叶。还有三个英文句子：普赖斯的定理：能被辐射者被辐射。舒茨的观察：被辐射者能被辐射，是能被辐射者当且仅当是被辐射者。我走过窗户，好奇地想今年秋天当一年级女大学生第一次走进校园时，会给加州理工带来什么样的影响？我想，他们是不会有一点儿害羞的罢……我隐约感到，他们总会辐射出光芒的。

这段话需要一点解释。"舒茨的观察"是玩笑，而普赖斯的定理，"能被辐射者被辐射"，是彭罗斯1969年一个猜想的严格证明。

我们用山星的坍缩来说明普赖斯的定理。图7.4示意了这种坍缩。左图是第6章图6.7引进的那类时空图；右图是恒星和视界的形状在不同时刻的快照序列，最早时刻在下，最晚时刻在上。

282

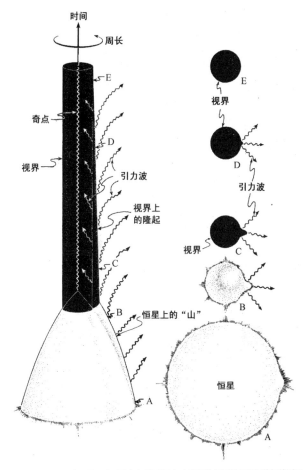

图7.4 时空图（左）和快照序列（右），说明了有山隆起的恒星形成黑洞的坍缩过程

　　恒星坍缩时（图7.4的下面两幅快照），山越长越大，对恒星的时空曲率产生越来越强的山形扰动。然后，当恒星进入临界周长内，生成包围自己的黑洞视界时（中间那幅快照），扰动的时空曲率使视界发生形变，产生一个山形隆起。不过，这个视界的隆起坚持不了多久。

产生它的星体的山这时已经沉没在黑洞以内了，所以视界不会再受它
的影响，也就不再有来自山的力量使它能保持隆起。视界只能靠一种方
法让隆起消失：将隆起转化为在所有方向向外传播的时空曲率的波澜
（引力波——见第10章）（上面两幅快照）。有些波会落进黑洞，其余
的会飞向周围的宇宙，而它们离开后，留下的就是一个完全球形的黑洞。

　　我们都熟悉拨动小提琴弦。只要手指将弦拉住，它就保持变形 283
的状态；类似地，只要山突出在黑洞外，它就会令新生成的视界变形。
当我们的手指离开琴弦，弦会振动，向外发出声波；声波带走琴弦变
形的能量，弦回到原来的直线状态。同样，当山沉入黑洞，不能再使
视界变形，黑洞振动，发出引力；波带走视界的变形能量，黑洞处
于理想的球形。

　　这个有山的坍缩与普赖斯的定理有什么关系呢？根据物理学定
律，视界上的山形隆起能够转化为引力辐射（曲率的波动）。而普赖
斯定理告诉我们，隆起一定会转化为引力辐射，这种辐射一定会将隆
起完全带走。这就是黑洞无毛的机制。

　　普赖斯定理不仅告诉我们变形的黑洞如何失去变形，还告诉我
们磁化的黑洞如何失去磁场（图7.5）。[这种情况的机制在普赖斯定
理以前就由伊斯雷尔和他的两个加拿大学生德拉克鲁兹（Vicente de 284
la Cruz）和切斯（Ted Chase）通过计算机模拟弄清楚了。[12]] 磁化黑
洞是磁化恒星坍缩后生成的。在视界吞食坍缩的恒星前，磁场被严格
约束在恒星内部，那儿的电流使它不能逃逸。恒星被视界吞没后 [图
7.5（b）]，磁场不能再受恒星电流影响，也就不再受它的约束。现在，

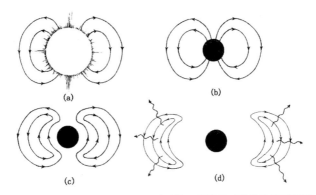

图7.5 磁化恒星（a）坍缩形成黑洞（b）的一系列快照。黑洞先从恒星得到磁场，但没有能力将它保留下来。磁场从黑洞逃走（c），转化为电磁辐射，散开了（d）

它不仅可以穿过恒星，还可以穿过视界，视界是留不住它的。物理学定律允许场转化为电磁辐射（电力和磁力的波动），而普赖斯定理正好要求它那么做 [图7.5（c）]。电磁辐射散开了，一部分落回黑洞，其余部分离它远去，留下一个没有磁化的洞 [图7.5（d）]。[13]

如果真像我们看到的那样，山因辐射消失，磁场因辐射而散尽，那么还能留下什么呢？什么不能转化为辐射呢？答案很简单：在物理学定律中有一类特殊的守恒律，它们肯定了某些量不可能以辐射方式振动，因此不可能转化为辐射而从黑洞附近消失。这些守恒的量是，由黑洞质量产生的引力作用，黑洞旋转产生的空间旋涡（下面讨论）和黑洞电荷产生的辐射状电力线，也就是指向洞外的电场（下面讨论）。[1]

1.80年代末，我们发现量子力学定律能引出另外的与"量子场"（将在12章讨论的一类场）相联系的守恒量；由于像黑洞的质量、自旋和电荷这样的量不能被辐射，它们将在黑洞诞生时作为"量子毛"而保留下来。虽然量子毛可能会强烈影响一个在蒸发的微观黑洞（第12章）的最终命运，但它不会对本章和以下几章的宏观黑洞（比太阳重的黑洞）产生什么影响，因为量子力学在宏观尺度上一般是不重要的。

这样，根据普赖斯定理，在所有辐射散尽以后还能留下的，就只有黑洞的质量、自旋和电荷的影响。黑洞的其他一切特征都被辐射带走了。这意味着谁也不能靠测量黑洞最后的那些性质来揭示坍缩成这个黑洞的恒星的特征，当然，恒星的质量、自旋和电荷例外。甚至［根据惠勒的两个学生哈特尔（James Hartle）和贝肯斯坦（Jacob Bekenstein）的计算］谁也不能根据黑洞的性质来判别形成它的恒星的构成是物质的还是反物质的，是质子的还是电子的，或者是中子的还是反中子的。借惠勒的话，更准确地说，黑洞几乎无毛，它仅有的毛是质量、自旋和电荷。 285

最后严格证明黑洞无毛（除了质量、自旋和电荷）的并不是普赖斯。普赖斯的分析严格限制在非常接近于球形而且旋转（即使有的话）非常缓慢的恒星的坍缩，他用的微扰法需要这些限制。为认识高度变形、快速旋转的坍缩恒星，需要完全不同于微扰方法的数学工具。

席艾玛在剑桥的学生掌握着需要的工具，但是太难了，难极了。为了用这些工具完全严格地证明黑洞无毛 —— 即使在黑洞快速旋转而且因旋转而强烈变形的情况下，它的最终性质（在所有辐射散尽以后）由质量、自旋和电荷惟一确定，席艾玛的学生们用了15年的时间。证明的大部分成绩归功于席艾玛的两个学生，卡特尔（Brandon Carter）和霍金，也归功于伊斯雷尔；但罗宾逊（David Robinson）、邦庭（Gray Bunting）和玛泽尔（Pavel Mazur）也有过重要贡献。[14]

　　在第 3 章，我评说过我们真实宇宙的物理学定律与怀特的史诗性
小说《过去和未来的国王》里蚂蚁社会的物理学定律之间的巨大差别。
怀特的蚂蚁信奉"凡不被禁止的事情都是必然的"，但物理学定律大
大地违背了这句箴言。许多物理学定律允许的事情实际上可能性很小
而从来没有发生过。普赖斯定理则是一个显著的例外，在物理学中我
还很少遇到这种情形，蚂蚁的箴言实现了：假如物理学定律并不禁止
黑洞以辐射排出些东西，那么辐射也就是必然的了。

　　黑洞最后的"无毛"状态，同样具有异乎寻常的意义。正常情况
下，物理学家为了认识我们周围复杂的宇宙，常建立一些简化的理论
或计算模型。为认识天气，大气物理学家建立了地球大气环流的计算
模型；为认识地震，地球物理学家建立了滑动岩体的简单理论模
型；为认识恒星坍缩，奥本海默和斯尼德在 1939 年建立了一个简化的
理论模型：一团完全均匀的、没有压力的球形坍缩的物质云。我们在
建立这些模型时，完全知道它们的局限，它们不过是"真实"宇宙中
"在那儿"表现出的大量复杂性的一些苍白的图画。

286

　　对黑洞来说 —— 或者，至少当辐射散尽，带走了所有的"毛"时，
情况就不同了。这时，黑洞简单极了，我们可以用简单精确的数学公
式来描述它，根本用不着什么理想化。在宏观世界（也就是在大于亚
原子粒子的尺度上）的任何其他地方，都不会是这样的。在其他任何
地方我们的数学也不会如此精确；在其他任何地方，我们也不可能从
理想化模型的局限中解脱出来。

　　为什么黑洞与宏观宇宙中的其他物体有那么大的不同？为什么

它们（而且只有它们）会如此简单？假如我知道答案，它可能会告诉我关于物理学本质的一些更深刻的东西。可是我不知道。也许下一代物理学家会找到它。

黑洞旋转与脉动

无毛黑洞的性质是什么？广义相对论的数学对哪些性质能有那么好的描述？

如果黑洞是理想化的，绝对没有电荷和自旋，那么它正好就是我们在前些章遇到的球形黑洞，在数学上，由史瓦西1916年的爱因斯坦场方程的解来描述（第3章、第6章）。

如果电荷落进黑洞，那么黑洞获得一个新的特征：像刺猬一样辐射状向外竖立的电力线。电荷如果是正的，这些力线将从洞中把质子挤出来而吸引电子；如果是负的，力线会排斥电子而吸引质子。这类带电黑洞在数学上精确地由德国物理学家雷斯纳（Hans Reisner）和荷兰物理学家诺德斯特勒姆（Gunnar Nordström）分别在1916和1918年得到爱因斯坦场方程的解描述。但是，以前没人能理解雷斯纳和诺德斯特勒姆解的物理学意义。到1960年，惠勒的两个学生，格雷弗斯（John Graves）和布雷尔（Pieter Brill）才发现它描述了带电的黑洞。[15]

287

卡片7.2

苏联和西方的科学组织：对比与结果

　　在我和我年轻的物理学同事们努力发展环猜想，证明黑洞无毛和发现它们如何失去毛时，我们也看到，物理学的组织在苏联与在英国和美国有多么大的不同，这些差别又产生了多么深远的影响。我们的认识可能有益于某些未来计划，特别是在苏联，那儿的一切国家机构——不仅政府的和经济的，也包括科学的——现在（1993年）都正照着西方的路线重新组织。西方模式并不是完美的，而苏联的体制也不一味是坏的！

　　在美国和英国，不断有能干的年轻人从惠勒或席艾玛那样的研究小组中走出来。本科生可以在最后一年加入这类小组，但以后还要去读研究生。研究生可以参加3~5年，然后到另一处去读博士后。博士后两三年后要独自到另一个地方去组织自己的研究小组（如我在加州理工学院），或者加入别的研究小组。在英国和美国，不论谁有多能干，他几乎都不可能老是待在导师身边。

　　在苏联情形就不同了。突出的年轻物理学家（像诺维科夫）通常跟在老师身边一二十年，有的甚至三四十年。像泽尔多维奇和朗道那样的苏联大家都在科学院的研究所工作，不在大学里，教学负担很轻，有的还没有课。为了留下以前的优秀学生，他们会组织一个永久性的研究队伍，这样的队伍团结紧密，力量强大，有的可能会坚持到导师科学生涯的终点。

我的一些苏联朋友将这种差异归结为英美体制的失败：几乎所有英美大物理学家都在大学，那里通常是研究促进教学，而要建立一支强大持久的研究队伍却缺乏足够的固定职位。结果，在英国或美国都没有产生过一个像30年代到50年代的朗道小组和60年代到70年代的泽尔多维奇小组那样的理论物理学研究群体。在这个意义上，西方是没有希望同苏联竞争的。

我的一些美国朋友说这种差异是因为苏联体制失败了：在苏联，从逻辑上讲很难从一个研究所迁到另一个研究所，从一座城市迁到另一座城市，所以年轻的物理学家们只好留在老师身边；他们没有机会出去创立自己的独立研究小组。结果，批评者认为这是一种封建体制。老师像主人，而队员是他的奴隶，大部分生涯都卖给了他。主人与奴隶以复杂的方式相互依存，但谁是主人却容不得商量。如果主人是泽尔多维奇或朗道那样的大师，那么这个主人和奴隶的团队可能会产生丰硕成果。如果主人是一个独裁者而又没多大本事（通常都是这种情况），结果就惨了：糟蹋了人才。

在苏联体制下，每一个像泽尔多维奇那样的大师都只有一个研究队伍，尽管强有力，但还是不能与西方相比。不同的是，在美国或英国，像惠勒和席艾玛那样的大师会组织许多较弱小的研究队伍，分散在不同的领域，而最终都将对物理学产生重大影响。英美的导师们有源源不断的年轻人，帮助他们保持活跃的思想和头脑。苏联导师们难得重新开始，那时他们只好斩断与过去队伍的联系，可能会造成巨大的伤害。

实际上，泽尔多维奇就经历过这种事情：1961年，他开始建立他的天体物理学小组；到1964年，它成为全世界最优秀的理论天体物理学小组；后来，在1978年，黄金年代刚刚过去，这个小组就痛苦地分裂了，几乎每个组员都各奔前程，而泽尔多维奇要另走一条路，虽然在心理上也受到伤害，但他摆脱了障碍，可以自由地另辟新天地了。悲哀的是，他的重建不会成功。他不可能再有像从前他在诺维科夫协助下所带领的那么一群能干有力的队员团结在身边了。但诺维科夫现在独立了，在80年代，他成了一个重建的研究队伍的天才领导者。

我们可以用嵌入图（图7.6左）来示意带电黑洞周围的空间曲率和黑洞的电力线。这幅图与图3.4的右下图基本相同，不过恒星没有了（图3.4的黑色部分），因为它在黑洞内部而不再和外部宇宙有联系。
289 更严格地说，本图表现了黑洞外嵌在平直三维超曲面中的赤道"平面"—— 黑洞空间的一个二维碎片。（这个图的意义，请看图3.3和相关正文的讨论。）赤道"平面"是从黑洞视界切下来的，所以我们只能看到黑洞的外头，而看不到里面。视界实际上是一个球面，因为我们只看它的赤道，它在图中看起来就像一个圆。图表现了辐射状指向洞外的电力线。假如从上往下看（图7.6右），我们看不到空间曲率，但确实能把电力线看得更清楚。

自旋对黑洞的影响，到60年代后期才为人们所认识，主要来自

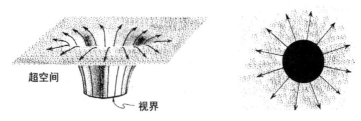

图7.6 从带电黑洞视界发出的电力线。
左：嵌入图；右：俯视嵌入图

席艾玛在剑桥大学的一个学生，卡特尔。

左：R. 克尔，约1975年。右：1972年6月B. 卡特尔在法国阿尔卑斯山下的暑期
讲习班上讲课。[左，R. 克尔提供；右，K. 索恩摄。]

卡特尔1964年秋参加席艾玛的小组时，席艾玛很快为他提出了第一个研究问题，建议他研究真实旋转恒星的坍缩。席艾玛解释说，以前关于坍缩的所有计算都是针对理想化的非旋转恒星的，现在对付旋转效应的工具和时机看来都成熟了。一个叫克尔（Roy Kerr）的新西兰数学家刚发表了一篇文章，给出了描述旋转恒星外的时空曲率的爱因斯坦场方程的解。[16] 席艾玛解释说，这是从来没人发现过的第

290 一个关于旋转恒星的解，但不幸的是，它是一个非常特殊的解，当然不能描述所有的旋转恒星。旋转的恒星有许多"毛"（许多性质，如复杂的形状和气体的复杂运动），而克尔的解几乎没多少"毛"：时空曲率的形状很光滑，很简单，简单地对应于典型的旋转恒星。不管怎么说，克尔的爱因斯坦场方程解总还是一个起点。

很少有研究问题像这样立刻就有了收获：一年内，卡特尔就从数学上证明克尔解描述的不是旋转的恒星，而是旋转的黑洞。[伦敦的彭罗斯、利物浦的波耶（Robert Boyer）以及林凯斯特（Richard Linquist）——过去是惠勒的学生，现在在康涅狄格米德尔顿的卫斯理大学——都独立发现了这一点。][17] 到 70 年代中期，卡特尔和其他人又继续证明了，克尔解不仅描述了一类特殊的旋转黑洞，而且描述了所有可能存在的旋转黑洞。[18]

旋转黑洞的物理性质充实在克尔解的数学中，卡特尔通过认识数学而发现了那些性质应该是什么。[19] 最有趣的是黑洞在它周围时空产生的龙卷风似的旋涡。

291

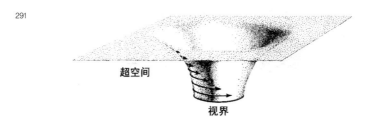

图7.7 黑洞旋转在空间产生的"龙卷风旋涡"的嵌入图

旋涡如图7.7的嵌入图，喇叭形的曲面是嵌在三维平直超曲面内的黑洞的赤道面（黑洞空间的一个二维碎片）。黑洞的旋转抓住它周围的空间（喇叭曲面）像龙卷风一样跟着它旋转，速度与图中箭头的长度成正比。在远离龙卷风中心，空气旋转慢；同样，在远离黑洞视界，空间旋转慢。在龙卷风中心附近，空气旋转快；同样，在黑洞视界附近，空间旋转快。在视界处，空间紧紧附在视界面上，以完全相同的速度跟它旋转。

空间的旋涡对落进黑洞的粒子的运动必然会产生影响。图7.8表现了两个这样的粒子径迹，图是在洞外静止观察者的参照系中看到的 —— 也就是说观察者不落向视界进入黑洞。

第一个粒子［图7.8（a）］下落很慢。如果黑洞不旋转，粒子将像坍缩恒星的表面那样，先是越来越快地呈辐射状向内运动，然后，在洞外的静止观察者看来，它将减慢下落速度，正好在视界上冻结（回想一下第6章的"冻星"）。黑洞的旋转以非常简单的方式改变了这种情况：旋转在空间产生旋涡，空间旋涡带着靠近视界的粒子跟它一起旋转。于是，粒子被冻结在旋转的视界上，而在外面的静止观察者看来，它在绕着视界永不停息地旋转着。（同样，当旋转的恒星坍缩成旋转的黑洞时，外面的静止观察者会看到恒星表面被"冻结"在旋转的视界上，永不停息地绕着它转。）

虽然外面的观察者看到图7.8（a）的粒子冻结在旋转的视界上并永远留在那儿，但从粒子角度看，情况就大不一样了。当粒子接近视界时，由于引力的时间膨胀作用，粒子的时间与外面静止参照系的时间相比越来越慢。外面无限长的时间过去了，粒子却只经历了有限的

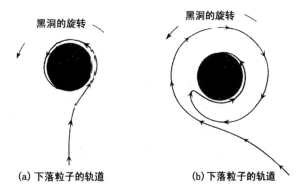

图7.8 落向黑洞的两个粒子在空间的轨道（轨道是在远处的静止参照系中观测的）。尽管两个粒子的初始速度不同，但都被卷入空间旋涡，在靠近视界时随黑洞同步旋转

很短的时间。在那个有限的时间里，粒子达到了黑洞的视界，在接下来的瞬间里，粒子将完全陷入视界，落进黑洞中心。下落粒子自己的经历与外面观察者看到的过程之间的这么巨大的差异，我们已经在恒星坍缩中遇到过了：从恒星表面看到的星体坍缩（快速陷入视界）与外面观察者看到的坍缩（坍缩冻结，见第6章最后部分）也是这样大不相同的。

第二个粒子［图7.8（b）］是沿与黑洞旋转方向相反的螺旋轨道落下去的，但当它越来越靠近视界时，还是会被卷进空间旋涡，改变螺旋方向，在外面观测者看来，它也会像第一个粒子那样，被迫跟着视界旋转。

黑洞的旋转除了在空间产生旋涡，还会使视界产生变形，就像地球自转使地球表面产生变形一样。离心力会将旋转的地球赤道相对于

我们已经看到电荷产生指向黑洞视界外的辐射状电力线，旋转在黑洞周围空间产生旋涡，使黑洞形状发生扭曲，在旋涡中贮藏能量，那么，如果黑洞既有电荷又有自旋，会发生什么呢？不幸的是，答案没多大意思，什么新东西也没有。黑洞电荷产生通常的电力线，自旋产生通常的空间旋涡，贮藏旋转能量，使视界赤道以通常方式隆起。惟一新奇的事情是，空间旋涡在流过电场时会产生一些没多少意义的磁力线。（这些力线不是黑洞的新"毛"，不过是旧的标准形式的毛的相互作用的一个表现：自旋产生的旋涡与电荷产生的电场之间的相互作用。）旋转的带电黑洞的一切性质都体现在1965年得到的爱因斯坦场方程的一个精妙的解中，得到这个解的是皮兹堡大学的纽曼（Ted Newman）和他的一群学生：科赫（Eugcne Couch）、金纳帕尔（K. Chinnapared）、埃克顿（Albert Exton）和托伦斯（Roberlt Torrence）。[22]

黑洞不仅能旋转，还会脉动。不过，脉动是旋转发现近10年后才在数学上发现的，发现途中曾遇到过一块巨大的拦路石。

惠勒的学生们"观察"了3年（1969～1971）的黑洞脉动，却不知道在看什么。这些学生有普赖斯（我的学生，也就是惠勒的徒孙）、维什维西娃拉（C. Y. Vishveshwara）和埃德尔斯坦（Lester Edelstein，马里兰大学米斯纳的学生，也是惠勒的徒孙），以及泽雷里（Frank Zerilli，惠勒自己在普林斯顿的学生）。他们借助计算机模拟和纸上计算观察黑洞的脉动。他们认为自己看到的是引力波（时空曲率的波动），在黑洞附近反弹，又被黑洞自身的时空曲率捕获，但捕获不彻底，波动慢慢地从黑洞附近漏出来，然后飞散。这个想法不错，但没什么意思。

295

1971年秋，我的小组里的新研究生普雷斯意识到，时空曲率波动在黑洞附近的回弹可以想象为黑洞自身的脉动。毕竟，从视界以外看，黑洞除了时空曲率外什么也没有。所以，曲率的波动也只能是黑洞曲率的脉动，从而也就是黑洞本身的脉动。[23]

这一观点的改变产生了巨大影响。如果认为黑洞能够脉动，我们自然要问，它们与铃铛的脉动（"响铃"）或恒星的脉动有哪些相似？在普雷斯以前，没人问过这类问题；以后，这些问题就很显然了。

铃和星都有一个脉动的自然频率。（铃的自然频率产生纯粹的铃响音调。）那么，黑洞也有类似的自然脉动频率吗？是的，普雷斯通过计算机模拟发现了。这个发现激发了钱德拉塞卡和德维勒（Steven Detweiler，惠勒的学生的学生）开始对所有黑洞的自然脉动频率进行编目，在第10章，我们会回来谈这些频率，也就是黑洞的"铃声"。

快速转动的车轮稍微偏离正轨时，会产生振动，振动从旋转获得能量，越来越强烈。实际上，振动可以达到非常强烈的地步，在极端情况下，甚至可以使车轮脱离汽车。物理学家说"车轮振动是不稳定的"。普雷斯知道这一点，也知道旋转恒星有类似的现象。所以当他发现黑洞会脉动时，自然要问，"假如黑洞旋转很快，它的脉动会稳定吗？它们会从黑洞的旋转中获取能量，然后用这些能量来加强脉动吗？脉动会强烈到撕裂黑洞的地步吗？"钱德拉塞卡（那时对黑洞研究还不够深入）认为会的，我想不会。1971年11月，我们打了个赌。

判决输赢的工具那时还不存在。需要什么工具呢？由于脉动刚开

　　因为普雷斯和特奥科尔斯基的结论关键靠的是计算机计算，钱德拉塞卡不满意，不承认打赌输了。只有直接通过公式做出了完整的证明，他才会完全信服。15年后，霍金以前的博士后怀庭（Bernard Whiting，也就是席艾玛的徒孙）给出了这样的证明，钱德拉塞卡认输了。[1]

　　钱德拉塞卡比我更喜欢完美。在完美主义者的名单上，他和泽尔多维奇各占一端。1975年，当黄金年代的年轻人宣布黄金年代结束了，所有的人都离开黑洞研究时，钱德拉塞卡很苦恼。这些年轻人掌握的 299 特奥科尔斯基的微扰法足以证明黑洞可能是稳定的，但他们没有为这些方法带来恰当的形式，让其他物理学家能够自行计算任何可能的黑洞扰动的所有细节——如脉动，来自下落中子星的引力波，黑洞炸弹或其他。他们的半途而废令人心痛。

　　于是，1975年，65岁的钱德拉塞卡把卓越的数学才能都用到了特奥科尔斯基的方程上。凭着用不完的精力和深刻的洞察，他穿过缤纷的数学丛林，将采撷的花朵织成一幅"洛可可式"的图画：[2] "华丽，壮观，赏心悦目。"1983年，他在73岁时终于完成了使命，发表了题为《黑洞的数学理论》的著作——这是未来10年黑洞研究者的数学手册，他们能想到的任何黑洞微扰问题都能从这本手册中找到解决的办法。[27]

---

1. 钱德拉塞卡要为我订《花花公子》杂志，我那坚持男女平等的母亲和妹妹却令我感到惭愧，于是我要他为我订了《听众》。
2. rococo，原来的涵义是"贝壳形"，源自法语rocaille，也叫"路易十五式"，是法国路易十五时代（1715~1774）所崇尚的艺术，特征是具有纤细、轻巧、华丽和繁琐的装饰性。——译者注

第8章
寻找

在天空寻找黑洞的方法提出来了，

追寻了，

也（大概）成功了。

方法

想想你就是奥本海默。那是 1939 年，你刚让自己相信了大质量恒星在死后会形成黑洞（第5，6章）。那么，你会坐下来跟天文学家讨论在天空寻找黑洞存在证据的计划吗？不，完全不会。如果你是奥本海默，你的兴趣该在基础物理学上；你可能会把你的想法告诉天文学家，但你自己的注意力还在原子核 —— 因第二次世界大战的爆发，它很快会将你卷入原子弹的设计。天文学家呢？他们会相信你的思想吗？不，一点儿也不。在天文学界，除了"野人"茨维基在推行他的中子星（第5章）外，普遍都很保守，世界到处都在反对钱德拉塞卡的白矮星极大质量（第4章）。

星死后形成的，那么最近的黑洞不太可能比最近的大质量恒星（天狼星）更近，离地球8光年；而且，它几乎肯定不会比（离太阳）最近的恒星半人马座α更近，有4光年。 ³⁰³

在这么远的距离上，天文学家怎么可能探测黑洞呢？他是不是在天空寻找一个运动的暗天体就行了？这样的天体可能会遮住来自它背后恒星的光。不行。因为黑洞的周长大概是50千米，而距离至少是4光年，它的圆盘张成的角不会大于10^{-7}弧秒，这大概相当于从月亮看一根人的头发的直径，比世界上最好的望远镜所能分辨的东西还小1 000万倍。运动的暗天体太小了，是不可能看到的。

如果说黑洞运动到恒星前面，我们看不见它的黑盘，那么能不能看到黑洞引力像透镜那样将恒星放大呢（图8.2）？恒星可能先显得较暗，当黑洞运动到恒星和地球之间时它会亮起来，然后，黑洞走开了，它又暗下去，是这样吗？不，这样的寻找方法还是会失败。原因是，恒星和黑洞可能会围绕彼此旋转从而靠得很近，也可能分开一个典型的星际距离。如果靠得近，那么小黑洞就像放在帝国大厦89 ³⁰⁴层楼的窗台上的放大镜，然后，从几千米外来看它。当然，这个小小放大镜是没有能力放大一座大厦的；同样，黑洞对恒星的形状也不会产生什么影响。

如果恒星和黑洞像图8.2那样分得很远，但聚焦能力还是很强，可以将恒星亮度提高10～100倍。然而，星际距离总是巨大的，要地球-黑洞-恒星处在一条直线上，是极其难得的事情，不会有希望。而且，即使观察到了这样的透镜，从恒星到地球的光经过黑洞要经历

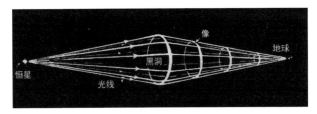

图8.2 从地球看，黑洞的引力作用像一个透镜，能改变恒星的外观大小和形状。图中的黑洞正好在恒星到地球的直线上，所以从恒星发出的光线将等量地从黑洞的上、下、前、后经过而到达地球。所有到地球的光线从恒星出发沿一个发散的锥体向外运动；经过黑洞后，光线发生弯曲，然后沿一个收敛的锥体到达地球。结果，在地球的天空上，恒星的像是一个细环，与没有黑洞时的像相比，它的表面积大得多，从而也亮得多。望远镜分辨不出这么小的环，但恒星的总亮度可以提高10～100倍，或更多

很长的距离（图8.2），在这么长的距离里可能会有一颗恒星处在黑洞的位置，起着透镜的作用。所以，地球上的天文学家不可能知道，透镜是一个黑洞，还是仅仅是一颗普通而暗淡的恒星。

　　泽尔多维奇在寻找观测黑洞的方法时，一定进行过像这样的一连串的推理。他最后得到一个有希望的方法（图8.3）：假设黑洞和恒星在围绕彼此的轨道上（形成双星系），天文学家在将望远镜对准这对双星时，只能看到来自恒星的光，黑洞是看不见的。不过，恒星的光将提供黑洞存在的证据：恒星在轨道上绕黑洞运动时，先朝着地球，然后离开地球。当它朝向我们时，多普勒效应将使星光向蓝色移动；当它远离我们时，光会红移。天文学家可以高精度地测量这些频移，因为星光经过摄谱仪（一种精巧的棱镜）时会显出尖锐的谱线，这种谱线的波长（颜色）的轻微移动都会清楚地表现出来。通过波长移动的测量，天文学家能推测恒星走近或离开地球的速度，通过测量频移随时间的变化，他们能推测恒星的速度如何随时间变化。速度变化的典型大小约在每秒10～100千米之间，测量的典型精度是0.1千米/秒。

接下来的几年里,天文学家几乎没有谁注意那5个黑洞候选者。我对天文学家的漠不关心感到很苦恼,于是在1968年,我请加州理工学院的天文学家特里姆布尔（Virginia Trimble）来帮我修订并扩充泽尔多维奇-古赛诺夫黑洞候选者名单。虽然特里姆布尔刚读完博士,但在天文学领域的专业知识已经很丰富了。她知道我们可能会遇到的所有问题——除上面说的,还有更多——她能准确地估价 307 它们。我们自己在双星目录中搜寻,用所有能找到的公开数据校核最有希望的双星,最后得到一张有8个黑洞候选者的名单。[4] 不幸的是,对这8种情况,特里姆布尔都能提出一个半推理的非黑洞的解释,说明这个伴星为什么那么黑。今天,四分之一世纪过去了,我们的候选者没有一个留下来的,现在看来,它们似乎没有一个是真正的黑洞。

泽尔多维奇在考虑寻找黑洞的双星方法时,知道那是一场赌博,没有一点儿赢的把握。幸运的是,他灵机一动,又有了第二个想法——那是1964年,纽约绮色佳康奈尔大学的天体物理学家萨尔皮特（Edwin Salpeter）也同时独立地发现了这个想法。[5]

假设一个黑洞穿过气体云——或者等价地说,在黑洞看来,气体云通过它（图8.4）,被引力加速到近光速的气流将在黑洞上下绕着它飞流,涌向黑洞的边缘。涌来的气体形成激波前沿（密度突然大增）,将气体的巨大能量转化为热,引起强烈辐射。于是,从结果看,黑洞的作用像一台机器,将一些下落气体的质量转化为热量,然后辐射。这台"机器"的效率可能很高,多高呢？泽尔多维奇和萨尔皮特 308 得到的结果是,比核燃料燃烧的效率还高。

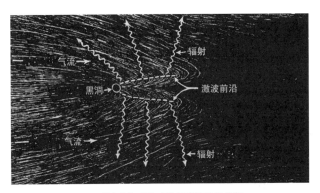

图8.4 萨尔皮特－泽尔多维奇寻找黑洞的建议

　　这个问题，泽尔多维奇和他的小组研究了两年，他们从不同角度来看它，想寻找一种办法让它更有希望。不过，这只是一个问题，没有引起多少注意；关于黑洞、中子星、超新星和宇宙起源，他们还有很多的想法。于是，1966年的某一天，在一场激烈争论中，泽尔多维奇和诺维科夫一起认识到，他们可以将双星思想与下落气体的思想联合起来（图8.5）。[6]

　　强大的气体（大多是氢和氦）风吹散部分恒星表面。（太阳也吹这类风，不过很弱。）假定黑洞和刮风的恒星在相互环绕的轨道上，黑洞将捕获一些气体，在激波前沿将它加热，使它产生辐射。泽尔多维奇在他莫斯科家里1米见方的黑板上同诺维科夫估算了被激气体的温度：几百万度。

　　这样高温的气体不会发出太多的可见光，而是发出紫外线。于是，泽尔多维奇和诺维科夫认识到，围绕着伴星的黑洞，有些（虽然不是大多数）可能会发出大量X射线。

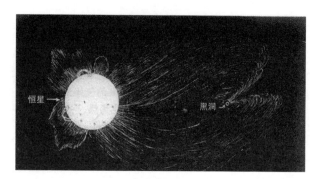

图8.5 泽尔多维奇和诺维科夫提出的黑洞找寻办法。黑洞引力捕获了那些将伴星表面吹散的风。风的气流从相对的方向包围黑洞，碰撞形成尖锐的激波前沿，气体在这儿被加热到几百万度，并发出X射线。光学望远镜可以看到绕着一个大质量的暗伴星的恒星，X射线望远镜能看到来自伴星的X射线

因此，为了找黑洞，可以将光学望远镜与X射线结合起来。黑洞候选者所在的双星，一个是光学的亮星，X射线的暗星；另一个应该是在光学上暗淡而在X射线上明亮的天体（黑洞）。由于中子星也能从伴星捕获气体，在激波前沿将它加热，产生X射线，所以确定光学暗淡而X射线明亮的天体的质量是决定性的，我们必须确信它比2个太阳重从而不会是中子星。

这样的寻找策略还有一个问题。1966年，X射线望远镜还太原始了。

寻

假如你是天文学家，X射线令你烦恼的地方在于，它们不能穿透地球大气（对人来说，这是好事，因为X射线会诱发癌症和变异）。

幸运的是，富于幻想的实验物理学家们在美国海军研究实验室（NRL）的弗里德曼（Herbert Friedman）领导下，从40年代就开始在为空间X射线天文学打基础了。第二次世界大战后不久，弗里德曼就和他的伙伴们用缴获的德国V-2火箭发送仪器研究太阳。弗里德曼描述过1946年6月28日的第一次飞行。他们在火箭头上装一台摄谱仪，探测太阳的远紫外辐射。（跟X射线一样，远紫外辐射也不能穿透地球大气。）经过短时间大气上空飞行，收集数据后，"火箭返回地球，头朝下，流线式地飞落下来，埋进一个直径约80英尺［24米］、深30英尺［9米］的大坑，挖了几个星期才挖出一堆难以识别的碎片，火箭仿佛在坠落时'蒸发'了。"[7]

从这个不幸的结局开始，弗里德曼等人凭他们的创造力、坚韧精神和努力工作，终于将紫外线和X射线天文学一步步建立起来了。1949年，弗里德曼和他的同事们用V-2火箭载盖革计数器上天探测来自太阳的X射线。50年代后期，他们的计数器搭上了美国造的高空探测火箭，不仅探测太阳辐射，也探测恒星辐射。不过，X射线是另一回事。太阳的X射线每秒钟落到计数器的数量是每平方厘米100万，所以探测太阳的X射线相对要容易一些。但是，据理论估计，最亮的X射线星也比太阳暗10亿倍，探测这么暗淡的一颗星，需要的探测仪应比弗里德曼1958年用的灵敏1000万倍，这个要求很高，但不是不可能。

到1962年，探测器提高了10 000倍，就等后来的1000倍了。这时，在弗里德曼的进展激发下，其他研究小组也来竞争了。其中，贾柯尼（Riccardo Giacconi）领导的一组将成为最有力的对手。

　　贾柯尼的成功，泽尔多维奇也可以说有特别的一份功劳。1961年，苏联令人意外地废除了苏美两国3年不搞核武器试验的协议，进行了一次人类最大威力的原子弹试验——就是泽尔多维奇和萨哈洛夫的小组在基地设计的那种原子弹（第6章）。美国恐慌了，也准备搞自己的新试验。这将是地球轨道飞船时代美国的第一次试验，也是第一次有可能在空间探测核爆炸放出的X射线、γ射线和高能粒子，这些观测对监测苏联未来的核试验是很重要的。不过，为了观测即将进行的一系列试验，美国还需要一个紧急计划。组织和领导这个计划落到了28岁的贾柯尼头上，他是美国科学与工程公司（一家在剑桥、麻省的私营公司）的实验物理学家，刚开始设计弗里德曼那样的X射线飞行探测器。美国空军为贾柯尼提供了他需要的经费，但时间很紧。在不到1年的时间里，他的6人X射线天文学小组壮大到了70人，他们设计、制造并试验了多种核武器爆炸探测仪，进行了24次火箭和6次卫星飞行，成功率达95%。这些经历将他的小组铸成了一支忠诚的、有奉献精神和熟练技能的队伍，他们武装好了自己，能同建立X射线天文学的所有竞争者战斗。

　　贾柯尼老练的小组在天文学迈出的第一步，是用弗里德曼式的[311]探测仪，像弗里德曼那样让它搭上探测火箭，寻找来自月球的X射线。1962年6月18日午夜前1分钟，火箭从新墨西哥州的白沙基地升空，然后落回地球。火箭在地球大气层外飞行了350秒，高度足以探测月球的X射线。发回地球的数据令人疑惑：X射线比预想的强得多。仔细检查这些数据，就更令人惊讶了。X射线似乎并不来自月球，而是来自天蝎座［图8.6（b）］。贾柯尼和他的伙伴［古尔斯基（Herbert Gursky）、鲍里尼（Frank Paolini）和罗西（Bruno Rossi）］用了两个月

左：H. 弗里德曼和火箭上的探测仪，1968年。右：R. 贾柯尼和自由号X射线探测仪，约1970年。[左，美国海军实验室提供；右，贾柯尼提供。]

的时间来寻找数据和仪器中的错误，但什么也没找到。然后，他们宣布了自己的发现：人类所探测的第一颗X射线星比理论天体物理学家所预言的亮5 000倍。[8] 10个月以后，弗里德曼的小组证实了这一发现。这颗星被命名为ScoX–1［天蝎座X–1，1代表"最亮"，X指"X射线源"，Sco即"天蝎座（Scorpius）"的缩写］。

理论家哪儿错了呢？他们怎么会把宇宙的X射线强度低估了5 000倍呢？原来，他们错误地假定，X射线天空的主要天体也就是我们已经熟悉了的光学天空中的天体 —— 如月球、行星和正常恒星，而它们实际上却是很弱的X射线源。不过，天蝎X–1和即将发现的其他X射线星并不是以前人们见过的那些天体，它们是中子星和黑洞，从正常伴星那儿捕获气体，然后将它们加热到很高的温度；至于加热方式，泽尔多维奇和诺维科夫很快会提出来（上面的图8.5）。然而，为了确认这的确就是所观测到的X射线星的本质，弗里德曼和贾柯尼那样的

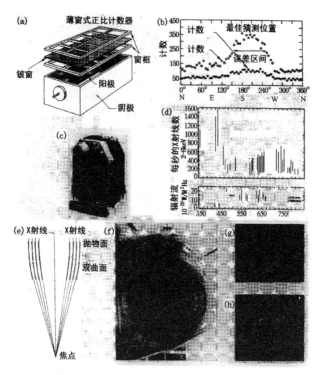

图8.6 从1962年到1978年,X射线天文学仪器的技术和结果的进步。(a)贾柯尼小组1962年用以发现第一颗X射线星的盖革计数器略图。(b)盖革计数器的数据,说明那颗星不在月球的位置。注意角分辨率太低(误差区间太大),达90°。(c) 1970年自由号X射线探测仪:盒内装有经过巨大改进的盖革计数器,计数器前有扇百叶窗,只有近垂直到达窗口的X射线才可能测到。(d)自由号测得的来自候选黑洞天鹅X-I的X射线。(e)和(f)是1978年爱因斯坦X射线望远镜的X射线聚焦镜头的示意图和照片。(g)、(h)是爱因斯坦望远镜拍摄的两个候选黑洞的照片:天鹅X-1和SS-433[贾柯尼私人照片和图片]

实验家与泽尔多维奇和诺维科夫那样的理论家还得并肩奋斗10年。

　　贾柯尼1962年用的探测器极简单[图8.6(a)],就是一个顶上有扇薄窗户的充电气室。X射线穿过窗户进入气室后,会从气体的原子中击出一些电子。这些电子被电场吸到一条线上,在那儿产生电流,这就意味着 X 射线来了。（这种气室有时被称为盖革计数器，有时又被称为正比计数器。）载着气室的火箭每秒钟自转两圈，箭头慢慢从上转到下，气室窗也跟着扫过大片天空，从一方指向另一方。当它指向天蝎座时，会记录到很多 X 射线；指向别处时，记录会很少。不过，X 射线可以从很多方向进入窗口，所以气室估计的天蝎 X-1 在天空的位置很不确定。它只能报告一个猜测的最佳位置。从它那 90°的误差区间可以想象，这个最佳的位置错到哪儿去了 [图 8.6（b）]。

为了确定天蝎 X-1 和其他很快发现的 X 射线星实际上就是双星系中的中子星和黑洞，误差区间（在天空中位置的不确定性）必须在几弧分以内，这个要求很高，将角精度提高了 1000 倍。

人们盼望更大的进步，在接下来的 16 年里，在几个小组（弗里德曼的、贾柯尼的和其他的）竞争中，一步步实现了。当一系列不断改进的探测器一个跟着一个装上火箭在天空飞过之后，1970 年 12 月，第一颗 X 射线探测卫星自由号也上天了 [图 8.6（c）]。贾柯尼小组制造的这颗自由号，装着一个充满气体的 X 射线计数器，比他们 1962 年装在火箭上的那个大 100 倍。气室的窗户有百叶帘式的板条，可以阻挡一些 X 射线，从而气室只能探测到从垂直方向和附近几度来的 X 射线 [图 8.6（d）]。自由号发现并编目了 339 颗 X 射线星，后来，美国、英国和荷兰科学家又制造了几颗类似的但更特殊的 X 射线卫星。到 1978 年，贾柯尼小组继自由号后又放飞了一颗大卫星，爱因斯坦号，这才是世界上第一个真正的 X 射线望远镜。因为 X 射线会穿透它直射在上面的物体，包括镜片，所以爱因斯坦望远镜用了一组安置好的镜片，X 射线将像雪橇在冰雪坡面上滑行那样溜过这些镜片 [图 8.6（e）]， （f）]，它们将X射线聚焦成天空中1弧秒大小的像 —— 像的精度与世界上最好的光学望远镜一样 [图8.6（g），（h）]。

从贾柯尼火箭到爱因斯坦望远镜经过的短短16年（1962～1978）时间里，角测量精度提高了300 000倍，在这个过程中，我们对宇宙的认识也发生了革命性的变化：X射线透露了中子星和可能的黑洞；通过X射线，我们发现了对流的热气体，星系就沐浴在巨大星系团的这种气体中；我们还看到了超新星残骸中的热气体，某些恒星冕（恒星外部的大气）里的热气体以及星系和类星体核中的超高能粒子。

在X射线探测器和X射线望远镜发现的几个黑洞候选者中，天鹅X-1（简写为Cyg X-1）是最可信的一个。1974年，它刚成为最可能的候选者后不久，霍金和我打了个赌，他赌它不是黑洞，我赌它是。

打赌10年后，我和卡洛丽（Carolee Winstein）结婚了，她为赌注感到很难堪（如果我赢了，我将得到《阁楼》（Penthouse）杂志；如果史蒂芬赢了，将得到《私家侦探》（Private Eye）杂志），我的姐妹和母亲也觉得讨厌。[1] 但她们用不着担心我会真赢得1年的《阁楼》（在80年代我是这么想的）；关于天鹅X-1的本质，我们认识的进步还很慢。到了1990年，在我看来，也只有95％的把握相信它是一个黑洞，这还不足以令史蒂芬认输，显然，他对证据有不同认识。后来，1990年[315]6月的一个晚上，我正在莫斯科与苏联同行工作时，史蒂芬带着家属、

1.《阁楼》杂志是与《花花公子》一样出名的美国男性杂志（它们都不是某些人所想象的那种"色情杂志"；在美国还有不少人说它们是教育性杂志呢），所以令作者一家的女性都不乐意。（上回作者与钱德拉塞卡赌赢了，也没敢要《花花公子》，读者大概还记得。）—— 译者注

Whereas Stephen Hawking has such a large investment in General Relativity and Black Holes and desires an insurance policy, and whereas Kip Thorne likes to live dangerously without an insurance policy,

Therefore be it resolved that Stephen Hawking bets 1 year's subscription to "Penthouse" as against Kip Thorne's wager of a 4-year subscription to "Private Eye", that Cygnus X 1 does not contain a black hole of mass above the Chandrasekhar limit.

Witnessed this tenth day of December 1974

右：史蒂芬·霍金和我为天鹅 X-I 是否是黑洞而立的赌约。左：1990 年 6 月，霍金在南加利福尼亚大学演讲，两小时后他就闯到我的办公室在赌约上签字认输了。[霍金照片由南加利福尼亚大学 Irene Fertik 提供。]

护士和朋友闯进我在加州理工学院的办公室，把赌约找出来，在上面签字画押，认输了，还印上一只大拇指印。[1]

天鹅 X-1 包含着黑洞的证据，也就是泽尔多维奇和诺维科夫提出黑洞找寻方法时想象的那种：天鹅 X-1 是由一颗"光线"明亮而 X 射线暗淡的恒星，围绕一颗 X 射线明亮而"光线"暗淡的伴星组成的双星系统，那颗伴星的质量肯定已经比中子星大得多，从而可能是一个黑洞。

天鹅 X-1 本性的证据却不是那么容易发现的，全世界数以百计的实验物理学家、理论天体物理学家和实测天文学家从 60 年代到 70 年

---

1. 照片上的赌约写的是："鉴于史蒂芬·霍金对广义相对论和黑洞素有研究且需要一份保险，而 K·索恩好冒险，不需要买保险，故以打赌定胜负。霍金以 1 年《阁楼》对索恩 4 年《私家侦探》，赌天鹅 X-1 不含质量大于钱德拉塞卡极限的黑洞。"下面是两人和证人签名，时间是 1974 年 12 月 10 日。霍金后来写的是："认输，1990 年 6 月"。——译者注

代团结协作，为它付出了大量的努力。

　　实验物理学家，如弗里德曼、鲍耶尔（Stuart Bowyer）、拜拉姆（Edward Byram）和查伯（Talbot Chubb），在1964年通过火箭飞行发现了天鹅X-1；塔南鲍姆（Harvey Tananbaum）、克罗格（Edwin Kellog）、古尔斯基、马雷（Stephan Marray）、施莱尔（Ethan Schrier）和贾柯尼，1971年用自由号将天鹅X-1的位置确定到2弧分的误差区间内（图8.7）；另外还有许多人，发现和研究了X射线和它的能量的剧烈而混乱的波动［涨落］——这些涨落，是人们希望黑洞周围的湍流热气体应该有的。 [316]

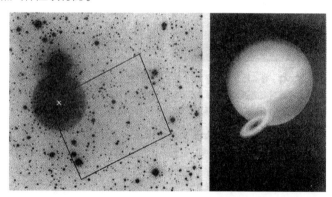

图8.7　Jerome Kristian 1971年用帕洛玛山的5米光学望远镜拍摄的一张照片负片。黑色矩形框是自由号在1971年确定的天鹅X-1位置的误差区间。白色X是射电望远镜观测到的无线电波爆发，与天鹅X-1的X射线的突然变化是一致的。X的位置正好是光学恒星HDE 226868，所以认定它是天鹅X-1的一颗伴星。1978年，爱因斯坦X射线望远镜证实了这一点，见图8.6g。右图是艺术家根据所有光学和X射线数据描绘的天鹅X-1和HDE 226868。［左：卡内基天文台Jerome Kristian博士摄；右：Victor J. Kelley绘，国家地理学会提供。］

　　投身进来的全世界的实测天文学家，如热尔曼（Robert Hjellming）、瓦德（Cam Wade）、布雷斯（Luc Braes）和米莱（George Miley），1971

年在自由号天鹅X-1的误差区间内发现了一次无线电波爆发，同时还伴随着自由号测得的天鹅X-1的X射线的巨大变化，于是，天鹅X-1的位置被确定到1弧秒内［图8.6（d）和8.7］；韦伯斯特（Louise Webster）、默丁（Paull Murdin）和波尔顿（Charles Bolton）用光学望远镜发现，在无线电波爆发处的一颗光学恒星，HDE 226868，绕着一颗大质量的光线暗淡而X射线明亮的伴星（天鹅X-1）；另外，大约上百的光学天文学家对HDE 226868和它附近的恒星进行了艰难的测量，为了避免天鹅X-1的质量估计出现严重错误，这些测量是很重要的。

投身进来的理论天体物理学家包括泽尔多维奇和诺维科夫，他们提出了黑洞的找寻方法；帕津斯基（Bohdan Paczynski）、阿伏尼（Yoram Avni）和巴考尔（John Bahcall），他们发现了一种复杂但可靠的方法来避免质量估计的错误；布尔比基（Geoffrey Burbidge）和普伦德加斯特（Kevin Prendergast），他们认识到X射线发出的热气体会在黑洞周围形成盘；沙库拉（Nikolai Shakura）、桑尼耶夫（Rashid Sunyaev）、普林格尔（James Pringle）、里斯、奥斯特里克（Jerry Ostriker）以及其他许多人，为了与X射线观测对比，发展了X射线发出的气体和它形成的盘的理论模型。

通过这些巨大的努力，到1974年，我们对天鹅X-1和它的伴星HDE 226868的图景有了80％的信心，图8.7的右边是艺术家为它们画的像，其实那正是泽尔多维奇和诺维科夫想象的，不过要具体得多：天鹅X-1中心的黑洞质量肯定大于3个太阳质量，也许大于7个太阳，最可能是16个太阳。它的光线明亮而X射线暗淡的伴星HDE 226868大约有20个太阳以上的质量：很可能是33个太阳，而它的半径比太阳大约20倍，它的表面到黑洞的距离约为20个太阳半径（1 400万千米），双星距地球约6 000光年。天鹅X-1是X射线天空中的第二亮星；HDE 226868尽管比大多数望远镜看到的恒星更亮，但对肉眼来说，还是太暗了。

自1974年以来的近20年中，我们对天鹅X-1图景的信心从大约80％提高到了95％（这是我个人的估计）。我们还不能100％地相信它，因为尽管费了那么大的努力，但还没有在天鹅X-1中发现黑洞的确凿信号。没有任何X射线的或光的信号向天文学家坦白，"我来自黑洞。"所有这些观测，都还可能找到别的非黑洞的解释，尽管那些解释都太拐弯抹角，没几个天文学家当真。

反过来，一些中子星（被称为脉冲星）倒发出了确凿的"我是中子星"的呼喊：它们的X射线，有时也可能是无线电波，产生了非常准时的尖锐脉冲。脉冲时间有时跟我们最精确的原子钟一样精确。这 ³¹⁸ 些脉冲只能解释为从中子星表面射出的辐射流，随星体旋转而扫过地球 —— 像机场或灯塔的闪光灯光。为什么这是惟一可能的解释呢？如此精确的定时只能来自大质量天体的旋转，它有大的惯性，从而对产生不规则时间的不规则力量有大的抵抗能力。在天体物理学家头脑中想象的所有大质量天体中，只有中子星和黑洞能以某些脉冲星那样大的速率（每秒几百圈）旋转；而又只有中子星能产生旋转的辐射束，因为黑洞是没有"毛"的。（任何这样的固定在黑洞视界的辐射束也是一类"毛"的例子，但黑洞却留不住它们。[1]）

---

1. 见第7章。带电黑洞的电场平均地分布在旋转轴的周围，所以不可能产生集中的辐射束。

为了找到像脉冲星的脉冲那样的黑洞的确凿信号，天文学家在天鹅 X–1 中寻找了 20 年，但什么也没找到。这类信号的一个例子是（泽尔多维奇小组的桑尼耶夫在 1972 年提出的），[9] 在围绕黑洞旋转的凝聚气团中出现的旋转束所产生的脉冲星式的辐射脉冲。如果气团离黑洞近，它能维持在许多轨道上，直到最终落入黑洞视界，这时候，它的脉冲之间逐渐变化的时间间隔就可能清楚而确凿地表示"我是一个黑洞"。不幸的是，这种信号从来没人见过，原因似乎有几个：（1）X 射线发出的热气体绕黑洞的运动混乱无常，凝聚的气团只能在一个或几个轨道上维持。（2）假如几个气团真能长时间聚集在一起并产生黑洞信号，其余的混沌气体产生的混乱 X 射线显然也会将那些信号淹没。（3）假如天鹅 X–1 真是一个黑洞，那么根据数学模拟，大多数 X 射线应该来自远离视界的地方 —— 也就是周长大于 10 倍临界值或更远的地方，那儿比视界附近有更大的发射 X 射线的空间。在距黑洞这么远的地方，广义相对论和牛顿引力理论的预言是近似相同的，所以，即使有来自轨道气团的脉冲，也不会带来强大的确定的黑洞信号。

319

由于同样的一些原因，天文学家也许永远不可能从黑洞附近产生的电磁波中发现任何类型的确定的黑洞信号。幸运的是，我们有很大的希望看到一类完全不同的黑洞信号：引力辐射所携带的信号。等到第 10 章我们再来谈。

黑洞理论研究的黄金年代（第 7 章）也伴随着寻找黑洞的观测研究，也在那个年代，发现了天鹅 X–1，阐明了它的本质。于是，可能有人以为曾拥有黄金年代的那些年轻人（彭罗斯、霍金、诺维科夫、卡特尔、伊斯雷尔、普雷斯、特奥科尔斯基、普赖斯，等等）在寻找黑洞中也会担起重要角色，实际并非如此，只有诺维科夫例外。他们显露的才能，他们发展的知识以及他们发现的黑洞的自旋、脉动和无毛特征，与寻找和解释天鹅X-1没有一点儿关系。如果天鹅X-1有确凿的黑洞信号，情形可能会不同，但事实上没有。

这些年轻人和其他跟他们一样的理论物理学家有时被人称为相对论学家，因为他们很多时间都在跟广义相对论的定律打交道。但真正投身寻找黑洞的理论家们（泽尔多维奇、帕津斯基、桑尼耶夫、里斯等）是全然不同的一群，他们被称为天体物理学家。对寻找来说，这些天体物理学家只需要懂很少一点广义相对论 —— 只要能让他们相信弯曲时空与此毫不相干，而牛顿的引力图景对模拟像天鹅X-1那样的天体已经足够了。但是，他们需要大量别的知识，那些一个天体物理学家所必须具备的东西。他们需要掌握广博的天文学专业知识，例如，关于双星系的，关于候选黑洞的伴星的结构、演化和光谱的，以及关于星际尘埃对星光的红移影响的 —— 这是确定天鹅X-1距离的关键。他们需要懂的东西还多着呢：热气流，热气流碰撞形成的激波，湍流和无规则磁场引起的气体摩擦，磁力线的断裂和重新联结，热气体中X射线的形成，X射线在气体中的传播等许许多多东西。[320] 由于人类的极限，很少有人能掌握这么多东西并同时掌握复杂的弯曲时空的数学，所以研究者群体必然会有分工。你可能专攻黑洞的理论物理学，从广义相对论推演黑洞应有的性质；你也可能熟悉双星系和落在黑洞上的热气体以及这些气体产生的辐射；就是说，你要么是一个相对论学家，要么是一个天体物理学家。

也有人既想做相对论学家，也想做天体物理学家，但并不太成功。

泽尔多维奇是卓有成就的天体物理学家，有时也能提出一些关于黑洞基础的新见解。我多少算一个有才能的相对论学家，曾尝试建立天鹅 X−1 的黑洞附近流动气体的广义相对论模型。但是，泽尔多维奇对广义相对论认识不深，而我也不太熟悉天文学的专业知识。横在两家间的障碍是巨大的。在我所认识的黄金年代的研究者中，只有诺维科夫和钱德拉塞卡，一脚坚实地扎根在天体物理学，另一脚扎根在相对论。

　　像贾柯尼那样的实验物理学家，设计并放飞过 X 射线探测器和卫星，也面临着相同的障碍。但有一点不同。在黑洞的找寻中，相对论学家是不需要的，而实验物理学家却是基本的。如果没有实验物理学家提供数据，那些把握了认识双星、气流和 X 射线传播工具的实测天文学家和天体物理学家们什么也做不成。实验物理学家常常在将数据交给天文学家和天体物理学家之前，自己试着去发现，关于气流和可能产生这些气流的黑洞，这些数据会告诉我们些什么。但没能获得多大成功。天文学家和天体物理学家感谢他们提供了这些数据，然后以自己更复杂也更可靠的方式来解释它们。

　　天文学家和天体物理学家对实验物理学家的依赖，只是一个例子，为了成功寻找黑洞，还有许多重要的相互依赖关系。实际上，成功是 6 个不同群体相互依靠、协同努力的结果。每一个群体都扮演着重要的角色。相对论学家根据广义相对论的定律肯定了黑洞的存在。天体物理学家提出了寻找黑洞的方法并在几个关键步骤上给予了指导。实测天文学家确认了天鹅 X−1 的伴星，HDE 226868；用从它发出的周期性移动谱线来估计天鹅 X−1 的质量；并以大量其他观测来巩固他们的质量估计。实验物理学家创造的仪器和技术使 X 射线星的寻找成为可能，并在天鹅X-1的寻找中实现了。美国宇航局（NASA）的工程师和管理者们制造了把X射线探测器送入地球轨道的火箭和卫星。而且，同样重要的还有，美国的纳税人为火箭、飞船、X射线探测器和X射线望远镜，以及工程师、管理者和同他们一起工作的科学家们，提供了几亿美元的资助。

凭着这些令人难忘的团结协作，现在，90年代，我们几乎百分之百地相信，不仅在天鹅X-1，而且在我们星系的其他许多双星系中，都存在着黑洞。

第 9 章
意外发现

天文学家先前没有料到，

现在被迫承认，

在星系的中心，

可能存在比太阳重 100 万倍的黑洞

射电星系

如果有谁在 1962 年（理论物理学家刚开始接受黑洞概念的那一年）断言，宇宙包含着比太阳重数百万或数十亿倍的巨大黑洞，天文学家一定会笑他。不过，天文学家不知道，他们从 1939 年起就已经在用无线电波观测这样的巨黑洞了。至少我们今天会强烈地这么猜测。

无线电波是与 X 射线相对的另一个极端。X 射线是波长极短（典型波长比可见光短 10 000 倍）的电磁波（见序幕的图 P.2）；无线电波也是电磁波，但波长很长，波峰到波峰的典型距离为几米，比可见光长百万倍。从波粒二象性说（卡片 4.1），X 射线与无线电波也处在两个相对的极端——电磁波有时像波，有时像粒子（光子），X射线的典型行为就像高能粒子（光子），X射线光子击中原子，从原子中打出电子（第8章），这样就很容易用盖革计数器来探测。无线电波几乎总是表现为电力和磁力的波，很容易用金属或天线来探测，因为电力的振荡能使电子上下振动，从而在天线上固定的无线电接收器中产生振荡信号。

宇宙无线电波（或射电波，来自地球外面的无线电波）是央斯基（Karl Jansky）1932年偶然发现的，他那时是新泽西州霍尔姆德尔的贝尔电话实验室的无线电工程师。[1] 刚从大学出来，央斯基就被派去识别干扰联通欧洲电话的噪音。那个时候，通过大西洋的电话是靠无线电传输的，所以央斯基做了一架由长长的金属管构成的特殊无线电天线，来寻找无线电静电干扰的来源 [图9.1（a）]。他很快发现，多数干扰来自雷雨，但雷雨过后还残留有微弱的嘶嘶噪音。到1935年，他已经确定了那噪音的来源，它很可能来自我们银河系的中心区域。当中心区域在头顶时，噪音较强，当它沉到地平线以下时，噪音会减弱，但不会完全消失。

这是一个令人惊异的发现，任何想过宇宙电波的人都会认为太阳是天空最强的无线电波源，就像它是最亮的光源一样。毕竟，太阳比银河系中大多数恒星离我们近10亿（10^9）倍，所以它的无线电波应该比来自其他恒星的强约 $10^9 \times 10^9 = 10^{18}$ 倍。因为在我们的星系中只有 10^{12} 颗恒星，所以太阳应该比所有其他恒星加在一起还亮大概 10^{18} / $10^{12} = 10^6$（100万）倍。这样论证怎么会错呢？来自遥远的银河中心的无线电波怎么会比来自太阳的强那么多呢？

这当然是令人惊奇的谜，但回想起来，还有更令人惊奇的事，那就是天文学家对这个谜几乎一点儿也没留意。实际上，尽管贝尔电话公司极惹人注意，但央斯基的发现似乎只有两个天文学家表现了一点兴趣。它注定了会因天文学家的保守而被埋没，同当年钱德拉塞卡宣布没有重于1.4个太阳质量的白矮星的遭遇一样（第4章）。

这两位例外的热心人，来自哈佛大学天文系，一个是研究生格林斯坦（Jesse Greenstein），一个是讲师惠普尔（FredWhipple）。他们在认真考虑了央斯基的发现后证明，如果当时流行的关于宇宙电波产

324 生的思想是正确的，那么我们的银河系不可能产生央斯基所发现的那么强的电波。[2] 尽管显然不可能，格林斯坦和惠普尔还是相信央斯基的发现。他们确信问题出在天体物理学理论，而不在央斯基。但理论哪儿错了，一点线索也没有；另外，正如格林斯坦后来回忆的，"[30年代] 我也没有碰到对这件事情感兴趣的天文学家，一个也没有。"[3]所以，他们也将注意力转向了别的地方。

1935年（大约茨维基提出中子星概念的时候，见第5章），央斯基已经完全认识了他的原始天线所能发现的银河系噪音。为认识更多的东西，他向贝尔电话实验室建议建造世界第一台射电望远镜；那是一个直径100英尺（30米）的巨大金属碗，它会像光学反射望远镜把光从镜片反射到目镜或摄影板上那样，将传来的电波反射到无线电天线和接收器。贝尔公司否决了这项建议，因为它不会带来好处。央斯基是个好雇员，也只得同意。他放弃了对天空的研究，在第二次世界大战临近的阴影中，将精力转向了短波长的无线电通讯。

　　职业科学家对央斯基的发现实在太没有兴趣了，在接下来的10年里才有第一个人来造射电望远镜，这人是雷伯（GroteReber），一个古怪的单身汉，伊利诺斯惠顿的业余无线电接线员，呼号W9GFZ。[4]他从《大众天文学》杂志读到央斯基的射电噪音后，就开始研究它的细节。雷伯没过多少科学教育，但那并不重要，重要的是他有良好的无线电工程训练和强烈的实践精神。凭他巨大的创造力和有限的积蓄，他靠自己的双手在母亲的后院设计制造了世界上第一台射电望远镜，镜面是直径30英尺（也就是9米）的盘子；他用它绘出了天 326 空的射电图［图9.1（d）］。从他的图中可以清楚地看到，射电源除了我们银河系的中心区外还有两个，后来被称为CygA和CasA —— A代表"最亮的射电源"，Cyg和Cas分别代表"天鹅座"和"仙后座"（Cassiopeia）。40多年的研究最终证明，天鹅A和许多随后发现的射电源，很可能是由巨黑洞提供能源的。

　　探测这些射电源的故事，是我们这一章的中心。我决定用整整一章来讲这个故事，有以下几点理由：

　　第一，故事将说明一个与第8章所讲的大不相同的科学发现的模式。在第8章，泽尔多维奇和诺维科夫提出了具体的寻找黑洞的方法；实验物理学家、天文学家和天体物理学家实现了那个方法，而且成功了。在这一章里，雷伯在1939年就观测到巨黑洞了，那时还没人想到寻找它们，而越来越多的观测证据等了40年，才令天文学家们被迫承认，他们看到的就是黑洞。

　　第二，第8章讲了天体物理学家和相对论学家的力量；这一章要

图9.1（a）央斯基和他1932年发现来自银河的宇宙电波的天线。（b）G. 雷伯，约1940年。（c）雷伯建在伊利诺斯惠顿他母亲后院的世界第一台射电望远镜。（d）雷伯用他的射电望远镜绘出的天空射电图。[照片（a）由贝尔电话实验室摄，美国物理学联合会（AIP）EmilioSegre图像档案馆提供；（b），（c），（d）由雷伯提供；（d）引自Reber（1944）。]

讲他们的局限。第8章发现的那类黑洞在人们寻找它们的四分之一世纪以前就被预告存在了，那是奥本海默－斯尼德黑洞：比太阳重几倍，由大质量恒星坍缩而成。本章的巨黑洞不一样，从来没有哪个理论家预言过它们的存在；它们比任何天文学家在天空见过的任何恒星重几千或几百万倍，所以不可能是那些恒星坍缩产生的。任何预言这些巨黑洞的理论家可能都会损害自己的科学荣誉。这些黑洞的偶然发现，才是真正的"发现"。

第三，这一章要讲的发现的故事，将比第8章更清楚地说明四个科学家群体之间复杂的相互影响和依赖关系，他们是相对论学家、天体物理学家、天文学家和实验物理学家。

第四，这一章的最后要证明，巨黑洞的自旋和转动能量在解释所观测到的电波中将发挥重要作用。相反，对第8章的那些不太大的黑洞性质而言，旋转是无关紧要的。

1940年，雷伯在完成他的第一次天空射电扫瞄后，认真地将他的 327 望远镜、观测结果和射电图整理成一篇论文，寄给钱德拉塞卡，那时他在威斯康星日内瓦湖畔的芝加哥大学叶凯士天文台担任《天体物理学杂志》的编辑。钱德拉塞卡把雷伯不同寻常的稿子在叶凯士的天文学家中传阅。文稿令人困惑，而这位完全默默无闻的业余作者也令人生疑。于是，几个天文学家驱车来到惠顿，看他的仪器。他们感动了。回去后，钱德拉塞卡同意论文发表。[5]

格林斯坦在哈佛读完研究生后，也成了叶凯士的一位天文学家，接下来的几年里，他多次来到惠顿，成了雷伯的好朋友。他说雷伯是"理想的美国发明家。假如他没对射电天文学发生兴趣，早就成百万富翁了"。[6]

　　格林斯坦对雷伯的研究满怀热情，几年后，他设法让他到芝加哥大学来。"学校不愿在射电天文学上花一分钱，"格林斯坦回忆说；但叶凯士天文台台长斯特鲁维（Otto Strave）同意给他一个研究职位，不过，雷伯的薪水和研究资助得从华盛顿来。然而，雷伯"是独来独往的怪人"，[7]格林斯坦说，他拒绝向当局详细报告如何使用造新望远镜的经费。于是，事情没办成。

　　这时候，第二次世界大战结束了，为战争做技术研究的科学家们开始寻找新的挑战。他们中间，有在战争中发明过跟踪敌人飞行器雷达的实验物理学家。雷达无非就是让无线电波从射电望远镜式的发射器发出，在飞机上反弹，然后回到发射器。所以让这些实验物理学家投身到射电天文学的新领域中来，是再理想不过了——有些人正渴望着来。巨大的技术挑战在等着他们，理性的回报也大有希望。在众多想大显身手的人中，三个小组立刻就占领了这片领域：英国约德雷尔邦克－曼彻斯特大学的洛弗尔（Bernard Lovell）小组，剑桥大学的赖尔（Martin Ryle）小组以及澳大利亚博塞（J. L. Pawsey）和波尔顿（John Bolton）的联合小组。在美国，没有值得注意的行动；雷伯差不多还是独自继续着他的射电天文学研究。

　　光学天文学家（用光来研究天空的天文学家，[1] 那时就只有这一类天文学家）对实验物理学家的火热行动并不在意。要等到射电望远镜

1.在本书中，"光"总是指人眼可见的那一类电磁波，也就是光学辐射。

能准确测量射电源在天空的位置并能确定电波来自哪一个发光体时，他们才会发生兴趣。这要求望远镜的分辨率在雷伯达到的精度上提高100倍，也就是被测射电源的位置、大小和形状的精度还应该提高100倍。

这个要求很高。光学望远镜，甚至人眼都很容易达到较高的分辨水平，因为它们依靠的（光）波具有很短的波长，小于10^{-6}米。反过来，耳朵不能很准确地区别声音所来的距离，因为声波的波长很长，大概1米左右。同样，无线电波因为具有米量级的波长，所以分辨率很低——除非望远镜远大于1米。雷伯的望远镜不是很大，分辨率当然也不太高。为了提高100倍的分辨率，需要大100倍，即约1千米的望远镜，或者需要用更短波长的无线电波，例如用几厘米的波来代替1米的波。

1949年，实验物理学家实现了那100倍，他们没有蛮干，而靠的是机智。通过简单而熟悉的例子，就能理解他们机智的想法。（这只是一个类比；说得太轻松了，不过能让我们对一般思想有个印象。）人仅凭两只眼睛，不用更多，就能看出我们周围的世界是三维的。左眼看到一点儿物体的左面，右眼看到一点儿物体的右面。把头转到一个面上，可以看到一点儿物体的顶面和底面；如果眼睛离远些（结果就像两台相机照三维照片，会有些夸张），我们也多少能看得更多一些。然而，我们的三维图像不会因为脸上长满了眼睛而有多大的改进。眼睛多了，我们看东西会明亮得多（也就是有更高的灵敏度），但在三维分辨水平上，我们并不能获得什么。

现在，1千米的巨大射电望远镜（图9.2左）多少有点儿像长满了眼睛的脸。望远镜是 1 千米大的碗，用能将电波反射和聚焦到线阵天线和接收器上的金属片覆盖。如果将各处的金属片拿走，只留下几片散布在碗上，就相当于将多余的眼睛从我们脸上拿走，只留下两只。这两种情形，都不会损失分辨率，只是极大地损失了灵敏度。实验天文学家最需要的是提高分辨率（他们想发现电波从哪儿来，波源是什么形状），而不是提高灵敏度（不需要看到更多更暗的射电源 —— 至少目前不需要）。于是，他们只需要一个斑斑点点的碗，而不需要被完全覆盖的碗。

330

这个斑斑点点的碗，实际上是一个小射电望远镜的网络，通过线路联结到一个中心电波接收站（图9.2右）。每个小望远镜就像大碗上的一块金属片，每个小望远镜的射电信号通过线路传递，就像射电束在大碗的金属片上反射；合成来自各线路信号的中心接收站，也就像大碗上合成来自碗上各点的反射束的天线和接收器。这样的小望远镜和实验物理学家的中心工作站组成的网络，叫射电干涉仪，因为它背后的工作原理是干涉测量法，通过各小望远镜的输出结果的相互"干涉"（如何干涉，我们将在第10章卡片10.3中看到），中心接收器

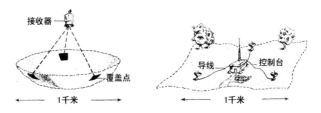

图9.2 射电干涉仪原理。左：为达到良好的角分辨率，可能有人想有一个巨大的，如1千米的射电望远镜。不过，电波反射碗只需要几点（黑点）用金属片覆盖并发生反射就够了。右：从那些点反射的电波不必都聚焦到一个天线和巨碗中心的接收器上；每一点可以聚焦到各自的天线和接收器，然后将各接收器的最终信号通过线路传到一个中心接收站，电波在接收站合成，与它在望远镜的接收器上合成一样。结果，这是一个具有相关而合成输出的小射电望远镜网，也就是一个射电干涉仪

将合成天空的射电图或图像。

从20世纪40年代后期到50年代，进入60年代，那三个实验物理学家小组（约德雷尔邦克的、剑桥的和澳大利亚的）相互竞争着做更大和更灵巧的射电干涉仪，分辨率也前所未有地提高了。在光学天文学家中激起兴趣的第一个决定性的100倍的提高在1949年实现了。那时，波尔顿、斯坦莱（Golden Stanley）和澳大利亚小组的斯里（Bruce Slee）关于许多射电源的位置的误差区间是10弧分大小，也就是说，他们可以将射电源在天空中的位置确定到10弧分大小的区域内。[8]（从地球上看，太阳的三分之一直径就是10弧分，可见，它比人眼靠光达到的分辨率还可怜，但靠无线电波，这已经是了不起的分辨率了。）用光学望远镜来检查这些误差区间，包括天鹅A在内，都没表现出特别的明亮；为了从误差区域内众多的光学暗天体中找到真正的射电源，电波的分辨率还需要提高。不过，这些误差区域中还是有三个与众不同的光亮天体：一个是古老超新星的残骸，另外两个是遥远的星系。

央斯基发现的从我们银河系发出的无线电波，已经令天体物理学 331 家难以解释，现在要理解遥远星系怎么能发出那么强的无线电信号，就更困难了。天空中某些最高的射电源可能是极遥远的天体，这令人难以置信（尽管后来证明真是这样）。于是，似乎可以打赌，每个误差区间里的无线电信号不是来自遥远的星系，而是来自区域内的某个光学暗淡然而距离很近的恒星。（打这个赌的人要输。）只有更高的分辨率能确定地告诉我们。实验物理学家在努力向前，几个光学天文学家开始产生了一点兴趣，在一边看着。

到1951年夏，剑桥的赖尔小组将分辨率又提高了10倍，赖尔的研究生史密斯（Graham Smith）用它将天鹅A的位置确定到1弧分的误差区间 —— 这个区间够小了，大概只含有100个左右的光学天体（用光看到的天体）。史密斯把他猜测的最佳位置和误差区间寄给帕萨迪纳卡内基研究所的著名光学天文学家巴德（就是17年前跟茨维基一起确认超新星并提出其中子星能源的那个巴德 —— 见第5章）。卡内基研究所在威尔逊山上有一台那时世界上最大的2.5米（100英寸）光学望远镜；帕萨迪纳街上的加州理工学院刚在帕洛玛山上建好一台5米望远镜。研究所和学院的天文学家共用这些望远镜。巴德在他接下来计划的帕洛玛5米镜［图9.3（a）］的观测中，拍摄了史密斯说的天鹅A所在天空的误差区域。（这个区域同大多数区域一样，以前没有用大光学望远镜检验过。）照片冲洗出来后，巴德简直不敢相信自己的眼睛：误差区内有一个从没见过的天体，仿佛是两个星系撞在一起［图9.3（d）中间］。[9]（通过20世纪80年代红外望远镜的观测，现在我们知道那是光的错觉。天鹅A真是一个星系，不过有一尘埃带穿过它的表面，尘埃吸收了光，结果一个星系看起来就像两个撞在一起的星系。）中心星系加上射电源这样一个总系统，以后被称为*射电星系*。

两年里，天文学家们相信，射电波是星系碰撞的产物。可是到1953年，新的惊奇出现了。那年，洛弗尔的约德雷尔邦克小组的詹尼森（R. C. Jennison）和古普塔（M. K. Das Gupta）用一种新式干涉仪研究了天鹅A。他们的干涉仪由两台望远镜组成，一台固定在地上，另一台让卡车载着绕圈子，为的是逐步覆盖一台想象的40平方千米望远镜的"大碗"上众多的"点"［见图9.2（b）左］。靠这个新干涉仪［图9.3（b），（c）］，他们发现，天鹅A的无线电波不是来自"碰撞

332

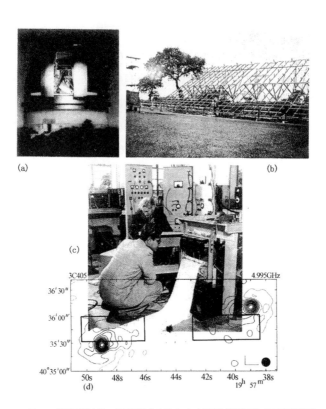

图9.3　发现天鹅A是一个遥远的射电星系：(a)5米光学望远镜，1951年巴德发现天鹅A关联着两个正在碰撞的星系。(b)约德雷尔邦克的射电干涉仪。1953年，詹尼森和古普塔用它证明，无线电波来自碰撞星系外的两片巨叶。干涉仪的两架天线（每一天线都是木架上的线阵）也并排在图上。测量时，一架天线让卡车载着在地上跑圈儿，另一架留在原地。(c)詹尼森和古普塔在干涉仪控制室内检查无线电数据。(d)1953年观测所揭示的射电源的两叶（矩形）；同时，图中间还有巴德的"碰撞星系"的光学照片。图(d)还表现了高精度的无线电发射叶的等值线图（细实线），那是剑桥赖尔小组1969年得到的结果。[(a)由加利福尼亚理工学院帕洛玛天文台提供；(b)、(c)由曼彻斯特大学努菲尔德射电天文台提供；(d)引自Mittonand Ryle（1969）、巴德和闵可夫斯基（1954）、Jennison and Das Gupta（1953）。]

星系"，而是来自两个巨大的近似矩形的空间区域，约200000光年，相对分开在"碰撞星系"的两头，距离200000光年。[10] 这两个电波发射区，或者叫"叶"，表现为图9.3（d）的两个矩形区。另外，巴德的"碰撞星系"的光学照片也在图的中间。在图中还可以看到叶状电波发射区更具体的情况，那是16年后更精密的干涉仪的成果；图中表现射电波亮度的细等值线，与地图上表现地形高度的等高线是一样的。等值线证实了1953年的结论：射电波来自"碰撞星系"两端的巨大气体叶。一个巨黑洞如何能为这两片巨叶提供能量，是本章后面的主题。

334　　这些令人惊异的发现，在光学天文学家中间激起了长久而强烈的兴趣。格林斯坦不再是惟一认真的关注者了。

　　在格林斯坦个人看来，这些发现是最后的一棵稻草了。美国人没能在战后推进射电研究，现在他们只能站在一边儿看着这场自伽利略发明望远镜以来最伟大的天文学革命。革命的果实正在不列颠和澳大利亚成熟，而美国什么也没有。

　　格林斯坦这时是加州理工学院的教授，他从叶凯士来这儿，是为了围绕5米的新望远镜确立一个天文学计划。于是，他自然去找院长杜布里奇（Lee Dubridge），要加州理工学院造一台射电望远镜，与5米望远镜一起探索遥远星系。杜布里奇在战时曾负责美国雷达设计，他有同感但也很谨慎。为说服杜布里奇行动起来，格林斯坦1954年1月5日和6日，在华盛顿组织了一次关于射电天文学未来的国际会议。[11]

　　在华盛顿，来自英国和澳大利亚的射电观测者们报告了他们惊人的发现，接着，格林斯坦提出了他的问题：一定要让美国继续成为射电天文学的荒漠吗？答案是显然的。

　　在国家科学基金会的大力支持下，美国的物理学家、工程师和天文学家们开始在西弗吉尼亚格林邦克建立国家射电天文台；杜布里奇也批准了格林斯坦关于建造最先进的加州理工学院射电干涉仪的报告，决定将它建在加利福尼亚约色米特国家公园西南的欧文斯河谷。由于学院里没人造过这种仪器，格林斯坦就把波尔顿从澳大利亚请来，做这个计划的先锋。

类星体

　　到20世纪50年代后期，美国人也赶上来了。格林邦克的射电望远镜正在投入使用；在加州理工学院，马修斯（Tom Mathews）、马尔特比（Per Eugen Maltby）和莫菲特（Alan Moffett）用欧文斯河谷的新射电干涉仪，与巴德、格林斯坦和其他人用帕洛玛5米光学望远镜一起，发现和研究了大量的射电星系。

　　1960年，这些工作又带来一个惊奇：加州理工学院的马修斯收[335]到帕尔默（HenryPalmer）的来信。根据约德雷尔邦克的观测，一个叫3C48（剑桥的赖尔小组编制的第3版星表[1]中的第48个射电源）的射电源极小，不超过1弧秒的直径（太阳张角的1／10000）。这么小的源是很新奇的事情。但是，帕尔默和约德雷尔邦克的同事们却不能

1.星表是天文学家用以记载各种天体参数的编目表，大概可以追溯到公元前4世纪中国石申的《星经》。星表种类很多，内容和用途不同。在一般读物中常看到的有《星云星团新总表》（NGC）、《梅西耶星表》（M）等。前面看到的HDE为哈佛大学天文台出版的光谱型星表；SS为"特殊星"，列在Hα发射线星表中；这里说的属于射电源表（《剑桥第三射电源表》）。——译者注

很好地确定源的位置。马修斯在学院的新射电干涉仪上的工作非常出色，他将位置定到只有5弧秒大小的误差区域，把结果给了帕萨迪纳卡内基研究所的光学天文学家桑德奇（Allan Sandage）。桑德奇接着在5米光学望远镜的观测中，拍摄了马修斯误差区域中心的照片，他惊讶地发现，那不是一个星系，而是一个单独的蓝色亮点，像一颗恒星。"第二天晚上，我检查了它的光谱，那是我见过的最离奇的光谱。"他后来回忆说。谱线的波长根本不像恒星或地球产生的热气体的；也不像天文学家和物理学家以前遇到过的任何东西。从这个奇怪的天体，桑德奇看不出一点儿意思。

接下来的两年里，又有6个相同的天体以相同的方式被发现了，它们都跟3C48一样令人疑惑。加州和卡内基的所有光学天文学家都开始来为它们摄像，取光谱，力图认识它们的本质。答案本应是很显然的，但实际上不是，遇到阻碍了。这些奇异的天体那么像恒星，于是天文学家一直试图把它们解释成我们以前没有见过的银河系中的某种恒星，但这些解释太牵强，不会有人相信。

打破障碍的是32岁的荷兰天文学家施米特（Maarten Schmidt），[12]那时他刚应聘来到加州理工学院。几个月来，他都在想办法去认识他得到的3C273的光谱，那也是一个奇异天体。1963年2月5日，他坐在学院办公室里仔细地为他正在写的一篇文章画光谱，答案突然降临了。光谱中4条最亮的线是氢原子气体产生的标准的"巴尔末线"——这是所有光谱线中最有名的，是大学生在量子力学课里学的第一类谱线。不过，这4条线并没有通常的波长，每一条都红移了16％。所以，3C273一定含有大量氢气，并且以16％的光速离开地

球 —— 比任何天文学家见过的任何恒星的速度大得多。

施米特冲出办公室,跑去找格林斯坦,激动地向他讲了自己的发 336
现。格林斯坦回到办公室,把他的3C48光谱拿出来,盯着看了一会
儿,没看到有任何红移的巴尔末线;但由镁、氧、氖发出的谱线在等
着他,它们红移了37%。看来,3C48至少部分含有镁、氧和氖,以
37%的光速离开地球。[13]

这么高的速度从哪儿来的?如果照普遍的想法,这些奇异天体
(以后它们被称为类星体)是我们银河系中的某种恒星,那么它们一
定是被巨大的力量从某处(也许从银河系中的核)喷射出来的,这太
难以置信了。进一步检查类星体光谱会看到,这是极不可能的。格林
斯坦和施米特认为(对的),惟一合理的解释是,这些类星体在我们
宇宙很远的地方,由于宇宙膨胀的结果,它们在以极高的速度离开 337
地球。

想想,宇宙膨胀就像正在吹气的气球的膨胀。假如有许多蚂蚁站
在气球表面,那么每一只蚂蚁都会看到其他所有的蚂蚁在离它而去,
这是气球膨胀的结果。离它越远的蚂蚁,离开它的速度也越快。同样,
由于宇宙膨胀的结果,离地球越远的天体,我们在地球上看它离开的
速度也快。换句话说,天体的速度正比于它的距离。这样,施米特
和格林斯坦能从3C273和3C48的速度推测它们的距离,分别是20
亿光年和45亿光年。

这些距离太大了,几乎是有史以来的最大距离。这意味着,

3C273 和 3C48 为了达到在 5 米望远镜上显示的亮度，必然要辐射出大量的能量：比我们见过的最亮的星系的能量还高 100 倍。

　　3C273 的确很亮，自 1895 年以来，它与它附近的其他天体一起，已被最普通大小的望远镜拍过 2000 多次了。在听说施米特的发现后，德克萨斯大学的史密斯（Harlan Smith）仔细检查了这些多数珍藏在哈佛档案馆里的照片，发现 3C273 在过去 70 年里亮度在波动。在短短 1 个月的时间内它发出的光发生过很大变化。[14] 这意味着，大部分来自 3C273 的光必然是从一个比光在 1 个月内所经过的行程小，也就是从小于 1"光月"的区域内发出的。（假如区域太大，当然就不会有任何以小于或等于光速运行的力量能使发出的气体同时在 1 个月内变亮和变暗。）

左：格林斯坦和帕洛玛 5 米光学望远镜的图，约 1955 年。右：施米特和他用来测量 5 米望远镜光谱的仪器，约 1963 年。[加利福尼亚理工学院档案馆提供。]

　　这些意思是极难让人相信的。3C273，这个奇异的类星体，比宇宙中最亮的星系还亮 100 倍。星系的光是从 100000 光年大小的区域中发出的，而 3C273 的发光区域却只有 1 光月大小，直径至少比星系小100万倍，体积小10^{18}倍。它的光必然来自一个由一台巨大功率的发动机加热的大质量气状天体。发动机很可能是一个巨大黑洞，不过 [338] 还不能完全确信，15年过后才出现有力的证据。

如果说，解释来自我们银河系的无线电波难，解释来自遥远射电星系的无线电波更难，那么，解释来自那些超远类星体的无线电波，就难上加难了。

困难原来是一个思想障碍。格林斯坦、惠普尔和三四十年代所有天文学家一样，都认定宇宙电波跟恒星的光一样，是从原子、分子和电子的不规则热运动产生的，那时的天文学家不能想象还有别的自然途径能产生所看到的电波，尽管他们的计算已经确凿地证明原来的途径是行不通的。

然而，其他途径自20世纪初就已为物理学家所熟悉了：当高速运动的电子遇到磁场时，会因磁力作用而绕磁力线做螺旋运动（图9.4），在螺旋中发出电磁辐射。40年代，物理学家开始将这种辐射称 [339] 为同步辐射，因为那时正在建造的所谓"同步"粒子加速器里的螺旋电子就产生这种辐射。值得注意的是，尽管物理学家对同步加速器表现了极大的兴趣，天文学家却毫不在意，头脑里的石头阻碍了他们的思想。

1950年，芝加哥的凯本海尔（Karl Otto Kiepenheuer）和莫斯科的金兹堡（就是为苏联氢弹发明LiD燃料，后来又发现黑洞无毛的第一丝线索的那个金兹堡[1]）打碎了那块石头。他们在阿尔文（Hans Alfvén）和赫洛森（Nicolai Herlofson）的思想基础上提出（对的），央斯基的来自我们银河的无线电波是螺旋地绕着充满在星际空间的磁力线近光速运动的电子产生的同步辐射（图9.4）。[15]

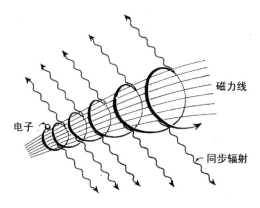

图9.4 宇宙的无线电波是在磁场中螺旋式近光速运动的电子产生的。磁场迫使电子螺旋而不是直线地运动，电子的螺旋运动产生无线电波

几年后，发现了射电星系巨大的电波发射叶和类星体，人们自然（也是正确的）认为，它们的无线电波也是绕磁力线的螺旋电子产生的。根据螺旋运动和观测到的无线电波以及相关的物理学定律，圣地亚哥加利福尼亚大学的布尔比奇计算了射电叶的磁场和高速电子所应具有的能量。他的结果令人惊愕：在最极端情况下，电波发射叶必须具有的磁能和高速（动）能，相当于1000万（10^7）个太阳质量以100％的效率完全转化而来的纯粹能量。[16]

---

1. 见图7.3。金兹堡不仅以这些发现出名，他还有许多别的发现：与朗道发展超导体的"金兹堡－朗道理论"（为了解释为什么某些金属在很冷的情况下会完全失去对电流的阻力而提出的理论）。金兹堡是世界上几个真正的"文艺复兴式的物理学家"之一，也就是说，他几乎对理论物理学的所有分支都有重要贡献。

类星体和射电星系的能量要求那么大，1963年，天体物理学家们被迫去检验所有可以想象的能源。

化学能（汽油、油、煤或炸药的燃烧），这种人类文明的基本 340 能源形式，显然是不够的。质量转化为能量的化学效率只有一亿分之一（10^{-8}）。为了向类星体发射电波的气体提供能量，需要 $10^8 \times 10^7 = 10^{15}$ 个太阳质量的化学燃料——整个银河系所有燃料的100000倍。这看来是完全不合理的。

核能，作为氢弹和太阳光热的基础，似乎是惟一能充当类星体能源的。核燃料的质能转化效率约为1%，所以，一个类星体需要 $10^2 \times 10^7 = 10^9$（10亿）个太阳质量的核燃料来为它的电波发射叶提供能源。不过，只有当核燃料完全燃烧，而且能量完全转化为磁场和高速运动电子的能量时，10亿个太阳质量才够。完全的燃烧和完全的转化似乎是很不可能的。即使靠精密设计的机器，人类对燃烧能量的利用也很少超过几个百分点。而大自然没有什么周密的设计，很可能做得更差。于是，100亿或者1000亿个太阳质量的核燃料似乎更合理。这个量比一个巨大星系的质量小，但也不是特别小，而且大自然如何能够实现燃烧的核能向磁场能和动能转化，我们还不清楚。因此，核燃料是可能的，但可能性不是很大。

物质与反物质的湮灭[1] 能实现100%的质能转化，所以1000万个太阳质量的反物质与1000万个太阳质量的物质发生湮灭，就能满足

1.有关情况请看词汇表中"反物质"条以及第5章。

一个类星体的能量需要。然而，我们的宇宙中没有任何反物质存在的证据，只不过有一点在粒子加速器上人工产生的，和一点在物质粒子碰撞中自然产生的。而且，即使在类星体中有那么多物质和反物质湮灭，湮灭的能量将进入高能 γ 射线，而不会成为磁能和电子的动能。因此，物质－反物质湮灭似乎是很难令人满意的类星体供能方式。

还有一种可能：引力。正常恒星形成中子星或黑洞的坍缩，想来可能将10％的恒星质量转化为磁能和动能 —— 虽然如何转换还不清楚。如果它真能这么做，那么 $10 \times 10^{7} = 10^{8}$（1亿）颗正常恒星的坍缩 341 就可能满足1个类星体的能量，而像假想的比太阳重1亿倍的超大质量恒星，一颗就够了。[正确的想法是，这样一颗超大质量恒星的坍缩形成的巨大黑洞，本身可能就是为类星体提供动力的发动机。不过，在1963年还没人这么想过。那时，黑洞还没人理解；惠勒还没起"黑洞"的名字（第6章），萨尔皮特和泽尔多维奇还没认识到落向黑洞的气体可以高效地加热和辐射（第8章）；彭罗斯也还没发现黑洞可以将29％的质量作为旋转能贮存和释放（第7章）。黑洞研究的黄金年代还没有来临。]

形成黑洞的恒星的坍缩可能为类星体提供能量，这个思想根本背离了传统。这是历史上第一次，天文学家和天体物理学家感到需要求助于广义相对论的效应来解释他们看到的天体。以前，相对论学家生活在一个世界，天文学家和天体物理学家生活在另一个世界，两家几乎没有交流。他们的偏见就要结束了。

为培养相对论学家与天文学家和天体物理学家之间的对话，促进类星体研究的进步，1963年12月12～18日，300名科学家在德克萨斯的达拉斯举行了第一届德克萨斯相对论天体物理学会议。[17] 在一次餐后讲话中，康奈尔大学的戈尔德（Thomas Gold）描述了当时的情形，不过有点儿言不由衷："［类星体的神秘］令我们想到，相对论学者和他们精致的工作不仅是华丽的文化装点，也可能对科学真有些用处！现在，人人都高兴了：相对论学者们感到有人在感谢他们，成了他们几乎还不知道其存在的领域的专家；天体物理学家们也因为融和了另一个学科——广义相对论而扩展了自己的领地、自己的王国。这真是令人高兴的，让我们希望它是对的。如果到头来我们又和相对论学者们分开了，那将多令人羞愧。"

　　会议报告几乎从上午8：30持续到下午6：00，一个小时午餐；然后从下午6：00到凌晨2：00，进行非正式讨论和辩论。其中有一个10分钟的短报告，是年轻的新西兰数学家克尔作的，与会者都不认识他。克尔只是讲了他的一个爱因斯坦场方程的解——10年后会发 342 现，这个解描述了旋转黑洞的所有性质，包括旋转能量的贮存和释放（第7，11章）；我们在下面将看到，这个解最终会成为解释类星体能量的基础。然而，在1963年，对大多数科学家来说，克尔的解似乎只是数学珍玩，甚至没人知道它描述了黑洞——尽管克尔猜想它也许能为旋转恒星的坍缩带来一点认识。

　　天文学家和天体物理学家来达拉斯是为了讨论类星体，对克尔神秘的数学题目没有一丝兴趣。所以，当克尔上台讲话时，好多人溜出演讲厅到走廊上去谈他们喜欢的类星体理论；其他的更不礼貌的人，仍坐在大厅里小声讨论。留下的人许多都在打瞌睡，后半夜的科学讨

论影响了睡眠，但靠这会儿是补不回来的。只有几个相对论学家在聚
精会神地听。

　　这种场面，令帕帕皮特罗（Achilles Papapetro）忍不住了，他是
世界有名的大相对论专家。等克尔一讲完，他就要求发言。他站起来，
深有感触地解释了克尔功绩的重要性。他，帕帕皮特罗本人曾花30
年时间寻找这样一个爱因斯坦方程的解，但同其他许多相对论学者一
样，失败了。天文学家和天体物理学家礼貌地点点头；接下来，另一
位报告者又来大讲类星体理论，他们又重新集中注意力，会议继续
进行。[18]

　　20世纪60年代为射电源研究找到了一个转折点。以前，从事这
项研究的人完全是实测天文学家——也就是光学天文学家和从事射
电观测实验的物理学家，现在都团结到一个天文学群体中来了，叫射
电天文学家。相反，理论天体物理学家没做什么事情，因为射电观测
还没有细到能让他们很好地进行理论化的地步。他们惟一的贡献在于，
认识了无线电波是由绕磁力线螺旋式高速运动的电子产生的，计算了
它需要多大的磁能和动能。

　　20世纪60年代，随着射电望远镜分辨率持续提高和光学望远镜
开始揭示射电源的新特征（例如，类星体小小的发光核），不断增长
343的信息源成了天体物理学家头脑的营养素。他们根据丰富的信息提出
了许多解释射电星系和类星体的具体模型，而这些模型也一个个地被
不断积累的观测数据所否定了。说到底，这就是科学的一贯作风！

关键的一点是，射电天文学家发现，无线电波不仅从处在射电星系两端的两叶，而且还从中央星系本身的核发出来。1971年，剑桥席艾玛的一个新来的学生里斯由此想到一个为两叶提供能源的新办法。也许，星系所有的无线电波都来自星系核中的一台发动机，也许这台发动机在直接为中心的电波发射电子，为磁场提供能量，也许它还向两叶输送能量，激发那儿的电子和磁场；也许，这台在射电星系核心的发动机正是为类星体提供能量的那种（不管它可能是什么）。[19]

里斯原来怀疑，从星系核携能量到两叶的流由超低频的电磁波组成，但理论计算很快说明，这样的电磁流无论如何也不能穿过星系的星际气体。

里斯不太正确的想法引来了正确的思想，这倒是常有的事情。剑桥的朗盖尔（Malcolm Longair）、赖尔和谢维尔（Peter Scheuer）采纳了他的想法，做了一点简单的修改：他们留下里斯的流，但让它成为热的磁化气流，而不是电磁波束。[20]里斯立即同意这类气体喷流能实现那个过程，然后同他的学生布兰福德（Roger Blandford）一起计算了喷流应有的性质。

几年后，英国、荷兰和美国的新射电干涉仪辉煌地证实，发射电波的两叶是通过来自星系中央发动机的气体喷流获得能量的 —— 其中最值得注意的是美国在新墨西哥州圣·奥古斯丁平原的VLA（甚大天线阵，图9.5）。这组干涉仪看到了喷流，而且正好具有所预言的性质。它们从星系中心看到两叶，甚至看到涌进来的气体在两叶慢慢停下来。

与四五十年代的射电干涉仪（图9.2）一样，VLA也采用"点盖碗"技术，不过它的碗大得多，点也多得多（联结着更多的射电望远镜）。它的分辨率达到了1弧秒，差不多与世界上最好的光学望远镜345　一样好——这是40年前人们对央斯基和雷伯的原始仪器所期待的巨大进步。但进步并没有就此停下。20世纪80年代初，由大陆或地球

344

图9.5　上：新墨西哥州圣·奥古斯丁平原上的VLA射电干涉仪。下：珀莱（R.A.Perley），德雷耶（J.W.Dreyer）和科万（J.J.Cowan）用VLA拍摄的射电星系天鹅A的射电照片。涌入右射电叶的喷流很清楚；左叶的喷流暗一些。与1944年雷伯那幅没能反映两叶的对应照片［图9.1（d）］和1953年詹尼森、古普塔那幅只揭示了两叶存在［图9.3（d）］的矩形］的射电图以及1969年赖尔的［图9.3（d）］比较，可以看到这幅射电图片在分辨率上大大提高了。［两图均由NRAO／AUI提供。］

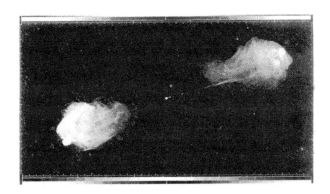

相对两端的射电望远镜组成的甚长基线干涉仪（VLBIs）得到了比光学望远镜的分辨率高1000倍的射电星系核和类星体的图片。（VLBI的各望远镜的结果记录在磁带上，并以一个原子钟为它们标记时间，然后将来自所有望远镜的磁带输入计算机，在机上相互"干涉"而成图。）

80年代初的VLBI照片说明，喷流最深延伸到了星系核或类星体内几光年——就是在这个区域内，某些类星体（如3C273）藏着一个大小不足1光月的非常明亮的发光体。中央发动机大概也在发光体内，不仅为它提供能量，也激发了涌向射电叶的喷流。

喷流还泄露了中央发动机本质的另一点线索。有的喷流在100万光年甚至更长的距离内是绝对直的。如果这些喷流的源在转动，那么像洒水车上旋转的水龙头一样，它会产生弯曲的喷流。所以，我们看到的直线喷流意味着，中央发动机在很长一段时间里是在完全相同方向上点燃喷流的。多长呢？由于喷流气体不能比光运动更快，而有些喷流比百万光年还长，所以点火方向必须稳定百万年以上。为达到这样的稳定性，发动机的喷流"龙头"必须固定在超稳定的天体——某种永久的陀螺仪上（回想一下，陀螺是一种快速旋转的物体，它能长时间地将旋转轴保持在一个稳定不变的方向。这样的陀螺仪是飞机和导弹惯性导航系统的关键部件）。

到80年代初，在已经提出的10多个中央发动机解释中，只有一个需要永久的超级陀螺仪，它的大小不超过1光月，能产生强大的喷流。那是一个巨大的旋转的黑洞。

巨黑洞

346　　　巨黑洞可能激发类星体和射电星系的想法，是萨尔皮特和泽尔多维奇 1964 年（也就是黄金年代开始那年）提出来的。[21] 他们曾发现落向黑洞的气流会碰撞而产生辐射（见图 8.4），这个想法显然是那发现的一个结果。

　　　关于气流向黑洞下落的更完整和实在的描述，是剑桥的英国天文学家林登－贝尔（Donald Lynden-Bell）1969 年提出的。[22] 他令人信服地证明了，气流碰撞后将结合在一起，在离心力作用下围绕黑洞螺旋式下落，在旋转中形成一个盘状物，就像围绕土星的环 —— 林登－贝尔称它为吸积盘，因为气体是被吸到黑洞上去的。（图 8.7 右图是艺术家心目中的一个吸积盘，围绕着天鹅 X-1 中的一个小黑洞。）在吸积盘中，相邻气流会相互摩擦，强烈的摩擦会将盘加热到很高的温度。

　　　80 年代，天体物理学家认识到，3C273 中心那个 1 光月左右大的明亮发光天体可能就是林登－贝尔说的那种摩擦生热的吸积盘。

　　　我们通常认为，摩擦是很不起眼的热源。想想靠两根棍儿的摩擦来点火的可怜童子军吧！不过，童子军的肌肉力量太小了，而吸积盘的摩擦靠的是引力的能量。由于引力能很大，远大于核能，所以摩擦很容易把盘加热，使它比大多数明亮星系还亮 100 倍。

　　　黑洞怎么像陀螺呢？ 1975 年，耶鲁大学的巴丁（James Bardeen）和彼德森（Jacobus Petterson）找到了答案：[23] 黑洞如果快速旋转，就完全像一只陀螺。它的旋转方向总是严格固定不变的，旋转在黑洞周围产生的空间旋涡（图7.7）也总是指着相同的方向。巴丁和彼德森通过数学计算证明，黑洞附近的空间旋涡一定把握着吸积盘的内部，使它严格保持在黑洞的赤道平面——不论盘的指向与黑洞方向相差多远，都是如此（图9.6）。来自星际空间的气体被盘的遥远外部捕获时，可能会改变那里盘的指向，但由于黑洞的陀螺行为，它不可能改变黑洞附近的吸积盘方向。在黑洞附近，吸积盘总在赤道面上。

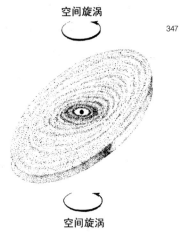

空间旋涡

空间旋涡

347

图9.6 旋转黑洞产生周围的空间旋涡，旋涡使吸积盘内部保持在黑洞的赤道面上

    没有爱因斯坦场方程的克尔解，天体物理学家就不会认识这种陀螺行为，也不可能解释类星体。有了克尔解，他们在20世纪70年代中期就得到了一个清晰而优美的解释。黑洞不再是"空间的一个洞"，它作为一个动态物体的概念，第一次成为解释天文学家观测现象的重要角色。

    巨黑洞附近的空间旋涡有多大？换句话说，巨黑洞旋转有多快？巴丁也导出了答案。他从数学上证明，从吸积盘落进黑洞的气体会逐渐使黑洞越转越快。黑洞在吞没了足够的螺旋气体而使自身质量加倍时，将以近乎最大可能的速率旋转——离心力的作用不允许超过这 ³⁴⁸个速率（第7章）。[24] 因此，巨黑洞通常应该有一个最大旋转速度。

　　黑洞和它的吸积盘怎么会产生两股在相对方向上的喷流呢？这太容易了。20世纪70年代中期，剑桥大学的布兰福德、里斯和林登-贝尔就知道，有四种可能产生喷流的途径，每一种都能做到这一点。

　　第一种：布兰福德和里斯认识到，[25] 吸积盘周围可能是冷气体云 [图9.7（a）]。吹开吸积盘上下表面的风（类似于吹开太阳表面的风），可以在冷气云中生成热气泡。然后，热气体在冷云的上下表面钻孔，并从孔洞流出去。从这些孔洞流出来的热气体，像从花园里的浇水龙头流出的水一样，形成细细的喷流。喷流的方向依赖于孔洞的位置。假如冷气云也以黑洞的轴旋转，那么最可能的位置就是沿着转轴，也就是垂直于吸积盘的内部 —— 这些位置的孔洞产生的喷流，就将固定在黑洞的陀螺旋转的方向上。

　　第二种：因为吸积盘很热，所以内部压力很高。而这个压力可能使盘膨胀，变得很厚 [图9.7（b）]。林登-贝尔指出，[26] 在这种情况下，吸积盘气体的轨道运动的离心力，将在盘的顶部和底部面上生成旋涡式的漏斗，这些漏斗很像浴缸里的水从排水孔螺旋流出时形成的旋涡。黑洞像排出孔，而盘的气体就像水。由于气体的摩擦，旋涡状漏斗的表面也会很热，形成吹散自己的风，漏斗则将风汇聚成喷流。喷流方向与漏斗的一样，而漏斗牢牢地固定在黑洞陀螺的旋转轴上。

　　第三种：布兰福德发现，[27] 处在吸积盘上和延伸到盘外的磁力线都会因盘的转动而被迫一圈圈地旋转 [图9.7（c）]。旋转的磁力线表现出向外和向上（或者向外和向下）的螺旋形状。电力将把热气体（等离子体）束缚在力线上；等离子体可以沿着力线滑动，但不能穿越。

力线旋转时，离心力会将等离子体沿着力线抛出去，形成两股磁化喷流，一股向上，一股向下。这样，喷流仍然还是在黑洞的旋转方向上。

第四种喷流产生方式比其他几种更有意思，需要多说几句。在这种方式里，黑洞像图9.7（d）那样被磁力线穿过，它旋转时，也拖着磁力线转圈，使它们向上、下抛出等离子体，同第三种方法一样，形成两股喷流。喷流沿黑洞转轴射出来，所以它们的方向与黑洞陀螺是一样的。这种方式是布兰福德刚获剑桥博士学位后与另一个研究生茨纳耶克（Roman Znajek）想到的，于是被称为*布兰福德-茨纳耶克过程*。[28]

布兰福德-茨纳耶克过程特别有意思的地方在于，流入喷流的能量来自黑洞巨大的旋转能。（这应该是显然的，因为正是黑洞的旋转引起空间旋涡，正是空间旋涡引起磁力线旋转，正是磁力线旋转将等离子体抛出去。）

在布兰福德-茨纳耶克过程中，黑洞的视界怎么可能被磁力线穿过呢？这样的力线本应是一种"毛"，可以转化为电磁辐射而消失，所以，根据普赖斯定理（第7章），它们是*必然*会辐射掉的。事实上，普赖斯定理只有在黑洞远离其他物体而单独存在时才是正确的。我们现在讨论的黑洞并不孤立，在它周围还有吸积盘。假如那些磁力线突然脱离黑洞，那么从它北半球出去的和从它南半球出去的线实际上是互为延伸的同一条线，它们脱离黑洞的惟一途径是穿过吸积盘外部的热气体。但热气体不会让它们过去，而是将它们挤进吸积盘内部的空间区域。因为这个区域大部分被黑洞占据着，所以被困的磁力线穿过了黑洞。

349

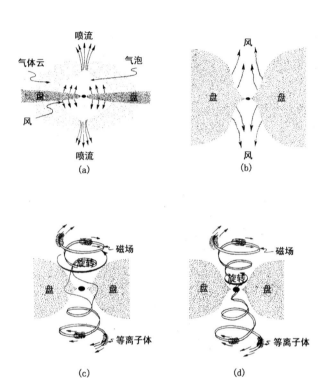

图9.7 黑洞和吸积盘激起两股喷流的四种方法。(a) 吸积盘的风在周围旋转的气云中吹出一个气泡,气泡的热气体沿旋转轴在气云中钻孔,喷流从孔洞中射出。(b) 吸积盘因内部巨大的热压力而膨胀,膨胀后的旋转盘形成两个漏斗,吸积盘的风经过漏斗而成为喷流。(c) 束缚在吸积盘上的磁力线被盘的旋转带动,磁力线旋转时,将等离子体向上下抛出去,等离子体沿力线滑动而形成两股磁化喷流。(d) 穿过黑洞的磁力线因黑洞空间的旋涡而被迫旋转,它们在旋转时向上下抛出的等离子体形成两股磁化喷流

　　这些磁力线从哪儿来?来自吸积盘。宇宙中所有气体都是磁化的,或至少有一点磁化,吸积盘的气体也不例外。[1] 吸积盘气体一点点落入黑洞时,也将磁力线带进去了。在接近黑洞时,每一点气体

---

1. 由于星际和星体的气体运动,宇宙在时刻不断地产生磁场;磁场一旦产生,就很难消失。星际气体汇聚到吸积盘时,将自身的磁场也带来了。

从磁力线"滑"下去，穿过视界，而将力线留在视界外面，像图9.7（d）画的那样穿过视界。现在，这些被周围的吸积盘严格束缚着的穿过视界的磁力线，就可以照布兰福德－茨纳耶克过程提取黑洞的旋转能了。

所有这四种产生喷流的方式（气体云中的孔洞，漏斗里的风，吸积盘内旋涡式的磁力线和布兰福德－茨纳耶克过程），也许在类星体、在射电星系以及在某些其他类型星系的特殊核心（我们称这些核心是活动星系核），都不同程度地发挥着作用。

如果说类星体和射电星系的能源都来自相同类型的黑洞发动机，[29] 它们为什么又显得那么不同呢？为什么类星体的光来自大小约1光月的强烈发光的恒星类天体，而射电星系的光来自大小约100 000光年的银河系那样的恒星集合？

几乎可以肯定，类星体与射电星系没有多大差别。类星体的中央发动机周围也存在着一个100 000光年的恒星系。不过，在类星体中，中央黑洞以特别高的效率通过吸积气体而增加燃料（图9.8），相应地，吸积盘内的摩擦热也很高。这么巨大的热量使吸积盘比周围星系的所有恒星加起来还亮几百到几千倍。天文学家看到了光亮的吸积盘，却没看到星系的恒星，所以这个天体看起来是"quasi-stellar"（也就是，像恒星那样的，像一个小小的强光点）[1]，而不像一个星系。

1."类星体"（quasar）就是"类似于星体的天体"（quasi-stellar）的简称。

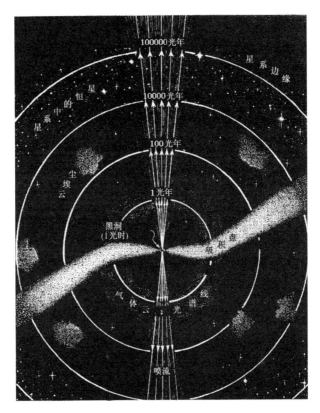

图9.8　我们现在所能理解的类星体和射电星系的结构。这个以所有观测数据为基础的具体模型是加州理工学院的芬尼（Phinney, E.Sterl）和其他人提出的

　　吸积盘最深处很热，发X射线；靠外一点儿，吸积盘冷一些，发紫外辐射；再外就更冷，发光学辐射（可见光）；而在最外的区域，就冷却到只能发红外辐射了。发光区域的正常大小是1光年左右，不过在有些情况（如3C273）下，它可能只有1光月或更小，因此也可能在1个月那么短的周期内改变光度。从最内的区域流出的大量X射线和紫外线落到离吸积盘几光年远的气体云上，将它们加热；正是这些

被加热的云发出的光谱线，让我们第一次发现了类星体。有些（但不是所有的）类星体会出现吹散吸积盘的磁化风，这些风很强，足以产生射电的喷流。

与类星体相比，射电星系中央的吸积盘大概更安静一些，安静的意思是吸积盘内的摩擦很小，于是热量小，发光本领低，所以吸积盘远没有星系的其他部分亮。这样，天文学家通过光学望远镜只看到了星系，没看到吸积盘。不过，吸积盘、旋转黑洞和穿过黑洞的磁力线也许会像图9.7（d）（布兰福德－茨纳耶克过程）那样共同产生强烈的喷流，喷流从星系流出来，进入星系际空间，在那里将能量传给星系的巨大射电叶。

这些以黑洞为基础的关于类星体和射电星系的解释是很成功的，人们不禁会说，它们一定是正确的，而星系的喷流一定就是那个向我们叫喊"我来自黑洞"的惟一信号！不过，天体物理学家还是真够谨慎的，他们更相信铁一般的事实。而所有这些射电星系和类星体的观测性质都可能有另一种不需要黑洞发动机的解释：那可能是一颗比太阳重几百万或几十亿倍的超大质量的磁化的快速旋转的恒星——这种恒星，天文学家从未见过，但从理论上看，它可以在星系中央形成。这样的超大质量恒星的行为很像一个黑洞的吸积盘，它通过收缩（但不能收缩到临界周长以下）可以释放大量的引力能；引力能通过摩擦为恒星加热，使它像吸积盘那样发亮；束缚在恒星的磁力线可以旋转，以喷流形式将等离子体抛出去。

某些射电星系和类星体的能源可能就来自这种超大质量恒星。但

是，物理学定律认为，这样的恒星会逐渐缩小，并在接近临界周长时
发生坍缩而形成黑洞。恒星在坍缩之前的总寿命会远小于宇宙的年龄。
这意味着，虽然最年轻的射电星系和类星体可能以超大质量恒星为能
源，但更老的能源，几乎肯定来自巨黑洞——几乎肯定，但不是绝对
肯定。这些论证还没成为铁的事实。

　　巨黑洞多吗？在20世纪80年代，逐渐积累的证据表明，这样的
黑洞不仅存在于大多数类星体和射电星系，也存在于很多大的正常
（不射电的）星系，如银河系和仙女座，甚至还存在于某些小的星系核
中，如仙女座的矮伴星M32。在正常星系（银河系、仙女座、M32）中，
黑洞周围可能没有吸积盘，或者只有很薄的盘，只能流出很少的能量。

　　我们银河系里这种黑洞的证据（如1993年的）是很诱人的，但
还远没有证实。[30] 关键的一点证据来自星系中心附近气体云的轨道
运动。伯克利加利福尼亚大学的汤斯（Charles Townes）和他的同事
们发现，气体云在绕着一个约300万个太阳质量的天体转动；射电
观测表明，在这个中心天体位置上有一个很特别的但不太强的射电
源——这个射电源惊人地小，还没有我们的太阳系大。不过，这正是
我们希望的一个安静的只有薄吸积盘的300万个太阳质量的黑洞应
该具有的观测性质，但它们也容易用别的办法来解释。[1]

　　巨大黑洞可能存在而且存在于星系的中心，这令天文学家感到非
常惊奇。不过，现在想来，我们还是容易理解，这样的黑洞怎么能在

---

1. A. Eckart和R. Genzel近年通过对银河系中心0.3光年内的星体三维速度的研究，证明了银河系
中心有一个250万个太阳质量的黑洞。——译者注

星系的中心形成。

在任何星系里，当两颗恒星互相经过时，引力会使彼此偏转，脱离原来路径的方向。（NASA的飞船在遇到木星那样的行星时，也会因为这个作用而改变轨道。）由于这个过程，通常有一颗恒星会偏向星系中心，而另一颗会偏离中心。过程累积的结果是，星系中的某些恒星被驱到星系中心。同样，以后会发现，星系内星际气体的摩擦效应，最终会使大量气体落入星系中心。

355

随着越来越多的气体和恒星汇聚到中心，它们形成的集团的引力也会越来越强。最后，集团引力将超过它的内部压力，坍缩形成一个巨大的黑洞。另一种可能是，集团内的大质量恒星坍缩形成一些小黑洞，这些小黑洞相互碰撞，也与恒星和气体碰撞，从而形成更大的黑洞，最终形成一个统治中心的巨大黑洞。通过估计坍缩、碰撞和联合等过程所需要的时间，我们可以合理（尽管还不能令人信服）地认为，大多数星系在很久以前就在它们的中心生成了巨黑洞。

假如不是天文观测令人强烈感到星系的中心存在着巨黑洞，天体物理学家可能在20世纪90年代的今天也不会预言它的存在。不过，观测的确令人想到巨黑洞，天体物理学家也很容易让自己适应这种想法。从这一点可以看到，对星系中心真正发生了什么事情，我们的认识是多么贫乏。

未来会怎样呢？我们需要担心银河系里的巨黑洞会吞噬地球吗？看几个数字，我们就可以放心了。我们星系中央的黑洞质量（如果确实存在的话）是太阳的300万倍，于是有5000万千米或200光秒的周长 —— 大约是地球绕太阳的轨道周长的十分之一，同银河系本身的大小相比，这是很小的。我们的地球跟着太阳一起在一个20万光年周长的轨道上绕着星系中心转动 —— 那比黑洞的周长大300亿倍。假如这个黑洞最终会吞噬银河系的大部分物质，它的周长也只能扩张到1光年左右，我们的轨道周长还比它大20万倍。

当然，在10^{18}年里 —— 这是我们的中央黑洞吞噬大部分星系物质所需要的时间（比宇宙现在的年龄还大1亿倍），地球和太阳的轨道也许会发生根本的改变。我们不可能预知这些改变的细节，因为我们不能充分地知道在这10^{18}年里太阳和地球可能遇到的其他恒星的位置和运动情况。这样，我们不可能预知太阳和地球最终是会落入星系中央的黑洞，还是会被抛出银河系。然而我们可以相信，即使地球最终会被吞噬，那也是在大约未来的10^{18}年 —— 在那遥远的日子来临前，几乎可以肯定会有别的灾难同时降临地球和人类。[1]

356

---

1. 作者似乎忘了，太阳系的（当然也包括地球的）寿命大约是100亿年，而现在已经过了46亿年，即使没有"天外来祸"，再过50亿年，太阳系自己就可能发生"根本的改变"。——译者注

第 10 章
曲率波

引力波把黑洞碰撞的交响曲带给地球，
物理学家设计出仪器来寻找那些波，
倾听它们的音乐

交响

10亿年前，在离地球10亿光年远的一个星系的中心，紧密聚集着一个几亿颗恒星和气体的集团。当一颗颗恒星被抛出去后，留下的1亿颗恒星落向中心，集团逐渐收缩，1亿年后，收缩到几光年大小，小恒星也开始零星碰撞、结合，形成更大的恒星。大恒星燃尽它们的燃料，然后坍缩形成黑洞；一对对的黑洞相互靠近，有时落入对方的轨道。

图10.1画了这样一个黑洞的双星系统的嵌入图。每个黑洞在嵌入的表面上形成深坑（强大的时空曲率），当黑洞相互绕着对方旋转时，转动的坑产生曲率波，以光速向外传播。波动在黑洞周围的时空体 [358]

形成螺旋的波纹，那样子很像花园里高速旋转的浇水器喷出的水。每一滴水都会近似地沿半径飞出，同样，每一点曲率也都会向外辐射开去；向外飞出的水滴形成一条螺旋水线，因此，所有的曲率波也在时空体上形成螺旋的峰谷。

图10.1　两个黑洞组成的"双星系统"轨道"平面"空间曲率的嵌入示意图。中心的两个坑代表黑洞周围的强烈时空弯曲。这样的坑在以前的黑洞嵌入图（如图7.6）中已经遇见过了。当黑洞互相围绕对方转动时，会产生向外传播的曲率波动，叫引力波。［加利福尼亚理工学院LIGO计划提供。］

因为时空曲率与引力是同一件事，所以这些曲率的波动实际上就是引力的波动，或者说引力波。爱因斯坦的广义相对论不容争辩地预言，当两个黑洞或者两颗恒星相互绕着对方转动时，一定会产生这样的引力波。

向外面空间传播的引力波会对黑洞产生反冲，就像射出去的子弹对枪的反冲一样。波的反冲作用使黑洞靠得更近，转得更快；也就是说，黑洞将螺旋式地慢慢落向对方。这个过程会逐渐释放引力能，一半进入引力波，另一半提高黑洞的转动速度。

　　黑洞的螺旋式运动先很慢，但随着它们越靠越近，会越动越快，它们辐射出的曲率波越强，失去的能量也越多，而螺旋式下落也越快 [359] [图10.2（a），（b）]。最后，当每个黑洞接近光速时，它们的视界便在接触中结合在一起。原来有两个黑洞的地方，现在只有一个——快速旋转的哑铃型黑洞 [图10.2（c）]。当视界旋转时，哑铃辐射出曲率波，波反作用在黑洞上，将哑铃的凸起一点点削去 [图10.2（d）]，留下一个赤道断面完全光滑而圆的旋转的黑洞视界，正好是爱因斯坦场方程的克尔解所描述的形状（第7章）。

　　我们不可能有什么办法从最后这个光滑的黑洞发现它的历史，也不可能区分它是两个小黑洞聚合形成的，还是一颗物质恒星或者一颗反物质恒星直接坍缩形成的。黑洞没有能泄露它历史的"毛"（第7章）。

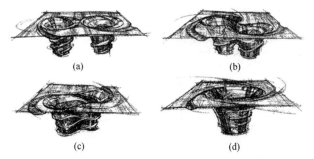

图10.2　两个黑洞组成的"双星系统"周围空间曲率的嵌入示意图。图经过艺术家修饰，看起来很有动感。两个黑洞螺旋式地靠近，这些图表现了这个时间序列。在图（a）和（b），黑洞视界在坑底还是两个圆，它们在图（c）前消失而形成单独的一个哑铃型的视界。旋转的视界发出引力波，也带走了变形，留下一个光滑旋转的克尔黑洞，见图（d）。[加利福尼亚理工学院LIGO计划提供。]

　　然而，历史没有完全失去，还留下一点儿记录：记录在黑洞结合所发出的时空曲率波里。这些曲率波很像交响音乐的声波。音乐的 [360]

交响表现在声音的强弱短长（这儿声音大，那儿声音小；这儿频率高，那儿频率低）；黑洞结合的历史也表现在曲率波的大小高低。声波带着交响乐从乐队流向听众；曲率波也带着它的历史从结合的黑洞飞向遥远的宇宙。

曲率波从两个黑洞诞生的恒星和气体的集团里出来，在时空体里穿行，既不会被吸收，也不会受干扰，完好地保留着历史的记忆。它穿过自己的星系，进入星系际空间；穿过它的星系所在的星系团，然后穿过一个又一个的星系团，来到我们的星系团，我们的银河系，我们的太阳系，最后穿过我们的地球，继续飞向更遥远的星系。

聪明的人类应该能在这些时空曲率波经过时监测到它们；我们的计算机可以将这些曲率波转换成声波，让我们听到黑洞的交响曲：当它的音调逐渐升高变强时，黑洞在螺旋地接近；然后我们听到它疯狂的回旋，那是两个黑洞正在结合成一个变形的黑洞；然后，它拖着长音慢慢地消逝，就像黑洞的凸起慢慢地收缩、消失。

从这支波澜交响曲，我们能听出很多信息：

1. 我们仿佛听到一个声音在说，"我来自螺旋式结合在一起的两个黑洞。"这是绝对确凿的黑洞信号，天文学家一直在徒劳地用光、X射线（第8章）和无线电波（第9章）寻找这样的信号。因为光、X射线和无线电波在远离黑洞视界的外面，从一类完全不同于黑洞组成（纯时空曲率）的物质（高速热电子）产生出来，在穿过中间物质时会遭受严重的破坏，所以它们不能携带多少关于黑洞的信息，更不可能

有什么确定的信号。相反，曲率波（引力波）来自结合黑洞视界的邻 ³⁶¹
近，是由与黑洞同样的物质（时空结构的弯曲）产生的，不会遭受传
播途中物质的破坏，所以，它们能为我们带来具体的关于黑洞的消息
和确凿的黑洞信号。

2. 这支波澜交响曲能告诉我们，每个黑洞有多重，它们旋转有多
快，它们的轨道是圆还是直，它们在天空什么地方，它们离地球有
多远。

3. 交响曲还表现了螺旋黑洞的时空曲率的部分特征，我们能第
一次确定性地检验广义相对论的黑洞预言：交响曲所表现的图景与爱
因斯坦场方程的克尔解一致吗（第7章）？它所表现的旋转黑洞附近
的旋涡是克尔解要求的吗？旋涡的数量与克尔解的相同吗？旋涡在
接近视界时像克尔解说的那样变化吗？

4. 交响曲还表现了两个黑洞视界的结合和结合的黑洞的振
荡——这些事情我们今天也只有很模糊的认识。因为爱因斯坦广义
相对论定律与它们相关的那个特征，我们还理解得太少，那就是所谓
非线性的特征（卡片10.1）。"非线性"意味着大曲率本身还要产生
曲率，它反过来又产生更大的曲率——像雪崩，下滑的一点儿雪带
动周围的雪，它们又带动更多的雪，最后一坡的雪都滑落下来。我们
认识非线性在宁静黑洞的表现，它是把黑洞黏结在一起的"胶"。但
我们不知道，当强大的曲率剧烈动荡时，非线性在做什么：它如何表
现？产生什么效应？为了认识它们，两个黑洞的结合与振荡是很有希
望的"实验室"。为了认识它们，还需要实验物理学家和理论物理学

家并肩协作，监测来自遥远宇宙的结合黑洞的交响波澜，在超大规模计算机上模拟它们的结合。

卡片10.1

非线性及其结果

如果一个量的总体是部分之和，我们就称它是线性的；否则，它就是非线性的。

我的家庭收入是线性的：它是妻子和我自己的薪水之和。我退休以后的养老金是非线性的，它不是我过去投入的总和；相反，它远比那个和大，因为每一笔投入都有利息，而每一点利息又会为自己带来利息。

下水道的水量是线性的，它是每家倒进管道的水的总和。雪崩的体积是非线性的，一点儿雪能够诱发一山坡的雪崩落。

线性现象简单，好分析，好预测。非线性现象复杂，难分析，难预测。线性现象只有很少的几种行为方式，很容易分门别类。非线性现象五花八门——科学家和工程师们近几年在遇到被称为混沌的非线性行为时，才开始认识它们。（混沌思想的优美引导，请看格莱克（Gleick）1987年的书。[1]）

时空曲率小（如在太阳系）时，近似为线性的，例如，

---

1. James Gleick，*Chaos Making a New Science*。这本书至少已经有3个中译本了，例如张淑誉译、郝柏林校，《混沌，开创新科学》（上海译文出版社，1990）。——译者注

地球上海洋潮汐就是月亮和太阳的时空曲率（潮汐引力）联合作用的结果。相反，时空曲率大（如在大爆炸或黑洞附近）时，爱因斯坦广义相对论引力定律预言，曲率是高度非线性的——是宇宙中极端非线性现象之一。然而，目前我们几乎还不能说明引力非线性特征的实验和观测数据，我们解爱因斯坦方程的能力还低得可怜，我们的解只有在很简单的情况下——例如，在宁静的旋转黑洞附近，才说明了一点非线性的东西。

宁静黑洞因为引力的非线性而存在；离开引力的非线性，黑洞自身都不能维持，就像木星上的大红斑，如果没有气体的非线性行为，也不能存在下去。当生成黑洞的坍缩恒星消失在黑洞视界里时，它也失去了以任何方式影响黑洞的能力。最重要的是，恒星的引力不再是黑洞的维持者。这时候，黑洞还能继续存在完全是因为引力的非线性：没有了恒星，黑洞时空曲率仍将继续产生其非线性。这样，自我生成的曲率像非线性"胶"一样将黑洞粘在一起。

宁静黑洞激起了我们的兴趣，我们也还想知道更多：引力的非线性还产生了别的什么现象吗？通过监测和解读结合黑洞所产生的时空曲率波，也许能得到一些答案，我们在那儿大概会遇到从没想到过的混沌和奇异行为。

为了认识它们还需要监听曲率的交响乐。怎么听呢？关键在于曲率的物理本质：时空曲率与潮汐引力是同一回事。月亮产生的时空曲率在地球上激起海潮［图10.3（a）］；同样，引力波的时空曲率也能激起海潮［图10.3（b）］。

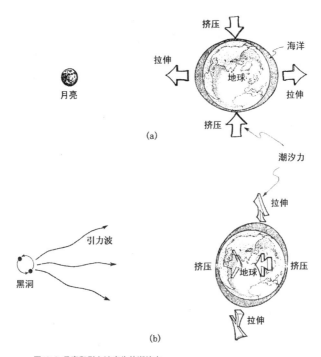

图10.3 月亮和引力波产生的潮汐力。
（a）月亮的潮汐力在地球上引起的海洋潮汐的涨落：纵向涨潮，横向落潮。
（b）引力波的潮汐力引起海洋潮汐的涨落。力完全是横向的，在一个方向上拉伸，另一个方向上挤压

　　然而，广义相对论认为，月亮激起的海潮与引力波激起的海潮有三点不同。第一点，传播不同。引力波的潮汐力（曲率波）类似于光波和无线电波，它们从源地以光速传向地球，在传播中振荡。而月亮的潮汐力像带电物体的电场。电场紧紧依附在带电体上，带着电场的物体就像刚毛耸立的刺猬；月亮的潮汐力也是这样的，像从月亮伸出数不清的手，随时准备捕获、挤压或拉伸走近它的事物。月亮的潮汐力在地球海洋中引起的潮涨潮落似乎每过几个小时就会改变，那只是因为地球在引力场中转动。假如地球不转动，潮汐力的作用是不

会改变的。

　　第二点,潮汐方向不同[图10.3(a),(b)]。月亮在空间所有方向都产生潮汐力。它在纵向(指向或背离月亮方向)上掀起海潮,在横向(垂直于月亮方向)上挤压地球。相反的是,引力波在纵向(沿着波传播的方向)上不产生任何潮汐力。然而,在横向平面上,引力波会在一个方向[在图10.3(b)中是上下方向]上拉伸,在另一个方向(在图中是前后方向)上挤压。拉伸与挤压是振荡的,波峰来时,上下拉伸,前后挤压;波谷来时,上下挤压,前后拉伸;下一阵波峰到来时,它又会反过来,上下拉伸,前后挤压。

　　第三点,月亮与引力波产生的潮汐大小不同。月亮产生的潮汐大概是1米,所以潮涨潮落相差2米。而来自黑洞结合的引力波在地球海洋上产生的潮汐不会大于10^{-14}米,是地球大小的10^{-21}(单个原子大小的1/10000,刚好比原子核大10倍)。因为潮汐力正比于它所作用的物体的大小(第2章),所以引力波通过潮汐在任何物体产生的变形只有物体大小的10^{-12}。这意味着,到达地球时,引力波的强度是10^{-21}。

　　引力波为什么这样弱呢?因为结合的黑洞离得太远了。引力波的强度与光波一样,随传播距离的增加而衰减。当波还在黑洞附近时,它们的强度大概为1,就是说,物体有多大,它就把它拉伸或压缩多少,在这么强的作用下,人是会丧命的。然而,到达地球时,引力波的强度减小到约(1/30黑洞周长)/(波经过的距离)。[1]对一个10亿光

（右侧页边注：364　365）

---

1. 因子1/30来自爱因斯坦场方程的具体计算。它包括一个将黑洞周长换算成半径的因子$1/2\pi$,近似等于1/6;另一个因子1/5是爱因斯坦场方程决定的。

年远、10 个太阳那么重的黑洞来说，引力波强度为（1 / 30）×（180 千米的黑洞周长）/（到地球的 10 亿光年）≈ 10^{-21}。于是，它使地球海洋发生的形变为 10^{-21} ×（10^7 米的地球大小）= 10^{-14} 米，正好是原子核直径的 10 倍。

想在地球汹涌的海洋上测量这么微小的潮汐是完全没有希望的。不过，通过周密设计的实验室仪器来测量引力波的潮汐力，还是有希望的 —— 那就是引力波探测器。

棒

约瑟夫·韦伯（Joseph Weber）第一个充满远见地认识到，测量引力波并不是完全没有希望。1940 年，韦伯带着工程学士学位到美国海军学院读研究生，二战时在勒星顿号航空母舰上服役，舰在珊瑚海战役沉没后，他成了 690 号潜艇的指挥官。1943 年攻占意大利时，他率领小罗斯福（Theodore Roosevelt, Jr.）准将和 1900 名突击队员登岸。战后，他是美国海军舰船局电子对抗部的领导。他在无线电和雷达技术方面的造诣是出了名的，所以，1948 年马里兰大学请他去担任电子工程学教授，他同意了 —— 成为一名只有大学学士学位的 29 岁的正教授。

在马里兰大学讲电子工程的同时，韦伯也在准备改行：在天主教大学跟赫兹菲尔德（Karl Herzfeld）学习，成了物理学博士。这位赫兹菲尔德也曾是惠勒的博士导师。韦伯从他那儿学到了很多关于原子、分子和辐射的物理学，从而在 1951 年发现激光产生的新机制，但他没有条件用实验来证明他的思想。在韦伯准备发表他的思想时，[1]另有两个小组 —— 一个在哥伦比亚大学，由汤斯领导；一个在莫斯科，由巴索夫（Nikolai Gennadievich Basov）和普罗哈洛夫（Aleksandr Michailovich Prokharov）领导 —— 独立发现了另一种新机制，而且他们接着就发现了激光。1 尽管韦伯关于这个机制的论文最先发表，但他几乎什么荣誉也没得到；诺贝尔奖和专利都给了哥伦比亚和莫斯科的科学家。2 韦伯很失望，但他与汤斯和巴索夫仍然很友好。他又去找新的研究方向。

韦伯先找到了惠勒的研究小组，工作了一年，成为一名广义相对论专家，跟惠勒一起研究广义相对论对引力波性质的预言。1957年，他又找到了新方向，开始建造世界上第一台寻找和监测引力波的仪器。

从1957年下半年开始，到1959年初，韦伯想尽了他能想到的各种引力波探测方案。这还只是在纸上的脑力训练，没做实验。他的想法写满了4本300页的笔记，包括可能的探测器设计和每一设计预想步骤的计算。一个个想法都因为没有希望而被他扔到一边。但有几个还有希望，韦伯最后选择了一根圆柱形铝棒，长约2米，直径0.5米，重1吨，侧面指向到来的引力波（图10.4下）。[2]

引力波因为潮汐力的振荡，将交错挤压和拉伸铝棒的两端。铝棒

---

1. 他们的激光器实际产生的是微波（短波长无线电波），而不是可见光，所以被称为脉射（masers），而不是"雷射（lasers）"。"真正的"雷射，也就是产生激光的那种，要几年以后才实现。（maser是microwave amplification by stimulated emission of radiation的缩写，即受激辐射微波放大，或叫微波激射；将微波（microware）换成光（light），就成Laser，即雷射或激光。—— 译者注）

2. 1964年的诺贝尔物理学奖就是那三位共享的。—— 译者注

图 10.4　韦伯在介绍绕着铝棒中央贴上去的压电性晶片（约 1973 年）。引力波驱
动铝棒两端振动，振动将内外挤压这些晶片，从而产生可以用电学方法检测的电压。
［James P. Blair 摄，国家地理学会提供。］

两端具有相对于中心向里和向外振动的自然振动模式，能与振荡的潮
汐力发生共振。这种自然振动模式就像铃铛、音叉或者酒瓶的声音一
样，有非常确定的频率，与这些自然频率相应的声波能使这些物体产
生共鸣；同样，与棒的自然频率相应的振荡潮汐力也能引起棒的共振。
于是，以这种棒作为引力波探测器，应该将棒的大小调整到使它具有
与到来的引力波相应的自然频率。

　　频率该是多少呢？ 1959 年韦伯开始他的计划时，相信黑洞的人

很少（第6章），相信者也只认识很少一点儿黑洞性质。那时还没人想
到黑洞会碰撞、结合并发射记录它们碰撞历史的时空曲率波，也没人
能就其他的引力波源提出有多大希望的指导。

所以，韦伯是从黑暗中摸索起步的。他惟一的指南是粗略（却
是正确的）知道引力波的频率大概低于10000赫兹（每秒转10000
周）——那是物体以光速绕最紧致的恒星，即接近临界周长的恒星运
动的轨道频率。[3] 于是，韦伯设计了他能做到的最好探测器，让它们
的共振频率尽可能都落在10000赫兹以下，希望宇宙也能提供具有他
所选择的频率的波。很幸运，他的铝棒的共振频率大约是1000赫兹
（每秒振荡1000周），后来发现来自结合黑洞的某些波正好就在这样
的频率上振荡。某些来自超新星爆炸和结成的中子星对的引力波，也
是这种频率。

韦伯计划里最困难的地方在于发明一个用来监测铝棒振动的传 368
感器。他料想，波产生的振动应该很小，小于一个原子核的直径（但
在20世纪60年代，他不知道那到底是多小。据最近的估计，它只有
$10^{-21} \times$（2米棒长）$\approx 10^{-21}$米，或者说，只有原子核直径的百万分之
一）。对五六十年代的大多数物理学家来说，即使原子核直径的十
分之一也是不太可能测量的。但韦伯不这样看，他发明了能胜任的
传感器。

韦伯传感器的基础是压电效应：某些类型的材料（特定的晶体或 369
陶瓷）在受轻微挤压时会在两端产生电压。韦伯本想用这类材料来做
他的棒，但材料太贵，他只好求其次：用铝做棒，然后绕着棒的中央

贴上一些压电性晶体片（图10.4）。棒振动时，表面将挤压或拉伸晶片，每块晶片都产生一个振荡电压。韦伯用电路将晶片一块块串联起来，于是微弱的振荡电压将叠加在一起，即使棒的振动只有原子核直径的十分之一，这样累积的电压也足以用电学方法检测出来。

20世纪60年代初，韦伯还是世界上惟——个寻找引力波的实验物理学家。带着激光竞争的痛苦回味，他喜欢这种孤独。然而，在70年代初，他那令人感动的敏锐力和他实际可能检测到了的引力波证据（现在想来，我相信他没有检测到），吸引了几十位实验家；80年代，已经有100多位有才能的实验家投身进来，为实现引力波的天文学与他并肩战斗。[4]

我第一次见韦伯是在法国阿尔卑斯山勃朗峰对面的山坡上，那是1963年的夏天，他着手探索引力波已经4年了。那时我还是刚开始研究相对论的研究生，和来自世界各地的其他35名学生一起到阿尔卑斯山来参加紧张的两个月的爱因斯坦广义相对论引力定律的暑期讲习班。[5] 老师都是世界上最伟大的专家 —— 惠勒、彭罗斯、米斯纳、德维特（Bryce Dewitt）、韦伯等 —— 我们在课堂上听他们讲，私下里与他们交谈。南山的雪闪着耀眼的光芒，勃朗峰直插我们头上的天空；在我们周围，牛群带着铃响在绿油油的牧场上吃草，山下离学校几百米的地方，是美丽如画的莱苏什的村庄。

370　　　在这迷人的地方，韦伯讲引力波和他的探测计划，也令我入迷了。课后，我与韦伯谈物理、谈生活，也谈登山。逐渐发现，他和我个性相投。我们都喜欢独处，不喜欢紧张的竞争和激烈的思想讨论。我们更喜欢自己考虑问题，偶尔从朋友那儿听一些建议和想法，但又不让想赶在我们前头获得认识和发现的人从我们身边超过去。

接下来的10年里，黑洞研究热起来了，进入了它的黄金年代（第7章）。我开始感到黑洞研究并不令人喜欢——它太紧张、太激烈、太混乱。于是我忙着找别的自由空间多一些的研究领域，那样我在投入大部分精力后，还可以有点儿时间来研究黑洞或别的事情。在韦伯激发下，我选择了引力波。

我同韦伯的看法一样，引力波的研究还很幼稚，但它有光明的未来。在它萌芽时走进这个领域，我能为帮助它成长而快乐，能为后来的建设者奠定一点基础，而且用不着别人在我耳边唠叨，因为大多数其他相对论理论家那时都聚集到黑洞去了。

在韦伯看来，需要的基础在于实验，也就是，探测器的设计、建造和不断的改进。在我看来，基础在于理论。我们应该努力去认识，爱因斯坦的广义相对论定律关于引力波如何产生、如何在离开时对波源反作用，如何传播，都说了些什么；我们还应该判断，哪类天体会产生宇宙间最强的引力波，有多强，以多大频率振荡；我们还应该发明一些数学工具来解开这些天体产生的交响曲背后的秘密，这样，当韦伯等人最终探测到引力波时，理论和实验才能进行对比。

1969年，应泽尔多维奇的邀请，我在莫斯科过了6个星期。泽尔多维奇向我和其他一些人讲了他的一大堆新想法（第7章、第12章）。一天，他抽时间开车送我去莫斯科大学，把我介绍给一位年轻的实验物理学家布拉金斯基（Vladimjr Braginsky），他在韦伯激发下发展引力波探测技术已经好几年了，是继韦伯之后最先进入这个领域的实验家。他也做其他有趣的实验，例如，寻找夸克（质子和中子的基本构成物质），检验爱因斯坦关于所有物体（不论它的组成如何）在引力场中以相同加速度下落的论断（这是爱因斯坦将引力描述为时空曲率的基础）。

371

布拉金斯基给我留下了很深的印象。他机敏而深刻，对物理学有非常好的感觉；他热情而直率，很容易同他谈政治和科学。我们很快成了好朋友，也学会了尊重彼此的世界观。对我这样的美国自由民主党人来说，个人的自由是高于一切的，政府没有权力叫人怎么生活。对布拉金斯基这样的非教条共产主义者来说，个人对社会的责任才是高于一切的。

左：1973年9月，韦伯、索恩和 Tony Tyson 在波兰华沙的一次引力辐射会议上。右：1984年10月，布拉金斯基和索恩在加利福尼亚帕萨迪纳。[左，Marek Holzman，Andrzej Trautman 提供；右，Valentin N. Rudenko 提供。]

布拉金斯基具有别人没有的远见。在我们1969年见面时，以及后 372
来在1971年和1972年再见时，他都警告我，寻找引力波的棒存在着一
个根本的最终极限。[6] 他告诉我，那个极限来自量子力学。尽管我们
一般认为量子力学只对电子、原子和分子那样的小事物发生作用，但
是，如果对1吨棒的振动测量足够精确，我们会发现那些振动也有量
子力学行为，而且这些行为最终会给引力波的探测带来问题。布拉金
斯基很相信这一点，因为他计算过韦伯的压电性晶体和其他几类可能
用于棒的振动测量的传感器的最终行为。

我不明白布拉金斯基在说什么。我不懂他的理由，不懂他的计算，
也不懂它的重要性，所以没太注意。他向我讲的其他事情似乎要重要
得多：我从他那儿学会了如何考虑实验，如何设计实验装置，如何预
测影响仪器的噪声，如何消除噪声使仪器正常运行 —— 而布拉金斯
基从我这儿学的是，如何认识爱因斯坦的引力定律，如何确认那些预
言。我们很快结成一个小组，每个人都把自己的专业带进我们共同的
事业。在接下来的20年里，我们将得到巨大的快乐，也有一些发现。

20世纪70年代初期和中期，我和布拉金斯基每年都见面，在莫
斯科、帕萨迪纳、哥本哈根、罗马或别的什么地方，他每年都警告我
量子力学会给引力波探测器带来麻烦，而我每次都没听明白。他的警
告有些乱，因为他自己也没完全明白发生了什么事情。然而到1976年，
斯坦福大学的吉法德（Robin Giffard）在布拉金斯基后也独立提出这
样的警告，而且说得更清楚，我才恍然大悟。我终于意识到问题的严
重：棒探测器的最终灵敏度严格受测不准原理的限制。[7]

测不准原理是量子力学的一个基本特性。它说的是，如果你想高度精确地测量一个物体的位置，那么在测量过程中，你必然会对物体有一种反作用，从而以一种随机的不可预料的方式干扰物体的速度。位置测量越精确，物体速度受到的不可预料干扰就越强烈。不论仪器设计得多么巧妙，你都不可能超越这种固有的不确定性（见卡片10.2）。

卡片10.2

测不准原理与波粒二象性

测不准原理与波粒二象性（卡片4.1）——也就是粒子有时像波、有时像粒子的行为趋向——是密切相关的。

假如你在测量一个粒子（或者别的物体，如棒的端点）的位置，确定它在某个误差区间，那么，不论粒子的波在测量前像什么，在测量中，测量仪器都会对它产生反作用，从而将它约束在误差区间内。于是，得到的波形有点儿像下面的样子：

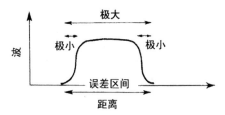

这样的约束波包含了从误差区间本身大小（图上标极大）到波的两端所在小区域的大小（图上标极小）的不同波长。更具体地说，受约束的波可以通过下面这些波长从

极大到极小的波动之和或叠加来构成：

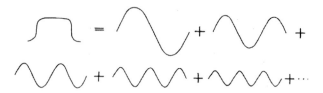

现在，想象波振荡的波长更短，粒子的能量更大，从而粒子的速度也更大。因为测量为波限定了一个波长范围，所以粒子的能量和速度也一定落在一个相应范围内；换句话说，它的能量和速度是不确定的。

概括地讲，测量将粒子的波约束在一定误差区间内（上面第一个图），使波由一定范围内的波长组成（第二个图），而波长的范围对应一个能量和速度的范围，从而速度是不确定的。不论你费多大气力，你在测量粒子的位置时，都免不了产生这种速度的不确定性。而且，更深入的论证表明，位置测量越精确，即误差区间越小，波长和速度的范围就越大，这样，粒子速度的不确定性也就越大。

374

测不准原理不仅决定电子、原子和分子等微观事物的测量，也影响宏观事物的测量。但是，由于大物体有大惯性，测量的反作用只能产生很轻微的速度扰动（速度受到的干扰与物体质量成反比）。

在引力波探测器问题上，测不准原理说的是，传感器对振动棒两端的位置测量越精确，测量对棒产生的随机反作用就越强大。

对于不精确的传感器，测量的反作用可能很小而无关紧要，但如果传感器不精确，你从哪儿知道棒的振动幅度呢？当然也就更不可能监测到微弱的引力波。

对于极端精确的传感器，反作用可能很大，能强烈改变棒的振动。这些巨大的未知的变化，将淹没你想探测的任何引力波。

在这两个极端之间，存在一个理想的传感器精度：它既不因为太低而令你一无所获，也不因为太高而出现不可知的强大反作用。在这样一个现在称为布拉金斯基标准量子极限的理想精度下，测量产生的反作用的效应几乎与传感器产生的误差一样小。没有传感器能比这个标准量子极限更精确地监测棒的振动。那么极限是多大呢？对 2 米长、1 吨重的棒来说，大约比一个原子核小 100000 倍。

20 世纪 60 年代，谁也没有认真考虑过需要这么精确的测量，因为没人清楚地知道来自黑洞和其他天体的引力波会有多么微弱。不过到 70 年代初，在韦伯实验计划激励下，我和其他理论家已经指出了最强引力波可能具有的强度，大约是 10^{-21}，[8] 这意味着波在 2 米棒产生的振动幅度只有 $10^{-21} \times$（2 米），约一个原子核直径的百万分之一。如果这些估计是正确的（我们也知道那是很不确定的），那么引力波信号比布拉金斯基标准量子极限小 10 倍，从而不可能用棒和任何已知类型的传感器来监测。

这实在令人忧虑，但并不是一切都完了。布拉金斯基深刻的直觉告诉他，如果实验者有特别机灵的办法，还是可能超越他的标准极限。他指出，这需要用一种新办法来设计传感器，使它不可避免的未知的反作用不会掩盖引力波对棒的影响。布拉金斯基称这样的传感器为量子无破坏[1]传感器。"量子"是由于传感器的反作用来自量子力学定律的要求,"无破坏"说的是传感器的设计避免了反作用对被测物体的破坏,也就是反作用不会破坏引力波对棒的影响。布拉金斯基也没有可行的量子无破坏传感器的设计,但直觉告诉他,这样的传感器应该是可能的。

这一次我很认真地听了布拉金斯基的话。在接下来的两年里,我和我在加州理工学院的小组以及他和他在莫斯科的小组都在断断续续地努力,为的就是设计一台量子无破坏传感器。

1977年秋,我们同时找到了答案 —— 但方法完全不同。[9]我清晰记得,我当时是多么兴奋。那是某一天在格里西(学院的学生食堂)午餐后,凯维斯(Carlton Caves)和我在激烈讨论中突然想到的。[2]   376
我还记得,当我得知布拉金斯基、沃罗索夫(Yuri Vorontso V)和哈里利(Farhid Khalili)几乎同时在莫斯科发现了相同的重要思想时,我心中涌起一股辛酸和喜悦的感觉 —— 辛酸是因为我曾满以为自己是新事物的第一个发现者;喜悦是我为布拉金斯基感到骄傲,为能和他同享一个发现而感到高兴。

我们的量子无破坏思想很抽象,它允许很大一类传感器设计超过

---

1. 布拉金斯基对英语里的微妙差别有不同寻常的敏感,他比美国人和英国人还更容易造出很有意味的新词来描述他的新思想(他用的"破坏"是"mondemolition",在汉语中就难得找到那么微妙的词了 —— 译者注)。
2. 我们思想的重要基础来自英国哥伦比亚大学的同行昂鲁什(William Unruh)。这一思想的发展和结果,主要是因为凯维斯、我和在发现它时与我们同桌进餐的另外三个人:Ronald Drever, Vemon Sandberg 和 Mark Zimmennann。

布拉金斯基的标准量子极限。然而，因为思想抽象，我很难解释。所以，我在这儿只讲一个（不太实用的）量子无破坏传感器的例子。[1]布拉金斯基称它是频闪传感器。

频闪传感器依赖于棒振动的一个特殊性质：假如棒受到一个尖锐的未知反冲作用，它的振幅将发生改变，但不论振幅怎么变化，经过一个振动周期后，棒的振动端将回到它受反冲时的位置（图10.5中的黑点）。至少在引力波（或其他力）没有同时作用在棒上时是这样的。假如引力波（或其他）同时在挤压棒，那么一个周期后，棒的位置会发生改变。

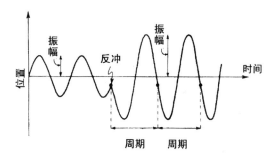

图10.5 频闪量子无破坏测量方法的原理。纵向画的是振动棒端点的位置，横向为时间。如果在反冲时刻迅速而高精度地测量一个位置，则传感器将对棒突然产生一个未知的反冲作用，从而以未知方式改变棒的振幅。然而，在一个两个或者若干个周期后，棒端的位置仍然不会改变，还是与反冲时刻的位置一样，而且完全与反冲作用无关

于是，为了探测引力波，应该造一台对棒的振动端进行频闪测量的传感器，也就是，传感器在每个振动周期内很快地测一次棒端的位置。这样的传感器在每次测量时都会对棒产生反冲作用，但这些反冲

1.凯维斯等人（1980）以及布拉金斯基、沃罗索夫和索恩（1980）的文章介绍了完整的思想。

作用在后续测量时不会改变棒端的位置。如果发现位置变了，那么一定有引力波（或其他力）作用在棒上。

虽然量子无破坏传感器克服了布拉金斯基的标准量子极限，但到20世纪80年代中期，我却对棒探测器的前景感到悲观，恐怕它不会为引力波天文学带来什么结果。我悲观的原因有两个：

第一，尽管韦伯、布拉金斯基以及其他一些人做的探测棒已经达到了20世纪50年代不可想象的灵敏度，但它们只能可信地用来探测 [377] 强度在10^{-17}以上的引力波，如果我和其他一些人对到达地球的引力波强度没有估计错的话，这个精度离成功还差10000倍。这本身倒并不严重，因为在20年的时间里，技术的进步常能使仪器的本领提高10000倍。[一个例子是射电望远镜的角分辨率，它从20世纪40年代中期的几十度提高到了20世纪60年代中期的几弧秒（第9章）。另一个例子是X射线天文探测仪的灵敏度，从1958年到1978年，它提高了10^{10}倍，就是说，平均每8年提高10000倍（第8章）]。然而，棒的进步太慢了，而且没有未来技术和工艺的大胆计划，看来，想在不远的将来实现10000倍的进步，恐怕找不到什么可能的办法。这样，成功只好靠比10^{-21}的估计更强的波了——这倒真是可能的，不过没人愿意依赖它。

第二，即使棒探测到了引力波，要解释它的交响信号也将遇到巨 [378] 大的困难，实际上很可能会失败。原因很简单：正如音叉或酒杯只对接近其自然频率的声波产生共振，棒也只对接近它自然频率的引力波才有响应；从技术上说，棒探测器只有一个很窄的带宽（带宽就是它产生响应的频率范围），但引力波的交响信号通常混合着一个范围很宽的频率。于是，为了析取这些波的信息，需要一个由许多棒组成的"木琴"，每一根棒覆盖一个不同的小频率带。这架木琴需要多少棒呢？用那时那正在计划和制造的那种棒，需要几千根 —— 这实际上是不可能的。原则上讲，要增大棒的带宽，[10] 用十几根就够了，但那么做所要求的主要技术进步比达到 10^{-21} 的灵敏度还高。

尽管在 20 世纪 80 年代，我没有公开讲过多少悲观的话，但我自己还是认为那是可悲的，因为我看到了韦伯、布拉金斯基和我其他朋友和同事为探测棒付出的巨大努力，也因为我已经相信，引力辐射有力量在我们的宇宙认识中产生革命。

LIGO

为了理解引力波的探测和破译可能带来的革命，让我们先仔细回忆以前的一次革命：由 X 射线和射电望远镜的进步产生的革命（第 8，第 9 章）。

在射电天文学和 X 射线天文学来临前的 30 年代，我们的宇宙知识几乎全部来自光。光看到的是一个安宁沉寂的宇宙，充满了恒星和在轨道上平稳运行的行星。它们平稳地发着光，过数百万或者数十亿年才会发现它们的变化。

20 世纪 50、60 和 70 年代的射电波和 X 射线的观测打破了这种平静的宇宙观，我们看到了一个剧烈活动的宇宙：从星系核喷射出气流，类星体闪耀着比银河系还亮的光，脉冲星射出以光速旋转的强烈辐射束 …… 光学望远镜看到的最亮天体是太阳、行星和少数邻近的宁静恒星。射电望远镜看到的最亮天体是遥远星系中心的猛烈爆炸（能量可能来自巨黑洞）。X射线望远镜看到的最亮天体是从伴星吸积热气体的小黑洞和中子星。

　　射电波和X射线是因为什么而产生那么壮观的革命呢？关键是，它们给我们带来了比光更多的不同类型的信息。光的波长只有半微米，主要是留在恒星和行星大气中的热原子发出的，所以它为我们带来了关于这些星体的大气的信息；无线电波的波长长1000万倍，主要是在磁场中近光速螺旋运动的电子发出的。于是，它向我们坦白了星系核射出的磁化喷流，吞没喷流的巨大的星系间的磁化射电叶，以及脉冲星的磁化辐射束；X射线的波长比光短1000倍，大多数是被吸积到黑洞和中子星的超高热气体中的高速电子发出的，因此，它直接反映了黑洞和中子星吸积气体的情况。

　　一方面是光，另一方面是射电波和X射线，不过，它们之间的差别同现代天文学的电磁波（光、无线电波、红外线、紫外线、X射线和γ射线）和引力波之间的差别比起来，就是小巫见大巫了。相应地，与射电波和X射线相比，引力波将为我们的宇宙认识带来更大的革命。电磁波与引力波之间的差别，主要是以下这些：[1]

---

1. 这些差别，它们的结果以及所预料的来自不同天体物理源的波的具体情况，已经有很多科学家阐述过了，他们包括（当然还有别人）：巴黎的Thibault Damour、莫斯科的Leonid Grishchuk、京都的Takashi Nakamura、威尔士的Bernard Schutz、纽约绮色佳的Stuart Shapiro、圣路易的Clifford Will，还有我。

　　• 产生引力波最强烈的应该是时空曲率的大尺度相干振荡（例如，两个黑洞的碰撞和结合）以及大量物质大规模的相干运动（例如，触发超新星的恒星核的坍缩或相互围绕的两颗中子星的螺旋式碰撞和 380 结合）。因此引力波应该向我们展现大曲率大质量的运动。相反，宇宙电磁波通常是单个分离的原子和电子分别发出的，这些以稍微不同的方式振荡的电磁波彼此叠加到一起而形成天文学家观测的波，结果，我们从电磁波得到的主要是发射原子和电子所经历的温度、密度和磁场。

　　• 产生引力波最强的空间区域引力也很强大，在那里，牛顿的描述失败了，应该以爱因斯坦的描述来代替；在那里，大量的物质或时空曲率都近光速地运动、振动或盘旋。例如，宇宙的大爆炸起源、黑洞的碰撞、超新星爆发中心新生中子星的脉冲。由于强引力区域周围通常是厚厚的能吸引电磁波（但不能吸收引力波）的物质层，这些区域不能向我们发射电磁波。相反，天文学家看到的电磁波几乎完全来自弱引力、低速度的区域，如恒星和超新星的表面。

　　这些差别告诉我们，我们可能用引力波探测器来研究的物体，是不可能通过可见光、无线电波和X射线发现的；而天文学家现在用光、无线电波和X射线研究的物体，它们的引力波也是很难看到的。这样，引力的宇宙和电磁的宇宙看起来会截然不同。我们要从引力波得到的东西不可能从电磁波得到。这也就是为什么引力波可能变革我们对宇宙的认识。

381　　有人会说，现在我们在电磁波基础上对宇宙的认识，比20世纪

30年代的光学认识要完整得多，将来的引力波革命可能还远不如无线电波和X射线革命这样壮观。我看不是这样。想起对来到地球的引力波的可怜的估计现状，我就痛苦地感到，我们的认识还差得太远。除了双星和它们的结合以外，对我们考虑过的每一类型的引力波源，不论是这些源的波在离地球一定距离的强度，还是那类源发生的频率（这样也就包括我们到最近源的距离），都存在10的若干次方的不确定性，甚至这些源是否存在也都说不定。

引力波探测器的规划和设计常因这些不确定性而失败，这是令人泄气的；但另一方面，当最终发现并认识了引力波的时候，它可能给我们带来巨大的惊奇。

1976年，我还没有对棒探测器感到悲观，反倒是非常乐观。那时，第一代棒探测器刚有结果，灵敏度比人们预料的好得多。布拉金斯基等人为将来的巨大改进提出了许多灵活而有希望的思想；而我和一些人才刚认识到引力波可能会变革我们对宇宙的认识。

11月的一天晚上，我漫步在帕萨迪纳街头，夜已经很深了，但我心里充满了热情和希望。我在想，是不是该建议加州理工学院设一个引力波探测计划，它的好处是显然的：从一般科学说，如果计划成功了，会带来巨大的精神财富；从学院说，这是占领一个激动人心的新领域的好机会；从我个人说，我可能在自己的学校拥有一个实验家小组，我可以同他们交流，而不再靠地球另一端的布拉金斯基和他的小组了；另外，我可能比往来莫斯科发挥更重要的作用（从而也有更多的乐趣）。但不利因素也是显然的：计划很冒险。为了计划成功，需要学院和美国国家科学基金的大量投入，需要我和其他人付出很多时间和精力；而且，所有这些付出仍然可能失败。这比学院在23年前进入射电天文学的风险要大得多（第9章）。

382　我独自想了好几个小时，还是没挡住成功的诱惑。经过几个月的风险评估和成果分析，加州理工学院物理学和天文学系及行政部门一致通过了我的建议——但有两个条件，我们得找一位杰出的实验物理学家来领导这一项目，而且项目要大、要强，以提高成功的机会。就是说，同韦伯在马里兰大学和布拉金斯基在莫斯科以及其他那时正在进行的引力波工作相比，我们需要付出更多更大的努力。

第一步是找领导者。我飞到莫斯科去征求布拉金斯基的意见，也想看看他是不是愿意来。我的话令他心乱了。他面临一系列痛苦的抉择：在美国有好得多的技术，在莫斯科有了不起的工艺（例如，玻璃吹制技术在美国几乎失传了，但莫斯科还有）；在美国，他需要从草稿实现一个计划，在莫斯科，低效官僚的前苏联体制总是疯狂地挡在他的计划上；他要选择，是忠于他的祖国留在莫斯科，还是讨厌地离开它来美国；是来美国过一种粗俗的生活（因为他不喜欢我们对穷人的态度，而且我们缺少对每个人的医疗关怀），还是留在莫斯科痛苦地在无能官僚的淫威下生活。他一方面想享有美国的自由和财富，另一方面却害怕克格勃对家庭、朋友甚至他本人（假如他"叛变"的话）的迫害。最后他说，不去了。他向我推荐了格拉斯哥大学的德雷维尔（Ronald Drever）。

我咨询的其他人也热情推荐德雷维尔。他和布拉金斯基一样，极

第一推动丛书 | 宇宙系列

412

富想象力和创造力，而且有坚强的意志——这些都是计划成功的基本素质。加州理工学院教授委员会和行政部门尽可能地收集了有关德雷维尔和其他候选者的材料，最后选定了他，请他来学院启动计划。他跟布拉金斯基一样很痛苦，但还是答应了。于是我们离开了莫斯科。

我在提出计划时也想像韦伯和布拉金斯基那样在加州集中力量搞棒探测器。回想起来，幸运的是德雷维尔坚持走完全不同的路。他在格拉斯哥与棒探测器打了5年交道，知道它们有什么局限。他认为，更有希望的是干涉仪式的引力波探测器（简称干涉仪——当然完全不同于第9章的射电干涉仪）。

用于引力波探测的干涉仪最早是由布拉金斯基的两个俄罗斯朋友吉尔增什坦（Mikhail Gertsenshtein）和普斯托瓦特（V. I. Pustovoit）[383]在1962年想到的，他们提出了它的原始形式。1964年，韦伯也独立想到了。外斯（Rainer Weiss）在不知道这些早期思想的情况下，在1969年设计了更成熟的干涉仪探测器。接着，他和他在麻省理工学院（MIT）的小组继续设计，并在1970年初制造了一台。这时，福瓦德（Robort Forward）和他在加利福尼亚马里布休斯研究实验室的同行们也在做同样的事情。[11] 他们的探测器是第一次运行成功的。到20世纪70年代后期，这些干涉仪探测器已经成为探测棒的重要替代者，德雷维尔也为它们的设计贡献了自己的聪明和技巧。[12]

图10.6说明了干涉仪式引力波探测器的基本思想。三块物体由绳子吊在天花板上"L"的两个端点和拐角的支点上［图10.6（a）］。当引力波的第一个波峰从屋顶或地板进入实验室时，潮汐力将沿"L"

的一臂把两个物体分开，而沿另一臂把两个物体拉近。结果，第一臂的长度（即臂上两个物体间的距离）L_1 将增大，而第二臂的长度 L_2 将减小。当第一波峰过去，波谷到来时，伸长和缩短的方向会发生改变：L_1 将减小，L_2 将增大。通过测量臂长差 $L_1 - L_2$，我们就能发现引力波。

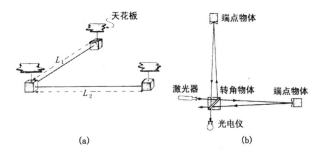

图 10.6　激光干涉仪式引力波探测器。这种仪器很像迈克尔逊和莫雷 1887 年用来探寻地球在以太中运动的那种干涉仪（第 1 章）。详细解释见正文

　　臂长差 $L_1 - L_2$，是通过干涉仪［图 10.5（b），卡片 10.3］监测的。
384 让一束激光照在转角物体的光束分离器（分光镜）上，则光束的一半将被反射，另一半透过去，这样一束光就分成了两束。这两束光将沿着干涉仪的两臂达到两个端点，然后被端点物体上的镜面反射回到分离器，每一束光仍被分成两束。这样，每束光都有一部分与另一束光的一部分结合，回到激光器；另外两个部分结合到达光电仪。如果没有引力波，则来自两臂的光的干涉结果是，干涉后的光都回到了激光器，不会有到达光电仪的光。如果引力波稍微改变了 $L_1 - L_2$，则两臂的光束将经过稍微不同的距离，从而干涉也会略有不同 —— 有少量
385 联合的光会进入光电仪。通过测量这一部分光，就能计算臂长差 $L_1 - L_2$，从而发现引力波。

卡片10.3

干涉与干涉仪

两个或更多的波经过空间同一区域时，它们会"线性地"（卡片10.1）叠加在一起，就是说，它们相加。例如，下面的点线波与虚线波的叠加产生实线波：

注意A点那样的位置，一个波的波谷（点线）叠加到另一个波的波峰（虚线）上，波就抵消或至少部分抵消了，结果波消失或者减弱了（实线）。而在B那样的地方，两个谷或者两个峰相叠加，波彼此增强了。我们说这是波在相互干涉，在第一种情况下相互破坏，第二种情况下相互加强。这样的叠加和干涉可以发生在所有类型的波——水波、电波、光波、引力波——而干涉正是射电干涉仪（第9章）和干涉仪式引力波探测器运行的关键。

在图10.6（b）的干涉仪探测器中，分光镜将来自一臂的光束的一半叠加到来自另一臂的一半上，传到激光器；又将另外的两半光束叠加起来送到光电仪。如果没有引力波或其他力移动物体和镜面，则叠加的光波有如下的形式。

图中的虚线代表来自第一臂的波，点线是来自第二臂

向着光电仪　　　　　　　向着激光器

的波，实线是叠加的结果。

到光电仪的波完全被干涉破坏了，所以叠加结果是零，这意味着光电仪什么光也看不见。如果引力波或其他力将某臂拉长而将另一臂缩短了，那么从长臂来的光束到达分光镜的时间相对于从另一臂来的将有一点延迟，于是叠加的波就像下面这样：

向着光电仪　　　　　　　向着激光器

沿光电仪方向的光不再被干涉完全破坏，还能收到一些。收到的量正比于臂长的差 $L_1 - L_2$，而这个差正比于引力波信号的强度。

比较棒探测器与干涉仪是很有意义的。棒探测器通过一根实心圆柱的振动来监测引力波的潮汐力；干涉仪探测器通过悬挂物体的相对运动来监测潮汐力。

棒探测器以电传感器（如被棒挤压的压电性晶体）来监测由波引起的棒的振动；干涉仪探测器通过干涉的光束来监测波动引起的物体运动。

386

棒只对很窄频率范围内的引力波才会产生共振响应，所以解译交响的引力波需要一个由许多棒构成的"木琴"。干涉仪的物体对所有频率高于每秒一周的波都会前后摆动地响应,[1] 因此干涉仪有很宽的频率范围，三四个这样的干涉仪就足够完全解读引力波的交响了。

将干涉仪的臂做得比棒长1000倍（也就是几千米，而不是几米），就能使引力波的潮汐力大1000倍，从而仪器的灵敏度也就提高了1000倍。[2] 相反，棒却不能做得太长。1千米长的棒的自然频率将低于每秒一周，从而不能在我们认为最有意义的频率范围内工作。而且，因为频率这么低，必须把棒发射到太空去，将它与地面的振动和地球大气的重力波动隔绝开来。把这样一个棒放到太空是很荒唐的，而且不知要花多少钱。

因为干涉仪比棒长了1000倍，它对测量过程产生的反冲作用的"免疫力"也提高了1000倍。这儿的"免疫力"说的是，这种干涉仪不需要靠什么量子无破坏探测器（那也是很难做的）来克服那些反冲作用。相反，棒只有在使用了量子无破坏技术时才可能探测到希望的波。

假如干涉仪真比棒有这么多好处（宽得多的频带，高得多的灵敏度），那为什么布拉金斯基、韦伯和其他人不用它来代替棒呢？20世纪70年代中期我问过布拉金斯基。他回答说，棒探测器很简单，而干

---

1. 如果频率低于每秒一周，悬挂物体的绳子会阻止它们响应那些波，物体也就不能摆动了。
2. 实际上，具体情况比这复杂得多，灵敏度的提高也远不是像这几句话说的那样容易实现；不过，这里讲的大体上还是正确的。

涉仪却复杂得吓人。像他在莫斯科的那个精干小组完全有可能造一个能很好运行、足以发现引力波的棒探测器。然而，要制造、改进并成功运行一组干涉仪探测器，需要大量的人和大笔的钱 —— 而且，即使有了这么些人和这么多钱，布拉金斯基也怀疑那么复杂的探测器是否能成功。

387

10 年后，越来越多的证据令人痛苦地表明，棒探测器很难达到 10^{-21} 的灵敏度。这时，布拉金斯基来访问加州理工学院，德雷维尔小组用干涉仪取得的进展感动了他。他承认，干涉仪最终会成功的。但为了成功而耗费大量的研究力量和金钱并不令他喜欢。所以，一回到莫斯科，他就将他的小组的大部分力量转到远离引力波探测的方向去了。[13]（世界上还有些地方在继续发展棒探测器，那是幸运的；它比干涉仪便宜多了，现在也更灵敏；它们最终可能在高频率引力波方面发挥特别重要的作用。）

那么，干涉仪探测器复杂在哪些地方呢？毕竟，图 10.6 描述的基本思想看起来是非常简单的。

事实上，图 10.6 是超级简化了的，它忽略了数不清的陷阱。为避免这些陷阱需要很多技巧，这就使干涉仪变得复杂了。举例说，激光束必须精确地指向一定的方向，精确地具有一定的形状和波长，这样才能完全适合于干涉仪；而且，它的波长和强度不能起伏波动。光束一分为二后，两束光分别在两臂上来回反射，不是图 10.6 所画的一次，而应该是多次，这样才能提高它们对摆动物体的运动的敏感性；多次反射后，它们还必须正好回到分光镜。每一个悬挂的物体必须在不断的控制下，使镜面精确指向同一个方向，不会因为地板的振动而摇摆，而这样的控制还不能掩盖引力波引起的物体摆动。为了在所有这些方面以及其他许许多多方面达到完善，需要不断地监测干涉仪的许多不同部位和它的光束，还要不断利用反馈的力来保持完好的状态。

从下面的照片（图10.7）你可能会得到一些复杂的印象。那是德雷维尔小组在加州理工学院建造的一个40米长的原型干涉仪探测器 —— 它比所需要的原大几千米长的干涉仪简单得多。

图10.7 加州理工学院的40米原型干涉仪引力波探测器（约1989年）。放在前面的桌子和笼子里的真空室装着激光器和让激光进入干涉仪的设备。中心物体放在第二个笼子的真空室里 —— 可隐约看到它上面吊着的绳子。两个端点物体沿走廊在40米以外。两臂的光束在两根真空管中较大的一根内往返，真空管是用来增大臂长的。[加利福尼亚理工学院LIGO计划提供。]

20世纪80年代初期，有四个实验物理学家小组在努力发展干涉仪探测器的工具和技术：德雷维尔的加州小组，他在格拉斯哥创建 ³⁸⁸ 的小组 [现在由霍克（James Hough）领导]，外斯的MIT小组和比林（Hans Billing）在德国慕尼黑马克斯·普朗克研究所建立的小组。这

些研究队伍都小而精，或多或少都在独立进行工作，[1] 用各自的方法来
设计干涉仪探测器。组内的每个科学家都可以自由地提出他的新观
389　点，可以照自己的意愿去发展它们，而且时间也是想多长都行。这是
非常轻松的科学合作形式，是有创造力的科学家所喜欢的，他们也
正是在这种文化环境下成熟起来的；这也是布拉金斯基渴望的，像
我这样的孤独者更能在其中感到快乐。但是，它并不适宜于复杂科
学仪器（如我们需要的几千米长的干涉仪）的设计、建造、改进和
运行。

　　为了详细设计这样一个干涉仪的许多复杂部件，为了让所有部件
能组装起来正常运行，为了把费用控制在计划内并在有限时间里完成
干涉仪，需要一种不同的工作模式：一种密切协作的模式，每个组的
各小组要集中到一个确定好的目标上来，每个负责人要决定该做什么，
谁来做，什么时候做。

　　从自由独立走向密切协作是很痛苦的。生物学家们在为人类染色
体排序时曾痛苦地经历过这样的历程。[2] 从 1984 年起，我们引力波物
理学家也上路了，也一样少不了痛苦和悲伤。然而我相信，总有一天，
引力波的发现和解译所带来的激动、快乐和科学回报，将把这些痛苦
和悲伤从我们的记忆中抹去。

　　走上这条痛苦之路遇到的第一个大转折是 1984 年加州和麻省

---

1. 不过，格拉斯哥和加州的小组通过德雷维尔而有着密切联系。
2. 人类基因组计划 1990 年在美国启动，英、日、法、德和中国科学家先后加盟，历经 10 年，在
2000 年 6 月 26 日完成了人类基因组草图绘制工作，测定了 DNA 中 90% 以上的碱基序列。这是比
"曼哈顿"原子弹计划、"阿波罗"登月计划影响更为深远的科学计划。—— 译者注

的两个小组被迫合并 —— 那时每组有8个人。美国国家科学基金会
（NSF）的伊萨克逊（RichardIssacson）为了纳税人的财政支持，强迫
这两个学院的科学家走到一起来联合发展干涉仪。德雷维尔坚决反对，
而外斯看到走不脱了，只好答应。两个人像被迫结婚的新人，发了誓，
我成了他们的和事佬。如果两人分道扬镳，我有责任把他们拉回来。
这是脆弱的婚姻，大家都没有一点儿感情。不过，我们还是慢慢开始
一起工作了。

　　第二个大转折出现在1986年。一个由知名物理学家组成的专家
委员会 —— 包括我们需要的所有技术方面的专家和科学大项目的
组织管理专家 —— 来我们这儿一个星期，检查了我们的进展和计划，
然后向NSF报告。我们的成绩和计划都获得了高度评价；我们成功发
现并解译引力波的前景也被认为是大有希望的。但是，给NSF的报告
说，我们的组织很糟，还是原来那种松散自由的结合形式，照这样是
永远也不可能成功的。委员会认为，应该用一个领导者来代替德雷维
尔-外斯-索恩的三足鼎立 —— 他能将单个的人组织成一个紧密团 [390]
结的能干的小组，能组织项目并能在每一个紧要关头做出果断明智的
决定。

　　压力又来了。NSF的伊萨克逊告诉我们，如果想项目继续下去，
就必须找那样一个人来，像足球队员跟一个伟大的教练和乐队跟一个
伟大的指挥那样跟他一起工作。

　　在寻找中，我们幸运地发现了福格特（Robbie Vogt）。

福格特是一个才华横溢、意志坚强的实验物理学家，曾领导宇
391　宙飞船科学仪器的制造和试验，领导过巨型毫米波天文干涉仪的研
制，还组织过美国宇航局喷气实验室[1]（大多数美国行星探测计划都
是在这儿执行的）的科学研究 —— 后来，他成为加州理工学院的教
务长。虽然福格特是一个特别能干的教务长，但他与院长戈尔德贝格
（Marvin Goldberger）在如何领导管理学院问题上有过激烈争吵 ——
吵了几年，戈尔德贝格便将他解聘了。福格特的个性不适合在别人手
下工作，特别是当他与他们的观点有重大分歧的时候；不过他会是一
个很好的头儿。他就是我们需要的那个领导者，那个指挥，那个教练。
如果说有人能让我们紧密团结起来，那就是他了。

"跟罗比工作是很痛苦的。"他原来毫米波小组的人告诉我们，
"你们将留下创伤，不过那也值。你们的计划会成功的。"

德雷维尔、外斯、我和其他一些人同福格特谈了几个月，请他
来做我们的领导。最后他答应了。真像说的那样，我们原来的加州-
麻省小组终于在6年后被打破了，但新的小组更紧密、更有力、更
有效，很快壮大到约50位科学家和工程师，都是成功所需要的人。
然而，成功不是靠我们一家就够了。在福格特计划下，别的科学家
也为我们的中心研究做出了重要贡献。[2]他们松散地与我们联系，还
能保持我们留下的独立和自由。

---

1. 这个实验室就在帕萨迪纳的西北，是美国宇航局委托加州理工学院管理的。——译者注
2. 以1993年为例，包括莫斯科的布拉金斯基小组、斯坦福大学BobByers领导的小组、科罗拉多大
学的JimFaller小组、锡拉丘兹大学的DeterSaulson小组，以及西北大学的SamFinn小组。

1991年下半年LIGO计划加州–麻省小组的部分科学家。左：组内的部分加州成员，左上起反时针方向：Aaron Gillespie，Fred Raab，Maggie Taylor，Seiji Kawamura，福格特，德雷维尔，Lisa Sievers，Alex Abramovici，Bob Spero，Mike Zuckero右：组内部分麻省成员，左上起反时针方向：Joe Kovalik，Yaron Hefetz。Nergis Mavalvala，外斯，David Schumaker，Joe Giaime。[左图由Ken Rogers / Black Star提供；右图由ErikL. Simmons提供。]

    在我们的努力中，成功的关键是建立并启用一套全国性的科学装置，叫作激光干涉仪引力波天文台，或LIGO。[14] LIGO由"L"形真空系统构成，一个在华盛顿汉福德附近，另一个在路易斯安娜利文斯顿附近。物理学家要在这儿开发和运行一系列的不断改进的干涉仪，见图10.8。

    为什么要两个实验基地，而不是一个呢？因为地球上的引力波探测器总会将噪声误会成引力波的爆发。例如，悬挂物体的绳子会无故轻微摆动，像引力波潮汐力那样摇动物体。然而，这样的噪声几乎不可能同时发生在两个远离的独立探测器。因此，为了保证明显的信号来自引力波而不是噪声，必须确认它在两个探测器上都出现。一个探测器是不可能发现并监测引力波的。

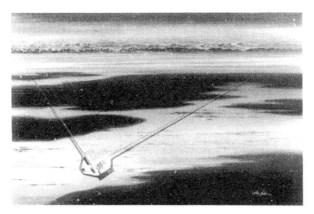

图10.8 艺术家心目中的LIGO "L" 形真空系统和在华盛顿汉福德附近 "L" 中心的实验基地。[加利福尼亚理工学院LIGO计划提供。]

　　虽然两个探测器就足以探测到引力波了，但我们实际需要三个，四个更好。这些远远分开的探测器可以完全解译交响的引力波，也就是将波所携带的信息完全析取出来。一个法国－意大利联合小组将在意大利比萨附近建立第三个基地，名叫VIRGO。[1] VIRGO 和 LIGO 将形成一个全息的国际探测网。英国、德国、日本和澳大利亚正在筹资准备为这一网络建立另外的基地。

　　为一种谁也不曾见过的波建立那么庞大的网络，似乎胆子也太大了。实际上那完全不是胆大，引力波已经被天文学观测证实存在了，普林斯顿大学的泰勒（Joseph Taylor）和赫塞（Russel Hulse）为此获得1993年度诺贝尔奖奖金。他们用射电望远镜发现了两颗中子星，其中一颗为脉冲星，它们每8小时互相绕着旋转一周。通过极精确的射电测量，他们证明两颗星以爱因斯坦定律所预言的速率（每年十亿分

---

1. 名字来自室女（Virgo）星系团，有可能探测到它的引力波。

之二点七）螺旋式地靠近，原因是它们向宇宙中发出的引力波所持续 [393] 产生的反冲作用。除了引力波的小小反冲作用，没有别的原因能解释这两颗星的螺旋靠近。

21世纪初的引力波天文学会是什么样子呢？我们可以想象下面的景象：

2007年，8个几千米长的干涉仪在全天候地运行，扫描天空，寻找到来的引力波。这八个干涉仪，两个运行在意大利比萨的真空装置里，两个在美国东南路易斯安娜州的利文斯顿，两个在美国西北华盛顿的汉福德，还有两个在日本。每个地方的两个干涉仪，有一个是"服劳役的"机器，监测振荡频率在每秒10到1000周范围内的波；另一个才新近研制安装，是先进的"做研究的"干涉仪，瞄准每秒1000到3000周的振荡。

一列引力波从宇宙遥远的源头掠过太空来到太阳系。一个波峰首先落在日本的探测器上，然后穿过地球到达华盛顿，接着到路易斯安娜，最后到达意大利。大约1分钟，波谷跟着波峰来，波峰又跟着波谷来。每个探测器的悬挂物体轻轻转动，干扰了激光束，从而也干扰了进入探测器光电二极管的光。8个光电二极管的输出信号通过卫星网传到中心计算机，计算机提醒科学家，另一列1分钟的引力波已经来到地球，是本周的第三波。计算机结合8个探测器的结果，要完成四件事情：引力波爆发源在天空的最佳位置估计；位置估计的误差区间；两个波形 —— 即两条振荡曲线，类似于检测声波时在示波器上看到的振荡曲线。波源的历史就藏在这些波形曲线里（图10.9）。

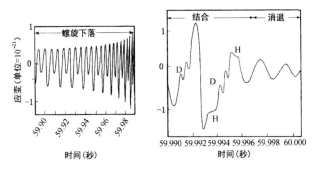

图10.9　黑洞结合所产生的两个波形之一。竖直方向是以 10^{-21} 为单位的应变；水平方向是以秒为单位的时间。第一幅图只画了波的螺旋下落过程的最后0.1秒；波形在前1分钟很简单，只是振幅与频率逐渐增大。第二幅图夸张地画了最后0.01秒的波形。1993年，根据爱因斯坦场方程的解，已经很好地认识了波形的螺旋和衰落（消退）阶段。结合阶段还完全不了解（图中的曲线是我个人的想象），未来的超大计算机将对它进行计算模拟。在正文中，我假定这些模拟在21世纪初已经成功了

394　　　之所以有两个波形，原因是引力波有两个极化。如果波垂直通过干涉仪，则一个极化描述了沿东西向和南北向振荡的潮汐力；另一个极化描述了在东北－西南方向和西北－东南方向振荡的潮汐力。因为每个探测器都有自己的定向，所以它们收到的是这两个极化的某种组合。计算机要从8个探测结果中重新找出那两个极化波形。

395　　　然后，计算机将得到的波形与一个大波谱表里的波形进行对比，这很像鸟类观察者通过与图谱的比较来识别一只鸟。经过5年对来自碰撞、结合的黑洞、中子星、旋转中子星（脉冲星）和超新星爆发的引力波的监测经验和计算机对波源的模拟，这样的波谱表已经做出来了。引力波的爆发是很好确认的（另外一些波，如来自超新星的，就困难得多）。波形确定无疑地显示了两个黑洞结合的惟一信号，它包括如下三段：

• 1分钟长的第一段（图10.9只画了最后0.1秒）具有振幅和频率都逐渐增大的振荡应变，正是我们预料的来自双星轨道上两个螺旋靠近的天体的波形。波的大小交错变化说明轨道像椭圆，不是正圆。

• 0.01秒长的中间段几乎完全符合超大计算机最近（21世纪初）对两个黑洞结合过程模拟的预言。根据模拟，标记"H"的峰表示两个黑洞的视界的接触与融合。然而，标记"D"的两个摆动却是新设计的那个"做研究的"干涉仪的第一个新发现，那些老的"服劳役的"干涉仪从来没能探测到这些摆动，因为它们频率太高了；而且它们在超大计算机模拟中也从没出现过。这是理论家需要解释的难题。也许它们第一次提供了某些线索，能帮助我们认识碰撞黑洞的时空曲率非线性振动中我们不曾料想的奇异行为。为这种景象所迷惑的理论家该回到他们的模拟中去寻找这对摆动的信号。

• 0.03秒长的第三段（图10.9只画了它的开头）由频率固定而振幅衰减的振荡构成。我们预料变形的黑洞在为摆脱形变而脉动时就会产生这样的波动，就是说，这样的波像落幕的铃响，慢慢衰落下去。脉动的是两个哑铃型的突起，它们绕着黑洞赤道一圈圈地旋转，随着能量逐渐被曲率波带走，它们也将消失（图10.2上）。

根据这些波形的细节，计算机不但能解析黑洞碰撞、结合和衰落的历史，还能计算初始黑洞和终结黑洞的质量和旋转速度。每个初始黑洞有25个太阳那么重，旋转很慢；终结黑洞有46个太阳那么重，以最大允许转速的97%旋转。与4个太阳（2×25 – 46 = 4）质量相当的能量转化为曲率波，随波飘散了。初始黑洞的总表面积是136 000

396　平方千米，终结黑洞的表面积更大，有 144 000 平方千米，这是黑洞
力学的第二定律要求的（第12章）。波形还揭示了黑洞距地球的距
离：10亿光年，这个结果大约有20%的精度。波形还告诉我们，以前
的视线近似垂直于轨道平面，现在我们从旋转黑洞的北极看下去，两
者比较说明，黑洞的轨道有30%的偏心率（长圆形的）。

　　根据波峰到达日本、华盛顿、路易斯安娜和意大利的时间，计算
机确定了黑洞在天空的位置。因为波先到日本，所以它多少在日本的
头上，而在美洲和欧洲脚下。详细分析到达时间，可以为波源确定一
个误差区间为1度的最佳猜测位置。如果黑洞更小，波形振荡会更快，
误差区间将更小，但对这些大黑洞，探测网只能做到1度的水平。再
过10年，在月亮上运行干涉仪探测器时，误差区间将在某些方面减小
100倍。

　　因为黑洞轨道被拉长了，计算机判断两个黑洞从互相捕获到绕对
方旋转的轨道到结合和发射引力波，只有几个小时。（如果它们在轨
道上旋转的时间超过几个小时，离开它们的引力波的反冲作用将使轨
道成为圆形的。）那么快的捕获说明黑洞可能在某星系中心的一个致
密的由黑洞和大质量恒星组成的集团之中。

　　于是，计算机接着检查光学星系、射电星系和X射线星系表，寻
找那些距地球8亿到12亿光年、在1度误差区间内的有特殊核的星系。
它为天文学家找到了40个候选者。在接下来的几年里，射电的、毫
米波的、红外的、光学的、紫外的、X射线以及γ射线的望远镜将对
这40个候选者进行详细的研究。我们会逐步认识到，在某一个候选

星系的核心聚集着大量的气体和恒星，当我们现在看到的光离开它时，那里正在展开一幕百万年的剧烈演化 —— 巨黑洞将在演化中诞生，类星体也将随演化而形成。感谢引力波的爆发，它为这个特别的星系带来了意义，天文学家现在可以去揭示巨黑洞是怎样诞生的了。

第 11 章
实在是什么

时空，

在星期天弯曲，在星期一平直；

视界，

在星期天是真空，在星期一是电荷；

而实验，

在星期天和星期一都是一样的。

　　时空真是弯曲的吗？能不能这样想，时空本来是平直的，但我们用来测量它的钟和尺 —— 我们认为理想的（什么是理想的，请看卡片11.1）钟和尺，实际上却是"橡皮的"？当我们从一点走到另一点改变它们方向的时候，即使最完美的钟也可能慢或者快，即使最完美的尺也可能缩或者长，不是吗？我们的钟和尺的这些变化，是不是会让一个平直的时空显得弯曲呢？

　　是的，完全可以那么想。

图11.1举了一个具体的例子：测量非旋转黑洞的周长和半径。左边是黑洞弯曲空间的嵌入图，在这个图中，空间是弯曲的，因为我们已经假定我们的尺子不是橡皮的，不论把它放在什么地方，让它指向什么方向，它都会保持自己的长度——距离就是照这样定义的。尺子测量的黑洞视界的周长是100千米。洞外还画了一个两倍周长，即200千米的圆，从视界到这个圆的径向距离也用理想的尺子来量，结果是37千米。假如空间是平的，那么径向距离应该是外圆的半径，[398] $200 / 2\pi$千米，减去视界的半径，即$100 / 2\pi$千米；也就是，$200 / 2\pi -$ $100 / 2\pi = 16$千米（近似）。为了满足那个大得多的径向距离37千米，表面必然表现为像图中那样弯曲的喇叭形。

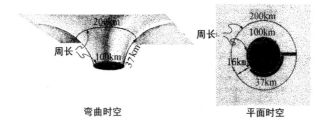

弯曲时空   平面时空

图11.1 两种观点下黑洞附近的长度测量。左：认为时空真是弯曲的，理想的尺子精确测量时空的长度。右：认为时空实际是平直的，而理想的尺子是橡皮的，它能精确测量真实的平直时空的长度。然而，在指向径向时，它会发生收缩，离黑洞越近，收缩量越大，因此它测得的径向长度比真实的大（在图示的情况下，它测的是37千米，而不是真正的16千米）

卡片11.1

理想的钟与尺

在这本书里，我说"理想的钟"和"理想的尺"，全世界最好的钟表和量尺制造者都明白它的意思：理想需要通过与原子和分子的行为进行对比来认定。

更具体地说，理想的钟在与原子或分子振荡对比时，必须均匀地"嘀嗒"。世界上最好的原子钟就是设计来做这个的。因为原子和分子的振荡是由我以前说的"时间流的速率"决定的，这就意味着，理想的钟测量爱因斯坦弯曲时空的"时间"部分。

理想尺子的刻度与原子或分子发出的光的波长比，必须有均匀而标准的间隔。例如，相对于氢分子发出的21厘米波长的光的均匀间隔。这相当于要求，在某一固定标准温度（如0℃）下，尺子在两个刻度之间总是包含同样固定数目的原子；这也反过来确保了理想尺子测量爱因斯坦弯曲时空的"空间"长度。

这一章引进了"真"时间和"真"长度的概念，它们并不一定是理想的钟和尺所测量的时间和长度，也就是说，不一定是原子和分子标准的时间和长度，也不一定是嵌入爱因斯坦弯曲时空的时间和长度。

399　　假如黑洞周围的空间本是平直的，而我们因理想尺子是橡皮的而误认为空间是弯曲的，那么真正的空间几何一定像图11.1右图那样，视界和圆之间的真实距离应该是平直的欧几里得几何定律所要求的16千米。然而，广义相对论认为，我们的理想尺子没有测量这一真实距离。拿一把尺子沿着黑洞周长放在视界上（如图11.1右边的带刻度的弯黑宽带），尺子像这样沿着周长方向，的确在测量真实距离。从尺子切出37千米长的一段，它覆盖黑洞周边的37%。然后，将尺子转到半径方向（图上带刻度的直黑宽带）。转向时，广义相对论要求它发生收缩，指到径向时，它的真实长度一定已经收缩到16千米了，刚好从视界到达外面的圆。但是，收缩表面的尺度还是认为它的长是37千米，从而视界与圆之间的距离是37千米。这样，像爱因斯坦那样不知道尺子是橡皮的人会相信这个不准确的测量，认为空间是弯曲的。而像你我这样认识了橡皮特性的人却知道，尺子收缩了，空间还是平直的。

什么东西能让尺子在改变方向时发生收缩呢？当然是引力。在图11.1右边的平直空间里，存在着决定一切事物（包括基本粒子、原子核、原子、分子等）大小的引力场，它迫使所有事物在径向上收缩。离黑洞越近，收缩量越大；离黑洞越远，收缩量越小，因为决定收缩的引力场是黑洞产生的，它的影响随离开黑洞的距离而减弱。

决定收缩的引力场还有其他效应。如果光子或其他粒子飞过黑洞，引力场作用将使它的轨迹发生偏转，在黑洞周围，轨迹是弯的；在黑洞真实的平直时空几何中测量，它是曲线。但像爱因斯坦那样看重他们的橡皮尺钟测量的人，认为光子是在弯曲时空里沿直线运动。

哪个是真正的事实呢？时空是像上面说的那样平直呢，或者还真是弯曲的？对物理学家（如我）来说，这个问题很无聊，因为它没有物理意义。无论弯曲的还是平直的，两种时空观对任何理想尺钟所进行的测量都做出完全相同的预言，而且我们会看到，它对任何类型的物理仪器所进行的测量，也做出相同的预言。例如，两个观点都同意，图11.1中视界与图之间的径向距离正是理想尺子所测量的37千米。他们的争论在于这个测量距离是否"真实"，但这属于哲学争论，不是物理学的。因为两者在任何实验的结果上都一致，所以它们在物理学上是等价的。至于哪个观点告诉了"真正的事实"，是与实验无关的，那是哲学家而不是物理学家要讨论的问题。另外，物理学家在推导广义相对论预言时，可以而且确实交换地运用这两个观点。

401　　库恩（ThomasKuhn）的规范概念，[1] 很好地描述了理论物理学家工作的智力活动。1949年，库恩在哈佛大学获得物理学博士学位，后来成为著名的科学哲学家。在1962年的《科学革命的结构》一书里，[1] 他提出了规范的概念——那是我读过的最有见识的一本书。

　　一个规范就是科学家群体在研究某个问题和与别人交流研究结果时所用的一整套工具。在广义相对论上，弯曲时空观是一个规范，平直时空观是另一个规范。每个规范包括三个基本因素：一组数学化的物理学定律；一组供我们洞察定律和帮我们与人交流的图像（头脑里的、口头上的和画在纸上的）；一组典型事例——即过去的计算和已经解决的问题，可以是教科书上的，也可以是科学论文里的。它们都是相对论专家们认为做得很好、很有意义的，我们拿来作为未来计算的样本。

　　弯曲时空规范以三组已经建立的数学化定律为基础：爱因斯坦场方程，它描述物质如何产生时空曲率；告诉我们理想尺钟测量爱因斯坦弯曲时空的长度和时间的定律；告诉我们物质和场如何在弯曲时空中运动，例如，自由运动的物体沿直线（测地线）运动的定律。平直

1. 库恩的"规范"（paradigm），在一些哲学译著里译为"范式"。（汉译本《科学革命的结构》，李宝恒、纪树立译，上海科学技术出版社，1980。）——译者注

时空规范也以三组定律为基础：描述平直时空中的物质如何产生引力场的定律；描述场如何决定理想尺寸的收缩和理想的时钟流如何膨胀的定律；描述引力场如何决定粒子和场在平直时空中运动的定律。

弯曲时空规范的图像包括本书画过的嵌入图（如图11.1左边）和对黑洞周围时空曲率的语言描述（例如，"旋转黑洞周围的龙卷风式的旋涡"）。平直时空规范里的图像包括图11.1的右边，一把在从周长方向转到半径方向发生收缩的尺子，以及对"决定尺子收缩的引力场"的语言描述。

弯曲时空规范的典型事例包括能在大多数相对论教科书里看到的计算，可以用这些计算导出爱因斯坦场方程的史瓦西解，还包括伊斯雷尔、卡特尔和霍金等人推演黑洞"无毛"的计算。平直时空规范的典型事例包括教科书里关于黑洞和其他物体在捕获引力波后质量 402 如何变化的计算和韦尔（Clifford Will）、达莫尔（Thibault Damour）等人关于相互围绕转动的中子星如何产生引力波（收缩产生的场的波动）的计算。

我在做研究时，规范的每一部分——定律、图像和范例——对我的思想过程都是很重要的。图像（头脑中的、口头上的和纸上的）像指南针，为我带来对宇宙行为的直觉；凭它们和一些数学的草算，我可能找到一些有趣的想法。如果找到了值得追求的东西（如第7章的环猜想），我会在规范的数学化物理定律的基础上做进一步计算，证明或否决它。详细计算可向规范中的范例学习，它们将告诉我，可靠的结果需要多高的精度。（如果精度太低，结果可能是错的；如果精度太高，计算将浪费不少时间。）范例还会告诉我，哪样的计算能帮我通过数学符号的泥潭达到我的目标。图像也能指导计算，帮我发现捷径，避开死胡同。假如计算证实了我的新想法，或者至少说明它似乎是合理的，我会通过图像和计算与相对论专家们交流，也用图像——口头的和书面的，与其他人交流，比如这本书的读者。

平直时空规范的物理定律可以从数学上根据弯曲时空规范的定律推导出来，反过来也行。这就是说，两组定律是同一物理现象的不同数学表示，有点像用0.001和1 / 1000来表示同一个数。不过，定律的数学公式在两种表示中看起来是很不一样的，相应于两组定律的图像和范例也大不相同。

403　　举一个例子。在弯曲时空规范里，爱因斯坦场方程在口头上可以说"质量产生时空曲率"。用平直时空规范的语言，场方程被说成"质量产生决定尺子收缩和时钟膨胀的引力场"。虽然爱因斯坦场方程的这两个说法在数学上等价，在语言上却大不相同。

在相对论研究中，学会两种规范是极有好处的。有些问题在弯曲时空规范里容易很快解决，另一些问题则需要平直的规范。黑洞问题（如黑洞无毛的发现）最适合用弯曲时空的技巧；引力波问题（如计算两颗中子星相互围绕转动时发出的波）则适合用平直时空的技巧。理论物理学家在成熟中会逐渐觉悟在哪种情形该用哪种规范，他们知道根据需要将问题从一个规范转移到另一个规范来考虑。星期天他们考虑黑洞时，可能认为时空是弯曲的，而在星期一他们考虑引力波时，可能又认为时空是平直的。这样的思路转移，我们在看埃舍尔

（M.C.Escher）的画时会同样经历。例如图11.2。[1]

404

图11.2 埃舍尔的一幅画。先从一点看（例如，从瀑布顶的流水看），然后从另一点看（例如，从瀑布底的流水看），我们会经历一次思路转移，多少有点儿像物理学家从弯曲时空规范转到平直时空规范的经历。[©1961 M. C. Escher Foulndation-Baarn-Holland，版权所有。]

---

1. 埃舍尔（Maurits Cornelis Escher，1898～1972）喜欢以图画表现"不可能存在的世界"，从这点说，他大概是世界上最特殊的画家。他的画都充满了浓厚的数学趣味，用他的话说，"是为了传达思维的一条特殊线索 …… 最终使艺术步入数学领域。"荷兰数学家恩斯特（BrunoEmst）为他的这位同胞写了一本有名的《M. C. 埃舍尔的魔镜》，带我们用数学眼光去欣赏他那些神奇的图画（这里看到的是他1961年的石版画《瀑布》）。—— 译者注

因为两个规范的基础定律在数学上是等价的，我们可以确信，在相同物理条件下，两个规范所给的对实验结果的预言将是完全相同的。这样，我们可以在任何给定条件下自由运用最适合的规范。

自由带来力量，[2] 这就是为什么物理学家不满足于爱因斯坦的弯曲时空规范，而还要发展平直时空规范来作为补充。[3]

牛顿的引力描述今天仍然还是一种规范。它认为空间和时间是绝对的，引力是同时作用在两个物体间的一种力（"超距作用"，第1，第2章）。

牛顿的引力规范当然不会和爱因斯坦的弯曲时空规范等价，两家所做的实验结果的预言是不同的。库恩说这场理性的斗争是科学的革命，爱因斯坦通过革命提出了他的规范，令他的同事们相信，新规范比牛顿的规范更准确地描述了引力（第2章）。在库恩的这个意义上，物理学家后来提出的平直时空规范不是科学革命，因为它与弯曲时空规范做出的预言是完全一样的。

引力较弱时，牛顿规范的预言与爱因斯坦弯曲时空规范的预言几乎是一样的，相应地，两个规范在数学上也是近似等价的。实际上就是这样：在研究太阳系的引力时，物理学家常在牛顿规范、弯曲时空规范和平直时空规范之间游移，哪个规范满足他的想象，哪个规范显得更具洞察，他们就用哪一个，而且不会出现问题。[1]

1.比较第1章最后一节，"物理学定律的本质"。

在一个研究领域中，新人的思想总是比老手更加开放，20世纪70年代就出现过一个例子，一些新人的觉悟产生了一个新的黑洞规范：*膜规范*。

1971年，普林斯顿大学的学生汉尼（Richard Hanni）和博士后鲁菲尼（Remo Ruffini）注意到，黑洞行为多少有些像一个导电球。为理解这种奇特行为，我们想象一个带正电的金属小球，它携带的电场排斥质子而吸引电子。小球的电场可以用类似于磁力线的电力线来刻画。电力线指向场作用在质子上的力的方向（也就是与场作用在电子上的力的方向相反），线密度正比于力的强度。假如小球独立于时空中，它的电力线将径向向外 [图11.3（a）]。相应地，作用在质子上的电力也沿径向离开小球。又因为力线的密度随离开小球的距离的平方反比例地减小，所以作用在质子上的电力也随距离的平方而反比例地减弱。

现在，将小球拿近一个金属球 [图11.3（b）]，球的金属表面带有可以在表面上自由移动的电子和不能移动的带正电的离子。小球的电场将球面上的大量电子吸引到附近，而把多余的离子留在球面各处，换句话说，小球极化了金属球。[1]   406

1971年，汉尼和鲁菲尼，另外还有普林斯顿大学的瓦尔德（Robert Wald）和普林斯顿高等研究院的科恩（Jeff Cohen）[4] 分别独立计算了非旋转黑洞附近带电小球产生的电力线的形状。他们的计算以标准的弯曲时空规范为基础，结果表明时空曲率像图11.3（c）那   407

1."极化"在这里的意思与"极化引力波"和"极化光子"（第10章）有所不同。

样使电力线发生形变。汉尼和鲁菲尼注意到,它与图11.3(b)中的电力线是相似的[从图(c)下面看,与图(b)近似相同],这令他们想到,我们可以用与考虑金属球相同的方式来考虑黑洞的视界,就是说,将视界看作一张由正负带电粒子组成的与金属的球面相似的薄膜。通常情况下,膜上的正负电荷粒子数相等,即膜上任何区域都没有净电荷。然而,当小球靠近视界时,多余的负电粒子会移到小球下面的区域,膜上将到处留下多余的正电粒子,视界膜就这样被极化了。最后,小球电荷和视界电荷所产生的总的电力线就像图(c)的样子。

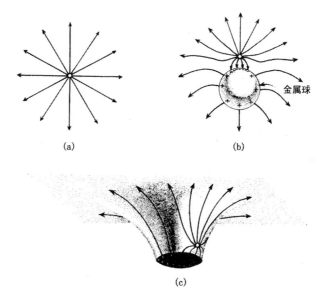

图11.3(a)独立静止在平直时空的带正电金属小球产生的电力线。
    (b)平直时空中,小球静止在导电金属球上方时的电力线。小球的电场极
        化了金属球。
    (c)小球在黑洞视界上方时的电力线。看起来就像小球电场极化了视界

我算相对论的老人了,听到这些事情时我认为很荒唐。广义相对论主张,如果谁落进黑洞,他在视界那儿除了时空曲率外什么也碰不

到。他既看不到膜，也看不到带电的粒子。这样，汉尼-鲁菲尼关于
小球电力线为什么会偏折的描述就没有现实基础，纯粹是想象。我确
信力线弯曲的原因不是别的而只能是时空曲率：力线向下偏向图（c）
中的视界，完全是因为潮汐引力在拉它，而不是因为它被视界的某些
极化电荷所吸引。视界不可能有任何这样的极化电荷。我确信这一点，
然而我错了。

5年后，剑桥大学的布兰福德和研究生茨纳耶克发现，磁场可从
黑洞中汲取旋转能并用来驱动喷流［即布兰福德-茨纳耶克过程，第
9章和图11.4（a）］。[5] 他们还通过弯曲时空的计算发现，在提取能量
时，电流从黑洞极点附近流入视界（表现为正电荷粒子落进去），而
从赤道附近流出（表现为负电荷粒子落进去）。黑洞仿佛是一个电路
的一部分。

计算还说明，黑洞似乎也是电路中的电压发生器［图11.4（b）］。
这台电压发生器驱使电流从视界赤道流出，又将磁力线驱赶到远离黑 408
洞的地方，然后将等离子体（导电热气体）驱赶到黑洞旋转轴附近的
其他电力线上，最后又将这些电力线赶下来进入视界。这些磁力线
是电路的导线，等离子体是从电路提取能量的负载，能源则是旋转
的黑洞。

照这点看［图11.4（b）］，使等离子体加速并形成喷流的动力是由
电路带来的。根据第9章的观点［图11.4（a）］，动力则来自飘来飘去
的旋转磁力线。两个观点不过是对同一件事情的不同考虑方式。在两 409
种情况下，动力最终来源都是黑洞的旋转。人们可以凭自己的兴趣认

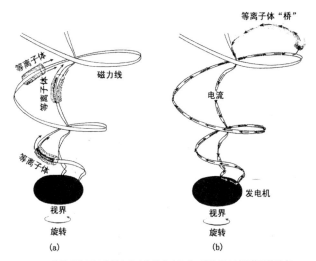

图11.4 旋转磁化黑洞赖以产生喷流的布兰福德-茨纳耶克过程的两种观点。

（a）黑洞的旋转产生空间旋涡，迫使穿过黑洞的磁场旋转，旋转磁场的离心力将等离子体加速到很高的速度［与图9.7（d）对比］。

（b）磁场和空间旋涡一起在黑洞极点和赤道间产生巨大电压，结果黑洞成为电压发生器和发动机。电压驱动回路产生电流，回路将黑洞能量带给等离子体并将它们加速到很高的速度

为动力来自电路还是来自旋转的磁力线。

　　电路的观点，虽然以标准的弯曲时空的物理学定律为基础，却完全是不曾料想过的，而通过黑洞的电流 —— 从极点附近流入，从赤道附近流出 —— 似乎也太奇怪了。1977年和1978年间，茨纳耶克和达莫尔（也是一个研究生，但不在剑桥，而在巴黎）都在考虑这件怪事。在认识过程中，他们独立地将描述旋转黑洞和它的等离子体和磁场的弯曲时空方程转化为一种陌生的形式，得到一个生动诱人的解释：[6] 电流到达视界时并没流进黑洞，而是落在视界表面，由汉尼和鲁菲尼以前想象的那种视界电荷携带着。视界的电流从极点流向赤道，

在那儿沿磁力线流出来。另外，茨纳耶克和达莫尔还发现，关于黑洞电荷和电流的定律是平直时空中电磁定律（高斯定律、安培定律、欧姆定律和电荷守恒定律）的一种优美表达形式（图11.5）。

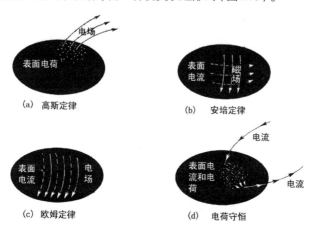

图11.5 黑洞膜状视界上电荷和电流的有关定律：

（a）高斯定律——视界表面电荷的数量正好能终结所有与视界相交的电力线，所以它们不能延伸进入黑洞内部；对比图11.3。

（b）安培定律——视界表面电流的总量正好能终结磁场平行于视界的那一部分；因此视界以下不存在平行磁场。

（c）欧姆定律——表面电流正比于与表面相切的那部分电场，比例常数是377欧姆的电阻。

（d）电荷守恒定律——没有电荷消失或产生。所有从外部宇宙进入视界的正电荷都落在视界上，在表面流动，然后离开它又回到宇宙（表现为负电荷落下来中和这些正电荷）

茨纳耶克和达莫尔并不是说落进黑洞的生命会遇到带电荷和电流的膜状视界；他们只不过认为，假如谁想弄清电、磁和等离子体在黑洞外面的行为，他可以把视界看成一张带电和电流的膜。

我读了茨纳耶克和达莫尔的论文后，才恍然大悟：他们和他们之前的汉尼和鲁菲尼在发现一个黑洞新规范的基础。这个规范很有意思，把我迷住了。我挡不住它的诱惑，在20世纪80年代用了很多时间与普赖斯、麦克唐纳（Douglas Macdonald）、雷德蒙特（Ian Redmount）、孙为默［音］、克罗里（Ronald Crowley）等人把它修饰了一下，写成一本书：《黑洞：膜规范》。[7]

410 　　写进膜规范的黑洞物理学定律完全等价于对应的弯曲时空规范的定律 —— 只要我们将注意力局限在黑洞的外面。从而，对一切可能在黑洞外面进行的实验和观测 —— 包括地球上的一切天文观测，这两个规范的预言是完全相同的。我发现，同时把握两个规范（膜的和弯曲时空的），在两者之间经历埃舍尔式的思路转移，对思考天文学和天体物理学问题是很有好处的。当我星期天考虑黑洞脉动时，弯曲时空规范可能更适用，因为它的视界是由弯曲虚空的时空构成的。

411 当我星期一考虑黑洞喷流时，膜规范也许更适用，因为它的视界是一张带电的膜。由于两个规范的预言保证是一样的，不管星期几，哪个规范能适合我的需要，我就可以用哪个。[1]

　　在黑洞里面就不像这样了。落进黑洞的人会发现，视界不是一张带电的膜，在黑洞内部，膜规范完全无能为力了。然而，发现这一点的下落者付出了很大的代价：他们不可能在外面宇宙的科学杂志上公布他们的发现。

---

1. "星期天""星期一"的说法，在西方是有传统的。英国诗人布拉斯韦特（Richard Brathwait，1588？ ~1673）在拉丁文诗《巴拿马日记》（1638）中写道："我看见一个清教徒，星期一吊起他的猫，等着星期天逮老鼠。"更有趣而且与物理学关系更密切的是布拉格（W. L. Bragg）对玻尔的量子化概念的笑话："在这个理论中我们似乎该在每周一、三、五用经典定律，在二、四、六用量子定律。"M. Banusiak还有一本天文学科普书名叫《星期四的宇宙》（1986）。—— 译者注

第 12 章
黑洞蒸发

视界裹在
慢慢消失的
辐射和热粒子的大气里，
黑洞在收缩然后爆炸

1970年11月的一个晚上，霍金正准备睡觉，忽然有了一个想法，它来得那么急，令他差点儿喘不过气来，他还从没遇到过一个思想来得这么快的。[1]

睡觉对霍金来说也真不容易。他患了肌萎缩性脊髓侧索硬化（ALS），支配肌肉的神经逐渐被破坏，一块块肌肉失去了活力。他两腿战栗着慢慢地移动，刷牙时还得用一只手撑着桌台；他紧紧抓着床柱，脱去衣服，然后艰难地套进睡衣，爬上床。那天晚上，他比平常动作还慢，因为满脑子都是那个思想。这思想令他狂喜，但他没告诉妻子简，那会挨骂的，因为她满以为他会专心去睡觉。

413　　那一夜，他醒着躺了好几个小时，睡不着。他的思维还徜徉在那个思想的枝枝叶叶上，还在寻找它与其他事物的联系。

　　这个思想是一个简单问题引发的。当两个黑洞碰撞结合成一个黑洞时，会产生多少引力辐射（时空曲率波）？霍金已经大概知道，最后那个黑洞从某种意义说比原来两个黑洞之"和"更大，但那是什么意义呢？关于产生了多少引力辐射，它又告诉他什么呢？

　　于是，在准备睡觉时，他想到了。突然，一系列的图景在他头脑里合成，产生了那个思想：更大的是黑洞视界的面积。他确信这一点，景象和图画已经形成了一个不容置疑的数学证明。不论原来两个黑洞质量多大（相同或大不相同），不论黑洞如何旋转（同向、反向或是根本不转动），也不论它们如何碰撞（正碰还是斜碰），最终黑洞视界的面积一定总是大于原来黑洞视界面积之和。那又怎么样呢？霍金的头脑还在这个面积增加定理中徜徉时就已经认识到，那太了不起了。

　　首先，最后的黑洞为了有更大的视界面积，一定要有很大的质量（或等价地说，很大的能量），这意味着作为引力辐射喷射出去的能量不太多。但"不太多"也不是太少。霍金通过把他新的面积增加定理与用面积和自旋表达的描述黑洞质量的方程结合，计算出原来两个黑洞质量的50%可以转化为引力波能量，只为最后那个黑洞留下50%的质量。[1]

---

1. 霍金的面积增加定理允许任何黑洞质量都能以引力波形式发射出去，这似乎与我们的直觉矛盾。熟悉代数的读者可以从下面这个例子找到满意的答案：两个无旋转黑洞结合成一个更大的无旋转黑洞。无旋转黑洞的表面积正比于视界周长的平方，从而也就正比于黑洞质量的平方。这样，霍金的定理认为，初始黑洞质量的平方和一定大于*最后黑洞质量的平方。简单的代数计算可以说明，这个质量约束条件允许最后黑洞的质量小于原来两个黑洞质量之和，这样也就允许一定的初始质量作为引力波发射出去。（*显然是"小于"的笔误。即使 $M^2 > M_1^2 + M_2^2$，仍然可能有 $M < M_1 + M_2$，这两个条件可以确定最多能有多少质量转化成为引力波。——译者注）

在那个11月的不眠之夜后的几个月里，霍金又发现了他那思想的另一些枝叶。最重要的也许是他为下面这个问题找到了一个新答案：[414] 当黑洞是"动态"的时候，也就是，当它大幅度振动时（在碰撞中这是一定会发生的），或者当它快速增长时（当它最初由坍缩恒星产生时，这也是可能的），该如何定义黑洞视界的概念？

准确而成功的定义是物理学研究的基础。闵可夫斯基只是在定义了两个事件的绝对间隔后（卡片2.1）才发现，虽然空间和时间是"相对的"，但可以统一为一个"绝对的"时空。爱因斯坦只是在定义了自由下落粒子的轨迹是直线后（卡片2.2），才发现时空是弯曲的（图2.5），从而才创立了他的广义相对论。霍金也是在定义了动态黑洞的视界概念后，才能和别人去探索当黑洞受碰撞或下落碎屑的打击时，它会如何改变？

1970年11月以前，大多数物理学家都跟着彭罗斯，[2] 认为黑洞视界是"试图逃逸黑洞的光子最后被引力拉下来的地方"。霍金在这几个月间认识到，这个旧的视界的定义钻进了理性的死胡同。他照它本来的意思，为它取了一个略带轻蔑的名字，这个名字留下来了。他称它为显视界。[1]

霍金小看它是有根据的。首先，显视界是相对概念，而不是绝对的。它的位置依赖于观测者的参照系；下落的观测者与静止在黑洞外的观测者可能会看到它处在不同的位置。第二，当有物质落进黑洞时，

1.显视界更精确的定义见下面的卡片12.1。

显视界将突然无任何征兆地从一个位置跳到另一个位置 —— 这种奇异的行为，是不容易认识的。第三，也是最重要的一点，显视界同为霍金带来新思想的那些凝结在一起的智力图景，没有任何联系。

相比之下，霍金关于视界的新定义是绝对的（在所有参照系中都相同），不是相对的，所以他称它为绝对视界。霍金认为，绝对视界很优美。它有一个优美的定义：它是"时空中能否向遥远宇宙发送信号的事件之间的分界（视界外的事件能发送，而视界内的事件不能）"[1]。它还有一个优美的演化：当黑洞吞噬物质或与另一黑洞或其他事物碰撞时，绝对视界将以一种光滑、连续而不是突然、跳跃的方式发生形状和大小的改变（卡片12.1）。

415

卡片12.1

新生黑洞的绝对视界和显视界[3]

下面的时空图描绘了球状恒星形成球状黑洞的坍缩，请与图6.7比较。点线是外出的光线，换句话说，它们是光子的世界线（通过时空的轨迹）—— 这种最快的信号可以径向向外发送到遥远的宇宙。对于"理想的逃逸"，我们理想化地认为光子不被任何恒星物质吸收和散射。

显视界（左图）是想逃脱黑洞的外出光线（如向外的QQ′和RR′）被拉向奇点的最外边界。显视界是恒星表

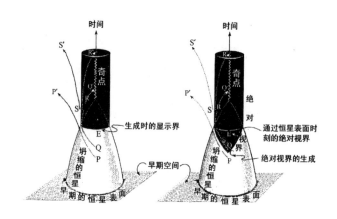

面收缩经过临界周长时在E处突然完全生成的。绝对视界（右图）是能向遥远宇宙发送信号的事件（如事件P和S，沿光线PP′和SS′发送信号）和不能向遥远宇宙发送信号的事件（如Q和R）之间的分界。绝对视界在事件C的恒星中心生成，比恒星收缩到临界周长早一些。绝对视界生成时只是一点，然后像吹气的气球那样逐渐膨胀。当恒星收缩到临界周长（圆E）时，它也完全出现在恒星表面，这时不再扩张，以后就与突然形成的显视界一致。

更重要的是，绝对视界完全符合霍金的新思想：

416

霍金从凝结在他头脑中的图景看到，绝对视界（而不一定是显视界）的面积不仅在黑洞碰撞和结合时增大，而且在黑洞诞生时，在物质或引力波落下来时，在宇宙的其他事物的引力掀起潮汐时，在从它外面的空间旋涡中提取旋转能量时，都会增大。实际上，绝对视界的面积几乎总是增大，而永远不会减小。物理原因很简单：黑洞遭遇的任何事物都穿过它的绝对视界向内发送能量，任何能量都无法回到外面来。由于所有形式的能量都产生引力，这意味着黑洞引力在不断加强，因而相应地它的表面积也不断地增加。

更准确地说，霍金的结论是：（在任何人的参照系中），在任何空间区域和时刻测量所有黑洞的绝对视界的面积，并把这些面积加到一起得一个总面积。然后，你可以等任意长的时间再测量这些绝对视界的面积并把它们加起来，假如在两次测量间没有黑洞从这一空间区域的"围墙"转移出去，那么视界的总面积不会减少，而几乎总会增加，至少增加一点儿。

霍金很清楚地知道，不论选择哪种视界的定义，是绝对的，或者明显的，都不会以任何方式影响对人类或其他生物可能进行的任何实验结果的预言。例如，它不会影响对在黑洞碰撞中产生的引力波（第10章）的预言，也不会影响对落进黑洞视界的热气体发出的X射线数量（第8章）的预言。但是，定义的选择却关乎理论物理学家从爱因斯坦广义相对论方程演绎黑洞行为特征是费力还是轻松。在理论家用以指导研究的规范里，他所选择的定义将成为决定性的工具。它影响他们的思维图景，影响他们在与别人交流时说的话，也影响他们直觉的飞跃。在这一点上，霍金相信，新的绝对视界因它连续增长的面积，比旧的不连续跳跃的显视界更优越。

思考绝对视界并发现它们面积增加的物理学家，史蒂芬·霍金不是第一个。牛津大学的彭罗斯和加拿大艾伯塔大学的伊斯雷尔在霍金那个11月的不眠之夜以前就已经做过了。[4]霍金的发现实际也在很大程度上靠了彭罗斯打下的基础（第13章）。然而，不论彭罗斯还是伊斯雷尔，都没认识到面积增加定理的意义和力量，他们也没发表这个结果。为什么呢？他们的思想死抱着显视界作为黑洞表面，而把绝对视界当作某个无关紧要的辅助性概念，从而也不认为绝对视界面积的增加有多大意思。跟着我们这一章，你会看到他们犯了一个多么可怕的错误。

为什么彭罗斯和伊斯雷尔那么喜欢显视界呢？因为它曾在一个惊人发现里充当主角。那是彭罗斯1964年的一个发现：广义相对论定律迫使每个黑洞在中心有一个奇点。[5] 我将在下一章讨论彭罗斯的发现和奇点的本质。我现在主要说的是，显视界显示了威力，而彭罗斯和伊斯雷尔被这威力蒙蔽了，没能想到要放弃它作为黑洞表面的定义。

他们特别不能想象放弃显视界而赞同绝对视界。为什么呢？因为绝对视界似乎自相矛盾地违背了我们信奉的结果不得先于原因的观念。当物质向黑洞落下时，绝对视界就开始增长（"结果"），而这时物体还没有到达它（"原因"）呢。视界在期待中增长，物质马上会被吞没，黑洞引力也将随之而增强（卡片12.2）。

彭罗斯和伊斯雷尔知道这个表面的矛盾是从哪儿来的。正是那个绝对视界的定义依赖于未来发生的事情：信号最终能否逃向遥远的宇宙。用哲学名词来说，这是一个目的论的定义（依赖于"最终原因"的定义），它使视界演化也是目的论的。由于现代物理学中极少出现目的论观点，所以彭罗斯和伊斯雷尔会怀疑绝对视界的价值。

卡片 12.2

吸积黑洞显视界和绝对视界的演化[6]

　　下面的时空图说明了显视界的跳跃性演化和绝对视界的目的性演化。在某一初始时刻（近图底的一张水平面上），一个非旋转老黑洞为薄层球状物质外壳所包围。外壳像橡皮气球，而黑洞像气球中心的一个陷坑。黑洞引力

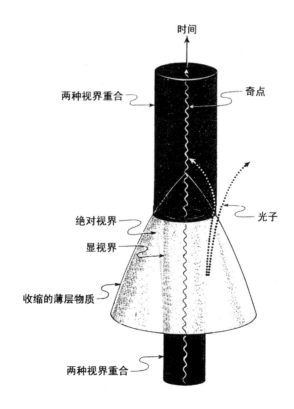

作用在外壳（气球），使它收缩并最终将它吞没（就像气球落进陷坑）。显视界（向外的光线——图中点线——的最后一道屏障）在收缩外壳到达最后黑洞临界周长位置的瞬间突然发生不连续的跳跃，绝对视界（能否向遥远宇宙发送光线的事件的分界）在黑洞吞没外壳前开始扩张，在扩张中等待吞噬，然后，当黑洞吞没外壳时，它也停在跳跃的显视界的位置。

霍金是大胆的思想家，假如他感觉那些激进的新方向是对的，他 419 会比大多数物理学家更乐意走上那些方向。对他来说，绝对视界的"滋味"不错，尽管有点儿"烈"，他还是喜欢，而且有了回报。在几个月里，他和哈特尔根据爱因斯坦广义相对论定律导出了一系列美妙的方程，描绘在吞没下落的物质碎片和引力波之前，在受其他物体引力作用之前，绝对视界是如何连续而光滑地扩张和改变形状的。[7]

1970年11月，霍金作为物理学家才刚迈出满意的一步，他已经有过一些重大发现，但还没成为主角。随着这一章的脚步，我们会看着他成为一名主角。

失去活动能力的霍金怎么能在思想和直觉上超越像彭罗斯、伊斯雷尔和泽尔多维奇那样的走在他前头的同行和竞争者呢？他们能用自己的双手，能画图，能做很长的计算——那些计算记录着过程中相互关联的一些结果，他们可以追溯这计算过程，检查一个个结果，然后综合成一个最终结果；我不敢想象谁能在头脑中完成这些计算。到20世纪70年代初，霍金的手差不多已经废了，画不了图，也写不了方程。他的研究只能完全在头脑里进行。

手的能力是慢慢丧失的，所以霍金有时间来适应。他逐渐练就一种与其他物理学家不同的思维方式：为了自己的思考，他以新的直觉的思维图像和方程取代了纸上的图画和方程。霍金的思维图景和方程，在某些问题上比旧的书面的东西更有力量，但对另外的问题就要差一些。他还慢慢学会了将精力集中在他的新方式更能显示力量的问题上，那力量是别人无法赶得上的。

420　霍金的瘫痪在其他方面帮了他的忙。他自己常说，它让他从为大学生讲课的义务中解脱了出来，从而能比健康的同事们有更多的自由时间来做研究。更重要的也许是，疾病改变了他的生活态度。

1980年，霍金与妻子简和儿子Timonthy在英国剑桥。[K. 索恩摄]

1963年，霍金上剑桥大学研究生院不久就患了ALS。ALS是一类运动神经元疾病的总称，大多数患者很快就会死去。想到只有几年的生命，霍金首先失去了对生活和物理学的热情。然而，1964～1965年冬，发现他患的是一种罕见的ALS病例，它逐渐破坏中枢神经系统对肌肉的支配能力，需要很多年，而不是几年。生活突然精彩了，霍金像一个健康快乐的研究生一样，带着从未有过的巨大活力和热情又回到物理学来了。生活重新开始，他和简（Jane Wilde）结婚了。简是他患ALS后不久认识的，得病初期就爱上了她。

与简的结合，是霍金在20世纪60、70和80年代成功和幸福的基础。她在他身体遭遇的不幸中为他带来了正常的家庭和生活。

我一生中见过的最幸福的笑是在史蒂芬的脸上。那是1972年8月的一天晚上，在法国阿尔卑斯山下。那天，简、我和他们的两个大孩子罗伯特和露茜游了一天下山回来。因为太笨，我们错过了最后一趟下山的雪橇，只好步行1000米下山。当简、罗伯特和露茜走进饭厅时，霍金正在摆弄他的晚餐。他先还在替我们着急，看到他们进来时，却忍不住大笑起来，眼泪都流出来了，饭也吃不下了。[421]

霍金的手脚都动不了，然后又逐渐失去了声音。1965年6月，我们第一次见面时，他拄着根手杖走路，声音只是略有颤抖。1970年，他得靠四腿的架子才能走路。到1972年，他只能坐在自动轮椅上，而且基本上不能写字了，但还能较轻松地自己进食，大多数地道说英语的人还能听懂他说话，当然有点儿困难。1975年，他不能自己进食了，也只有习惯了他讲话的人才能听懂他说什么。1981年，除非在绝对安静的屋子里，不然，他的话，我听起来也很费劲；只有长期同他在一起的人才会觉得容易些。到1985年，他的肺不能自动排气，需要切开气管，通过有规则的吸气清除气流障碍。手术的代价太高了：他完全失去了声音。他只得靠为他设计的一台计算机语音合成器来说话，抱歉的是说话迟钝，而且带着美国口音。他通过握在手上的简单开关控制计算机，在屏幕上打出一串串单词，然后用开关选出他需要的词组成句子。这是一个痛苦缓慢的过程，却很有效。他一分钟最多能造一个简单句子，但他的句子从合成器读来还是清楚的，而且很优美。

　　说话能力退化了，霍金学会了把每个句子都存起来。他找到了一种比他患病初期更清楚、更简洁的思想表达方式。随着清楚而简洁的表达，他的思想也更清晰，对同事们的影响也更大 —— 但似乎也越来越费解了：有时，当他提出对某个深刻问题的判断时，我们这些同行要在想很久、做许多计算之后才能确定他是在猜想，还是已经有了强有力的证据。有时候他不告诉我们，而我们偶尔也怀疑他是不是在拿他绝对独特的思想跟我们开玩笑。毕竟，他还保留着在牛津读大学时那种讨人喜欢的顽皮和即使在患难时也没离开过他的幽默。（在支气管手术前，我已经开始难得听懂他的话了，有时得反反复复对他说："史蒂芬，我还是没听懂；请再说一遍。"他有点儿泄气，但还是不断重复，直到我恍然大悟：原来他在给我讲一个精彩的异乎寻常的小笑话，当我终于笑了，他也愉快地笑了。）

熵

　　我在上面称赞了霍金在思想和直觉上超越同行竞争者的能力，但我现在应该承认，他并不总是在赢，也有输的时候。他最大的一次失败可能是败在惠勒的研究生贝肯斯坦（Jacob Bekenstein）手下。但我们将看到，在那次失败中，霍金获得了一个更大的胜利：发现黑洞蒸发。本章剩下的篇幅，就是讲这一发现的曲折经过。

霍金失败的战场在黑洞热力学。热力学是一组关于大量原子的随机的统计行为的定律，如组成房间里的空气的原子或组成整个太阳的原子。原子的众多统计行为中，包括由热引起的随机跳跃，相应地，热力学定律也包括关于热的定律，因此才有热力学这个名称。

在霍金发现面积定理的前一年，普林斯顿惠勒小组里的19岁研究生克里斯托多罗（Demetrios Christodoulou）注意到，描述黑洞性质缓慢变化（如它缓慢吸积气体）的方程很像某些热力学方程。[8]它们之间的相似是很明显的，但除了认为巧合外，找不到更多的理由。

霍金的面积定理又加强了这种相似：面积定理很像热力学第二定律。实际上，在本章前面的表述中，只要把"视界面积"换成"熵"，面积定理就变成了热力学第二定律：（在任何人的参照系中），在任何空间区域和时刻测量区域内所有事物的总熵。然后，你可以等任意长的时间再来测量，假如在两次测量间没有事物从你的空间区域的"围墙"跑出去，那么总熵不会减少，而几乎总会增加，至少增加一点儿。

那个增加的"熵"说的是什么东西呢？它是一定空间区域的"随机性"的总量。熵增加意味着事物在不断地变得越来越随机。

更准确些说（卡片 12.3），熵是一定空间区域内所有原子和分子在不改变区域宏观表现情况下的分布方式的数目的对数。[1] 如果原子和分子可能的分布方式多，微观的随机性就大，熵也就大。

熵增加定律（热力学第二定律）力量很大。举例说，假定一间屋子里有空气和几张皱巴巴的报纸，它们包含的熵小于报纸在空气中燃烧形成二氧化碳、水蒸气和一点儿灰后所包含的熵。换句话说，当屋子里原来是空气和报纸时，分子和原子的随机分布方式比最后在空气、二氧化碳、水蒸气和灰的情况下少。这也是为什么纸很容易点着而自然燃烧，而燃烧却不容易自然地倒过来从二氧化碳、水、灰和空气还原成纸。熵在燃烧中增加，在还原中减小，所以燃烧会发生，而还原却不能。

425 1970 年 11 月，霍金立即就注意到了热力学第二定律和他的面积增加定理之间的相似性，但他显然认为这只是一种巧合。他想，谁要是说黑洞视界就是某种意义的黑洞的熵，那他一定是疯了，至少是昏了头。是的，毕竟黑洞没什么随机的东西。黑洞倒是随机的对头，是简单性的化身。一旦黑洞处于一种宁静状态（通过发出引力波，图 7.4），它就完全"无毛"了；一切性质都由三个数决定：质量、角动量和电荷。黑洞无论如何没有随机性。

---

1. 量子力学定律保证了原子和分子的分布状态数总是有限而不会是无限的，物理学家在定义熵时常以它的对数乘以一个与我们无关的常数，$\ln 10 \times k$，这里 $\ln 10$ 是 10 的"自然对数"，$2.30258\cdots$，k 是"玻尔兹曼常数"，1.38062×10^{-16} 尔格每摄氏度。我在全书都将忽略这个常数。

卡片12.3

玩具屋的熵

一间正方形的玩具屋里有20个玩具。屋子的地板铺着100块大瓷砖（每边10块）。爸爸打扫完屋子，把玩具放在最北的那行地砖上。他不在乎哪个玩具放在哪块砖，所以玩具完全是随机堆在一起的。随机性的一种度量是它们有多少种堆放方式（不论哪种方式，爸爸都一样满意），也就是，20个玩具放在北边那行的10块地砖上所能有的分布方式的数目，它是$10 \times 10 \times \cdots \times 10$，也就是$10^{20}$，因为每个玩具都有10种方式。

这个10^{20}就是对玩具的随机性的一种描述。然而这是一个很难把握的描述，因为10^{20}太大了。更容易把握的是它的对数，也就是多少个10的因子乘起来能得10^{20}，那就是20。玩具在地砖上堆放方式的数目的对数，就是玩具的熵。

这时候，孩子进屋来玩，把玩具扔得到处都是，然后他又走了。爸爸回来看见一团糟。现在的玩具比先前更混乱了，它们的熵增加了。爸爸不管哪个玩具在哪儿，他看到的是玩具随意地分散在整个屋子里。它们有多少种不同的分布方式呢？20个玩具分散在100块地砖上，有多少种方法？$100 \times 100 \times \cdots \times 100$，每个玩具100种，那么总数就是$100^{20} = 10^{40}$，它的对数是40，于是孩子将玩具的熵从20增加到了40。

> "那有什么，他爸爸接着会整理房间的，于是玩具的
> 熵又减到20，"你大概会说，"这不就违反了热力学第二
> 定律吗？"根本没有。爸爸可以通过整理将玩具熵减回来，
> 但他的身体和屋子里的空气的熵却增加了：为把玩具放
> 回原来的地方，爸爸得"燃烧"一些体内脂肪来获得能量。
> 燃烧将有机的脂肪转化为无机的废物，如他在屋子里随机
> 呼出的二氧化碳。结果，爸爸和屋子的熵的增加（原子和
> 分子的可能分布数的增加）远远抵消了玩具熵的减小。

贝肯斯坦不服，[9] 在他看来，黑洞的面积在某种深层意义上就是它的熵——或者更准确些说，是它的乘了某个常数的熵。贝肯斯坦论证说，假如不是这样，假如黑洞像霍金说的那样没有熵（没有任何随机性），那么黑洞就可用来减少宇宙的熵，这样就违背了热力学第二定律。我们只需要将从某个空间来的所有空气分子装进一个小口袋然后扔进黑洞就行了。口袋落进黑洞时，这些气体分子和它们携带的熵便从宇宙中消失了；假如黑洞不增加熵来补偿这些损失，那么宇宙的熵就减少了。贝肯斯坦认为，这样违背热力学第二定律是很不令人满意的。为了保住第二定律，黑洞必须拥有熵，在气体落进视界时它会增大；而在贝肯斯坦眼里，最有希望成为熵的候选者就是黑洞表面的面积。

根本不是那样的，霍金答话了。我们能通过把气体分子扔进黑洞而失去它们，当然也可以失去熵。霍金认为，这正是黑洞的本质，我们只能接受违反热力学第二定律的事实，那是黑洞性质要求的——除此而外，它也没有任何严重的后果。例如，在通常情形，违反热力

学第二定律可能允许制造永动机，但即使黑洞破坏了第二定律，永动机也是不可能的。这种破坏只是物理学定律的一个小小特例，有这些特例，物理学定律还是可以很好地存在下去。

贝肯斯坦还是不服。

全世界所有的黑洞专家都站在霍金一边 —— 只有一个例外，那就是贝肯斯坦的导师，约翰·惠勒。他告诉贝肯斯坦，"你的思想够疯狂了，它可能是对的。"在导师的鼓励下，贝肯斯坦奋勇向前，加强了他的猜想。他估算了为保留热力学第二定律，在气体包落入黑洞时，[426]黑洞的熵应正好增加多少；他还估算了，落进来的气体能增大多少黑洞的面积。根据这些粗略估计，他导出了熵和面积之间的一个关系，他认为这个关系可能总会满足热力学第二定律；熵近似地等于视界面积除以一个与量子引力定律（那时还没有呢）相关的著名面积，普朗克 — 惠勒面积，2.61×10^{-66}平方厘米[1]（在以下两章我们将学习普朗克–惠勒面积的意义）。对10个太阳质量的黑洞来说，熵是黑洞面积，11000平方千米，除以普朗克–惠勒面积，2.61×10^{-66}平方厘米，结果大概是10^{79}。

这是一个巨大的熵，代表着大量的随机性。这些随机性在哪儿呢？贝肯斯坦猜测在黑洞里。黑洞内部一定包含着大量的原子、分子或别的东西，所有这些东西都随机分布，可能分布方式的总数一定是

---

1. 普朗克–惠勒面积公式为$G\hbar/c^3$，这里，$G=6.670 \times 10^{-8}$达因·厘米^2/克^{2}是牛顿引力常数，$h=1.055 \times 10^{-27}$尔格·秒是普朗克量子力学常数，$c=2.998 \times 10^{10}$厘米/秒是光速。相关问题见第13，14章的有关脚注和这些章节的讨论。

$10^{10^{79}}$ 。[1]

　　废话！大多数前沿黑洞物理学家，也包括霍金和我都这样反应。黑洞内包含着一个奇点，没有原子，也没有分子。

　　然而，不管怎么说，热力学定律和黑洞性质之间的相似总是令人惊讶的。

　　1972 年 8 月，黑洞研究的黄金年代正活跃的时候，全世界的主要黑洞专家和约 50 名学生相聚在法国阿尔卑斯山上，紧张地做一个月的讲习和联合研究。地方还是 9 年前（1963）我学广义相对论的那个莱苏什暑期学校，还是面对勃朗峰那绿油油的山坡（第 10 章）。[10] 1963 年我还是学生，现在，1972 年，人家说我是专家了。早上，我们这些"专家们"互相交流，也向学生们讲过去 5 年的发现和我们现在努力的新方向。大多数下午的时间我们都在不断讨论新问题：诺维科夫和我关在小木屋里，想发现吸积到黑洞的气体发射 X 射线的规律（第 8 章）；而在学校休息室的长椅上，我的学生普雷斯和特奥科尔斯基在探讨旋转黑洞对小干扰是否稳定（第 7 章）；在我们上面 50 米的山坡上，巴丁、卡特尔和霍金在全神贯注地用爱因斯坦的广义相对论方程推导一组完整的黑洞演化定律。那真是难忘的田园诗，醉人的物理学。

　　月底，巴丁、卡特尔和霍金对黑洞力学定律的认识更牢了，这

<hr>

1. $10^{10^{79}}$ 的对数是 10^{79}（贝肯斯坦猜想的熵）。注意，$10^{10^{79}}$ 是 1 后面跟 10^{79} 个 0，就是说，0 的数目与宇宙的原子一样多。

些定律与热力学定律有着惊人的相似。[11] 实际上，只要以"熵"替代"视界面积"，以"温度"替代"视界表面引力"，我们就会发现，每一个黑洞定律都等同于一个热力学定律。[1]（所谓表面引力，粗略地说就是静止在视界上的人所感受的引力作用强度。）

当贝肯斯坦（他是讲习班的50名学生之一）看到两组定律有那么完美的对应时，比以前更加相信视界面积就是黑洞的熵。相反，巴丁、卡特尔、霍金、我和其他专家却从这些对应中看出它严格证明了视界面积不可能充当黑洞的熵。假如是的话，表面引力就该充当黑洞的温度了，而温度不能是零。然而，热力学定律主张一切非零温度的事物都一定产生辐射（至少一点儿，家用取暖器就是这么工作的），而每个人都知道，黑洞不会发出任何东西。辐射会落进黑洞，但没有辐射能从黑洞跑出来。

假如贝肯斯坦能从他的直觉得到其逻辑结果，他会认定黑洞一定以某种方式具有有限的温度而且一定产生辐射，那么我们今天会把他看成了不起的先知。但贝肯斯坦不过是在瞎忙。他承认黑洞显然是不能辐射的，但仍然顽固地相信他的黑洞熵。

---

1. 我们知道，热力学有四个定律，现在将这四个定律与相应的黑洞力学定律并列在下面：第零定律：系统平衡时，温度处处相同；视界在平衡状态下，表面引力处处相同。第一定律：能量守恒定律（当然都是满足的）。第二定律：熵永不减少；视界面积永不减少。第三定律：不可能通过有限步骤达到绝对零度（−273.15℃）；不可能通过有限步骤将黑洞表面引力减小到零。在不同场合，这些定律有不同的表述方式，但本质是相同的。——译者注

黑洞辐射

428   事实上，黑洞能辐射的第一个线索来自泽尔多维奇，那是1971年6月，在莱苏什讲习班的14个月以前。然而，没人注意它。为此我感到惭愧，因为在他向根本性的新思想摸索着前进时，我是他的朋友，还跟他争论过。

那时，泽尔多维奇第二次请我到莫斯科在他的小组里做几个星期的研究。[12] 两年前，我第一次去时，莫斯科住房正紧，泽尔多维奇为我在十月广场附近的夏伯罗夫卡街弄了一套宽敞的私宅。当我一些朋友正与他们的妻儿和父母挤在一间屋 —— 是一间屋，而不是带一间卧室的套房 —— 时，我却在独自享受着一间卧室，一间起居室，一间厨房，一台电视，还有精制的瓷器。而这一次我住得简陋多了，住在以前那所房子下一家苏联科学院旅店的单人房间里。

一天早晨6点半，我被泽尔多维奇的电话吵醒了。"快来我家，基普！我有了旋转黑洞的新想法！"我知道早点是吃不了了，咖啡、茶和馅饼（用牛肉末、鱼、白菜、果酱和鸡蛋做的一种酥油饼）都得等。我往脸上泼点儿凉水，套上衣服，抓起公文包，冲下五段楼梯来到街上，挤上一辆拥挤的无轨电车，然后又转车，在列宁墓的沃罗别夫斯科耶·绍瑟街2B号下了车，这是在克里姆林宫以南10千米的地方。紧邻的4号住着柯锡金（Alexei Kosygin），前苏联总理。[1]

---

1. 绍瑟街从那时起改名为柯锡金街，建筑物也重新编了号。80年代末，戈尔巴乔夫曾住10号，在泽尔多维奇西边，隔着几道门。

　　我走进八尺高铁栅栏的一扇打开的门，来到一个四亩大的绿树荫荫的园子，周围绕着巨大的矮墩墩的房子，2B和连在一起的2A。墙上的黄色图画已经有些脱落。因为泽尔多维奇对前苏联核力量所做出的贡献（第6章），他得到2B的8间房，即二楼西南角的四分之一。在莫斯科，这套房子是很大的，有1500平方英尺。他跟夫人帕夫洛娃 [429]（Varara Pavlova）、一个女儿和女婿住在一起。

　　泽尔多维奇在门口等我，带着热情的笑容，后面房间里传出一家人忙碌的声音。我脱了鞋，套上门边堆着的拖鞋，跟他走进陈旧而舒适的起居室兼饭厅，屋里的沙发和椅子上堆满了东西；一面墙上挂着世界地图，泽尔多维奇去过的地方（伦敦、普林斯顿、北京、孟买、东京，还有很多）和前苏联政府因为害怕泄露核机密而不让他去的地方，都钉着彩色大头钉。

　　他两眼闪着光 [13]，等我坐在屋子中央长长的饭桌旁，他宣布，"旋转的黑洞一定会辐射。离开的辐射将反作用在黑洞上，逐渐使旋转变慢，然后停下来。旋转没有了，辐射也就停止，而黑洞此后将永远处于无旋转的理想球形状态。"

　　我坚决地说："这是我所听过的最疯狂的事情。"（我不喜欢和别人公开对抗，但泽尔多维奇却是在对抗中成熟起来的，他需要它，期待它；他把我带到莫斯科来，部分就是想让我充当他的争论对手，通过与我争论来检验他的思想）。我问，"你怎么会说出这么疯的话来？谁都知道，辐射能流进黑洞，但没有什么东西，也没有辐射能从那儿出来。"

泽尔多维奇解释了他的理由："旋转的金属球会发出电磁辐射，所以同样的，旋转的黑洞应该发射引力波。"

我想，这是典型的泽尔多维奇式的证明。纯粹的物理直觉，没有任何基础，不过靠一些类比罢了。泽尔多维奇不太懂广义相对论，不会计算黑洞该做什么，所以他去计算旋转金属球的行为，然后断言黑洞会有类似行为，然后，大清早6点半把我叫来，检验他的论断。

不过，我已经见识过泽尔多维奇在比这更没有基础的情况下的发现了。例如，他1965年宣称，有山隆起的恒星在坍缩时会产生完全球状的黑洞（第7章），后来证明这个论断是对的，还预言了黑洞是无毛的。于是，我小心地问，"我不知道旋转的金属球会发出辐射。它是怎么辐射的呢？"

"这种辐射很弱，"泽尔多维奇解释，"没人注意过，以前也没人预言。但是，它一定会发生。当电磁真空涨落刺激金属球时，它会辐射的。同样，当引力真空涨落擦过视界时，黑洞也会辐射。"

我在1971年真是太笨了，没能认识到这个论断的深刻意义，不过几年后它就清楚了。以前所有的黑洞理论研究都以爱因斯坦的广义相对论定律为基础，那些"黑洞不能辐射"的研究当然是不容置疑的。然而，我们理论家知道，广义相对论只是某个真正的引力定律的近似——它处理黑洞问题我们认为应该是很好的，但近似终归是近似。[1]

1.见第1章最后一节，"物理学定律的本质"。

我们确信，真正的定律一定是量子力学的，所以我们称它们是量子引 ⁴³¹ 力的定律。尽管这些量子引力的定律还只有些模糊认识，惠勒在20世纪50年代就得出了它们必然存在着引力真空涨落，一种小小的不可预料的时空曲率波动，即使时空完全没有物质，即使有人设法将引力波都从时空中拿走了，就是说，时空成了理想真空时，它仍然存在（卡片12.4）。泽尔多维奇说的，是他根据电磁学的类比预见了这些引力真空涨落会导致旋转黑洞辐射。"但是怎么辐射呢？"我还是很迷惑地问他。

卡片12.4

真空涨落

电磁波和引力波的真空涨落，相当于电子的"幽闭简并运动"。

回想一下（第4章），如果把电子限在一个小空间区域里，不论费多大气力让它慢慢停下来，量子力学定律都强迫它继续随机地不可预测地运动。这就是产生白矮星赖以抵抗引力挤压的压力的幽闭简并运动。

同样，如果有人想把电磁和引力振荡完全从某个空间区域拿走，他也是永远不会成功的。量子力学定律认为总还存在一些随机的不可预测的振荡，也就是随机的不可预测的电磁波和引力波。这就是（照泽尔多维奇的观点）"刺激"旋转金属球和黑洞并导致辐射的真空涨落。

真空涨落不能通过拿走它们的能量而让它们停下来，

因为总体说来它们本没有能量。在某些位置和某些时刻，它们可能有从别的地方"借来的"正能量，结果那些地方出现负能量。就像银行不会让债欠得太久，物理学定律迫使负能区域很快从正能的邻居那儿吸引能量，从而还原到零或得到些正能量。这样持续不断的随机的能量借还过程就驱动着真空涨落。

电子所限区域越小，它的简并运动越强（第 4 章）；同样，电磁波和引力波的真空涨落在小区域比在大区域更强，也就是，短波比长波的涨落强。在 13 章我们会看到，这对黑洞中心的奇点的性质有深刻意义。

在日常的物理中，电磁真空涨落是很普遍的，我们有良好的认识。例如，在荧光灯管的运行中，它们起着关键的作用。电荷激发灯管里的水银蒸气原子，然后随机的电磁真空涨落又刺激每个被激发的原子，使它在某一随机时刻以电磁波（光子）*形式释放出它的激发能量。由于最初认识这种发射时，物理学家还不知道它是真空涨落诱发的，所以称它是自发的发射。又比如，在激光器里，随机电磁真空涨落与相干的激光发生干涉（卡片 10.3 意义上的干涉），从而以一种不可预知的方式调节激光频率。这样，光子将在随机的不可预料的时刻从激光器发出来，而不像原来那样均匀地一个接着一个地出来——这种现象叫作光子闪动噪声。

与电磁波不同，引力的真空涨落还从来没有在实验上看到。凭 20 世纪 90 年代的技术和努力，应该能从黑洞碰撞中探测到高能的引力波（第 10 章），但不一定能发现微弱得多的真空涨落。

　　*涂在管壁的磷光吸收这个"初级"光子，然后发出"次级"光子，就是我们看到的光。

　　泽尔多维奇站起来，快步走到地图对面墙上1平方米的黑板前，一边画草图一边解释。他画的（图12.1）是一列流向一个旋转物体的 ⁴³² 波，从表面滑过，很快流走了。泽尔多维奇说，波可以是电磁的，旋转体是金属球；波也可以是引力的，旋转体为黑洞。

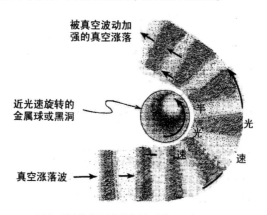

图12.1 真空涨落导致旋转物体辐射的泽尔多维奇机制

　　泽尔多维奇解释，流过来的波并不是"真正的"波，而是真空涨落。涨落的波从旋转体周围扫过时，就像一队溜冰者转弯，在外面的人转弯速度大，里面的人慢得多；同样，波的外面部分以很高的速度（光速）运动，而里面的部分比光慢得多，实际上比物体表面旋转还慢。[1]泽尔多维奇称，在这样的情况下，就像小孩子快速甩动绳子

1.用专业术语说，外面部分在"辐射带"，而里面部分在"邻近带"。

为投石器加速那样，快速旋转的物体将抓着引力波，令它加速。加速
过程中，波会从物体的旋转能中汲取一部分，将自己放大。长大的那
部分波是带正能量的"真"波，而原来的没有长大的部分还是总能量
为零的真空涨落（卡片12.4）。这样，旋转物体把真空涨落当成一种
433　产生真实波动的催化剂，当成真实波动形态的模板。泽尔多维奇指
出，真空涨落导致振动分子"自发地"发出光，也是类似的行为（卡
片12.4）。

　　泽尔多维奇告诉我，他已经用这种方法证明了旋转金属球会辐射，
证明的基础是量子电动力学的定律 —— 从量子力学与麦克斯韦电磁
定律的结合产生出的一套成熟的定律。虽然他还没有同样地证明旋转
黑洞的辐射，但通过类比，他确信那是一定的。实际上他断言，旋转
黑洞不但辐射引力波，也辐射电磁波（光子）、[1] 中微子以及可能在自
然界存在的所有其他形式的辐射。

　　我确信，泽尔多维奇错了。谈了几个小时，我还是不同意他的观
点。泽尔多维奇和我打赌。他曾在海明威（Emest Hemingway）小说
里读到过"白马"威士忌，那是很讲究、很地道的名牌威士忌。如果
物理学定律的详细计算证明旋转黑洞要辐射，那么我从美国给他带一
瓶"白马"来；如果计算表明没有这样的辐射，他就给我一瓶乔治时
代的优质白兰地。

　　我愿跟他赌，但我也知道不会很快分出输赢，还得等更深刻地认

1.回想一下，光子和电磁波是同一事物的不同方面；见卡片4.1中关于波粒二象性的讨论。

识广义相对论和量子力学的结合，1971年还没有人做得到。

打赌的事情我很快就忘了。我记性不好，而且在研究别的东西。但泽尔多维奇没忘。在和我那次讨论的几星期后，他把论证写出来拿去发表。假如是别人写的，审稿人一定会拒绝的；他的论证试探性太强，不会让人接受的。但泽尔多维奇的名头太响，文章还是发了——几乎没人注意它。[14] 黑洞辐射根本就是难以置信的。

一年后，在莱苏什讨论班上，我们"专家"依然没重视泽尔多维奇的思想。我想甚至没有谁提过一次。[1]

1973年9月，我又来到莫斯科，这次是陪霍金和他的夫人简。这 434 是霍金上学以来第一次来莫斯科。他、简和泽尔多维奇（我们的前苏联主人）对霍金在莫斯科的特殊需要感到难办，就想到最好由既熟悉莫斯科，又是霍金和简的朋友的我来做伴，既做物理学会谈的翻译，又做导游。

我们住在罗西娅宾馆，离克里姆林宫附近的红场不远。虽然几乎每天都去各学校演讲或者参观博物馆，听歌剧，看芭蕾，我们还是在霍金的宾馆套房里，伴着窗外的圣巴西勒教堂，同许多主要的苏联物理学家进行了交流。他们一个个来到宾馆，向霍金表示敬意，与他交谈。

1.同时，米斯纳在美国证明，真实的波（与泽尔多维奇的真空涨落相反）能被旋转黑洞以类似于图12.2的方式放大，这种放大过程——米斯纳称它为"超辐射"——激起了很大兴趣。照此看来，人们对泽尔多维奇的辐射缺乏兴趣就更令人深思了。

泽尔多维奇和他的研究生斯塔罗宾斯基（AlexiStarobinsky）是霍金宾馆的常客。霍金发觉他们也跟他一样吸引人。一次，斯塔罗宾斯基向他讲述了泽尔多维奇的旋转黑洞应该辐射的猜想，还讲了他和泽尔多维奇（以德维特、帕克等人以前的开拓性研究为基础）建立的量子力学与广义相对论的部分结合，然后说，这种部分结合证明了旋转黑洞的确会辐射。[15] 泽尔多维奇很可能要赢我了。

左：1972年夏，S. 霍金在莱苏什讲习班上听课。右：1971年夏，Y. B. 泽尔多维奇在家中的黑板前。[K. 索恩摄]

在莫斯科从别人的谈话了解的东西中，这一点是最令霍金感兴趣的。不过，他也怀疑泽尔多维奇和斯塔罗宾斯基结合广义相对论定律和量子力学定律的方式，所以，一回到剑桥，他就开始自己去结合，并用它来检验泽尔多维奇的旋转黑洞会辐射的论断。

同时，有几个美国物理学家也正做着同样的事情，其中有昂鲁什（WilliamUnmh，惠勒最近的学生）和帕奇（DonPage，我的学生），他们在1974年分别以自己的方式初步证实了泽尔多维奇的预言：旋转的黑洞将发出辐射，直到所有旋转能耗尽，辐射才会停止。看来，我得承认自己输了。

黑洞的收缩和爆炸

　　接着发生了一件爆炸性事件。[16] 霍金先在英国的一个会上，然后又在《自然》杂志的一篇短文里宣布了一个惊人的预言，一个与泽尔多维奇、斯塔罗宾斯基、帕奇和昂鲁什矛盾的预言。霍金的计算证明，旋转的黑洞必然会辐射并减慢旋转。然而，计算还预言，当黑洞停止旋转时，辐射还不会停止。没有旋转，没有旋转能量，黑洞继续发出各类辐射（引力的、电磁的、中微子的），而在辐射时继续失去能量。我们知道，旋转的能量贮藏在视界外面空间的旋涡里，而现在失去的能量只能来自一个地方，那就是黑洞的内部。

　　同样令人惊奇的还有，霍金的计算预言，辐射谱（即每一波长的辐射总能量）完全像高温物体的热辐射谱。换句话讲，黑洞的行为仿佛在说它的视界具有一个有限的温度，而霍金算出这个温度正比于 436 黑洞表面的引力。（假如霍金是对的）这确凿无疑地证明了巴丁-卡特尔-霍金的黑洞力学定律实际上就是另一形式的热力学定律，而且，正如贝肯斯坦两年前宣布的，黑洞具有正比于其表面积的熵。

　　霍金的计算还说明，一旦黑洞旋转慢下来，它的熵和视界的面积正比于质量的平方，而温度和表面引力正比于质量除以面积，也就是与质量成反比。因此，当黑洞持续辐射，将质量转化为外流能量时，它的质量下降，熵和面积下降，而温度和表面引力升高，黑洞收缩而变热，从结果看，它在蒸发。

一个刚从星体坍缩形成的黑洞（于是质量比2个太阳大）的温度很低，不超过绝对零度3×10^{-8}度（0.03微开尔文）。因此，开始时蒸发很慢，要等10^{67}年（宇宙现在年龄的10^{57}倍）才会出现可以觉察的收缩。然而，随着黑洞收缩和加热，它的辐射会越来越强，蒸发也将加快。最后，黑洞质量减小到几千到1亿吨之间的某个量（我们还不知道确切的数量），视界收缩到原子核大小的若干分之一时，它将达到极高的温度（1万亿到10万万亿度），从而在几分之一秒内发生猛烈的爆炸。

在广义相对论与量子论的结合上，霍金与别人不同。世界上的十几位专家都确信霍金犯了错误。他的计算违反了那时所知的关于黑洞的一切事情。也许他的结合错了；也许他的结合对了，但计算错了。

接下来的几年里，专家们常检验霍金和他们自己的结合形式，检验霍金和他们自己关于来自黑洞的波的计算。他们一个个逐渐走近霍金的结果；在这个过程中巩固了广义相对论与量子论的部分结合，形成了一组新的物理学定律，被称为弯曲时空的量子场的定律，因为在产生这些定律的结合中，黑洞被认为是非量子力学的、广义相对论的弯曲时空物体，而引力波、电磁波和其他类型的辐射被认为是量子场——也就是遵从量子力学的波，行为有时像波，有时像粒子（见卡片4.1）。（广义相对论与量子论的完全结合，即完全正确的量子引力定律将把包括黑洞的弯曲时空在内的一切事物都看成是量子力学的，也就是服从测不准原理（卡片10.2）、波粒二象性（卡片4.1）和真空涨落（卡片12.4）。下一章我们会看到这样的完全结合和它的某些应用。）

　　没有任何实验指导我们去选择，我们如何能够同意弯曲时空的量子场的基本定律呢？没有实验检验，专家们又如何能够几乎肯定地宣称霍金是对的呢？他们的根据是，量子场的定律与弯曲时空的定律应该完全一致地融合在一起。（假如融合不完全一致，那么在某种运用中，物理学定律可能做出一种预言，例如黑洞永不辐射；而在另一种运用中，它可能做出不同的预言，例如，黑洞必然总是在辐射。可怜的物理学家不知道该相信哪个，不知道该怎么做。）

　　新的综合的定律必须与没有量子场的弯曲时空的广义相对论定律和没有时空曲率的量子场定律一致。这一点与完美结合的要求，类似于纵横字谜的行与列必须完全一致，[17] 它们几乎完全决定了新定律的形式。¹ 如果定律确实可以一致地融合起来（如果物理学家认识宇宙的方法是合理的，那是一定能做到的），它们也只能以新的和谐的弯曲时空的量子场定律所描述的方式进行。

　　物理学定律应一致融合的要求，通常是寻找新定律的工具。不过，⁴³⁸这种一致性要求很少像在弯曲时空的量子场的场合下显示出那么大的威力。例如，在爱因斯坦建立他的广义相对论定律时（第2章），一致性的考虑不能也没有告诉他从哪儿起步，没有告诉他引力来自时空的曲率；这个出发点主要来自他的直觉。然而，有了这个基础，广义相对论定律在弱引力条件下与牛顿引力定律相容的要求和在无引力条件下与狭义相对论相容的要求，几乎惟一决定了新定律的形式；实

---

1. 我们说"几乎"，是考虑了用来计算真空涨落能量的所谓"重整化"过程有一定的模糊性，这些由瓦尔德（惠勒以前的学生）发现和分析过的不确定性不影响黑洞的蒸发，不过也可能只有在掌握了引力的完全的量子理论后才会得到解决。[18]

际上，它是爱因斯坦发现场方程的关键。

　　1975 年 9 月，我第五次访问莫斯科，为泽尔多维奇带了一瓶 "白马" 威士忌。现在，西方的专家们都同意霍金是对的，相信黑洞会蒸发，而我却惊讶地发现，莫斯科没人相信霍金的计算和结论。虽然在 1974 年和 1975 年间，发表了几个以新的完全不同的方法导出的对霍金论断的证明，但它们在苏联并没有产生什么影响，为什么？因为泽尔多维奇和斯塔罗宾斯基这两位大专家不相信：他们还在认为，辐射黑洞失去旋转后，辐射也就停止了，从而不可能完全蒸发。我同泽尔多维奇和斯塔罗宾斯基争论过，但没有结果；他们对弯曲时空的量子场远比我懂得多，尽管（像通常那样）我确信真理在我这边，却无法反驳他们。

　　我计划 9 月 23 日星期二飞回美国。星期一晚上，我正在大学招待所的小屋里收拾行李，电话铃响了，是泽尔多维奇的："到我这儿来，基普！我想和你谈谈黑洞的蒸发！" 时间很紧，我想在门口找辆的士，但一辆也没有。于是我像地道的莫斯科人那样，拦了辆摩托，给他 5 卢布，让他送我到绍瑟街 2B 号。他答应了。摩托开上一条我从没走过的偏僻街道，我真怕走丢了。等转弯上了绍瑟街，我才放下心来。说声 "谢谢"，我在 2B 门口下了车，轻轻穿过铁门和树荫，走进一座楼，登上楼梯，走向二楼西南角。

439　　泽尔多维奇和斯塔罗宾斯基在门口等我，满脸带笑，双手举过头。"我们投降了。霍金是对的，我们错了！" 在接下来的几个小时里，他们对我说，他们的黑洞弯曲时空的量子场，虽然在形式上看起来与霍金的不同，但实际上是完全等价的。他们原来讲黑洞不能蒸发是因为计算出了错，不是定律的问题。现在错误纠正了，他们也同意，定律要求黑洞蒸发，没有什么例外。

　　可以用几种不同的方式来描绘黑洞的蒸发，它们相应于以不同的方法建立黑洞弯曲时空的量子场定律。然而，所有方法都认为真空涨落是向外辐射的最终源泉。最简单的描绘也许是建立在粒子（而不是波动）基础上的：[19]

　　真空涨落跟"真"的正能量波一样服从波粒二象性定律（卡片4.1），也就是，它们有波的一面，也有粒子的二面。波的那一面我们已经见过了（卡片12.4）：波随机而不可预测地涨落，一会儿在这里是正能量，一会儿在那里是负能量，平均起来却没有能量。粒子的一面体现在虚粒子的概念上，就是说粒子凭着从邻近空间区域借来的涨落能量成对地闪现（同时出现两个粒子），然后湮灭而消失，把能量还给邻近的区域。对电磁真空涨落来说，虚粒子是虚光子；对引力真空涨落来说，是虚引力子。[1]

　　图12.2描绘了真空涨落是如何导致黑洞蒸发的。左边画的是某 440 个落向黑洞的参照系所看到的黑洞视界附近的一对虚光子。虚光子对很容易分开，只要它们所在区域的电磁场瞬间获得正能量。那个区域可以很小，也可以很大，因为真空涨落在一切波长尺度上都可能发生。

---

1. 可能有些读者已经在物质和反物质背景下熟悉这些概念了，例如，一个电子（物质粒子）和一个正电子（反粒子）。像电磁场是光子的场一样，也存在电子和正电子的场，即电子场。在电子场真空涨落瞬时巨大的地方，虚电子和虚正电子很可能成对出现，当场衰落时，电子和正电子也很容易湮灭而消失。光子是自身的反粒子，所以虚光子也成对地出现和消失，引力子也一样。

但区域大小总是大致和它涨落的电磁波的波长相同，所以虚光子只能分开约一个波长。如果波长正巧和黑洞的周长一样，那么虚光子很容易像图上那样分开四分之一周长。

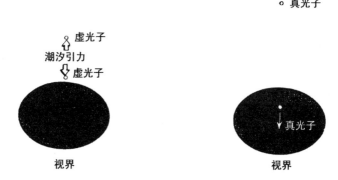

图12.2 落向黑洞的观察者所看到的黑洞蒸发机制。左：黑洞潮汐引力将一对虚光子分开，从而向它们提供能量。右：虚光子从潮汐引力获得足够能量而暂时物质化为真实光子，一个离开黑洞，而另一个落进黑洞中心

视界附近的潮汐引力很强；在光子之间下落的观察者看来，强大的力量将虚光子分开，从而也向它注入巨大能量。虚光子因能量的增加，到它们分离四分之一视界周长时，就足以转化为实在的长寿命441 光子（图12.2右），也有足够能量留下来还给相邻的负能的空间区域。现在的实光子相互解脱了，一个在视界内部，从外面的宇宙中永远消失；另一个脱离黑洞，带走了潮汐引力给它的能量（也就是物质[1]）。黑洞因失去质量而有一点收缩。

1.回想一下，由于质量和能量完全可以相互转化，所以它们实际上只是同一概念的不同名称。

这种粒子发射机制并不依赖于粒子是否是光子，相关的波是否是电磁波。它对所有其他形式的粒子和波（也就是对所有其他类型的辐射——引力的、中微子的等等）也同样适用，因此黑洞会产生所有类型的辐射。

虚粒子在物质化为实粒子前必然靠得较近，距离大概小于它们的波长。然而，为了从黑洞潮汐引力得到足够物质化的能量，它们必须分离约黑洞周长的四分之一。这意味着，黑洞发射的波或粒子的波长约为黑洞周长的四分之一，或者更大。

两个太阳质量的黑洞周长约为35千米，所以它发射的粒子或波的波长约为9千米或更大。同光或普通无线电波相比，这是巨大的波长，但与两个黑洞碰撞时可能发射的引力波的波长相比，它并没有多大差别。

霍金在刚从事研究的那些年，总是想做到非常仔细、非常严格。在事情没有得到几乎无懈可击的证明前，他从来不说它是对的。然而，到1974年，他的态度变了："我更愿意正确，而不是严格。"他曾这么坚决地告诉我。达到高度的严密需要花费很多时间。这一年，霍金为自己定下了两个目标：认识广义相对论与量子力学的完全结合，认识宇宙的起源——实现这些目标，需要大量的时间和精力。也许因为自己那要命的病，霍金比别人更能体会生命的有限。他觉得他不可能 [442]为了达到高度严密而长时间地停在他的发现上，也没有精力去探索那些发现的所有重要特征。他必须尽快向前赶。

于是，我们看到，霍金在1974年严格证明了黑洞像一个具有正比于其表面引力的温度的热物体那样辐射后，在没有真正证明的情况下又接着宣称，黑洞力学定律与热力学定律的所有其他相似也都不是简单的巧合：黑洞定律与热力学定律是同样的东西，不过外表不同罢了。根据这一论断和他严格证明的温度和表面引力之间的关系，霍金猜测了黑洞的熵和它的表面积之间的精确关系：熵是 0.10857 … 乘以表面积，除以普朗克－惠勒面积。[1] 换句话说，10 个太阳质量的非旋转黑洞具有的熵是 4.6×10^{78}，近似于贝肯斯坦的猜想。

贝肯斯坦当然相信霍金是正确的，他感觉很满意。1975年底，泽尔多维奇、斯塔罗宾斯基、我和霍金的其他同事也非常愿意同意他的观点。然而我们并不完全感到满意，因为还没认识到黑洞的巨大随机性的本质。黑洞内部的某些东西一定有 $10^{4.6 \times 10^{78}}$ 种分布方式，而这些分布却不会改变它的外在表现（质量、角动量和电荷），它们是些什么东西呢？另外，我们如何能够通过简单的物理学关系来认识黑洞的热行为 —— 也就是黑洞行为像一个具有一定温度的普通物体这一事实呢？霍金继续向前去研究量子引力和宇宙起源，戴维斯（PaulDavies）、昂鲁什、瓦尔德、约克、我和他的许多同事则瞄准了这些问题。在未来的10年里，我们逐步获得了一些新认识，表现在图12.3中。[20]

图12.3（a）表现的是下落经过视界的观察者所看到的黑洞的真空涨落。真空涨落由一对对虚粒子构成。潮汐引力偶尔给这么多粒子

---

1. 这个特别因子 0.10857 … 实际上是 1 /（4ln10），这里 ln10=2.30258 … 来自自我选择的熵的"正规化"。

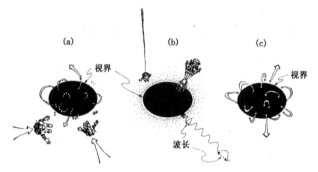

图12.3（a）落进黑洞的观察者（穿太空服的两个小人）看到黑洞视界附近的真空涨落由虚粒子对构成。

（b）在视界上方相对静止的观察者（绳子吊着的小人和点燃火箭的小人）看来，真空涨落由真实粒子的热大气组成，这是"加速的观点"。

（c）以加速的观点看，大气粒子似乎是从热的膜状视界发出来的。它们向上飞过一小段距离，然后多数被拉回视界，然而还有少数粒子设法逃脱了黑洞的掌握，蒸发进入外面的空间

对中的某一对以充足的能量，使它的两个虚粒子成为实在的，然后其中一个脱离黑洞。这是图12.2讨论过的真空涨落和黑洞蒸发的观点。 [443]

图12.3（b）描述了一个不同的黑洞真空涨落的观点，停在视界上方并永远相对于它静止的观察者的观点。这样的观察者相对于下落的观察者一定要艰难地加速向上，才不致被黑洞吞没 —— 他靠火箭的反冲或者用绳子吊起来。因为这个理由，这些观察者的观点叫作"加速的观点"，它也是"膜规范"的观点（第11章）。

奇怪的是，从加速的观点看，真空涨落不是飘忽出没的虚粒子，而是具有正能量和长寿命的真粒子，见卡片12.5。真粒子在黑洞周围形成像太阳大气那样的热气。与这些真粒子相联系的是真实的波。当粒子向上运动穿过大气时，引力的作用将减小它的动能；相应地，当波向外传播时，会因引力作用而红移到越来越长的波长 [图12.3（b）]。 [445]

图12.3（c）表现了加速观点下黑洞大气中几个粒子的运动。这些粒子看来是从视界发出的，多数向上飞过一小段距离后又被黑洞的强大引力拉回到视界，但有少数设法摆脱了黑洞的掌握。逃逸的粒子与下落的观察者看到的从虚粒子对物质化产生的粒子是一样的［图12.3（a）］，它们就是霍金的蒸发粒子。

444

卡片12.5

加速辐射[21]

1975年，惠勒的新学生昂鲁什和伦敦国王学院的戴维斯（用弯曲时空的量子场定律）独立发现，黑洞视界上方的加速观察者一定会看到那里的真空涨落不是虚粒子对，而是真实粒子的大气。昂鲁什把这种大气叫"加速辐射"。

这个惊人的发现揭示了真粒子的概念是相对的，而不是绝对的；就是说，它依赖于观察者的参照系。在自由下落的参照系中进入黑洞视界的观察者看不到视界外的真粒子，只能看到虚粒子。加速参照系中的观察者靠自己的加速度而总留在视界上方，能看到许许多多真实的粒子。

这怎么可能呢？一个观察者称视界被真实粒子的大气包围着，而另一个观察者却说不是那样的，能有这样的事吗？答案在于这样一个事实：虚粒子的真空涨落波并不严格限于视界外的某个区域，每一涨落波都是部分在视界内，部分在视界外。

● 自由下落穿过视界的观察者能看到真空涨落波的两

个部分，即在视界外的和在视界内的；所以，这样的观察者很清楚（凭他们的测量），波只是真空涨落，它相应的粒子是虚的，而不是实的。

● 留在视界外面的加速观察者只能看到真空涨落波的外面部分，看不到它在视界内的部分；这样，根据他们的测量，他们不能判别波只是伴随虚粒子的真空涨落。因为只看到了涨落波的一部分，他们就误认为它是"真实的东西"——伴随真实粒子的真实波动，结果，他们的测量表明视界周围是一片真实粒子的大气。这种真实粒子的大气会逐渐蒸发，飞向外面的宇宙 [图 12.3 (c)]，

这个事实表明，加速观察者的观点与自由下落观察者的观点实际上是一样的，一样正确，也一样有效：自由下落的观察者看到的是，虚粒子对在潮汐引力作用下转化为真粒子，然后其中一个粒子蒸发；而加速观察者看到的更简单，总是在黑洞大气中的永远真实的粒子蒸发了。两种观点都是对的；它们是不同参照系看到的同一物理景象。

从加速的观点看，视界就像高温的膜状表面，这里的膜就是第11章所说的"膜规范"的膜。正如太阳表面发出粒子（如照亮地球白昼的光子），视界的热膜也会发射粒子，这些粒子形成黑洞的大气，少数粒子将被蒸发。在粒子飞离膜时引力红移会减少它的能量，所以虽然膜很热，蒸发的辐射却很冷。

加速观点不仅解释了黑洞在什么意义上是热的，而且还说明了黑洞巨大的随机性。下面 [由我和我的博士后朱里克（Wojciech

Zurek）]设计的思想实验解释了那是怎么回事。

　　向黑洞大气投入少量能量（或质量）、角动量（旋转）和电荷。这些东西将从大气向下穿过视界进入黑洞。一旦注入物质进去了，就不可能从黑洞外面了解它们的性质（是物质的，还是反物质的；是没有质量的光子还是有质量的原子；是电子还是正电子），也不可能知道它们是从哪儿来的。因为黑洞无"毛"，我们通过黑洞外的考察所能了解的，只是进入大气的总的质量、角动量和电荷。

　　那么，这些质量、角动量和电荷能以多少种方式注入黑洞的热大气呢？这个问题类似于问在卡片 12.3 中的玩具屋里，孩子的玩具能有多少种方法堆放在地砖上。相应地，注入方式的总数的对数，如标准热力学定律所说的，必然就是黑洞大气熵的增量。朱里克和我通过很简单的计算就证明了，这个增加的热力学熵正好等于增加的视界面积的 1 / 4，除以普朗克－惠勒面积；也就是说，它实际上是另一种形式的面积增加，与霍金在 1974 年根据黑洞力学定律与热力学定律的数学相似性所猜测的一样。

　　这个思想实验的结果还可以像下面这样说得更简洁些：黑洞的熵是能形成它的方式的数目的对数。这意味着，有 $10^{4.6 \times 10^{78}}$ 种不同方法可以形成一个熵为 4.6×10^{78} 的 10 个太阳质量的黑洞。这个熵的解释原来是贝肯斯坦在 1972 年猜想的，霍金和他以前的学生吉本斯（Gary Gibbons）1977 年给出了一种高度抽象的证明。[22]

　　这个思想实验也证明热力学第二定律仍然发挥着作用。投进黑洞大气的能量、角动量和电荷可以是任意形式的，例如，可以把满屋的空气装进一个袋子，前面我们考虑第二定律时已经见过了。当袋子投入黑洞大气时，外面宇宙的熵将减少袋子所具有的熵（随机性）。然而，黑洞大气的熵，从而黑洞的熵，却增加得更多，所以黑洞的熵加上外面宇宙的熵的总和还是增加了，服从热力学第二定律。

同样，我们会看到，黑洞在蒸发了一些粒子后，自己的表面积和熵通常会下降，但粒子在外面宇宙的随机分布增加了宇宙的熵，大大超过了黑洞失去的熵。这样，第二定律仍然是满足的。

黑洞蒸发和消失需经历多长时间呢？答案依赖于黑洞的质量。黑洞越大，温度越低，于是发射粒子越弱，蒸发也就越慢。1975年，当帕奇还是我和霍金的学生时，曾做过计算，[23] 假如黑洞质量是太阳的两倍，那么它的寿命是1.2×10^{67}年。黑洞寿命正比于质量的立方，所以，20个太阳质量的黑洞的寿命为1.2×10^{70}年。这些年龄 447 同宇宙目前1×10^{10}年的年龄相比，真是太大了，所以蒸发不会影响天体物理学。不过，对我们认识广义相对论与量子力学的结合来说，蒸发还是很重要的。我们从认识蒸发的努力中学会了弯曲时空的量子场。

质量远小于2个太阳的黑洞如果存在的话，蒸发起来远远不会像10^{67}年那么漫长。这样的小黑洞在今天的宇宙中是不会形成的，因为物质的简并压力和核压力很强，即使当今宇宙的一切力量都来挤压它们，这些物质也不会坍缩（第4章，第5章）。然而，在宇宙大爆炸时可能会产生这样的黑洞，[1] 那时物质所经历的密度、压力和引力挤压都远远高过现在的恒星。

霍金、泽尔多维奇、诺维科夫和其他一些人的详细计算表明，从大爆炸出来的物质小集团可以产生小黑洞，[24] 只要这些成团物质的状态方程是"软"的（也就是在挤压时只增加很小的压力）。在极早期的宇宙中，相邻物质像把强力砧板上的碳挤压成金刚石那样，也把那些小集团挤压成小黑洞。

寻找那些原生小黑洞的一个有希望的办法，是寻找它们蒸发产生的粒子。质量小于5000亿千克（5×10^{14} 克，一座不太大的山的重量）的黑洞到现在可能刚蒸发完，比它重几倍的黑洞现在应该在剧烈蒸发中。这些黑洞的视界大约是一个原子核的大小。

从这些黑洞的蒸发中发出的能量现在大部分应该表现为在宇宙中随机穿行的γ射线（高能光子）。这样的γ射线确实存在，但它的数量和性质很容易用别的方式来解释（根据霍金和帕奇的计算）。没有多余的γ射线的事实告诉我们，现在在每立方光年的空间里，强烈蒸发的小黑洞不会多于300个，这也就告诉我们，大爆炸时的物质不可能有特别软的状态方程。[25]

怀疑者会说，为什么没有多余的γ射线，可能有另一种解释：也许大爆炸中形成过许多小黑洞，但我们物理学家对弯曲时空量子场的

---

1. 粗略地说，黑洞的质量是宇宙形成的时间（秒）乘以10^{38}（克），例如，在普朗克－惠勒时间，原生小黑洞质量约为10毫克，而在万分之一（10^{-4}）秒时，黑洞就有太阳那么重了。——译者注

认识远不像我们想象的那么好，所以，当我们相信黑洞蒸发时，正在走向错误的方向。我和我的同事不同意这种怀疑，因为我们看到，标准的弯曲时空定律和标准的量子场定律完美地融合在一起了，为我们带来了几乎惟一的一组弯曲时空的量子场论定律。不过，如果天文学家能找到黑洞蒸发的观测证据，我们会更满意的。

第 13 章
洞里

同爱因斯坦场方程搏斗的物理学家

寻找黑洞里的秘密：

一条通向其他宇宙的道路？

一个无限潮汐引力的奇点？

是空间和时间的终结，还是量子泡沫的源泉？

奇点和其他宇宙

黑洞里面是什么？

我们如何去认识，我们为什么关心？没有信号能从洞里出来告诉我们答案。没有哪个勇敢的探险家在走进黑洞弄清楚后还能走出来告诉我们，他甚至向我们发回答案也做不到。不论黑洞中心是些什么，它们都不可能出来以任何方式影响我们的宇宙。

人的好奇心是不会满意这种回答的。何况，我们还有可以告诉我们答案的工具：物理学定律。

惠勒曾向我们讲过认识黑洞中心的重要性。他在20世纪50年代提出引力坍缩的"最终状态的问题"，说这是理论物理学家们的圣杯，[1] 它可能为我们彻底揭示广义相对论与量子力学的"火热结合"。在奥本海默认为最终状态隐藏在视界的背后时，惠勒就反对（第6章）——我想，主要原因还是他为不能从视界外面看到那火热结合的场面而感到痛苦。[1]

惠勒承认有那么一个视界，不过他还是坚持认为黑洞的中心是值 450 得追求的圣杯。[2] 对黑洞蒸发的理解曾帮助我们实现了量子力学与广义相对论的部分结合（第12章），那么对黑洞中心的认识也许会让我们发现它们完全的结合，为我们带来一套完全的量子引力定律。中心也许还藏着打开宇宙其他奥秘的钥匙：在亿万年后我们宇宙死亡时可能的"大挤压"坍缩与恒星生成黑洞时的坍缩之间存在着一种相似，我们把握了一个，就能认识另一个。

惠勒的圣杯，物理学家已追寻了35年，成绩却很小。我们还不知道黑洞中心有什么，认识的努力还没能带来清晰的量子引力。不过，我们也学会了不少——特别是，不论黑洞里的东西是什么，都与量子引力定律紧密联系着。

这一章要讲的是我们在追寻惠勒圣杯的路上的一些更有趣的崎

---

1. 圣杯（Holy Grail）是耶稣基督在最后的晚餐上用的酒杯，"这杯是用我血所立的新约，那血是为你们流的"（《新约·路加福音》）。现在多用来比喻一个人终生追求的目标。——译者注

岖经历和转折以及我们目前所到达的地方。

"黑洞里有什么？"第一个答案来自奥本海默和斯尼德1939年关于球状恒星坍缩的经典计算（第6章）。[3] 虽然答案包含在他们发表的方程里，但他们并没有讨论。也许，他们害怕火上浇油，因为人们正在争论他们关于坍缩恒星"把自己同宇宙隔绝开来"（也就是形成一个黑洞）的预言；也许因为奥本海默天生的科学保守态度，他不愿猜想，所以保持沉默。[4] 不管怎样，他们什么也没说，但那方程把什么都说了。

他们的方程说，球状恒星生成包围自己的黑洞视界后会继续无情地坍缩下去，直到没有体积却有无限大的密度，它在这里产生时空奇点，也在奇点处消失。

依照广义相对论，奇点是时空曲率无限大因而时空不再存在的区域。由于潮汐引力是时空曲率的表现（第2章），所以，奇点也是潮汐引力无限大的区域。就是说，那里的引力将在某些方向无限拉伸，而在其他方向无限挤压所有的物体。

我们可以想象不同种类的时空奇点，各自具有特别的潮汐涨落特征，在这一章里我们会遇到几种。

奥本海默-斯尼德计算所预言的奇点是最简单的一类。[5] 它的潮汐引力基本上与地球、月亮和太阳的相似，也就是与在地球上产生海洋潮汐的力一样（卡片2.5）：奇点在径向上（朝向或背离它的方向）

拉伸所有物体，在横向上挤压所有物体。

假设有个落向奥本海默和斯尼德的方程所描绘的那类黑洞的宇航员。黑洞越大，他活得越久，为让他多活些时候，假定黑洞是类星体中最大的那种（第9章）：100亿个太阳那么重。下落的宇航员通过视界，在临死前20小时进入黑洞。不过他刚进来时还离奇点太远，感觉不到它的潮汐引力。随着越落越快，离奇点越来越近，潮汐引力变得越来越强，在离奇点1秒前，他开始觉得它在将他的头和脚分开，而且从两肋将他挤压（图13.1底）。起初，他对这样的拉挤还不感到很痛，但力量继续增大，在他到奇点的一百分之几秒前（中图），他的骨肉就抵抗不住了，身体分离，死了。在最后百分之一秒内，拉伸和挤压还在增强，当他到达奇点时，那些力量已经无限大了。先作用在他脚上，然后作用到躯干和头颅，身体被无限拉长，最后，根据广义

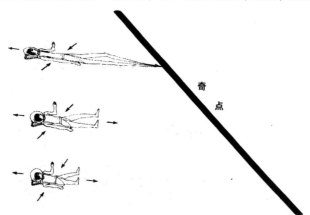

图13.1 根据奥本海默－斯尼德计算，一个宇航员（脚先着地）落进黑洞中心奇点的时空图。像以前所有的时空图一样（例如，图6.7），少画了一个空间维，所以宇航员看起来是2维的而不是3维的。奇点在本图中是斜的。而不像在图6.7和卡片12.1中那样是垂直的，这是因为在这里向上的时间和水平的空间与别处不同，它们是宇航员自己的时间和空间，而在其他地方则是芬克尔斯坦的[6]

相对论，他成为奇点的一部分，消失了。

宇航员绝对不可能继续穿过奇点而从另一边出来，因为广义相对论认为没有"另一边"。在奇点处，空间、时间和时空都不存在。奇点是一个分明的边缘，像一张纸的边缘一样。纸的边缘外没有纸，奇点外也没有时空。不同的是，纸上的蚂蚁可以爬到边缘，然后退回来，但任何东西都不可能离开奇点；根据爱因斯坦的广义相对论定律，不管是宇航员、粒子、波还是别的什么，只要碰到奇点，都会在瞬间毁灭。

452　　　图13.1并没有将破坏机制完全表达清楚，因为它忽略了空间的曲率。事实上，宇航员在到达奇点时身体被拉得无限长，而在横向上被压得没影儿了。奇点附近的这种极端空间曲率能令他无限伸长却不能将头钻出黑洞视界。他的头和脚都被拉进了奇点，却分离无限远。

照奥本海默和斯尼德的方程，受无限拉伸和挤压的不仅只有宇航员，还包括所有形式的物质 —— 单个的原子、组成原子的电子、质子和中子，甚至构成质子和中子的夸克。

宇航员有什么办法摆脱这种无限的灾难吗？没有。他经过视界后就逃不脱了。照奥本海默－斯尼德方程，在视界内部引力到处都很强
453　大（时空强烈卷曲），时间本身（每个人的时间）也流进了奇点。[1] 由于宇航员跟任何人一样也是在时间里永不停歇地向前运动，他也与时间

1.用专业术语，我们说奇点是"类空的"。

流一起被赶入奇点。不论他做什么，不论他如何发动他的火箭，都逃不脱奇点的无情摧残。

物理学家每当看到我们的方程预言了某些无限的东西时，总会怀疑这些方程。现实宇宙中几乎没有什么东西真是无限的（我们想），因此，无限几乎总是错误的信号。

奇点的无限拉伸和挤压作用也不会例外。20世纪50年代和60年代初研究过奥本海默和斯尼德论文的那些物理学家都一致认为，一定在哪儿出了错，但分歧也跟着来了。

在惠勒强有力的领导下的一个研究小组，认定这种无限作用确凿说明广义相对论在黑洞内部星体坍缩的终点失败了。[7]惠勒断言量子力学能阻止那里的潮汐引力变得真正无限大；但是它怎么做呢？惠勒说，为得到答案，我们需要把量子力学的定律与潮汐引力的定律，也就是爱因斯坦广义相对论的弯曲时空定律结合起来。惠勒宣称，结合的产儿量子引力定律，一定会征服奇点；而且新定律还可能产生黑洞内部的一些新物理现象，与我们以前遇见的都不一样。

卡拉特尼科夫（Isaac Markovich Khalatnikov）和栗弗席兹（Ergeny Michailovich Lifshitz，朗道的莫斯科小组成员）领导的另一组则认为，无限的作用警告我们，奥本海默和斯尼德的理想化坍缩恒星模型是不可信的。[8]回想一下，奥本海默和斯尼德的计算所依赖的基础是：恒星是完全球状的，密度均匀的，没有旋转，没有压力，没有激波，没有喷射的物质，没有外流的辐射（图13.2）。卡拉特尼科夫和栗弗席兹认为，这些极端的理想化是产生奇点的根源。他们称，每一颗真实的恒星都有小小的随机的形变（形状、速度、密度和压力的随机的微弱不均匀变化），恒星坍缩时，这些形变会增长，并在奇点形成之前使坍缩停止。同样，他们断言，随机形变也将阻止我们的宇宙在亿万年后发生大挤压的坍缩，从而将宇宙从奇点的毁灭中拯救出来。

454

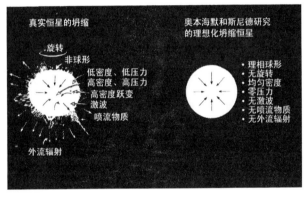

图13.2（同图6.3）左：现实的坍缩恒星的物理现象。右：奥本海默和斯尼德为计算星体坍缩而做的理想化。具体讨论见第6章

卡拉特尼科夫和栗弗席兹的这些观点来自他们1961年向自己提出的一个问题：照爱因斯坦的广义相对论定律，奇点对小的扰动是否是稳定的？[9] 换句话讲，他们针对奇点提的问题，与我们在第7章里遇到的一个关于黑洞的问题是一样的：假如在解爱因斯坦场方程时我们以微小但随机的方式改变坍缩恒星或宇宙的形状，改变物质的速度、密度和压力，并向这些物质注入少量随机的引力辐射，那么，这些改变（微扰）会给预言的坍缩结果带来什么影响呢？

我们在第7章已经看到，对黑洞视界而言，这些扰动不会带来什么影响。被扰动的坍缩的恒星仍然形成视界，尽管视界开始有些变形，但所有变形很快会辐射开去，留下一个完全"无毛"的黑洞。也就是说，视界对小扰动是稳定的。

但是，对黑洞中心或宇宙最后挤压的奇点来说，卡拉特尼科夫和 [455] 栗弗席兹得到了与别人不同的结论。他们的计算似乎说明，在坍缩物质形成奇点的过程中，小小的随机扰动会长大，多大呢？实际上可以大到阻止奇点的形成。大概（尽管计算还不能说肯定）这些扰动将阻止坍缩而使它爆炸。

微扰怎么可能扭转坍缩呢？在卡拉特尼科夫-栗弗席兹计算中，物理机制还一点儿没弄清楚。不过，用牛顿引力定律所做的（比用爱因斯坦定律所做的）简单得多的其他计算似乎提供了一些线索。例如（见图13.3），假如一颗坍缩恒星内部的引力很弱，这样牛顿定律就能

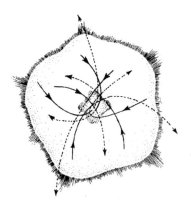

图13.3 在引力微弱、牛顿定律精确适用和内部压力无关紧要的条件下，恒星坍缩转变为爆炸的一种机制。假如坍缩的恒星有一点变形（"扰动"），它的原子会落到不同的位置，绕着中心摆动，然后飞出去

准确应用；又假如恒星的压力小得无足轻重，那么小扰动将使不同原子落向恒星中心附近不同的地方。大多数坍缩的原子将偏离中心一定的距离，并且绕着中心摆动，然后飞出去，这样坍缩就转变成了爆炸。可以想象，即使牛顿引力定律不适用于黑洞内部，某个类似的机制也可能将坍缩逆转为爆炸。

456　　我是1962年作为研究生加入惠勒的研究小组的，那时卡拉特尼科夫和栗弗席兹刚发表他们的计算，栗弗席兹和朗道也刚把计算和"无奇点"的结论写进一本有名的教科书[10]《经典场论》。[1] 我清楚记得，惠勒鼓励大家去研究这些计算，他告诉我们，如果它们对了，结果是深刻的。不幸的是，计算又长又复杂，而发表的细节又太简略，我们很难检验——而卡拉特尼科夫和栗弗席兹正被罩在苏联的铁幕下，我们不能坐到一起来详细讨论。

不过，我们还是开始考虑这样一种可能：坍缩的宇宙在到达某个很小的尺度时，也许会"反弹"，再发生新一次"大爆炸"；同样，坍缩的恒星收缩到视界内部后，也可能反弹并再次爆炸。

但是，假如恒星再爆炸了，它会成什么呢？它当然不可能爆出黑洞的视界。爱因斯坦的引力定律严禁任何事物（虚粒子例外）飞出视界。不过还有别的可能，恒星爆炸后，可能进入我们宇宙的某些其他区域，甚至进入别的宇宙。

---

1. 这本书的汉译《场论》是根据1948年版俄文本翻译的，没有这里和后面谈到的内容。——译者注

图13.4用一个嵌入图序列描绘了这样一个从坍缩到再爆炸的过程。(嵌入图与时空图大不一样，是我们在图3.2和3.3引入的。)

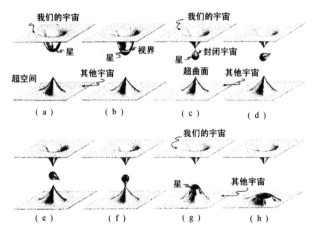

图13.4 坍缩成黑洞的恒星的一种可能的命运(不过，在本章后面会看到，那是很不可能的)的嵌入示意图。这8幅图(a)到(h)是表现恒星和空间几何演化的一个快照序列。恒星在我们宇宙中坍缩(a)，形成包围它的黑洞视界(b)。然后，黑洞深处的空间区域内包含着一个脱离我们宇宙的一小团星体，形成一个与任何事物都没有联系的封闭小宇宙(c)。接着，封闭小宇宙在超空间中运动(d，e)，将自己同另一个宇宙相联(f)；然后星体爆炸，进入那个宇宙(g，h)[11]

每一幅图都将我们宇宙的弯曲空间和别的宇宙的弯曲空间画成嵌在高维超空间里的二维曲面。[回想一下，超空间是物理学家想象的东西：人类生活总是被限制在我们的宇宙空间(或别的宇宙空间，如果我们能去的话)；我们永远不可能走出这个空间而进入周围更高维的超空间，也不可能收到来自超空间的信号或信息。超空间不过是形象化的工具，例如，它帮助我们形象地表现坍缩恒星和它的黑洞周围的空间如何弯曲，恒星如何在我们的宇宙中坍缩，然后又爆炸而进入别的宇宙。]

457　　在图 13.4 中，两个宇宙像海洋里两个分开的岛，超空间就像海洋的水。岛是没有大陆联结的，两个宇宙也不存在空间联系。

　　图 13.4 的序列描绘了恒星的演化。在我们的宇宙中，恒星开始坍缩［图（a）］，在图（b）它已经形成了包围自己的视界，而且继续坍缩。在图（c）和（d），恒星被高度压缩的物质使周围空间强烈弯曲，形成一个封闭的像气球表面的小宇宙；这个新的小宇宙从我们的宇宙中挤
458　落下来，孤单地进入超空间。（这有点儿像一个岛上的居民造一只小船，划着它过海。）在图（d）和图（e），小宇宙带着恒星内部从我们的大宇宙穿越超空间到达另一个大宇宙（小船从一个岛划到另一个岛）。在图（f），小宇宙同那个大宇宙连起来（小船登岸），继续膨胀，吐出恒星。在图（g）和图（h），恒星爆炸，进入那个宇宙。

　　这样听来纯乎是科幻小说的画外音，是不能令我满意的。然而，正如黑洞是爱因斯坦场方程的史瓦西解的自然结果（第 3 章），这幅图景也是爱因斯坦方程另一个解的自然产物，那是雷斯纳和诺德斯特勒姆在 1916～1918 年间发现的，但他们并没完全理解。1960 年，惠勒的两个学生布雷尔和格雷弗斯（John Graves）找到了雷斯纳–诺德斯特勒姆解的物理意义[12]，很快大家就明白，不必太多的改变，这个解就能描绘图 13.4 的恒星坍缩和爆炸。这颗恒星与奥本海默和斯尼德的恒星正好存在一个根本性的差别：它自身携带的电荷足以在高度致密时产生很大电场，这个电场似乎以某种方式影响着恒星再次爆炸进入另一个宇宙。

让我们来看看，1964年在追寻惠勒的圣杯 —— 也就是认识坍缩成黑洞的恒星的最终命运 —— 的过程中，我们发现了些什么。

1. 我们知道，爱因斯坦方程有一个解（奥本海默－斯尼德解）预言，假如恒星具有高度理想的形态（包括理想的球形），则它会在黑洞中心产生一个有无限潮汐引力的奇点 —— 一个捕获、破坏并吞噬一切进入黑洞的事物的奇点。

2. 我们知道，爱因斯坦方程还有一个解（雷斯纳－诺德斯特勒姆解的推广）预言，假如恒星有某些不同的高度理想化形态（包括球形和电荷），则在黑洞内部深处，恒星将从我们的宇宙脱落，与别的宇宙相连（或者到一个远离我们宇宙的区域），并在那儿再发生爆炸。 [459]

3. 我们还远没弄清楚，这些解中哪个"对小的随机扰动是稳定的"，从而可能在真实宇宙中发生。

4. 然而，卡拉特尼科夫和栗弗席兹声称他们证明了奇点对小的随机扰动总是不稳定的，所以永远不可能出现，从而奥本海默－斯尼德奇点也永不可能出现在我们真实的宇宙中。

5.至少，普林斯顿有人怀疑卡拉特尼科夫和栗弗席兹的证明。这些怀疑可能部分是由于惠勒对奇点的需要引起的，因为奇点可能是广义相对论和量子力学"结合的殿堂"。

1964年是转折的一年。在这一年,彭罗斯为我们带来了革命性的用以分析时空性质的数学工具。他的革命太重要了,极大地影响着我们对惠勒圣杯的追求。所以,我要拿出几页来讲他的革命和他这个人。

彭罗斯的革命

罗杰·彭罗斯出生在一个医学家庭,[13] 母亲是医生,父亲是伦敦大学学院[1] 的知名人类遗传学教授。父母希望四个孩子中至少有一个跟他们一样从医。罗杰的哥哥奥利弗(Oliver)是不会学医的,他很小就想学物理(后来真成了世界有名的统计物理学家 —— 研究大量相互作用的原子的行为)。弟弟约拿坦(Jonathan)也不会,他只想下棋(后来连续6年成为英国的象棋冠军)。妹妹雪莱(Shirley)还小,在罗杰选择职业的时候,她还没有什么倾向的表现(她长大后终于成了医生,满足了父母的心愿)。剩下罗杰是父母最大的希望了。

16岁时,罗杰和班上别的同学一样,被校长找去谈话。他现在该决定上大学前下两年的学习科目。他告诉校长,"我想学数学、化学和生物学。"校长声明,"不行,那不可能。生物和数学不能联在一起,你只能选一门。"罗杰更喜欢数学,不太喜欢生物学。"那好,我学数学、化学和物理。"他说。那天晚上罗杰回家后,父母很生气。他们训斥罗杰跟伙伴学坏了。要做医生,生物学是最基本的,他怎么能放弃呢?

1.1828年,伦敦大学建立时,也叫伦敦大学学院;1898年,大学学院成为伦敦大学众多学院的一个。——译者注

两年后，该决定上大学学什么了。罗杰回忆说，"我提出到伦敦大学学院学数学，父亲完全不同意。他说，对做不了其他事情的人来说，数学也许是恰当的，但把它作为实际的职业，就不对了。"罗杰一定要学，父亲于是请学院的一个数学家来特别考考他。数学家要罗杰用一整天来考试，警告他说，可能只解得了一两个问题。罗杰只用了几个小时就答对了全部12道题，父亲同意了，罗杰可以学数学。

罗杰原来没想过要把数学用到物理上来，他只对纯数学有兴趣，但他经不住诱惑。

诱惑是从1952年开始来的。[14] 那时罗杰是伦敦的大学四年级学生，在广播里听了霍伊尔（Fred Hoyle）的一系列宇宙学讲座。讲座有趣、动人 —— 也有一点儿难以理解。霍伊尔说的某些东西简直没有意义。一天，罗杰坐火车到剑桥去看在那儿学物理的哥哥奥利弗。晚餐时，在金斯伍德餐厅，罗杰发现跟奥利弗一个办公室的席艾玛正在研究邦迪-戈尔德-霍伊尔（Bondi-Gold-Hoyle）稳恒态宇宙理论。真是太好了！罗杰想，也许席艾玛能解决自己的疑惑。"霍伊尔说，按照稳恒态理论，宇宙的膨胀将把一些遥远星系赶出我们的视线；星系将运动到我们看不见的地方。但我不明白这是如何发生的。"罗杰拿出笔来开始在餐巾纸上画时空图，"根据这个图，我想星系会越来越暗，越来越红，但永远不会完全消失。我哪儿错了吗？"

席艾玛大吃一惊，他从没见过一幅图能有那么大的威力。彭罗斯 461 是对的，霍伊尔一定错了。更重要的是，奥利弗的弟弟真了不起。

罗杰·彭罗斯，约1964年。[Godfrey Argent 为英国国家肖像画廊和伦敦皇家学会摄。Argent 提供。]

　　于是，席艾玛和罗杰开始研究这种图，后来在20世纪60年代，他还将和他自己的学生（霍金、埃里斯、卡特尔、里斯等，见第7章）继续研究。他拉着彭罗斯讨论了好几个小时，谈一些发生在物理学中激动人心的事情。正在发生的事情，席艾玛都知道，他自己的热情和兴奋也感染了彭罗斯。很快，彭罗斯就被钩住了。他要完成他的数学博士，不过对宇宙的追求从此也成为他向前的动力。在未来的10年里，他一只脚牢牢地扎根在数学，另一只脚则踏进了物理学。

新思想常出现在一些奇怪的时刻，出现在人们最意想不到的时候。[462] 我想，这是因为新思想来自人的潜意识，在意识不太活跃的时候，潜意识最有力量。一个好的例子是，霍金1970年在正准备睡觉时，发现了黑洞视界的面积必然总是增大的（第12章）。另一个例子就是彭罗斯改变我们对黑洞内部认识的发现。

1964年晚秋的一天，[15] 伦敦伯克贝克学院教授彭罗斯和朋友罗宾逊（IvorRobinson）正向办公室走去。在过去的一年里，类星体发现了，天文学家开始猜测它们的能源来自星体坍缩（第9章）。自那时起，彭罗斯也试图弄清楚，奇点是否是由真实的随机形变的坍缩恒星产生的。当他和罗宾逊边走边谈时，潜意识正在思考令他疑惑的那些问题——他的思想已跟它们搏斗好久好久了。

彭罗斯回忆说："过一条马路时，我和罗宾逊停止了说话。过去以后，又接着谈。显然，在过马路那会儿，我忽然想到了什么东西，但后来的谈话又把它从脑子里赶走了！那天晚些时候，罗宾逊走了，我回到办公室。我记得有过一种奇怪的欣喜，但说不清那是什么。我开始在脑子里搜寻那天想过的事情，想找出令我欣喜的那样东西。排出许许多多不太可能的事情后，我终于发现了过街时产生的思想。"[16]

这思想很美，和以前在相对论物理学中见过的任何事物都不一样。在接下来的几个星期里，彭罗斯认真清理了他的思想，从不同方向去审视它，完成它的细节，尽可能使它具体，在数学上精确。一切理顺后，他为《物理学评论通讯》写了一篇短文，[17] 描述了星体坍缩中的奇点问题，然后证明了一个数学定理。

彭罗斯的定理大意说，假定一颗恒星——不论什么样的恒
463　星——发生了剧烈坍缩，使引力变得足够强大从而形成一个显视界，
就是说，强大的引力足以将外出的光线拉回来（卡片 12.1）。显视界形
成以后，不可能有什么东西能阻挡引力进一步增强而产生奇点。结果
（由于黑洞总有显视界），每个黑洞在它内部都必然有一个奇点。

这个奇点定理最令人惊讶的地方在于它巨大的普适能力。它不仅
适用于具有特殊理想化性质的（如完全球状的或没有压力的）坍缩恒
星，也不仅适用于初始随机形变很小的恒星，而且适用于一切可以想
象的坍缩恒星，这样，它无疑也适用于我们现实宇宙中存在的真实的
坍缩恒星。

彭罗斯奇点定理的惊人力量来自他在证明中使用的一种新的数
学工具，以前还没有物理学家在弯曲时空的计算（也就是广义相对论
的计算）中用过，那就是拓扑学。

拓扑学是研究事物间或事物自身的定性联系方式的数学分支。举
例说，咖啡杯和炸圈饼"有相同的拓扑"，因为（假如它们都是用泥做
的）我们可以光滑而连续地将一个变形为另一个，而不会撕裂它，即
不会改变任何联系［图 13.5（a）］。相反，球与炸圈饼有不同的拓扑，
为把球变成饼，我们必须在球上挖一个洞，从而改变了它自己的联结
方式［图 13.5（b）］。

拓扑学只关心联结，不关心形状、大小和曲率。例如，炸圈饼和

咖啡杯的形状和曲率是大不相同的，但它们有相同的拓扑。[1]

我们物理学家在彭罗斯奇点定理之前忽略了拓扑学，因为我们固执地认为，时空曲率是广义相对论的中心概念，而拓扑学不能告诉我们任何有关曲率的事情。（实际上，因为彭罗斯的定理对拓扑学的依赖太强，它没有为我们带来关于奇点曲率的东西，就是说，没有关于奇点的潮汐引力的细节的东西。定理只告诉我们，在黑洞内的某个地方，时空到达了终点，到达那个终点的任何事物都会被破坏。*如何*破坏是曲率的事；它们必然遭到破坏，时空总会遇到终点 —— 这个事实是拓扑学关心的。）

如果我们物理学家能在彭罗斯之前看得远一点，超越时空曲率的思想，我们大概也已经认识到了相对论确实存在一些拓扑学的问题，例如，"时空会走到尽头吗（时空有一个存在的边缘吗）？"［图13.5 [465] (c)］，"时空的哪些区域能互传信号？哪些不能？"［图13.5（d）］。第一个拓扑学问题是奇点的中心问题；第二个是黑洞形成和存在，从而也是*宇宙学*（关于宇宙的大尺度结构和演化）的中心问题。

这些拓扑学问题很重要，拓扑学的数学方法对处理这些问题也很有威力，于是，彭罗斯为我们带来了拓扑学，也就在我们的研究中引发了革命。

从彭罗斯影响深远的思想出发，在60年代中期和晚期，彭罗斯、

---

1. 拓扑或拓扑学（topology）是音译名词；英语词源来自希腊语的tópos，意思是"位置"，的确反映了这个学科的特征。—— 译者注

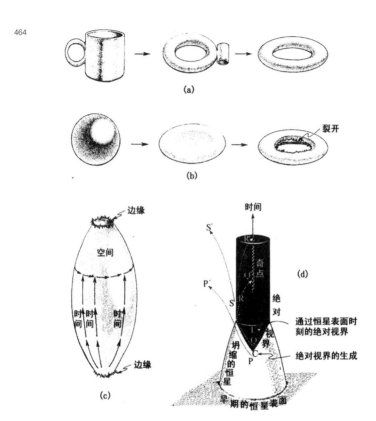

464

图13.5 下面的所有问题都是关于点的联络性质的，即它们是拓扑学的问题。

（a）咖啡杯（左）和炸圈饼（右）能光滑连续地互相变形为对方而不会出现破裂，就是说，不会改变任意两点联系的定性特征。这样，它们具有相同的拓扑。

（b）为把球（左）变形为饼（右），必须在球上打一个洞。

（c）这里画的时空有两个尖锐边缘 [类似于（b）的裂口]，一个是时间的起点（我们宇宙大爆炸的开端），另一个是时间的终点（类似于大挤压）。我们也可以想象一个在所有时间里存在而且总会继续存在的宇宙，这样宇宙的时空没有边缘。

（d）黑色的空间区域是黑洞的内部；白色区域是黑洞的外部（见卡片12.1）。内部的点不可能向外面的点传送信号

霍金、格罗赫（Robert Geroch）、埃里斯和其他物理学家创立了一套有力的结合拓扑和几何学的广义相对论计算工具，现在我们称这套工具为整体方法。[18] 1970年，霍金和彭罗斯用这种方法在没有任何

理想化假设条件下证明，我们的宇宙在它大爆炸膨胀的开端有一个时空奇点；如果它有一天会再次坍缩，那么必然还会在大挤压中产生奇点。[19] 同年，霍金用这个整体方法创造了黑洞绝对视界的概念，证明绝对视界的表面积总是增大的（第12章）。

现在，让我们转到1965年，来看一场重要的论战。卡拉特尼科夫和栗弗席兹在莫斯科证明（他们是这样想的），在内部随机变形的扰动下，真实恒星坍缩成黑洞时不可能在黑洞中心产生奇点；而彭罗斯在英国证明，每个黑洞在中心都必然有奇点。

演讲厅有250个座位，卡拉特尼科夫站起来讲话时，人已经坐不下了。那是在1965年夏的一个大热天，全世界重要的相对论研究者聚集在伦敦召开第三届国际广义相对论和引力论会议。卡拉特尼科夫和栗弗席兹第一次有机会在这样一个世界范围的集会中报告他们关于黑洞没有奇点的证明。

从斯大林死后到戈尔巴乔夫时代的几十年间的苏联，出国申请能否得到批准是很难说的。栗弗席兹虽然是犹太人，但在50年代是相当自由的，然而，现在他上了旅行者黑名单，解除得等到1976年。[20] 卡拉特尼科夫有两个不利因素，他是犹太人，而且从来没有出过国。（第一次申请出国是很难获准的。）不过，经过努力争取，加上科学院副院长谢苗诺夫（Nikolai Nikolaievich Semenov）为他给苏联共产党中央委员会打了电话，卡拉特尼科夫总算被批准来伦敦了。[21]

面对拥挤的伦敦演讲厅，卡拉特尼科夫拿着麦克风，一边讲，一边在占了一面墙的15米宽的黑板上写满了方程。他的方法不是拓扑学的，而是物理学家在分析时空曲率时用了几十年的标准的满是方程的方法。卡拉特尼科夫从数学上说明随机扰动一定会随恒星坍缩而增大。他说，这意味着，如果坍缩会形成奇点，那么奇点的时空曲率必然遭受了彻底的随机形变。接着他讲述了他和栗弗席兹怎样在广义相对论定律所允许的各种类型的奇点中寻找那种经过了彻底的随机曲率形变的奇点。他从数学上列举了一个个奇点类型，几乎令人厌烦地为这些奇点编了目。其中，没有一个是经过了完全随机变形的。于是他得到结论 —— 也结束了他40分钟的讲话 —— 随机扰动下的坍缩恒星不可能产生奇点。扰动一定能将恒星从毁灭中救出来。

467　掌声响过，惠勒最有才能的学生米斯纳站起来，奋力提出反驳。他很激动，又精力旺盛，用连珠炮似的英语讲述了彭罗斯几个月前证明的定理。如果彭罗斯的定理是对的，那么卡拉特尼科夫和栗弗席兹就一定错了。

这位苏联代表愣了，激动了。米斯纳的英语说得太快，他没跟上。又由于彭罗斯的定理靠的是相对论专家们都很陌生的拓扑学论证，所以苏联人认为那是可疑的。相反，卡拉特尼科夫－栗弗席兹分析的基础很牢固，他们断言，彭罗斯可能错了。[22]

接下来的几年里，东西方的相对论专家彻底考察了彭罗斯和卡拉特尼科夫－栗弗席兹的分析，乍看起来，两家都可疑，都有可怕的潜在裂痕。不过，随着专家们逐步掌握和发展彭罗斯的拓扑学技术，他们相信彭罗斯是对的。

1971年6月，在莫斯科卡拉特尼科夫家里的晚餐聚会。左起顺时针方向：索恩、惠勒、栗弗席兹、卡拉特尼科夫、卡拉特尼科夫的夫人Valentina Nikolaievna，别林斯基和卡拉特尼科夫的女儿Eleanora。[C. W. 米斯纳提供。]

　　1969年9月，我在莫斯科泽尔多维奇研究小组访问，栗弗席兹给 [468] 我拿来一份他和卡拉特尼科夫刚写好的手稿。"基普，请为我把这份稿子带到美国，交给《物理学评论通讯》。"[23] 他解释说，在苏联写的稿子，不论什么内容，都自动划为机密，等解密以后才能拿出来，而那得等三个月。照苏联可笑的体制，我们这些外国访问者可以在莫斯科阅读这些手稿，但不经审查不得将稿子带出国。这篇稿子太可贵了，需要尽快发表，不能让那种荒唐的审查给耽误了。栗弗席兹告诉我，他们在文章里认输了，为错误而遗憾：彭罗斯是对的，他们错了。1961年，他们没能在爱因斯坦场方程的解中找到任何带有完全随机形变的奇点；但现在，受彭罗斯定理激发，他们和研究生别林斯基（VladimirBelinsky）设法找到了一个。他们认为，这个新奇点可能终结随机形变恒星的坍缩，也可能最终在大挤压的终点毁灭我们的宇宙。实际上，我在1993年想，他们可能是对的。在本章临近结束的时候，我还会来谈1993年的观点和他们新的BKL（"Belinsky - Khalatnikov -

Lifshitz")奇点的性质。

　　我自己有过体会,对一个理论物理学家来说,承认发表的结果犯有重大错误,不仅仅是难堪的事情,那差不多是自我毁灭了。1966年,我的白矮星脉动计算错了,两年后,我的错误计算害得天文学家们把新发现的脉冲星当成白矮星。错误发现以后,因为意义重大,所以在英国的《自然》杂志的编者按里特别指出来。那真是一粒难咽的药丸。

　　像这样的错误,在美国和欧洲能损害一个物理学家,在苏联就严重得多了。在苏联,科学家在这一群体中的社会地位是特别重要的,它关系着能否出国,关系着科学院的院士选举,这些又可能带来特权,如比别人高近一倍的工资,专用小轿车等。在这样的一些诱惑下,苏联科学家比西方的科学家更容易隐瞒和逃避错误。所以我才被栗弗席兹的请求所感动。他不愿意真理的传播受到阻碍,他的手稿也写得很坦诚:承认错了,并宣布未来的一版《经典场论》(朗道-栗弗席兹的广义相对论教程)将修正黑洞不产生奇点的结果。

　　我把手稿藏在我个人的论文中间带回美国,把它发表了。[24]苏联的当权者们从未发觉。

　　为什么把拓扑学方法带进相对论研究的是一个英国物理学家(彭罗斯),而不是美国、法国或苏联的哪个物理学家?为什么整个60年代中拓扑学方法在英国相对论物理学家中间如火如荼,而在美国、法国、苏联和其他地方却举步维艰呢?

我想，原因在于英国理论物理学家在大学所受的教育。他们在大学时主要学数学，然后在应用数学系或应用数学和理论物理学系做博士研究。在美国却不同，大物理学家们在大学时一般都以学物理为主，然后在物理系做博士研究。这样，年轻的英国理论物理学家会很熟悉那些还没在物理学中应用过的艰深的数学分支，但对像关于分子、原子和原子核行为的那些"大胆的"课题，他们也可能缺乏良好的基础。反过来，年轻的美国物理学家在数学上不比他们的物理学教授知道更多，但在分子、原子和原子核的特殊问题上，他们是游刃有余的。

二战以来，美国在很大程度上成了理论物理学的主角，但我们也向全世界的物理学同行们暴露出令人惭愧的数学水平。我们多数还在用50年前的数学；没有能力和现代数学家交流。由于没受过多少数学训练，我们美国人很难在彭罗斯引进拓扑学方法时学会运用它们。

法国物理学家所受的数学教育甚至比英国还好。然而，在六七十年代，法国的相对论专家们被数学的严格（也就是完美）所纠缠，不太重视物理直觉，所以他们没能为坍缩恒星和黑洞的认识做多少事情。对严格数学的追求拖住了他们向前的脚步，尽管他们很熟悉拓扑学，但也无法同英国人竞争。他们甚至没有一点儿这方面的尝试，精力都被吸引到别的地方去了。

从30年代到60年代，朗道在很大程度上代表着苏联的理论物理学，他也是苏联抵制拓扑学的主要根源：30年代，他把理论物理学从西欧带回苏联（第5章）。他的一个传播工具是他创立的一套理论物理学考试，叫"理论须知"，想进他的研究小组的人都得通过这个考 [470]

栗弗席兹（左）和朗道（右），1954年在莫斯科绍瑟街2号物理问题研究所的朗道家里。[栗弗席兹夫人 Zinaida Ivanorna 提供。]

试。任何人，不论原来学什么，都可以来参加考试，但很少有人通过。在"理论须知"实行的29年（1933～1962）里，只有43人过了，他们的很大一部分后来都有重大的物理学发现。[25]

471　　"理论须知"中的数学问题来自所有朗道认为对理论物理学重要的数学分支，覆盖了微积分、复变函数、微分方程定性理论、群论和微分几何，都是物理学家一生所需要的。其中没有拓扑学，不是朗道反对它，而是忽略了它，认为它没有关系，用不着它 —— 他的观点也就几乎成了40年代到60年代大多数理论物理学家信奉的真理：拓扑学与理论物理毫不相干。

这种观点，通过朗道和栗弗席兹写的一套《理论物理学教程》传给了全世界的理论物理学家。那是20世纪在世界范围内最有影响的物理学教科书，不过也跟朗道的理论须知考试一样，忽略了拓扑学[1]。

奇怪的是，早在彭罗斯定理之前，列宁格勒的两个苏联数学家亚历山大洛夫（Aleksander Danilovich Aleksandrov）和皮苗诺夫（Revol't Ivanovich Pimenov），就在相对论研究中应用拓扑技术了。[26] 1950~1959年，亚历山大洛夫用拓扑学探求时空的"因果结构"，也就是研究能相互通讯和不能相互通讯的时空区域之间的关系，[27]这就是后来在黑洞理论中大获丰收的那种拓扑分析方法。他建立了一个优美而有力的拓扑学框架，50年代中期，他的年轻同事皮苗诺夫又接着把它向前推进。[28]

但他们的研究没有结果。在与亚历山大洛夫和皮苗诺夫往来的物理学家中，几乎没有引力方面的专家。本来，这样的专家会知道哪些计算有用，哪些没有用，他们会告诉亚历山大洛夫和皮苗诺夫，大爆炸奇点和恒星的引力坍缩正需要用他们的方法去探索。但是，在列宁格勒听不到这样的忠告；他们需要的物理学家远在东南600千米的莫斯科，而那些人从没想过拓扑学和拓扑学家。亚历山大洛夫-皮苗诺夫拓扑结构，刚开花就凋落了。

---

1. 朗道的"理论须知"（后来叫"朗道位垒"）包括，数学：解常微分方程（任选一题），用初等函数表示不定积分（任选一题）；物理：理论力学，热力学和统计物理，场论（狭义和广义相对论），非相对论量子力学，相对论量子力学、场论、基本粒子，连续介质电动力学，连续介质力学（流体力学、弹性力学）。必须的数学都包括在物理学题目中。通过了这个"位垒"的人也有永远离开物理学的，可见那是多么痛苦的考试。由朗道设计，主要由栗弗席兹执笔的那套教程计划八卷（现在我们看到的有10卷），即须知的那些物理内容，几乎都有中译本（但多数都是根据早期版本翻译的）。——译者注

花的命运是和两个主人的命运联系在一起的。亚历山大洛夫成为列宁格勒大学校长,没有更多的时间做进一步研究;皮苗诺夫因为建
472 立"反苏组织"在 1957 年被捕,坐了 6 年牢,出来 7 年后又被捕了,流放 5 年,去了列宁格勒以东 1200 千米外的科密共和国。

我没见过亚历山大洛夫和皮苗诺夫,但我 1971 年(皮苗诺夫第二次被捕后一年)访问列宁格勒时,皮苗诺夫的故事还在物理学家中流传。据说,皮苗诺夫认为苏联政府道德败坏,像美国许多年轻人在越南战争时期的思想一样,他觉得与政府合作就是同流合污。保持自己道德纯洁的惟一办法是非暴力对抗。在美国,非暴力对抗意味着拒绝登记当兵;皮苗诺夫的非暴力对抗则是"萨密兹达"(Samizdat),也就是"地下出版"禁止的手稿。有人说,皮苗诺夫常从朋友那儿收到禁止在苏联出版的一些稿子,他用复写纸抄几份,然后把它们寄给别的朋友,他们也如法炮制,继续扩散。皮苗诺夫被捕了,被判有罪,流放到科密,在那儿做伐木工人和伐木机厂的电机技师。后来,科密科学院发现了他,让他做数学部主任。

终于又能做数学了,皮苗诺夫继续研究他的时空拓扑学。那个时候,拓扑学作为物理学家的引力研究工具已经生根了,而他却孤独地远离他祖国的前沿物理学家。他没有产生影响;假如换个环境,他是应该能够产生影响的。

与亚历山大洛夫和皮苗诺夫相比,彭罗斯要幸运多了。他一只脚牢牢扎根在数学,另一只脚牢牢扎根在物理,这是他成功的重要原因。

最佳猜想

也许有人以为，彭罗斯的奇点定理将一劳永逸地解决黑洞内部的问题。事情没那么简单，它反倒引出了一些新问题——从60年代中期以来，物理学家一直在同这些问题斗争，但成绩不大。关于这些问题，我们现在（1993年）的回答（更好的说法是，我们的"最佳猜想"）是：

1. 进入黑洞的一切事物都必然会被奇点吞没吗？我们认为是的，[473]但还不能肯定。

2. 存在从黑洞内部到其他宇宙或我们宇宙的其他部分的道路吗？很可能没有，但我们没有绝对把握。

3. 落进奇点的事物的命运是什么？我们认为，在黑洞很年轻时下落的事物在量子引力发生重要作用之前会被潮汐引力任意猛烈地撕裂。然而，落向老黑洞的事物可能会幸免于难，而最终能够面对量子引力定律。

在这一章剩下的篇幅里，我将更详细地解释这些答案。

回想一下，对上面三个问题，奥本海默和斯尼德曾有过明确的回答：如果黑洞是由高度理想化的球状坍缩恒星产生的，那么，（1）进入黑洞的一切事物都会被奇点吞没；（2）没有到其他宇宙或我们宇宙的其他部分去的事物；（3）接近奇点时，一切事物都将遭受无限增大的径向拉伸和横向挤压（图13.1上）从而被毁灭。

　　这些答案是很有启发作用的，它激发了能带来更深刻认识的计算。不过，（科拉特尼科夫和栗弗席兹得到的）更深刻的认识却表明，奥本海默－斯尼德答案与我们生存的真实宇宙无关，因为发生在所有真实恒星的随机变形会彻底改变黑洞的内部。奥本海默－斯尼德黑洞的内部"对小扰动是不稳定的"。[29]

　　爱因斯坦场方程的雷斯纳－诺德斯特勒姆解也提出了明白而确凿的答案：假如黑洞是由特殊的高度理想化的球状带电恒星产生的，那么，坍缩的恒星和落进黑洞的其他事物可以经过一个"封闭小宇宙"，从黑洞内部旅行到另一个大宇宙去（图13.4）。[30]

　　这个答案也有启发意义（它已经为科幻小说家们提供了好多想象的素材）。然而，它跟奥本海默－斯尼德预言一样，与我们生存的真实宇宙无关，因为它对小扰动是不稳定的。说得具体一些，在我们的现实宇宙中，黑洞不断遭受微弱电磁真空涨落和少量辐射的轰击。这些涨落和辐射落进黑洞，在黑洞引力作用下加速，增大能量，然后猛烈地打击并摧毁还没来得及启程的封闭小宇宙。这个猜想是彭罗斯1968年提出的，自那时起，得到了许多物理学家不同计算的证明。[31]

　　另外，别林斯基、卡拉特尼科夫和栗弗席兹还为我们的问题提出了一个答案，它对小扰动是完全稳定的，也许就是适用于我们宇宙中真实黑洞的"正确"答案：形成黑洞的恒星和在黑洞年轻时落进洞里的一切事物都会被BKL奇点的潮汐引力撕裂。(这是别林斯基、卡拉特尼科夫和栗弗席兹相信彭罗斯说的黑洞内一定存在奇点后,从爱因斯坦方程的解中发现的一类奇点。)[32]

BKL奇点的潮汐引力与奥本海默−斯尼德奇点根本不同。奥本海默−斯尼德奇点越来越强地作用在下落的宇航员(或其他任何事物)上,总是径向拉伸,横向挤压,而且拉伸和挤压的强度持续光滑地增大(图13.1)。BKL奇点不一样,它有点像我们在糖果店和博览会上见过的制糖机,先在一个方向挤压,然后又在另一个方向挤压;一会这儿,一会那儿(在下落宇航员看来),拉伸与挤压总在随机地不可捉摸地变换方向,平均说来,作用强度也越来越大,当宇航员离奇点越来越近时,他会感觉振荡也越来越快。米斯纳(他独立于别林斯基、卡拉特尼科夫和栗弗席兹,也发现了这种混沌振荡的奇点)称这种行为是搅拌振荡。[33] 我们可以想象,它像打蛋器搅拌蛋黄蛋白那样将宇航员身体的各部分搅在一起。图13.6表现了潮汐引力如何振荡的一个具体例子,但精确的振荡序列是混沌而难以预料的。

米斯纳的搅拌型奇点的振荡在(从宇航员看来)某个特别时刻在空间各处都是一样的。BKL奇点却不像这样,它的振荡在空间和时间上都是混沌的,就像破碎的海浪的前锋在时空中的湍流运动。例如,当宇航员的头在南−北方向遭受轮番拉伸和挤压时,它的右脚可能正在东北−西南方向受罪,而左脚却在南−东南和北−西北方向遭殃。他的头、左脚和右脚"挨打"的频率可能会大不相同。

爱因斯坦方程预言,宇航员到达奇点时,潮汐力长到无限大,混

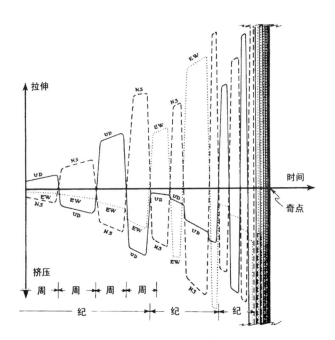

图13.6　BKL奇点的潮汐引力随时间振荡的例子。潮汐力以不同方式作用在三个互相垂直的方向。为明确起见，我们称三个方向为UD（上－下）、NS（南－北）和EW（东－西），三条曲线分别描述三个方向的潮汐引力作用。时间为水平方向。UD曲线在水平时间轴上方时，潮汐力沿UD方向拉伸，UD曲线在时间轴下方时，潮汐力产生挤压。曲线在轴上越高，拉伸作用越强；在轴下越低，挤压作用越强。注意以下几点：（i）在任何时刻，挤压发生在两个方向，而拉伸在一个方向。（ii）潮汐力在拉伸与挤压间振荡，每次振荡叫"周"。（iii）周合成"纪"。在每一纪里，一个方向只有完全持续的挤压，另外两个方向在拉伸与挤压间振荡。（iv）纪改变时，持续挤压方向也发生改变。（v）临近奇点时，振荡无限快，潮汐力无限大。周划归为纪的细节和振荡模式在每一纪开始时的改变，可以用所谓的"混沌图"来描述

沌振荡变得无限快。宇航员死了，构成他身体的原子遭到了无限的破坏，混沌地搅在一起 —— 这时，一切事物（潮汐力、振荡频率、破坏、混合）都成为无限，时空也不复存在。

然而，量子力学定律不同意，它们严禁无限。就我们现在（1993年）的认识，在邻近奇点处，量子力学的定律和爱因斯坦广义相对论的定律会融合在一起，将彻底改变"游戏规则"。新定律叫量子引力。

量子引力发生作用的时候，宇航员死了，他身体的各部分完全混合了，原子被彻底破坏，不能识别了。但没有一样是无限的，"游戏"还可以继续。

那么，量子引力到底什么时候发生作用，它能做什么呢？据我们现在的认识（很可怜的一点认识），当振荡的潮汐引力（时空曲率）大得能在 10^{-43} 秒或更短时间内彻底改变所有物体的时候，[1] 量子引力就出现了。[34] 接着，它将根本改变时空的特性：它分裂空间和时间统一而成的时空；它分开胶结在一起的空间和时间；它毁灭时间的概念，也破坏空间的确定性。时间不在了，我们不能再谈什么"这件事情发生在那件事情以前"，因为没有时间，就没有"以前"和"以后"的概念。统一时空惟一遗留下来的空间，成了像肥皂泡一样随机的概率的泡沫。[36]   477

分裂前（也就是在奇点外）的时空，可以比喻为一块饱含水的木头，木块是空间，水是时间。两样东西（木头和水；空间和时间）是紧紧交织在一起的、统一的。时空走近奇点和量子引力，就像木块投进烈火。火把木块里的水蒸发出去，只留下脆弱的干木块；在奇点，量子引力毁灭了时间，只留下脆弱的空间。接着，木块燃烧了，成为一堆烟灰；而量子引力则把空间变成一团随机的概率的泡沫。

---

1. 10^{-43} 秒是普朗克-惠勒时间。它由公式 $\sqrt{Gh/c^5}$ 近似给出。注意，这个时间是普朗克-惠勒面积（12章）的平方根除以光速。（公式中的符号和数值在普朗克-惠勒面积的脚注中已经说明了。）[35]

　　这些随机的概率的泡沫就是在量子引力定律作用下构成奇点的东西。泡沫的空间没有任何确定的形状（也就是没有确定的曲率，甚至没有一定的拓扑），它只有这样那样形状（即这样那样曲率和拓扑）的概率。例如，在奇点内，空间具有如图13.7（a）那样的曲率和拓扑的概率可能是0.1％，图13.7（b）的概率是0.4％，图13.7（c）的概率是0.02％，等等。这并不是说，空间用它时间的0.1％处于形状（a），用时间的0.4％处在（b），用时间的0.02％处在（c），因为在奇点内没有时间这种东西。同样，因为没有时间，像空间形状（b）处于（c）"以前"还是"以后"那样的问题也完全是没有意义的。关于奇点，我们能提出的惟一有意义的问题只能是，"构成你的空间在形状（a）、（b）和（c）的概率有多大？"答案很简单，0.1％，0.4％和0.02％。

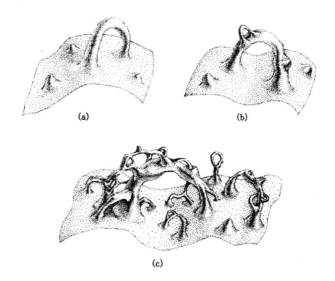

图13.7　我们猜想存在于黑洞内奇点的量子泡沫的嵌入示意图。空间的几何和拓扑是不确定的，而是一些概率。例如，图中（a）所示的空间形状的概率是0.1％，（b）的概率是0.4％，（c）的概率是0.02％，等等

在奇点内，任何可以想象的曲率和拓扑都允许存在，所以，尽管听起来有些荒唐，我们还是说奇点由概率泡沫构成，惠勒称它为量子泡沫。[37] 他第一个提出，在量子引力定律作用下，空间性质一定是这样的。

概括地说，在黑洞中心，在BKL潮汐引力振荡到达极点的时空区域，存在着一个奇点：在那儿，时间不复存在，空间成了量子泡沫。

量子引力定律的一个使命是决定黑洞奇点内不同曲率和拓扑的 478
概率。另一个使命也许是决定奇点诞生"新宇宙"的概率，也就是奇点像大爆炸奇点在约150亿年前产生我们的宇宙那样，产生一个新的经典的（非量子的）时空区域。

黑洞奇点产生"新宇宙"，可能吗？我们不知道。也许，它永远不会发生；也许，它经常发生 —— 也许，我们相信奇点是由量子泡沫构成的，可能是完全跟错了方向。

现在，霍金、哈特尔和其他一些人正在惠勒和德维特奠定的基础 479
上进行研究，[1] 在未来的10年或20年里，他们也许能给出一个明确的回答。[38]

宇宙万物都会老：恒星燃尽燃料而死亡；地球最终失去大气而成为死星；我们人类也会满脸皱纹而更老练。

---

1. 以上的描述是以惠勒–德维特、霍金–哈特尔建立量子引力定律的方法为基础的，尽管他们的方法不过是现在人们正在研究的众多方法的一种，但我认为它成功的希望更大一些。

黑洞深处奇点附近的潮汐引力也不例外。根据艾伯塔大学伊斯雷尔和泊松（Eric Poisson）以及在加州理工学院小组 [在以前多罗什科维奇（Andrei Doroshkevich）和诺维科夫工作基础上建立的] 的博士后奥里（Amos Ori）1991 年的计算，它们也是随年龄而改变的。黑洞初生时，内部潮汐力表现出剧烈混乱的 BKL 式振荡（图 13.6 上）。然而，随着黑洞变老，随机振荡也更平稳柔和，并逐渐消失。[39]

例如，某个类星体中心有一个 100 亿个太阳质量的黑洞，在它诞生几个小时后落进来的宇航员会被疯狂振荡的 BKL 潮汐引力撕裂。然而，等了一两天才落进来的第二个宇航员所遭遇的振荡的潮汐力就温和得多。当然，潮汐力的拉伸和挤压作用还是足以杀死他，不过比一天前的痛苦轻得多，他可以多活些时候，可以比第一个宇航员走得离奇点更近一些。第三个宇航员等了几年才进来，他的遭遇更加温和。照伊斯雷尔、泊松和奥里的计算，奇点周围的潮汐力，这时已经相当轻柔了，宇航员几乎感觉不到。他会活下来，也许还不受一点儿伤害，他能走到随机量子引力奇点的边缘。不过当他在奇点边缘直面量子引力定律时，还是会被杀死 —— 我们也没有绝对把握说他一定会在那儿死，因为我们还根本没有很好地认识量子引力定律和它们的结果。

480　　黑洞内潮汐力的衰减并不是无法改变的。任何时候落进黑洞的物质和辐射（或宇航员）总会给潮汐力增添能量，这些东西就像一块扔给狮子的肉。奇点附近振荡的拉伸和挤压作用得到补给后，会在短时间内增强，然后又衰减下去，回归刚才的宁静。

惠勒在 20 世纪 50 年代末和 60 年代初有一个梦想，一个希望：人类有一天能走进奇点去看量子引力如何发生作用 —— 这样，我们不仅能靠数学和计算机模拟来研究它，还可以凭借真实的物理进行观测和实验。奥本海默和斯尼德令这个梦想破灭了（第6章）。他们发现，坍缩恒星周围形成的视界把奇点藏了起来，不让外面看到，假如我们总在视界外面，就没有办法探索奇点。假如我们穿过一个巨大的老黑洞的视界，活着面对量子引力奇点，我们也没有办法把看到的情况传回地球。我们的信息逃不出黑洞，视界把它遮住了。

虽然惠勒早就不做那样的梦了，现在也热情主张不可能走近奇点，但这一点是否正确，我们还完全没有把握。可以想象，某些极端的非球状星体坍缩会产生裸奇点，即没有视界包围的奇点，从而可以从外面的宇宙，甚至从我们的地球观察它、探索它。

60年代后期，彭罗斯从数学上费了很大气力去寻找产生裸奇点的坍缩例子，但什么也没找到。在他的方程里，每当坍缩产生奇点，它总会产生包围奇点的黑洞。彭罗斯不觉得奇怪，毕竟，假如真会形成裸奇点，那么似乎可以合理地预料，在奇点形成前，光能从附近逃逸；如果光能逃，那么（似乎）产生奇点的坍缩物质也能逃；如果坍缩物质能逃，那么大概物质内部的巨大压力会让它逃，从而坍缩逆转了，奇点也就不能在原来的地方形成了。似乎应该这样，但不论彭罗斯还是别的人，他们的数学还没有能力让人确信。

彭罗斯强烈感到，裸奇点不可能形成，但他证明不了。1969年，[481]他提出一个猜想，宇宙监督猜想：*没有坍缩物体能形成裸奇点；如果奇点形成了，它必然套在视界里，我们不能从外面的宇宙看见它。*

物理学的"建设者"们 —— 像惠勒那样的物理学家，他们的观点总是最有影响的 —— 接受了宇宙监督，几乎把它当成真理了。不过，自彭罗斯提出四分之一世纪以来，宇宙监督还没得到证明。而最近的计算机对高度非球状星体坍缩的模拟甚至令人怀疑它可能是错的。根据康奈尔大学夏皮罗和特奥科尔斯基的这些模拟，有些坍缩确实可能会产生裸奇点。[40] 可能产生而不是一定会产生，不过可能而已。

霍金是当今物理学建设者的缩影，而普雷斯基尔（John Preskill，我在加州的同事）和我喜欢给他们的建设加把劲。于是，我们在1991年跟霍金打赌（图13.8），我们赌宇宙监督是错的，裸奇点能在宇宙中形成；霍金赌它是对的，裸奇点永远不会形成。

赌约才订立四个月，霍金自己就发现数学证据（但不是严格的证明）表明，黑洞在完全蒸发后（第12章），可能不会像他以前预料的那样彻底消失，而会留下一个小的裸露的奇点。[41] 几天后，在普雷斯基尔家聚餐时，他把结果告诉了普雷斯基尔和我。不过，当我俩要他认输时，他却不肯，找了一个技术上的根据。他说，赌约写得很清楚，我们的赌限于在包括广义相对论的经典物理学（也就是非量子的）定律作用下形成的裸奇点。但是，黑洞蒸发是量子力学现象，不受经典的广义相对论定律作用，而是由弯曲时空的量子场论定律决定的，所以任何可能从黑洞蒸发产生的裸奇点都在我们的赌约范围之外。霍金说对了。不管怎么说，无论裸奇点如何产生，它总是对物理学建设的一个打击！

虽然打赌好玩儿，我们讨论的东西却是很严肃的。如果裸奇点

Whereas Stephen W. Hawking firmly believes that naked singularities are an anathema and should be prohibited by the laws of classical physics,

And whereas John Preskill and Kip Thorne regard naked singularities as quantum gravitational objects that might exist unclothed by horizons, for all the Universe to see,

Therefore Hawking offers, and Preskill/Thorne accept, a wager with odds of 100 pounds stirling to 50 pounds stirling, that when any form of classical matter or field that is incapable of becoming singular in flat spacetime is coupled to general relativity via the classical Einstein equations, the result can never be a naked singularity.

The loser will reward the winner with clothing to cover the winner's nakedness. The clothing is to be embroidered with a suitable concessionary message.

Stephen W. Hawking   John P. Preskill & Kip S. Thorne
Pasadena, California, 24 September 1991

图13.8 霍金、普雷斯基尔和我为彭罗斯的宇宙监督猜想的赌约[1]

能够存在,那么只有在我们现在还没认识的量子引力定律能告诉我们,这些奇点的行为如何,会对附近的时空做些什么,它们的作用是否会对我们生活的宇宙产生巨大的影响?因为裸奇点(如果能够存在的话)可能强烈影响我们的宇宙,我们非常想知道宇宙监督猜想是不是正确的,量子引力定律对奇点行为会有什么预言。想弄清这些问题,不会很快,也不会太容易。

1.赌约写的是:"鉴于S. W. 霍金诚信裸奇点为可诅咒者,应为经典物理学所禁戒;而J. 普雷斯基尔与K. 索恩以裸奇点为量子引力客体,能不为视界所隐藏而令全宇宙都能看见。故两方约定,霍金以100英镑对普雷斯基尔–索恩50英镑赌:在平直时空不可能产生奇异的任何形式的经典物质或场,在通过经典爱因斯坦方程与广义相对论相联系时,结果也不可能是裸奇点。输家向赢家提供蔽体的衣服,衣服上须绣适当的认输字据。(签名,霍金按的手印,时间是1991年9月24日。)——译者注

第 14 章
虫洞和时间机器

为了洞察物理学定律，作者问：

高度发达的文明

能在超空间凿开虫洞

作快速星际旅行

并从时间机器回到过去吗？

虫洞和奇异物[1]

上完 1984 ~ 1985 学年的最后一堂课，我坐进办公室的椅子，想好好放松一下。这时，电话铃响了，是我多年的老朋友、康奈尔大学天体物理学家卡尔·萨根（Carl Sagan）打来的。"基普，打扰了！"他说，"我刚写完一本小说，讲人类第一次同外星文明打交道。不过有点儿麻烦。我想尽量把科学的东西写得准确一些。我怕把某些引力物理的东西弄错了，你能替我看看吗？"我当然愿意。卡尔是个聪明

---

1. 这一章主要是照我个人的观点写的，所以不像其他章节那么客观；而且对别人的研究讲得很少，很不全面。

的伙计，那书一定很有意思，而且还可能很逗人。再说，老朋友的请求，我怎么能不答应呢？

几个星期后，小说寄来了。隔行打印的稿子，三英寸半厚的一摞。

我和前妻琳达（Linda）和我们的儿子布里特（Bret）正要去圣克 484 鲁斯看大学毕业的女儿卡丽丝（Kares）。我把书稿塞进旅行包，放在琳达的野马车后座上，从帕萨迪纳出发了。

琳达和布里特轮流开车，我一边看书一边思考。（他们跟我在一起生活了多年，已经习惯我的这种行为了。）小说很逗人，但卡尔确实有点儿问题。他让他的女主角阿洛维（Eleanor Arroway）落进地球附近的一个黑洞，然后像图13.4那样穿过超空间，一小时后出现在26光年远的织女星旁。卡尔不是相对论专家，不熟悉微扰计算的结果[1]：不可能从一个黑洞的中心穿过超空间到我们宇宙的另一部分。任何黑洞都不断受电磁真空小涨落和少量辐射的攻击。这些涨落和辐射落进黑洞时，被黑洞引力加速到巨大能量，然后暴雨般落向可能被人们借以穿越超空间的任何"封闭小宇宙"或"隧道"或宇宙飞船。计算不容置疑，任何做超空间旅行的飞船都会在启动前就被"暴雨"摧毁。卡尔的小说得改。

从圣克鲁斯回来，在5号州际公路上弗雷斯诺西边的某个地方，我突然闪出一个念头，也许，卡尔可以把他的黑洞换成穿过超空间的

---

1. 见第13章"最佳猜想"一节。

虫洞。

虫洞是宇宙中相距遥远的两点间的一条假想捷径。它有两个洞口，例如，一个在地球附近，另一个在26光年外织女星轨道附近。两个洞口通过超空间的隧道相联结（虫洞），可能只有1千米长。假如我们从地球附近的洞口走进隧道，只经过1千米，就到达另一洞口，出现在（从外面的宇宙看来）26光年远的织女星旁。

图14.1用嵌入图画了这样一个虫洞。与通常的嵌入图一样，在这个图中，我们的宇宙也理想化为二维的，而不是三维的（见图3.2和3.3）。宇宙的空间在图中表现为一张二维面。在纸上爬行的蚂蚁感觉不到纸是平整的还是褶皱的，同样，宇宙中的我们也不太清楚我们的宇宙在超空间里是平直的还是像图那样弯曲的。然而，有一点褶皱也是重要的，这样地球和织女星才可能在超空间里相邻，从而才可能通过很短的虫洞联结起来。空间有了虫洞，我们就和在嵌入图的曲面上爬行的蚂蚁和小虫那样，有两条可能的从地球到织女星的道路：沿着外面宇宙的26光年的长路和穿过虫洞的1千米的捷径。

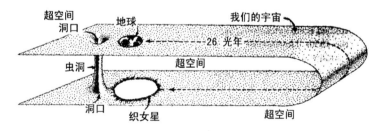

图14.1 通过超空间连结地球和26光年外的织女星的1千米长的虫洞

假如虫洞在地球上，那么洞口在我们面前像什么样子呢？在嵌入图的二维宇宙中，洞口画成了圆，因此在我们的三维宇宙里，它应该是圆的三维表象，也就是一个球。实际上，洞口可能有点像无旋转黑洞的球状视界，不过有一个重要的区别：黑洞的视界是"单向"曲面，任何事物都能进去，但没有东西可以出来。而虫洞口是"双向"曲面，我们能从两个方向穿过它，可以走进洞里，也可以回到外面的宇宙。向球状洞口内看，可以看见来自织女星的光。光从织女星附近的洞口进入虫洞，像穿过光导管和光纤那样穿过它，然后从地球的洞口穿出来，射进我们的眼睛。

　　虫洞不仅是科幻小说家凭空想象的东西，早在1916年就从数学上在爱因斯坦场方程的解里发现它了。[1]那时，爱因斯坦的场方程刚 486 建立几个月。后来，在20世纪50年代，惠勒和他的研究小组又用不同的数学方法对它们进行过广泛的研究。不过，在我1985年在5号公路旅行以前，所发现的那些作为爱因斯坦方程的解的虫洞，没有一个适合于萨根的小说，因为没有谁能够安全穿越它们。它们每一个都随时间奇怪地演变：虫洞在某个时刻产生，短暂地打开，然后关闭、消失——从产生到消失，时间极短，没有事物（人、辐射或任何形式的信号）能在这么短的时间内从一个洞口穿过它到达另一个洞口。谁想去试试，一定会在它的消失中毁灭。图14.2画了一个简单的例子。

　　几十年来，我和大多数物理学同行一样，也在怀疑虫洞。照爱因斯坦场方程的预言，虫洞的寿命本来就很短暂，在辐射的随机打击下还会更短。辐射〔根据伊尔德莱（Doug Eardley）和雷德蒙特（Ian Redmount）的计算〕被虫洞引力加速到超高能，虫洞的喉管在强大辐射的轰击下，比以往更快地收缩、关闭——霎那间就完了，仿佛根本

487

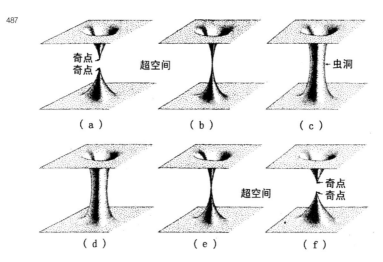

图14.2 洞内无任何物质的完全球状虫洞的演化。(这个演化过程是普林斯顿大学惠勒的年轻助教克鲁斯卡(Martin Kruskal)在50年代中期从爱因斯坦场方程的解中发现的。)初始时(a),没有虫洞,在地球和织女星附近各有一个奇点。然后,在某一时刻(b),两个奇点在超空间里生长、相遇,然后湮灭,在湮灭中生成虫洞。虫洞周长在(C)增大,然后又收缩(d),最后消失(e),产生两个奇点(f),就像虫洞产生前的样子 —— 但有一点决定性的不同:初始奇点(a)像大爆炸,时间从它流出,它也能生成某些事物:大爆炸产生宇宙,初始奇点产生虫洞。而最后的奇点(f)不一样,它像大收缩(第13章),时间流进它,万物被它毁灭:大收缩毁灭宇宙,它毁灭虫洞。任何企图在虫洞打开的短暂时间里穿过去的事物,都将在虫洞关闭时被捕获,随它自身一起消失在最后的奇点(f)[2]

就不曾存在过。

还有另一个怀疑的理由。我们知道,黑洞是星体演化不可避免的结果(天文学家在我们星系中大量看到的那些大质量的缓慢旋转的恒星在死亡时会坍缩形成黑洞),但在自然界却没有类似的虫洞生成的方式。实际上,没有什么理由相信我们的宇宙在今天包含了任何会产生虫洞的奇点(图14.2);即使存在这样的奇点,也难以理解两个奇点能在广阔的超空间里相遇而像图14.2那样形成虫洞。

朋友需要帮助时，我们总会想方设法去帮助。尽管我也怀疑虫洞，但那似乎是我能找到的惟一可以帮助卡尔的东西。在弗雷斯诺西畔的5号公路上，我想大概存在一种无限发达的文明，可以总让虫洞开着，而不让它消失。这样，阿洛维就能通过它在地球和织女星之间往返。我拿出纸笔就开始算起来。（幸好5号公路很直，我做计算不会晕车。）[488]

为使计算容易一些，我把虫洞理想化为完全球状的（图14.1也是这样的，不过三维宇宙在图中压缩成二维，虫洞的截面是圆）。接着，我以爱因斯坦场方程为基础，做了两页计算，发现三件事情：

第一，保持虫洞开放的惟一方法是，用某种类型的物质贯穿虫洞，靠引力作用将洞壁撑开。我把这种物质称为奇异的，因为下面会看到，它与人类所见过的任何物质都大不一样。

第二，我发现，奇异物不仅像要求的那样会把洞壁向外推，而且当光束通过时，它还会凭引力将光线外推，使光束分离。换句话说，奇异物像一个"散焦镜"，靠引力将光束分开。见卡片14.1。

第三，我从爱因斯坦场方程知道，为了靠引力让光束分散，靠引力将虫洞壁撑开，贯穿虫洞的奇异物在光束看来必须具有负能量密度。这需要解释一下。想一想，引力（时空曲率）由质量产生（卡片2.6），而质量与能量等价（卡片5.2，等价性体现在爱因斯坦的著名方程 $E=Mc^2$）。就是说，可以认为引力是由能量产生的。现在，我们从光束的角度——也就是从某个以（近）光速穿越虫洞的观测者的角度——

来计算虫洞内物质的能量密度（每立方厘米的能量），然后沿光束轨迹求它的平均。结果，只有在平均能量密度为负时，光束才能分散，虫洞才会张开 —— 这样，虫洞的物质才是我们所谓"奇异的"。[1]

488　　　这并不是说，在虫洞内静止的观测者看来，奇异物具有负能量。能量密度是相对概念，不是绝对的；在一个参照系里它可以为负，在另一个参照系里，它也可以为正。在穿过虫洞的光束的参照系中测量，奇异物有负能量密度；但在虫洞的参照系测量，能量密度是正的。不过，我们人类遇到的几乎所有形式的物质在每一个参照系中都具有正的平均能量，物理学家长期以来一直怀疑奇异物的存在。我们猜想，物理学定律大概严禁这样的奇异物，但一点儿也不清楚它们是如何做到这一点的。

卡片14.1

让虫洞打开：奇异物

　　任何球状虫洞都将分散穿过它的光束。为看清这一点，想象（如图所示）光束在进入虫洞前经过一会聚透镜，这样光线沿径向向虫洞中心会聚，然后，光线继续沿径向穿行（它们如何还能运动呢？），就是说，在从另一洞口出现时，它们沿径向散开，像图中那样离开虫洞中心。光束就这样解散了。

1.用专业术语说，奇异物"违背了弱平均能量条件"。

令光束解散的虫洞的时空曲率，是贯穿虫洞并使它张开的"奇异"物产生的。而时空曲率等价于引力，所以实际上是奇异物的引力让光束散开的。换句话讲，奇异物排斥光束的光线，把它们从它自己身边赶走，从而它们也相互分离散开了。

这与引力透镜发生的事情正好相反（图8.2）。在那儿来自遥远恒星的光被途中的恒星或星系或黑洞的引力所吸引、聚焦；在这里，光却被散焦了。

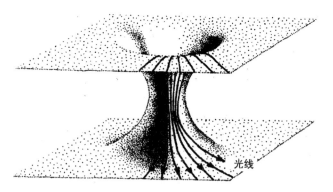

光线

我在5号公路上想，也许我们对奇异物存在的偏见是错误的。也许奇异物能够存在。这是我能发现的惟一可以帮助卡尔的。所以，回到帕萨迪纳，我就给卡尔写了一封长信，向他解释，为什么他的女主角不能借黑洞做星际旅行，我建议让她去穿过虫洞。小说中还应该有某个人发现奇异物真能存在，而且可以用来打开虫洞。卡尔愉快地采纳了我的建议，写进了最后的定稿。那小说叫《接触》（*Contact*）。[1]

490

---

1. 特别请看萨根《接触》第347、第348和第406页。那儿的奇异物条件（在穿过虫洞的光束看来，奇异物有负平均能量密度）的表述不同，但是等价的：从某个静止在虫洞里的人看来，奇异物一定在径向上有比能量密度还大的张力。

给卡尔的信寄出后，我突然想，他的小说可以作为学生学广义相对论的教学工具。1985 年秋，莫里斯（Mike Morris，我的学生）和我为了帮助这些学生，开始写一篇论文，关于奇异物支撑的虫洞的广义相对论方程和这些方程与萨根小说的联系。

我们写得很慢，其他更急迫的事情赶到前头去了。1987 ~ 1988 年的冬天，我们把稿子交给《美国物理学杂志》。[3] 还没发表，临近博士毕业的莫里斯正申请博士后研究，他在申请书里附上了我们的文章。帕奇（宾夕法尼亚州立大学教授，我和霍金以前的学生）收到了申请，读了我们的稿子后给莫里斯写了封信：

"亲爱的麦克，…… 据霍金和埃利斯书中的命题 9.2.8，加上爱因斯坦场方程，立刻就能得到，任何虫洞 [都需要奇异物来支撑]…… 您忠实的 D. N. 帕奇。"

我觉得自己太傻了。我从没深入学过整体方法[1]（霍金和埃里斯一书的主题），[4] 现在付出代价了。我在 5 号公路上不太费力地得出，为了打开完全球状的虫洞，需要奇异物的贯通。现在，帕奇用整体方法更不费力就得到，打开任何（球状的、立方体状的或有任意形变的）虫洞，都必须有奇异物穿过。后来我听说，甘农（Dennis Gannon）和 C. W. 李在 1975 年得到过几乎相同的结论。

虫洞需要奇异物打开的发现，在 1988 ~ 1992 年间激起了理论研

---

1. 第 13 章。（霍金和埃利斯的那本书即《时空的大尺度结构》，是用整体微分几何方法写的一部广义相对论专著。很遗憾，我不能将命题 9.2.8 用几行通俗文字说明白。—— 译者注）

究热潮，中心问题是，"物理学定律容许奇异物存在吗？如果是的，那应在什么条件下呢？"

解开这个问题的钥匙，霍金在70年代就已经准备好了。1970年，霍金在证明黑洞面积总会增加时（第12章），不得不假定任何黑洞视界附近不存在奇异物。假如视界边有奇异物，霍金的证明就失败了，他的定理将失去意义，视界面积可以收缩。然而，霍金并不太替这种可能担心。看来，在1970年大家都愿意相信奇异物不可能存在。

可是，1974年出现了令人大吃一惊的事情：霍金从他黑洞蒸发（第12章）的发现中顺便推测，黑洞视界附近的真空涨落是"奇异的"：[5]从视界附近流出的光束看，它们具有负平均能量密度。事实上，令黑洞在蒸发中收缩从而违背霍金面积增加定理的，正是真空涨落的这种奇异特性。由于奇异物对物理学太重要了，我还是好好解释一下：

回想一下卡片12.4讨论的真空涨落的起源和本质：当我们试图将电场和磁场从某个空间区域拿走，也就是当我们想产生理想真空时，总会留下一些随机的不可预测的电磁振荡 —— 由相邻空间区域的场之间的"交流"产生的振荡。"这里"的场向"那里"的场借走能量，给"那里"的场留下能量亏损，即在那里出现瞬间负能量。然后，那里的场立刻收回能量，还附带着一点盈余，使自己拥有瞬间正能量。这样的过程，一直不断地进行着。

在地球的正常情况下，这些真空涨落的平均能量为零。能量处在 ⁴⁹²

盈亏状态的总时间相等，所以平均说来没有盈亏。而霍金1974年的计算意味着，在蒸发黑洞的视界附近会出现不同的情况。视界旁的平均能量，至少在光束看来一定是负的，就是说，真空涨落是奇异的。

这些事情是怎样发生的？具体情况到80年代初才有结果。那时，宾夕法尼亚州立大学的帕奇、牛津的康迪拉斯（Philip Candelas）和其他许多物理学家用弯曲时空的量子场定律广泛深入地研究了黑洞视界对真空涨落的影响。他们发现，视界的影响是关键。视界使真空涨落扭曲，出现地球上没有的形状。通过扭曲，平均能量密度成为负的，这样，真空涨落也成为奇异的了。

真空涨落在什么条件下变奇异呢？它们能在虫洞内表现奇异特性而令虫洞打开吗？帕奇发现奇异物质是打开任何虫洞的惟一途径，这两个问题是对他的发现所激起的研究潮流的巨大冲击。

答案来之不易，而且也不彻底。克林卡莫（Gunnar Klinkhammer，我的学生）证明，在平直时空，即在远离一切引力物体的地方，真空涨落不可能是奇异的 —— 它们不可能具有光束看到的负平均能量密度。另一方面，瓦尔德（惠勒以前的学生）和尤泽维尔（Ulvi Yurtsever，我以前的学生）证明，在弯曲时空的很多情况下，曲率会扭曲真空涨落从而使它们成为奇异的。[6]

虫洞想脱离这样的环境吗？虫洞的曲率能通过扭曲作用让真空涨落成为奇异的从而打开虫洞吗？在这本书出版时，我们还不知道。

1988年初，奇异物的理论研究方兴未艾时，我才发觉萨根的电话所激起的那些研究是多么有力。在实验家可能会做的所有真实物理实验中，最可能为物理学定律带来深刻新认识的是那些最猛烈推进定律的实验；同样，当理论家在探索超越了现代技术的物理学定律时，在他可能考察的所有思想实验中，最可能产生深刻新见解的是动力最强的。但所有这些思想实验对物理学定律的推动，都不如萨根给我的电话触发的那一个——它问，"物理学定律容许无限发达的文明做些什么？又严禁他们做什么？"（所谓"无限发达的文明"说的是他们的能力只受物理学定律的限制，而不存在行为方式、工作技巧等任何其他事物的局限。）493

我相信，我们的物理学家总想回避这样的问题，因为它们太像科幻小说了。虽然我们很多人都喜欢读科幻小说，甚至还写一些，但我们怕同行笑话在科幻小说的边缘做研究。于是，我们更愿意研究另外两个不那么"幻想"的问题："宇宙中哪些事情会自然发生？"（例如，黑洞自然出现吗？虫洞自然出现吗？）"我们人类凭现在和不远将来的技术能做些什么？"（例如，我们能生产像钚那样的新元素来造原子弹吗？我们能制造高温超导体来降低悬浮列车和超大粒子对撞机的超导磁体的费用吗？）

我在1988年才明白，我们物理学家在这些问题上原来是相当保守的。那时，已经有一个萨根式问题（我愿意这么叫）开始有结果了。我们问，"无限发达的文明能为快速星际旅行留住虫洞吗？"莫里斯和我认定奇异物是留住虫洞的关键，而且，为了认识在什么条件下物理学定律允许（或不允许）奇异物存在，我们也激发了多少有些结果的研究。

　　假如我们的宇宙在大爆炸中诞生时完全没有虫洞，那么，亿万年以后，当智慧生命创造出（假想的）无限发达的文明时，那个无限发达的文明能为快速的星际旅行构造虫洞吗？物理学定律允许在原来没有虫洞的地方构造虫洞吗？允许我们的宇宙空间发生这样的拓扑改变吗？

494　　这些问题是萨根星际旅行问题的后一半；前一半问题是，如何留下造好的虫洞。萨根通过奇异物把它留下了。后一半问题在他的小说里却悄悄溜过了。他描绘说，阿洛维旅行的虫洞现在是靠奇异物留下的，但它是在遥远的过去由某个无限发达的文明创造的，关于他们的所有历史记录都失去了。

　　我们物理学家当然不愿意把虫洞的产生推给史前文明，我们想知道，宇宙的拓扑在物理学定律限制下，现在能否改变？怎么改变？

　　我们可以设想两个在原来没有虫洞的地方构造虫洞的方法：一个是量子方法，一个是经典方法。

　　量子方法依赖于引力真空涨落（卡片12.4），也就是类似于上面讨论的电磁真空涨落的引力现象：相邻空间区域的能量"借贷"往来引起的空间曲率的随机的概率涨落。一般认为，引力空间涨落是处处都有的，但在普通条件下它们太小了，还没有被实验探测到。

当电子被限制在越来越小的区域时，它们的随机简并运动会越来越强（第4章），同样，引力真空涨落在小区域比在大区域强，也就是短波长的涨落比大波长的强。1955年，惠勒以原始粗略的方式结合量子力学和广义相对论的定律，得出在普朗克-惠勒长度，1.62×10^{-33}厘米或更小的区域内，存在着巨大的真空涨落，如我们所知，那空间"沸了"，成了一堆量子泡沫[7]——也就是构成时空奇点的那种量子泡沫（第13章；图14.3）。[1]

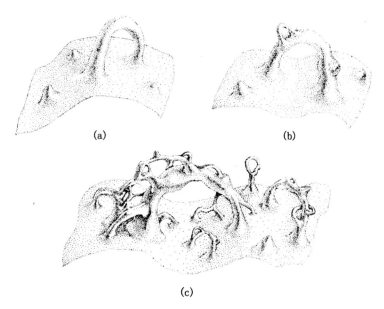

(a)　　　　　　　(b)

(c)

图14.3（同图13.7）量子泡沫的嵌入图。空间的几何与拓扑是不确定的，而是概率性的。例如，对于如图所示的（a）的形态，它有0.1%的概率，（b）为0.4%，（c）为0.02%，等等

1. 普朗克-惠勒长度是普朗克-惠勒面积（原来出现在黑洞熵公式中，见第12章）的平方根，公式为 $\sqrt{Gh/c^3}$，各符号意义前面注释过了。

于是，量子泡沫无处不在：在黑洞内部，在星际空间，在你屋里，在你头脑中。但是，要看量子泡沫，必须拿（假想的）超级显微镜去看越来越小的空间和空间里的东西。从你我的尺度（100多厘米）看到原子（10^{-8}厘米）、原子核（10^{-13}厘米），这样看下去，再小10^{20}，直到10^{-33}厘米。先看到的"大"尺度空间是完全光滑的，只有一定的（小小的）曲率。然而，在接近、经过10^{-32}厘米时，我们会看到空间开始卷曲缠绕了，先很缓和，然后越来越强烈，当10^{-33}厘米大小的区域完全走进超级显微镜的目镜时，空间已经成了一团概率的量子泡沫。

因为量子泡沫处处都有，我们不禁会想象让某个无限发达的文明走近量子泡沫，找出一个虫洞〔例如，有0.4%概率的图14.3（b）中的"大"洞〕，把它抓住，然后放大到经典尺度。假如那文明真是无限发达的，凭0.4%的概率，他们可能会成功，真的会吗？

不知道，因为我们对量子引力定律还没有很好的认识。我们无知的一个原因，是对量子泡沫本身认识不够，甚至，量子泡沫是否存在，我们也没有百分之百的把握。然而，萨根式的思想实验 —— 发达的文明将虫洞从量子泡沫中拉出来 —— 在未来的年月里，对我们巩固量子泡沫和量子引力的认识，可能会有概念上的帮助。

虫洞产生的量子方法就讲这么多。经典方法又是什么呢？

在经典方法中，我们无限发达的文明应设法在宏观尺度（正常的人类尺度）上扭曲空间，这样才能在没有虫洞的地方造出虫洞。很显然，为了实现这个方法，必须在空间凿两个洞，再将它们缝合起来。

图14.4画了一个例子。

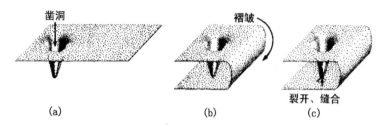

图14.4 造虫洞的一种方法。

（a）在空间曲率上凿出一个洞。

（b）洞外的空间在超空间中缓慢褶皱。

（c）在那个洞的尖端凿一个洞，在洞下面的空间也凿一个洞，然后将两个洞的边缘"缝合"起来，初看时，这个方法是经典的（宏观的），然而，凿开的洞至少会瞬时产生与量子引力定律相关的时空奇点，所以这个方法实际上也是量子的

在空间这么凿洞，总会瞬间地在凿开的地方生成时空奇点，也就是时空终结的尖点，而奇点是与量子引力相关的东西，所以这样的虫洞制造方法，实际上还是量子力学的，而不是经典的。在认识量子引力定律前，我们不会知道这种方法是否可行。

没有出路了吗？难道说，造虫洞的方法都得与我们还没认识的量子引力定律纠缠 —— 而没有完全的经典方法吗？

有，但多少有些奇怪 —— 而且得付出很大的代价。1966年，格罗赫（惠勒在普林斯顿的学生）用整体方法证明，通过时空光滑的无奇点扭曲，我们能够构造一个虫洞，但在构造中，不论从什么参照系看，时间也被扭曲了。[1]更具体地说，在构造虫洞的过程中，既可沿时

1.我真想画一个简单明白的图来说明这种光滑的虫洞是如何实现的，遗憾的是我画不出来。

间向前，也能向后；[8] 不论造洞的是什么"机械"，它的作用都必然像一台时间机器，带着东西从后来的时刻回到以前的时刻（但不能回到开始造虫洞以前）。

1967年，对格罗赫定理的普遍反应是，"物理学定律肯定会禁止时间机器，所以，用经典的方法，也就是不在空间凿洞，是不可能造出虫洞来的。"

在以后的十几年里，我们过去认为肯定的事情看来是错了。（例如，我们在1967年怎么也不会相信黑洞会蒸发。）这告诫我们应当谨慎。为了谨慎，也因为萨根式问题的激发，我们在80年代后期开始提出这样的问题："物理学定律真的严禁时间机器吗？如果是的，它如何去禁止呢？这些定律会以什么方式维护这样的禁令呢？"下面我还将回到这个问题。

我们先歇会儿，清理一下思想。现在（1993年），我们对虫洞的认识大概是：

假如在大爆中没有生成虫洞，那么一个无限发达的文明可能有两个办法来创造它，量子的办法（从量子泡沫中将它取出来）和经典的
498　办法（扭曲空间，但不凿洞）。我们今天对量子引力的认识还不足以确定用量子方法构造虫洞是否可能。而我们对经典引力定律（广义相对论）的足够认识则确实令我们相信，用经典方法构造虫洞是允许的，但是不论构造者是什么"机械"，时间在所有参照系看来都会被它强烈扭曲，结果，它（至少在短时间内）成了一台时间机器。

我们还知道，假如无限发达的文明凭某个方法得到了一个虫洞，那么，令虫洞打开（这样可以用来做星际旅行）的惟一办法是，让奇异物穿过洞。我们知道电磁场的真空涨落很有可能是一种奇异物：在很多不同的情况下，它们在弯曲时空里都可以表现出奇异性（在光束看来，具有负平均能量密度）。然而，我们不知道它在虫洞内是否还能奇异，从而为我们把洞打开。

在接下来的几页里，我假定某个无限发达的文明已经通过某种方法获得了一个虫洞，而且靠某种奇异物让洞一直开着。我的问题是，除了星际旅行外，这个文明还可能用虫洞来做些什么。

时间机器[1]

1986年，第14届半年度的德克萨斯相对论天体物理学会议在伊利诺斯的芝加哥举行。从1963年在德克萨斯达拉斯第一次讨论类星体（第7，9章），这一系列"德克萨斯会议"就具有了自己的模式，现在已经成为严格建立的机构。我到会讲了LIGO的梦想和计划（第10章），莫里斯（我的"虫洞"学生）也去了，第一次出现在国际相对论物理学家和天体物理学家面前。

在讲话间隙，莫里斯在走廊上认识了罗曼（Tom Roman），中康涅狄格州立大学的一个年轻助教，几年前曾对奇异物发表过深刻的见

---

1. 英国小说家Herbert George Wells（1866～1946）在1895年发表了科幻小说《时间机器》，写一个未来世纪旅行者发现社会分化成了Eloi和Morlocks两个民族。前者曾征服了自然，但不再努力；后者曾被压迫，却成了掠夺者。小说很有名，"时间机器"一词大概是从这儿传下来的。——译者注

解。两人很快谈到虫洞。"假如真能让一个虫洞持续打开，那么它会允许在星际距离间的旅行比光速还快。"罗曼指出，"这是不是说，我们也能借虫洞反时间旅行呢？"

499　　麦克和我觉得自己真笨！当然，罗曼是对的。事实上，我们在儿童时代就从一首有名的滑稽诗里听到过这样的时间旅行：[1]

> 女孩儿呀，贝蕾
>
> 来去呀，光难追。
>
> 相对论呀，捷径，
>
> 今日出门呀，
>
> 昨夜回。

在罗曼和这首小诗的激发下，我们明白了如何用两个彼此相对以光速运动的虫洞来建一台时间机器[2]。（这种时间机器有点儿复杂，我不准备在这儿讲；我很快会讲另一种更简单、更容易描述的时间机器。）

　　我喜欢孤独，喜欢一个人去山里，去远离尘嚣的海边，甚至躲进

---

1. 这首打油诗是很多年前一个生物学家A. H. R. Buller发表在英国幽默杂志《笨拙》（Punch）上的，不知道有多少相对论的科普读物引用过它。——译者注

501　2. 这种时间机器和本章后面讲的那些都不能说是人们发现的最早的爱因斯坦场方程的时间机器类解。1937年，斯托库姆（J. van Stockum）发现了一个解，这个解中，一快速旋转的无限长柱体起着时间机器的作用。物理学家从来就认为宇宙间不存在无限长的东西；他们猜测（但没人证明），如果柱体长度有限，它就不会是时间机器。1949年，哥德尔（Kurt Gödel）发现一个爱因斯坦场方程的解，描述了一个旋转但既不膨胀也不收缩的全宇宙，一个人只要离开地球到很远的地方然后返回，他就可以到过去旅行。物理学家当然会反驳，他们认为，我们真实的宇宙根本就不像哥德尔方程说的：它不旋转，至少转得不快；但它却在膨胀。1976年，特普勒（Frank Tipler）用爱因斯坦场方程证明，为了在有限大小的空间区域内造时间机器，必须以奇异物作部分材料。（因为任何可以穿越的虫洞都需要奇异物的贯穿，所以本章描述的以虫洞为基础的时间机器能满足特普勒的要求。）[9]

小屋去思考。新思想总是从长时间安静的没有惊扰的孕育中慢慢产生出来的；大多数必须进行的计算也是经过好多天或者好多个星期的持续紧张的全神贯注的活动才能实现的。一个突然的电话也能令我分心，耽误几个小时。于是，我藏起来了。

但躲得太久也不是好事。我时刻需要与不同观点和专长的人交流，从与他们的对话中得到灵感。

到现在，我在本章已经讲了三个这样的例子。如果卡尔不打电话[500]来让我从科学的角度为他改小说，我永远不会去研究虫洞和时间机器；如果没有帕奇那封信，莫里斯和我不会知道无论什么形状的虫洞，都需要奇异物来打开；还有，如果没有罗曼的证明，莫里斯和我大概还不知道，发达的文明可以很容易地通过虫洞制造时间机器。

接下来我再讲几件给我带来巨大灵感的事情。当然，并不是所有思想都是这样产生的，有的还是通过自己的沉思得到的。

1987年6月初，几个月的课讲完了，几个月和我的小组以及LIGO计划在一起的日子也结束了，我疲惫不堪，一个人躲了起来。

那年的整个春天，总有件事情在困扰着我，我想先不去理它，等安静下来再去考虑。现在，宁静的日子终于来了。一个人时，困惑从潜意识浮现出来，我开始检验它："时间在通过虫洞时如何决定它自己的连结方式？"这是问题的要害。

为把问题说得更具体些，我想了一个例子：假定我有一个很短的
虫洞，它的隧道在超空间里只有30厘米，两个洞口（即两个球）的直
径为2米 —— 把它放在帕萨迪纳我的家里。我从洞里爬过去，自己觉
得很快就从另一端出来了，没有一点耽误；事实上，我的头爬出第二
个洞口时，脚还留在第一个洞口的外面。这似乎意味着，坐在屋里沙
501 发上的妻子卡洛丽会看到，我的头从第二个洞口露出来时，我的脚正
在往洞里爬，即图14.5的样子，真会这样吗？如果是的，那么时间在
"穿越虫洞"和在虫洞外面的"连接方式"是一样的。

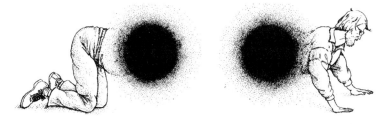

图14.5 我在超空间中爬过一个短虫洞

另一方面，我也问自己，虽然我自己觉得几乎没花什么时间就穿
过了虫洞，但卡洛丽也许会等一个小时才看见我从第二个洞口爬出来，
可能这样吗？当然，也许她在我爬进去的一个小时前就看见我出来了，
这是不是也可能呢？假如是这样，那么时间在穿越虫洞和在虫洞外面
的连结方式就不一样了。

什么事情能让时间表现得如此怪异？我问自己。反过来，我想，
它为什么不应该这样呢？只有物理学定律知道答案。不论怎样，我都
应该从物理学定律发现时间到底是如何表现的。

为帮助大家理解物理学定律如何决定时间的连结方式，我构想了
一个更复杂的情形。让虫洞的一个出口静止在我的房间里，另一个在星
际空间，以光速离开地球运动。虽然两个洞口在相对运动，我们还是假
定洞长（通过超空间的隧道长度）总是固定在30厘米。（图14.6解释了
为什么当从外面的宇宙看到两个洞口在相对运动时，虫洞还可能保持
固定的长度。）于是，从外面的宇宙看，两个洞口处在不同的参照系中，[502]
那两个参照系在高速地相对运动着；因此，洞口一定经历着不同的时间
流。另一方面，从洞里看，两个洞口是相对静止的，所以同在一个参照
系中，这意味着洞口一定经历着相同的时间流。从外面看，两个洞口经
历着不同的时间流；从里面看，却是同一个时间流，怎不令人糊涂！

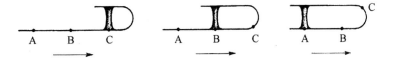

图14.6 为什么在外面的宇宙看到两个洞口在相对运动时，虫洞还能保持固定的
长度。每幅图都是图14.1那样的嵌入图，这里画的是剖面。这是一幅快照，说明宇宙
与虫洞相对于超空间的运动（不过请回想一下，超空间只是我们想象的一种有用的
假想空间，人类看不见它，也不能实在地感觉它；见图3.2和图3.3）相对于超空间，
宇宙的底部在向图的右方滑行，而虫洞和宇宙的顶部保持静止。相应地，从我们的宇
宙看，虫洞口在相对运动着（两个洞口越离越远）；但从虫洞里面看，两个洞口是相
对静止的，洞长没有改变

我一个人静静地想，慢慢地明白了，广义相对论明确预言了两个
洞口的时间流，也明确预言了这两个时间流从虫洞比较是一样的，而
从洞外比较则是不同的。从这个意义说，如果两个洞口在相对运动，
那么时间通过虫洞的连结方式与通过外面宇宙的连结方式是不同的。

我后来发现，不同的时间连结方式暗示我们，无限发达的文明可
以用一个虫洞来造时间机器，而用不着两个虫洞。怎么做呢？假如我

们无限发达，那是很容易的。

为说明这一点，我还是来讲一个思想实验，人类在实验中是无限发达的生命。卡洛丽和我找到一个很短的虫洞，我们把一个洞口放在家里的起居室里，另一个洞口放在门前草地上的家庭飞船上。

这个思想实验将告诉我们，时间通过任何虫洞的连结方式，实际上依赖于虫洞过去的历史。不过，为简单起见，我假定在卡洛丽和我得到虫洞时，它有最简单的时间连结方式：通过虫洞内部和通过外面宇宙的连结方式一样。换句话说，假如我爬过虫洞，卡洛丽、我和地球上的每个人都会认为，我从飞船上的洞口露出来的时刻与从起居室爬进去的时刻几乎是相同的。

确认通过虫洞的时间确实如此连结以后，卡洛丽和我设计了一个实验：我留在一个洞口的家里，卡洛丽带着另一个洞口乘飞船以极高速度去宇宙旅行，然后回来。在整个旅行中，我们的手都通过虫洞握在一起，见图14.7。

卡洛丽于2000年1月1日上午9：00出发，这个时间是她自己的，也是我的和我们地球上每一个人所测量的。卡洛丽以近光速离开地球，照她测量的时间，她旅行了6个小时，然后掉头回来，以她的时间看，于出发后12小时回到我们家前院的草地。[1]我在虫洞里握着她的手，

---

1. 实际上，假如卡洛丽要加速到光速并这么快地掉头，她一定会被强大的加速杀死，身体也将被毁坏。不过，这里讲的是物理学家的思想实验的精神，我假定她的身体是高强度材料构成的，能舒适地在加速中生存。

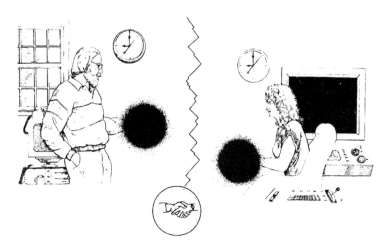

图14.7 卡洛丽和我用一个虫洞构造了一个时间机器。
左：我带着一个洞口留在帕萨迪纳的家里，并通过虫洞与卡洛丽握手。
右：卡洛丽带着另一个洞口做高速宇宙旅行。
中：我们在洞里握在一起的手

通过虫洞注视着她的整个旅程。显然，我同意，从虫洞看，她真是在出发12小时后，于2000年1月1日晚上9∶00回来的。在晚上9∶00，我通过虫洞不仅能看见卡洛丽，还看见在她身后的草地和房子。

504

　9点零1分时，我抬头望窗外——只看到空空的草地，没有飞船，没有卡洛丽和另一个洞口。假如有一台很好的指向窗外的望远镜，我会看见卡洛丽的飞船还在远离地球的航行中。从洞外面的宇宙看，根据在地球上测量，她的旅行需要10年。[这是标准的"双生子怪圈"。[1] 高速的哥哥出去又回来（在这儿是卡洛丽），认为自己只用了12个小时；而

1. 或者叫"双生子佯谬"（在本书里，我都将paradox译为"怪圈"），在任何一本（狭义）相对论的书里都可以看到对这个现象的描述，但并不能解释；许多书说可以用广义相对论来解释，但似乎也不能令人满意。——译者注

留在地球上的弟弟（在这儿是我）却得等10年才能看到旅行结束。]

　　于是，我回到自己的日常生活，一天天、一月月、一年年地等，终于，等到2010年1月1日，卡洛丽远航回来了，降落在门前的草地上。我出去迎接她，看她和预想的一样，只过了12个小时，而不是老了10年。她坐在飞船里，手伸进虫洞，还握着另一个人的手。我站在她身后，从洞里看过去，看到握着她手的那个人是我自己，年轻10岁，正坐在2000年1月1日的房间里。虫洞成了时间机器。假如我现在（2010年1月1日）从飞船的这个洞口爬过去，那么我会在2000年1月1日从屋里的那个洞口出来，与年轻的自己相会。同样，假如年轻的我爬进屋里的洞口，他会在2010年1月1日从飞船的洞口出来。从一个方向穿过虫洞我会年轻10岁；从另一个方向穿过虫洞，我会老10岁。

　　但是，不管是谁，都不可能靠虫洞回到2000年1月1日晚上9点以前，不可能退回到虫洞成为时间机器以前。

　　广义相对论定律是不容置疑的。假如虫洞能被奇异物打开，那么广义相对论就会预言这些结果。

　　1987年夏，大约在我从广义相对论得到那个结果1个月以后，里查德·普赖斯给卡洛丽打来电话——他是我的亲密朋友，16年前曾证明黑洞会辐射掉所有的"毛"（第7章）；听说我在研究时间机器，他很担心，怕我疯了或老了，或者……卡洛丽要他放心，我还好好的。

505　　里查德的电话令我有点儿震动，我倒不是怀疑自己头脑糊涂，我是很少怀疑自己的。不过，连我亲密的朋友都在担心，那么（即使不为自己想，为了莫里斯和我的其他学生），我真要好好想想，怎么向物理学家和公众报告我们的研究。

为小心谨慎，我决定不急着发表任何关于时间机器的东西。1987～1988年的冬天，我跟学生莫里斯和尤泽维尔试图尽可能把虫洞和时间的一切事情都弄明白，只有当所有问题都清澈见底了，我才想发表。

莫里斯和尤泽维尔是通过电脑网络和电话跟我联系的，因为我还一个人躲在小屋里，卡洛丽在威斯康星的麦迪逊做为期两年的博士后工作，头7个月（1988年1月～7月）我跟着她，成了她的"男保姆"。我们在麦迪逊租了房子，我把电脑和书桌搬进小阁楼里，多数时间就待在那儿思考、计算、写作——主要是为了别的项目，也有部分是关于虫洞和时间的。

为了从有经验的反对者那儿得到启发，在与他们的争论中检验我的思想，我每过几个星期都驱车去密尔沃基，与弗里德曼和帕克（Leonard Parker）领导的一个杰出的相对论研究小组交谈；偶尔也到芝加哥去，访问另一个由钱德拉塞卡、格罗赫和瓦尔德领导的小组。

3月去芝加哥，我又经历了一次震惊。我在那儿搞了次讨论会，讲述我所认识的虫洞和时间机器。会后，格罗赫和瓦尔德问我（主要意思）："在发达的文明试图将虫洞变成时间机器时，虫洞不会自动毁坏吗？"

为什么？怎么会呢？我不知道。他们向我解释了。用卡洛丽和我的故事来说，他们解释的大意是：卡洛丽正带着飞船上的洞口飞回地球，我带着另一个洞坐在家里。当飞船离地球在10光年以内时，辐射（电磁波）突然能用虫洞做时间旅行：任何一点离开帕萨迪纳以光速506 向飞船靠近的随机辐射，10年后到达飞船（从地球上看），进入那儿的洞口，在10年内及时返回（从地球看）；当它从地球上的洞口出现时，原先的它刚开始启程，于是，它与它自己碰头了——不仅在空间里，而且在时空里——强度增加了1倍。另外，每个辐射量子（光子）在旅行中还会因为洞口的相对运动而获得能量的提高（"多普勒效应"式的提高）。

下一次辐射接着从屋里出去，达到飞船，然后从虫洞回来，遇到刚要离开的原先的它，和自己碰在一起，通过多普勒效应增大能量。507 辐射源源不断地离去，又源源不断地回来，最后变得无限强大〔图14.8（a）〕。

任何一点辐射经过这样的过程后都会生成一束能量无穷的辐射，在两个洞口间的空间中往来。当辐射束通过虫洞时，格罗赫和瓦尔德认为它会产生无限的时空曲率，可能破坏虫洞，从而虫洞成不了时间机器。

我离开芝加哥，恍恍惚惚地驾车开上去麦迪逊的90号州际公路，满脑子都是在两个相对运动着的虫洞口之间飞来飞去的辐射束的图像；我想借图来计算，到底发生了什么事情。我想明白，格罗赫和瓦尔德是对还是错。

　　快到威斯康星边界时，头脑里的图像清晰出现了。虫洞不会被毁灭。格罗赫和瓦尔德忽略了一个重要事实：辐射束通过虫洞时，虫洞总会像卡片14.1说的那样将它分离。分离的束从地球上的洞口出现时会在空间散开，只有很少一点辐射能走进飞船的洞口然后从虫洞回到地球来与它自己"碰头"〔图14.8（b）〕。

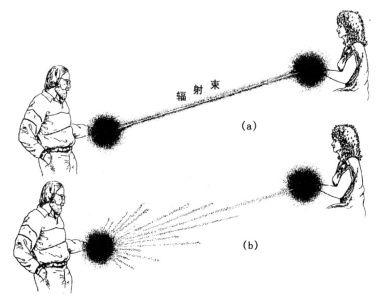

　　图14.8（a）格罗赫-瓦尔德提出的虫洞如何可能在成为时间机器前自行毁灭。强烈的辐射束在两个洞口间往来，通过虫洞与自己相遇而加强，最后变得无限强大而毁灭虫洞。
　　（b）实际情况。虫洞使辐射束分散，减少它们相碰的机会；最后的辐射束仍然微弱，不会破坏虫洞

　　我一边开车，一边在头脑里"看着"这些辐射叠加。把所有经过虫洞旅行的辐射加在一起（每经过一趟旅行，辐射就分散一些，量越来越小），我发现，最后的辐射束会很弱，远不能破坏虫洞。

结果证明，我的计算是正确的；但后来才知道，我本该更谨慎一些的。虫洞破灭的问题实际上已经在警告我，任何时间机器的制造者都会遭遇意外的危险。

研究生到他们研究的最后一年时，常给我带来巨大的快乐。他们靠自己获得重要发现；在与我讨论时获得胜利；让我学会一些意想不到的事情。莫里斯和尤泽维尔就是这样的两位，我们正在为《物理学评论通讯》写一篇文章，里面的大部分技术细节和思想都是属于他们的。

508　　文章快写完时，我却犹豫了。我害怕这样的东西会令人把正在成长的莫里斯和尤泽维尔看成"疯狂的科幻物理学家"。然而，我对我们知道的事情越来越有兴趣，对在物理学研究中发挥萨根式问题的作用也越来越有热情。最后，论文完成了，我没有讲自己的忧虑（莫里斯和尤泽维尔似乎没有这种感觉），同意他们为论文取的名字："虫洞、时间机器和弱能量条件"（"弱能量条件"是与"奇异物"相关联的术语）。

两位不知姓名的审稿者似乎很同情我们，虽然题目里有"时间机器"，文章还是被接受发表了。我大大松了口气。

临近文章发表时，我又惴惴不安起来。为了消除疑虑，实际上是为了让别人相信，我们的时间机器研究没有一点哗众取宠的意思，我问了加州理工学院公关部的同事。在许多物理学家看来，在大众中故弄玄虚也许是疯狂的行为，而我希望物理学同行们能认真研究我们的论文。公关部的同事也这样说。

文章发表了，[10] 没发生什么事情。正如我所希望的，大众没注意它，但它在物理学家中激发了兴趣，也招来了反对。信一封封飞来，有问问题的，也有挑战结论的。但我们自己的事情已经做完了，有答案了。

朋友们的反应不尽相同。普赖斯还在替我担心，他知道我没疯，也没老，但他怕我坏了自己的名声。苏联朋友诺维科夫是另一种感觉，他着迷了。他正在加利福尼亚圣克鲁斯访问，从那儿来电话说，"我太高兴了，基普！你冲破了阻碍。你能发表时间机器的研究，我也能！"接着，他立刻开始行动了。

母子怪圈

在我们的论文激起的抗议中，最有力的是我所谓的**母子怪圈**[1]：假如我有时间机器（虫洞的或者别的），我就能通过它回到过去，在母 509 亲怀我之前把她杀死，这样就不会让自己出生来害母亲了。[2]

母子怪圈的中心问题是**自由意志**：作为一个人，我有没有决定自己命运的能力？我真能回到过去杀母亲吗？或者（像多数科幻小说写

---

1. 在多数科幻小说作品中用的是"祖父怪圈"而不是"母子怪圈"。也许，这些小说作家们都是尊重女性的大侠，觉得回到过去谋害一个男子会更心安一些。（原文"matricide paradox"应为"弑母怪圈"，我回避了"那个"字，觉得这样更好。——译者注）
2. 我们兄弟姐妹四个都很尊敬孝顺母亲，例如，你可以看第7章的那个脚注。我在这儿举的例子是经母亲同意了的。

的那样），当我在她睡梦中举刀的时候，会有什么东西无情地令我住手吗？

即使宇宙中没有时间机器，自由意志现在也是令物理学家手足无措的问题。我们通常总是逃避它，认为它不过是将原本清楚的事情弄得更糊涂罢了。在时间机器问题上，更是如此。所以，在文章发表之前（当然，也在和密尔沃基的同行们认真讨论以后），莫里斯、尤泽维尔和我决定完全回避自由意志问题，坚持不在文章里讨论人类穿越虫洞的事情；我们只谈了一种简单的非生命时间旅行，如电磁波的时间旅行。

文章发表前，我们考虑了很多关于波动通过虫洞回到过去的问题，没有发现在这些波的演化中有什么不可解决的疑惑。最后（也因为弗里德曼的重要启发），我们相信可能不会有解不开的怪圈，[11] 在文章里也是这样猜想的。¹ 我们甚至还将猜想推广了，认为任何穿过虫洞的非生命物体都不会产生解不开的怪圈。就是这个猜想，引来了强烈的反对。

我们收到的最有意思的一封信，来自奥斯丁德克萨斯大学物理学教授波尔琴斯基（Joe Polchinski）。他写道，"亲爱的基普，…… 假如我没理解错，你猜想［在你用虫洞做的时间机器中不会出现解不开的怪圈］。在我看来，似乎 …… 不是这样的。"接着，他巧妙地把怪圈改成一种简单的形式 —— 从自由意志问题中解脱出来了，于是我觉

---

1. 3年后，弗里德曼和莫里斯一起设法严格证明了，波通过虫洞回到过去时，确实不会产生解不开的怪圈 —— 只要波线性叠加的方式与卡片10.3讲的相同。[12]

得可以好好来分析：

　　拿一个成了时间机器的虫洞，把两个洞口放到行星际空间，相互 510
靠近而且静止不动（图14.9）。现在，从某个恰当的地方以恰当的初
始速度向右洞口发射一只台球，球将进入右洞口，沿时间返回，在进
入右洞口前（照你我在虫洞外的观察），从左洞口飞出，正好击中原
来的自己，从而使它不能进入右洞口回来打自己。

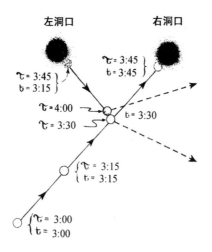

　　图14.9　波尔琴斯基的台球怪圈。虫洞很短，已成为时间机器。从外面看，进入
右洞口的任何事物会在进入30分钟前出现。洞口外的时间流记为t，台球自己经历的
时间流记为τ。台球在下午$t=3:00$从图示位置发射，速度正好使它在$t=3:45$进入右
洞口。球从左洞口出现比这早30分，即$t=3:15$，然后在$t=3:30$击中原先的自己，
使它脱离轨道，不能进入右洞，从而不能回来打自己

　　这种情形与母子怪圈一样，都需要回到过去，改变历史。在母子
怪圈中，我回到过去，杀了母亲，使她不能生我。在波尔琴斯基怪圈
里，台球回到过去，击中自己，使它不能回到过去。

两种情形都没有意义。像物理学定律必须逻辑一致一样，由物理
学定律所主宰的宇宙演化也应该是逻辑一致的 —— 至少宇宙的经典
511　（非量子力学的）行为应该是这样的；量子力学的行为则更难以捉摸。
由于我和台球都是高度经典的事物（也就是说，只有在对我们进行极
端精确的测量时，我们才会表现出量子力学行为，见第 10 章）。不论
我还是台球，都不可能回到过去改变我们的历史。

那么台球到底发生了什么事情呢？为把它弄清楚，莫里斯、尤泽
维尔和我集中考察了球的*初始条件*，即初始位置和速度。我们问自
己："在导致波尔琴斯基怪圈的那些初始条件下，是不是还存在*别的
台球轨迹*呢？它们与图 14.9 不同，但同样是经典台球的物理学定律的
逻辑自洽的解"。经过多次讨论，我们认为答案也许是肯定的，但还
没有绝对的把握 —— 也没有时间去弄明白了。莫里斯和尤泽维尔博
士毕业了，要离开加州，到密尔沃基和特里斯特去做博士后。

幸运的是，加州理工学院的好学生源源不断，又来了两位：埃切
维里亚（Fernando Echeverria）和克林卡默（Cunnar Klinkhammer）。
他们接过波尔琴斯基的怪圈继续研究：经过几个月断续的数学论证，
他们证明，从波尔琴斯基的初始条件出发，*确实存在自洽的满足所有
经典物理学定律的台球轨道*。实际上，存在两条这样的轨道，如图 14.
10。[13] 我将以台球自己的观点依次描述这两条轨道。

在轨道（a）（图 14.10 左），一只新白球从下午 $t=3:00$ 出发，沿
着与波尔琴斯基怪圈完全相同的路线（图 14.9）向着右边的洞口运动。
半小时后，$t=3:30$ 时，这只新的白球被一只看起来旧一些的花球（我

们将看到，它是那只球未来的自己）撞在*左后边缘*。碰撞很轻，新球
只稍微偏离了原来的路线，但白球还是被撞成了花球。这只新的花球
继续沿着偏离的路线运动，在 $t=3:45$ 时进入虫洞口，回到30分钟以
前，在 $t=3:15$ 时从另一洞口出来。由于路线与波尔琴斯基怪圈的相
比发生了偏转，从虫洞出来的变旧了的花球在 $t=3:30$ 时从它原来自
己的左后边缘轻轻擦过，而不像图14.9那样发生强烈的碰撞和巨大
的偏转。这样，球的经历是完全自洽的。

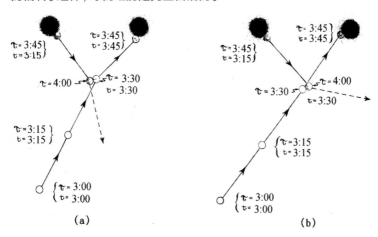

图14.10　波尔琴斯基的母子怪圈（图14.9）的解决：一只在下午3：00以与波尔
琴斯基怪圈相同的初始条件（相同的位置和速度）出发的台球可以沿这里的任何一
条轨道运动。每条轨道都是自洽的，而且处处满足经典物理学定律

轨道（b）（图14.10右）与（a）相同，不过球的碰撞方式有些不同，
相应地，碰撞的路线也有些不同。特别是，从左洞口出来的旧花球的 512
路线与（a）不同，它沿着这条路线将赶到新球的前头（而不是后面），
从它的*右前缘*（而不是左后边缘）轻轻擦过。

　　埃切维里亚和克林卡默证明，轨道（a）和（b）都满足台球运动

的一切经典物理学定律，因此都可能在真实宇宙中发生（假如真实的宇宙能有虫洞做的时间机器）。

这是最令人不安的。在没有时间机器的宇宙中，这样的情形是永远不会出现的。没有时间机器，一组台球的初始条件只能决定一条而且惟一一条满足所有经典物理学定律的轨道。球只有惟一的运动形式。时间机器把这些都破坏了，现在出现了两种同样合理的球的运动的预言。

实际上，事情比我们现在看到的更糟：时间机器能为球的运动做出无限多个同样可能的预言，而不只是两个。卡片14.2说明了一个简单例子。

513

卡片14.2

台球危机：无限多轨道[14]

一天，我正坐在旧金山机场等飞机，突然想，假如一个台球从虫洞时间机器的两个洞口之间飞过，那么它可能沿两条轨道旅行。一条（a），球无破坏地从两洞口间冲过去；另一条（b），球通过时被撞向右边的洞口，然后进入虫洞，在进洞之前从左洞口出来，与自己相撞，然后飞走。

几个月后，福瓦德（激光干涉仪探测器的先驱者之一（第10章），也是位科幻小说家）发现了满足一切经典物理学定律的第三条轨道，[15] 即下面的轨道（c）：碰撞不是发

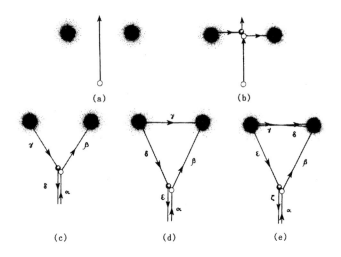

(a)　　　(b)

(c)　　　(d)　　　(e)

生在两洞口间，而发生在球到达洞口邻近以前。我后来发现，假如球在经历两次碰撞事件之间多次穿过虫洞，那么碰撞还可以越来越早地发生，如 (d) 和 (e)。具体说，在 (e) 的情形，球沿路线 α 向上，与它未来的自己碰撞，沿着 β 进入右洞口，然后穿过虫洞（回到过去），从左洞口出来，又沿 γ 穿过虫洞（回到更远的过去），然后沿 δ 再穿过虫洞（回到更更远的过去），从 ε 出来，去与它自己碰撞，偏向 ζ 落下。

514

　　显然，有无限多条轨道（每一条经过虫洞的次数不同），从完全相同的初始条件（相同的初始位置和速度）出发，都满足经典（而不是量子）的物理学定律。它留给我们的问题是，物理学是不是疯了？或者，我们想知道，物理学定律能用什么办法告诉我们球应该走哪条轨道？

514　　时间机器令物理学疯狂了吗？令它失去了对事物演化的预言能力了吗？如果没有，那么物理学定律如何从无限多个可能中选择一条台球会走的轨道呢？

　　为了寻找答案，克林卡默和我在 1989 年从经典物理学定律转向了量子定律，为什么呢？因为它们才是我们宇宙最终的法则。

　　例如，量子引力定律将最终把握引力和时间与空间的结构。爱因斯坦经典的广义相对论引力定律不过是量子引力定律的一种近
515 似——在远离一切奇点，在时空尺度远大于 10^{-33} 厘米时，近似是非常准确的，但毕竟还是一种近似（第 13 章）。

　　同样，学生和我用以研究波尔琴斯基怪圈的经典的台球物理学定律，也不过是量子力学定律的一种近似。由于经典定律似乎预言了一些"废话"（无限多个可能的台球轨道），为了更深入地认识，克林卡默和我才转向了量子力学定律。

　　量子物理学中的"游戏规则"大不同于经典物理学的。在给定的初始条件下，经典定律预言将要发生什么（如台球会走哪条路）；而且，如果没有时间机器，它们的预言是惟一的。量子定律则不同，它们只预言将要发生的事件的概率（例如，球通过空间这个或那个区域
513 的概率），而不是确定性的东西。

　　从量子力学的这些"游戏规则"看，克林卡默和我根据量子力学定律所得的答案也就不那么令人惊奇了。我们发现，假如球出发以

后沿波尔琴斯基怪圈的轨道（图14.9和14.10，在下午t=3：00时刻），那么它接下去走哪条路线，都有一定的量子力学概率，例如，图14.10（a）的概率为48%，（b）的概率为48%——对无限多经典定律所允许的每一条轨道，它都有一定的（小得多的）概率。任何一次"实验"，球只能走某一条经典路线；但如果我们做大量相同的台球实验，那么其中有48%的球会走轨道（a），有48%走轨道（b），依此类推。

结果多少还是令人满意的。它似乎说明物理学定律可能会很好地使自己适应时间机器。当然也有些令人惊讶的东西，但似乎没有任何怪异的预言，也没有任何解不开的怪圈。[16] 实际上，如果《国家调查者》杂志（*National Enquirer*）听说了，可以很容易打出一个通栏大标题：**物理学家证实存在时间机器**。（当然，我还是害怕报刊会把这些东西曲解成怪物。）

1988年秋，我们的论文，"虫洞、时间机器和弱能量条件"发表3个月后，《旧金山检查者》（*San Francisco Exarminer*）记者戴维森 516（Keay Davidson）在《物理学评论通讯》上看到了，于是故事传开了。

这样一来，事情就更糟了。在那3个月里，至少物理学界很安静，他们在考虑我们的思想，而不是要听什么张扬和吹嘘。

但张扬是挡不住了。**物理学家发明时间机器**，这是常见的标题。《加利福尼亚》杂志在"发明时间旅行的人"的文章里，甚至登出一张我在帕洛玛山赤膊工作的照片。我很惭愧——不是为照片，而是为那些离谱的宣扬，说我发明了时间机器和时间旅行。[17] 事实上，就算物理学定律允许时间机器（在本章最后可以看到，我怀疑这一点），人类现在的技术能力离它还远得很，比洞穴野人离太空旅行还要遥远。

我和两个记者谈过，才发现没有办法抵挡这潮流，也没有办法让他们把故事讲得更准确，还是一个人躲起来吧。我的后勤助理莱昂（Pat Lyon）却被大家包围了，他只好搪塞说："索恩教授相信，向大家公布研究结果，现在为时尚早。时间机器是否为物理学定律所禁止，等他觉得有了更好的认识后，会为大家写一篇文章来解释的。"

我写这一章，就是在履行那个诺言。

良序

1989年2月，大众的喧闹慢慢静下来，埃切维里亚、克林卡默和我继续波尔琴斯基怪圈的研究。我飞往蒙大拿波茨曼去演讲，在那儿碰到了米斯纳以前的学生希斯科克（Bill Hiscock）。和看见别的同行一样，我也向他请教他对虫洞和时间机器的看法。我在寻找有力的批评、新颖的思想和独特的观点。

"也许你该研究电磁真空涨落，"希斯科克告诉我，"在无限发达的文明把虫洞变成时间机器时，它们可能会破坏它。"在他的头脑里也有个思想实验：卡洛丽（假定是无限发达的）正带着一个虫洞口坐着我们家的飞船飞回地球，我带着另一个洞口坐在地球上，而虫洞即将成为时间机器（见上面的图14.7和图14.8）。希斯科克在想，电磁真空涨落也可能像图14.8里的辐射那样穿过虫洞，然后与自己碰撞，最后变得无限强烈从而破坏虫洞。

我表示怀疑。一年前，我在从芝加哥回家的路上曾想到，穿过虫洞的辐射不会和自己碰撞产生无限大能量的辐射束，辐射将被分散，从而虫洞不会受到破坏。我相信虫洞也会分散穿过它的电磁真空涨落，从而挽救自己。

另一方面，我想，既然时间机器是那样一个异乎寻常的物理学概念，我们应该考察任何一种可能破坏它的机会。所以，尽管我也怀疑，但还是让我的一个博士后金成旺（Sung-Won Kim）去计算穿过虫洞的真空涨落的行为。

虽然，希斯科克和康科夫斯基（Deborah Konkowski）几年前建立了很好的数学方法和思想，但金和我还是没什么进展，[18] 都怨我们自己太笨，没有一个熟悉关于真空涨落的弯曲时空的量子场定律（第13章）。不过，经历了一年的错误以后，我们在1990年2月终于完成了计算，得到了答案。

答案令我惊讶。尽管虫洞将努力分散真空涨落，但它们似乎会自动再聚集起来（图14.11）。涨落被虫洞分散后，在地球的洞口散开，仿佛到不了飞船；接着，像受到某种神秘力量吸引似的，它们又自动聚向卡洛丽飞船的洞口，通过虫洞回到地球，然后又在洞口散开，又再聚向飞船的洞口，如此反反复复，最后形成一束强大的涨落能量。

这样一束电磁真空涨落有破坏虫洞的能力吗？我们问自己。从

图14.11 当卡洛丽和我在用图14.7的办法努力把虫洞转变为时间机器时，在两个洞口间穿行的电磁真空涨落与自己发生碰撞，产生一束巨大的涨落能量

1990年2月到9月的8个月，我们一直在同这个问题搏斗。经过几回反复，最后，我们（错误地）认为涨落"大概不会"破坏虫洞。我们自518己和几个讨论过结果的同事都觉得论证有力，于是，我们写成一篇文章，交给《物理学评论》。

我们的论证是这样的：计算表明，在虫洞中往来的电磁真空涨落，只有在近乎为零的短暂时间里才可能无限强大。它们几乎在第一次能用虫洞做时间旅行的瞬间（也就是在虫洞刚成为时间机器时）达到最高峰，然后立刻消失，见图14.12。

而（我们还没有很好认识的）量子引力定律似乎认为，没有什么"似乎为零的短暂时间"。我们知道，在小于普朗克–惠勒长度10^{-33}厘米的尺度下，时空曲率涨落使长度概念失去了意义（见图14.3及相关讨论）；同样，在小于10^{-43}秒（"普朗克–惠勒时间"，等于普朗克–惠勒长度除以光速）的尺度下，时空曲率也将使时间失去意义。量子

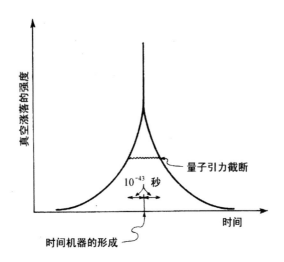

图14.12 刚好在虫洞成为时间机器后穿过的电磁真空涨落强度的演化

引力定律似乎认为，比这更短的时间间隔是不存在的。在这么小的间 519
隔内，所谓以前、以后和随时间演化的说法都没有意义。

　　于是，金成旺和我认为，在虫洞间往来的电磁真空涨落一定会停
止随时间的演化，也就是在虫洞成为时间机器的 10^{-43} 秒之前停止增
长，量子引力定律一定会中断涨落的生长；而让它只能在时间机器诞
生 10^{-43} 秒后再继续生长，那意味着在涨落开始消失以后。在这些时
间之间，没有时间，也没有演化（图14.12）。这时，关键的问题是，在
被量子引力中断生长时，往来的涨落有多强？我们的计算确凿无疑：
涨落束在停止生长时远远不能破坏虫洞，于是，用我们在文章里的话
来说，大概"真空涨落不能阻止类时闭曲线的形成和存在。"（我以前
讲过，类时闭曲线就是物理学家说的"时间机器"；"时间机器"在大
众中热过一回了，这回我没在文章里用它；不熟悉物理学名词的普通 520

读者，不知道我发表的是关于时间机器的新结果）。

1990 年 9 月，在把文章交给《物理学评论》时，金成旺和我给许多同事寄去了复印件，也给霍金寄了一份。霍金津津有味地读了，不同意。关于真空涨落的计算，他没有什么意见［实际上，弗罗洛夫（Valery Frolov）在莫斯科做的相同计算已经证实了我们的结果[19]］；他反对的是我们对量子引力效应的分析。

霍金同意，量子引力很可能在时间机器产生前 10^{-43} 秒，也就是在涨落变得无限大以前 10^{-43} 秒，中断真空涨落的生长。"但是，谁测量的 10^{-43} 秒？在谁的参照系中？"他问。他提醒我们，时间是"相对的"，不是绝对的，它依赖于参照系。金和我曾假定这个特定的参照系是静止在虫洞咽喉的某个人的。霍金说（大概意思），如果选一个不同的参照系，如涨落自身——或者更准确说，某个随涨落一起运动的观察者——他从地球到飞船，快速穿过虫洞，看到地球-飞船距离从 10 光年（10^{19} 厘米）收缩到普朗克-惠勒长度（10^{-33} 厘米）。霍金猜想，从这个往来的观察者看，量子引力只有在虫洞成为时间机器前 10^{-43} 秒才能决定和中断涨落束的生长。

从静止在虫洞的观察者（金和我依靠的观察者）看，霍金的猜想意味着，量子引力中断涨落生长发生在虫洞成为时间机器 10^{-55} 秒前，而不是 10^{-43} 前——到那个时候，照我们的计算，真空涨落束是足够强大的（但也只不过刚好这么大），可能确实会破坏虫洞。

霍金猜想的量子引力中断的时刻是令人信服的。金和我想了很

久，最后认为他很可能是对的。我们想赶在论文发表以前把它改正 521
过来。[20]

　　然而，最基本的一点还是不能确定。即使霍金对了，真空涨落束
会不会破坏虫洞，仍然远远没有说明——寻找确定的结果，需要我
们认识量子引力在时间机器形成那一时刻附近 10^{-95} 秒的间隔内会做
些什么。

　　简单地说，量子引力将虫洞能否成功成为时间机器的答案藏起来
了。为了找出答案，我们首先得成为量子引力定律的专家。

　　霍金对时间机器有着严厉的批评，他认为大自然也憎恶它们；他
把这种憎恶表达为一个猜想，一个能维护时间次序的良序猜想,[1] 它指
出，物理学定律不允许时间机器。[21]（霍金以他特有的幽默，说这个
猜想能"保证世界不会破坏历史"。）

　　霍金猜测，大自然就是通过真空涨落束的生长来加强维护时间
顺序的：当我们想做时间机器时，不论用什么样的事物（如虫洞、旋
转柱[2]、"宇宙弦"[3] 或其他什么东西），在它成为时间机器前，总会有一
束真空涨落穿过它，并破坏它。霍金好像已经准备为这个结果下大
赌注了。

---

1. 原文"Chronology Protection"是"时序保护"，我觉得这在汉语里不像一个"术语"，所以借了
一个数学名词，"良序"，前面加"维护时间"的定语，似乎还算恰当。本节小标题也是用的这个
词。——译者注
2. 见 465 页的脚注 2。
3. 普林斯顿大学 Richard Gott 最近发现，可以通过让两根无限长宇宙弦（一种在宇宙中可能存在也
可能不存在的假想物体）以极高速度相对移动来做时间机器。[22]

　　我不愿成为这个赌局的另一方。我真喜欢同霍金打赌，但我只打获胜机会较大的赌。我本能地感到，如果去赌这个，我准会输的。我与金的计算和弗朗纳根（Eanna Flanagan，我的学生）最近没发表的计算似乎说明霍金很可能是对的。不过，在物理学家深刻认识量子引力定律之前，我们谁也不能肯定。[23]

尾声

爱因斯坦遗产
的过去和未来，
几个重要角色的今天。

爱因斯坦打破牛顿的绝对空间和时间的概念，奠定自己的理论基础，离现在差不多整整一百年了。在这一百年里，爱因斯坦的理论在成长；在他留下的精神财富里，我们看到了时空的弯曲和一堆完全由这弯曲产生的奇异东西：黑洞、引力波、奇点（隐藏的和裸露的）、虫洞和时间机器。

在历史的某些时期里，这些东西都曾被物理学家看成怪物。

• 我们在书中看到，爱丁顿、惠勒，甚至爱因斯坦都曾强烈怀疑黑洞；爱丁顿和爱因斯坦没能活着看到他们的错误；而惠勒后来成了黑洞的宣传者。

• 20世纪40年代和50年代，许多物理学家因为错误相信了他们正在研究的广义相对论的数学解释，曾怀疑引力波（曲率的波动）的存在——不过那该是另一本书的故事，而且怀疑早就没有了。

524　　• 奇点是爱因斯坦广义相对论不可避免的结果，这个发现曾极大震撼了大多数物理学家，现在也仍然在震撼着许多人。有人从彭罗斯的宇宙监督猜想（所有奇点都被隐藏着，裸露的奇点是被禁戒的）找到了安慰。然而，不论宇宙监督是否正确，多数物理学家还是习惯了奇点；而且，他们与惠勒一样，期待着未知的量子引力定律来抹平这些奇点——来规定和限制它们的行为，就像牛顿和爱因斯坦的引力定律规定行星并限定它们绕太阳的轨道一样。

• 虫洞和时间机器，即使爱因斯坦广义相对论定律允许它们存在，在今天的大多数物理学家看来也是怪物。不过，我们刚发现，尽管爱因斯坦定律允许虫洞和时间机器的存在，却不能主宰它们的行为；主宰它们的是更严格的弯曲时空的量子场定律和量子引力定律。怀疑的物理学家大概能从这里得到些安慰。假如我们更好认识了那些定律，它们也许会明确地告诉我们，物理学定律总会让宇宙摆脱虫洞和时间机器——或者，也许至少会摆脱时间机器。

在未来的世纪里，在爱因斯坦理论的第二个百年里，我们能等到些什么呢？

我们关于空间、时间和时空弯曲所产生的事物的认识可能会发生革命，它一点儿也不亚于我们在第一个百年里经历过的革命；它的种子已经播下了：

• 引力波探测器很快会为我们带来黑洞的观测图像，我们将听到黑洞碰撞的交响曲 —— 充满了弯曲时空在疯狂振荡时的活动信息的交响曲；我们还将从超大规模计算机的模拟中听到它们的回声，领会它们的意义。于是，黑洞成了实验仔细审查的对象。审查结果呢？会令我们惊讶的。

• 在未来的百年里，可能很快，用不了多久，某个有远见的物理学家将最终发现并揭开量子引力定律的一切细节。

• 有了那些量子引力定律，我们可能会完全了解宇宙时空如何从[525]量子泡沫或大爆炸泡沫中出现，如何存在下去；我们可能知道，那个常被人问到的问题，"大爆炸以前是什么？"有什么意思，还是没有意思；我们可能知道，量子泡沫会不会很容易地产生多个宇宙；时空如何在黑洞中心或大挤压的奇点处遭到毁灭；时空是不是可以再生，如何再生；我们可能知道，量子引力定律是不是允许（或禁止）时间机器：时间机器总会在它们运行的瞬间自我毁灭吗？

• 从牛顿定律到狭义相对论，到广义相对论和量子论，然后到量子引力，这条物理学定律之路并不会终结在量子引力。量子引力定律还将与大自然的其他基本力的定律结合（统一）：电磁力，弱力和强力。也许我们将在未来百年里了解那个统一的细节 —— 同样可能很快，不会等太久，这个统一可能又会从根本上改变我们的宇宙观。然后呢？今天还没有人能预见那统一以外的事情；我相信 —— 而且在你我的有生之年，统一迟早总会到来的。

终曲：1993

爱因斯坦最后25年的大部分时间都在徒劳地追寻广义相对论物理学定律与麦克斯韦电磁学定律的统一；他不知道最重要的统一是与量子力学的统一。1955年，76岁的他死在新泽西普林斯顿。

钱德拉塞卡83岁了，还在探寻爱因斯坦场方程的秘密，经常是跟年轻得多的同事们合作。近些年，他教给我们许多关于恒星脉动和引力波碰撞的事情。[1]

茨维基越来越成了实测天体物理学家，而不是大理论家；他还在继续独创一些惹人争论的有远见的思想，不过不是本书的题目。1968年，他离开加州理工学院教授的位置来到瑞士，在那里度过了他追寻自己内心通向真理的道路（"形态学方法"）的余生，1974年去世。

朗道经历了一年（1938~1939）的监狱生活后，虽恢复了智力，却没有了激情；他还是苏联理论物理学家的领袖，也是最严厉的老师。1962年他在车祸中严重受伤，大脑坏了，生活也跟着发生改变，不能再做物理了。他死于1968年，但他的亲密朋友后来说，"对我来说，朗道1962年就死了。"

---

1. 两年后（1995）的8月21日，这位1983年度的诺贝尔奖获得者在芝加哥逝世。——译者注

　　泽尔多维奇从20世纪70年代到80年代一直是世界上最有影响的天体物理学家。不过，1978年，因为人际关系的破裂，他凄凉地离开了他的研究小组（那是世界上有史以来最有力量的一支理论天体物理学家队伍）。他想重建一个年轻人的队伍，但是不很成功；后来，在80年代，他成了全世界天体物理学家和宇宙学家的偶像。1987年，戈尔巴乔夫的政治改革使他第一次能有机会来美国，但没过多久，他就因心脏病在莫斯科去世了。

　　诺维科夫在泽尔多维奇离开后，成了那个研究群体的领导者。在80年代，他像过去的泽尔多维奇一样，用他的思想火花来激发和团结他的群体。然而，离开了泽尔多维奇，这个小组不过是全世界许多优秀小组中的一个，而不再像以前那样领先了。1991年，苏联解体，接着诺维科夫又做了心脏手术，他觉得活不了多久了，来到丹麦哥本哈根大学，现在在那儿创建新的理论天体物理学中心。

　　金兹堡77岁了，仍在物理学和天体物理学的几个不同分支里做着前沿研究。1980～1986年，在**萨哈洛夫**流放高尔基期间，作为他在莫斯科列别德夫研究所的领导，金兹堡没有开除他还保护了他。在戈尔巴乔夫的改革时代，金兹堡和萨哈洛夫都当选为苏联人民下院议员，推行改革。1989年，萨哈洛夫死于心脏病。

　　奥本海默尽管在1954年的忠诚调查听证会上受到美国政府批判，但在多数物理学家心目中他还是英雄。他以后没有再做过研究，但仍[527]和大多数物理学分支保持着密切联系；他扶持了许多年轻的物理学家，他们都愿意跟他讨论物理学问题，发展自己的思想。1967年，他死于癌症。

惠勒82岁，继续追寻量子力学与广义相对论的结合，继续用他的演说和著作来激发年轻的一代，最近（1990）他有一本特别值得注意的书：《引力和时空之旅》。

彭罗斯跟惠勒和许多其他人一样，对广义相对论和量子力学的结合着迷了 —— 而且未来的量子引力定律可能会从这个结合中产生。他在一本为非物理学家读者写的书（《皇帝新脑》[1]，1989）里描绘了自己的非传统思想。很多物理学家怀疑他的观点，但他从来都是这样的，而且我们也看到了他以前好多次都对了⋯⋯

霍金也一样继续为量子引力定律着迷，而他最感兴趣的问题是，那些定律关于宇宙起源会预言些什么。跟彭罗斯一样，他也为非物理学家写了一本书（《时间简史》，1988），谈自己的思想。尽管患有肌萎缩性脊髓侧索硬化（ALS），他还是活得很结实。

---

1. 这本书和下面霍金那本的中译本都在我们这个《第一推动丛书》的系列里。—— 译者注

致谢

感谢曾影响过这本书的
朋友们和同事们

    这本书是在爱莱茵（Elaine Hawkes Watson）对宇宙的无限好奇心的激发下开始写的。在15年断断续续的写作中，我得到了我的家庭 ⁵²⁹ 和几个亲密朋友的巨大鼓励和支持：琳达、卡丽丝、布雷特、阿里森、格里戈利（Estelle Gregory）、舒梅克（Bonnie Schumaker），特别是我的妻子，卡洛丽·温斯顿（Carolee Winstein）。

    我要感谢许多物理学家、天文学家、天体物理学家同事，他们答应了我的录音采访，向我讲述了书中的大量历史事件和研究经过。他们的名字列在参考文献的开头。

    我的4位同事，布拉金斯基、霍金、伊斯雷尔和萨根读了全部书稿，提出了具体的批评。很多人还读过一章或几章，为我澄清了许多重要的历史事件和科学细节。他们是：Vladimir Belinsky，Roger

Blandford，Carlton Caves，S. Chandrasekhar，Ronald Drever，Vitaly Ginzburg，Jesse Greenstein，Isaac Khalatnikov，Igor，Novikov，Roger Penrose，Dennls Sciama，Robert Serber，Robcrt Spero，Alexi Starobinsky，Rochus Vogt，Robert Wald，John Wheeler 和 Yakov Borisovlch Zel'dovich。没有他们的帮助，这本书不会像现在这样准确。不过，读者应该想到，我的同事不会完全赞同我对我们故事的解释，难免会有不同的观点。在书中，为了让读者更容易理解，我遵循了自己的观点（通常受过同事批评的重要影响，但不是全部）。为尊重历史，我在注释中暴露了某些矛盾。

530　　Lynda Obst 严厉批评了第一稿的许多章节，我谢谢她；K. C. Cole 批评了第二稿，还耐心地一篇一篇地为我提出建议，最后才修改成现在这样。我要特别感谢 K. C.，我还要谢谢 Debra Makay，她是比我更彻底的理想主义者，一丝不苟地检查了最后的手稿。

本书的提高还大大得益于几位非物理学家读者的批评：Ludmila（Lily）Birladeanu，Doris Drucker，Linda Feferman，Rebecca Lewthwaite，Peter Lyman，Deanna Metzger，Phil Richman，Barrie Thorne，Alison Thorne，还有卡洛丽。我谢谢他们。我还要感谢 Helen Knudsen 为我找到了好多参考文献和事实 —— 有些困难是人们想象不到的。

我幸运地在 Heiz Pagel 的《宇宙密码》中偶然看到 Matthew Zimet 的令人赏心悦目的画，也请他为这本书画了插图，真是增色不少。

最后，感谢联邦基金会图书计划，特别感谢在我完成这本书的几年中耐心支持和信任我的Alexander G. Bearn和Antonina W. Bouis——以及W. W. Norton公司和该公司的Ed Barber。

人物

在本书不同地方多次出现过的人物

说明：

下面的叙述只是为了回忆每个人在书中哪些地方出现过，便于前后参照，不能作为个人的传略。（多数人在科学的其他领域有过重要贡献，与本书无关，就没有在此列举了。）列在这里的人物，不是看他的贡献大小，而是因为他们在书中的不同地方出现过多次。

巴德（Baade，Walter，1893 ~ 1960）
生于德国，美籍光学天文学家，与茨维基提出超新星概念及其与中子星的联系（5）；[1]确认与宇宙射电源相关的星系（9）。

巴丁（Bardeen，James Maxwell，1939 ~ ）
美国理论物理学家，证明宇宙中多数黑洞在快速旋转；与彼德森预言黑洞旋转对周围吸积盘的影响（9）；与卡特尔和霍金发现黑洞力学四定律（黑洞演化定律）（12）。

1.括号中的数字代表第几章。

贝肯斯坦（Bekenstein，Jacob，1947 ~ ）

以色列理论物理学家，惠勒的学生。与哈特尔证明不能通过黑洞外面的任何研究判别形成黑洞的材料的粒子类型（7）；提出黑洞表面积相当于它的熵，与霍金就此争论，最后获胜（12）。

玻尔（Bohr，Niels Hendrik David，1885—1962）

丹麦理论物理学家，诺贝尔奖获得者［1922］，量子力学创始人之一，20 世纪中叶许多大物理学家（包括朗道和惠勒）的导师；曾指导钱德拉塞卡与爱丁顿的论战（4）；试图救朗道（5）；与惠勒提出核裂变理论（6）。

布拉金斯基（Braginsky，Vladimir Borisovich，1931 ~ ）

俄罗斯实验物理学家。发现物理学测量精度（包括引力波探测器的精度）的量子力学极限（10）；发明克服量子极限的"量子无破坏"装置（10）。

卡特尔（Carter，Brandon，1942 ~ ）

澳大利亚理论物理学家，英国剑桥席艾玛的学生，后移居法国。阐明旋转黑洞性质（7）；与人证明黑洞无毛（7）；与巴丁和霍金发现黑洞力学四定律（黑洞演化定律）（12）。

钱德拉塞卡（Chandrasekhar，Subrahmanyan，1910 ~ 1995）

生于印度，美籍天体物理学家，诺贝尔奖获得者［1983］；证明白矮星存在极大质量，就预言正确性与爱丁顿争论（4）；发展黑洞微扰理论（7）。

爱丁顿（Eddington，Arthur Stanley，1882 ~ 1944）

英国天体物理学家，爱因斯坦广义相对论定律的早期倡导者（3）；黑洞概念和钱德拉塞卡白矮星极限质量的强烈反对者（3，4）。

爱因斯坦（Einstein，Albert，1879 ~ 1955）

生于德国，瑞士 / 美国理论物理学家，诺贝尔奖获得者［1921］；创立狭义相对论（1）和广义相对论（2）；证明光同时既是粒子也是波（4）；反对黑洞概念（3）。

格罗赫（Geroch，Robert，1942 ~ ）

美国理论物理学家，惠勒的学生；与人发展黑洞分析的整体方法（13）；证明空间拓扑只有在时间机器的产生过程中才会发生改变（如形成虫洞）（14）；与瓦尔德第一次提出时间机器可能在形成时毁灭（14）。

贾柯尼（Giacconi，Riccardo，1931 ~ ）

生于意大利，美国实验物理学家和天体物理学家；1962 年领导一个小组利用火箭探测器首次发现 X 射线星（8）；设计并建造"自由"号 X 射线卫星，第一次发现天鹅 X–1 是黑洞的强 X 射线证据（8）。

金兹堡（Ginzburg，Vitaly Lazarevich，1916 ~ ）

苏联理论物理学家；发明苏联氢弹的 LiD 燃料，然后被开除出氢弹计划（6）；与朗道解释超导性起源（6，9）；发现第一个黑洞无毛证据（7）；提出宇宙射电波的同步辐射起源（9）。

格林斯坦（Greenstein Jesse，L.，1909 ~ ）

美国光学天文学家，茨维基的同事（5）；与惠普发现不可能［用传统观点］解释宇宙射电波（9）；激发了美国射电天文学研究的开端（9）；与施米特发现类星体（9）。

哈特尔（Hartle，James B.，1939 ~ ）

惠勒的学生；与贝肯斯坦证明不能通过黑洞外面的任何研究判别形成黑洞的材料的粒子类型（7）；与霍金发现黑洞视界演化定律（12）；与霍金正在探索量子引力定律（13）。

霍金（Hawking，Stephen W.，1942 ~ ）

英国理论物理学家，席艾玛的学生；完成了黑洞无毛证明的关键部分（7）；与巴丁和哈特尔发现黑洞力学四定律（黑洞演化定律）（12）；发现在忽略量子力学定律条件下黑洞表面积只能增加，在量子力学条件下黑洞会蒸发和收缩（12）；证明小黑洞能在大爆炸时产生；基于天文学家未发现黑洞蒸发所产生的 γ 射线的事实，与帕奇提出原生小黑洞的观测极限（12）；发展黑洞分析的整体。（拓扑学）方法（13）；与彭罗斯证明大爆炸包含奇点（13）；提出"良序猜想"，认为通过真空涨落在时间机器产生时将其破坏而保持时序（14）；与索恩就天鹅 X–1 是否为黑洞（8）和裸奇点能否在宇宙中形成打赌（13）。

伊斯雷尔（Israel，Werner，1931 ~ ）

生于南非，加拿大理论物理学家；证明每个非旋转黑洞一定是球形的，提出黑洞通过辐射"脱毛"的证据（7）；发现黑洞表面积只能增加，但未认识这一结果的意义（12）；

与彭罗斯和奥里证明黑洞奇点周围的潮汐力随黑洞年龄而减弱（13）；探索黑洞研究早期历史（3）。

克尔（Kerr, Roy, P., 1934 ~ ）
新西兰数学家；发现爱因斯坦场方程的旋转黑洞解："克尔解"（7）。

朗道（Landau, Lev Davidovich, 1908 ~ 1968）
苏联理论物理学家，诺贝尔奖获得者［1962］；30年代将西方理论物理学带回苏联（5，13）；将星体热量解释为星体物质被中心中子核所捕获的结果，从而激发奥本海默对中子星和黑洞的研究（5）；在斯大林大恐怖时期被捕，获释后提出超流体理论（5）；投身苏联核武器研究（6）。

拉普拉斯（Laplace, Pierre Simon, 1749 ~ 1827）
法国自然哲学家；提出并普及牛顿物理学定律下的暗星（黑洞）概念（3，6）。

洛伦兹（Lorentz, Hendrik Antoon, 1853 ~ 1928）
荷兰理论物理学家，诺贝尔奖获得者［1902］；为狭义相对论定律奠定基础，最重要的是洛伦兹—费兹杰拉德收缩和时间膨胀（1）；爱因斯坦创立广义相对论定律时的朋友和伙伴（2）。

麦克斯韦（Maxwell, James Clerk, 1831 ~ 1879）
英国理论物理学家，发展了电磁学定律（1）。

米歇尔（Michell, John, 1724 ~ 1793）
英国自然哲学家；提出并普及牛顿物理学定律下的暗星（黑洞）概念（3，6）。

迈克尔逊（Michelson, Albert Abraham, 1852 ~ 1931）
生于德国的美籍实验物理学家，诺贝尔奖获得者［1907］；发明干涉仪测量技术（1）；以那些技术发现光速独立于观测者在宇宙中的运动速度（1）。

闵可夫斯基（Minkowski, Hermann, 1864 ~ 1909）
德国理论物理学家，爱因斯坦的老师（1）；将空间和时间统一为时空（2）。

米斯纳（Misner, Charles W., 1932 ～ ）

美国理论物理学家，惠勒的学生；发明用嵌入图描绘坍缩恒星如何形成黑洞（6）；组织对黑洞研究"黄金年代"有重要贡献的一个研究小组（7）；发现在旋转黑洞附近传播的电磁波和其他波能从黑洞汲取旋转能并用来放大自己（12）；发现奇点附近潮汐引力的"搅拌"振荡（13）。

牛顿（Newton, Isaac, 1642 ～ 1727）

英国自然哲学家，创立牛顿物理学与绝对空间和绝对时间概念的基础（1）；创立牛顿引力定律（2）

诺维科夫（Novikov, Igor Dmitrievich, 1935 ～ ）

苏联理论物理学家和天体物理学家，泽尔多维奇的学生；与多罗什科维奇和泽尔多维奇发现黑洞无毛的某些重要原始证据（7）；与泽尔多维奇提出在银河系寻找黑洞的天文学方法，似乎最终获得成功（8）；与索恩提出黑洞周围的吸积结构理论（12）；与多罗什科维奇预言黑洞内部潮汐力随黑洞年龄而改变（13）；研究物理学定律是否允许时间机器（14）。

奥本海默（Oppenheimer, J. Robert, 1904 ～ 1967）

美国理论物理学家；30年代将理论物理从西欧带回美国（5）；与塞伯否定朗道关于恒星可能由中子核保持热量的结论，与沃尔科夫证明存在中子星极大质量（5）；与斯尼德用高度理想化模型说明大质量恒星在死亡时会坍缩形成黑洞并阐明坍缩的某些重要特征（6）；领导美国原子弹计划，一开始就反对氢弹计划，后来赞同，因此被认为对国家不忠（6）；与惠勒争论坍缩是否形成黑洞（6）。

彭罗斯（Penrose, Roger, 1931 ～ ）

英国数学家和理论物理学家，席艾玛的门生；猜测黑洞通过辐射失去毛（7）；发现旋转黑洞在视界外空间旋涡里贮藏大量可以汲取的能量（7）；提出黑洞显视界的概念（12，13）；发现黑洞表面积只能增大，但未认识这一结论的重要意义（12）；创立并发展黑洞分析的整体（拓扑学）方法（13）；证明黑洞一定含有奇点，与霍金证明大爆炸含有奇点（13）；提出物理学定律严禁在宇宙中形成裸奇点的宇宙监督猜想（13）。

普雷斯（Press, William H., 1948 ～ ）

美国理论物理和天体物理学家，索恩的学生；与特奥科尔斯基证明黑洞关于小扰动稳定（7，12）；发现黑洞脉动（7）；亲历黑洞研究黄金年代的结束（7）。

普赖斯（Price，Richard H.，1943 ~ ）
美国理论物理和天体物理学家，索恩的学生；确定地证明黑洞通过辐射失去毛，证明能被辐射的东西将被完全辐射（7）；看到黑洞脉动的证据，但未认识其意义（7）；与人提出黑洞的膜规范（11）；为索恩的时间机器研究担心（14）。

里斯（Rees，Martin，1942 ~ ）
英国天体物理学家，席艾玛的学生；提出模型解释黑洞从其伴星吸积气体的双星系特征（8）；提出射电星系巨射电叶能源来自通过星系核心的能量束，与布兰福德发展能量束具体模型（9）；与布兰福德等人用模型解释超大质量黑洞如何为射电星系、类星体和活动星系核提供能量（9）。

萨哈洛夫（Sakharov，Andrei Dmitrievich，1921 ~ 1989）
苏联理论物理学家；为苏联氢弹奠定重要思想基础（6）；泽尔多维奇的亲密朋友、伙伴和竞争对手（6，7）；后来成为著名异议人士，苏联开放后成为英雄。

史瓦西（Schwarzschild，Karl，1876 ~ 1916）
德国天体物理学家，发现爱因斯坦场方程的史瓦西解，描绘了非旋转静态或坍缩恒星的时空几何，也描绘了非旋转黑洞（3）；发现爱因斯坦场方程在常密度星体内部的解——爱因斯坦曾以此论证黑洞不能存在（3）。

席艾玛（Sciama，Dennis，1926 ~ ）
英国天体物理学家，英国黑洞研究者的导师（7，13）。

特奥科尔斯基（Teukolsky，Saul A.，1947 ~ ）
生于南非，美国理论物理学家，索恩的学生；提出并发展旋转黑洞的微扰分析方法，与普雷斯用此方法证明黑洞相对于微扰是稳定的（7，12）；与夏皮罗发现物理学定律可能允许在宇宙中形成裸奇点的证据（13）。

索恩（Thorne，Kip，1940 ~ ）
美国理论物理学家，惠勒的学生；提出黑洞能在坍缩恒星内形成的环猜想，并为它找到证据（7）；根据天体物理学资料估计引力波并提出探测引力波的思想和计划（10）；

与人发展黑洞的膜规范（11）；提出黑洞熵的统计学起源（12）；通过虫洞和时间机器的思想实验考察物理学定律（14）。

瓦尔德（Wald, Robert M., 1947 ~ ）
美国理论物理学家，惠勒的学生；发展并应用特奥科尔斯基的黑洞微扰分析方法（7）；与人发现电场在黑洞外的行为特征——成为膜规范的基础（11）；发展黑洞蒸发理论并用于黑洞熵的起源（12）；与格罗赫首次提出时间机器可能在形成时被毁灭（14）。

韦伯（Weber, Joseph, 1919 ~ ）
美国实验物理学家；发明世界第一台引力波探测器（"棒探测器"）并参与发明引力波干涉仪探测器（10）；公认的引力波探测之父。

惠勒（Wheeler, John Archibald, 1911 ~ ）
美国理论物理学家，美国黑洞与广义相对论其他方面众多研究者的导师（7）；与哈里森和若野提出冷死物质的状态方程和完整的冷死星编目表，从而巩固了大质量恒星死后一定形成黑洞的证据（5）；与玻尔提出核裂变理论（6）；领导设计美国第一颗氢弹的小组（6）；与奥本海默争论黑洞不能形成，后来成为黑洞的主要拥护者（6）；发明"黑洞"（6）和"黑洞无毛"（7）的名词；论证引力坍缩恒星的"最终状态问题"是认识广义相对论与量子力学结合的关键，在论证中预言了霍金黑洞能蒸发的发现（6，13）；发展量子引力的基础，最重要的是设想并发展量子泡沫的概念，现在我们猜测它是构成奇点的基元（13）；提出普朗克—惠勒长度和面积（12，13，14）。

泽尔多维奇（Ze1'dovich, Yakov Borisovich, 1914 ~ 1987）
苏联理论物理学家和天体物理学家，苏联天体物理学家的导师（7）；发展核的链式反应理论（5）：提出苏联原子弹和氢弹基础的关键思想，并领导一个原子弹设计小组（6）；与多罗什科维奇和诺维科夫早就发现黑洞无毛的证据（7）；提出几个寻找黑洞的天文学方法，其中之一似乎最后成功了（8）；独立于萨尔皮特提出超大质量黑洞是类星体和射电星系的能源（9）；猜想并与斯塔罗宾斯基证明，量子力学定律可能导致旋转黑洞辐射而失去旋转，但后来却反对霍金关于非旋转黑洞能辐射和蒸发的证明（12）。

茨维基（Zwicky, Fritz, 1898 ~ 1974）
生于瑞士，美籍理论物理学家、天体物理学家和光学天文学家；与巴德认定超新星是一类天体并提出它们的能源来自正常星变成中子星时所释放的能量（5）。

年表

关于事件、观点和发现的年表

1687	牛顿发表《原理》,[1] 建立绝对空间和时间概念、运动定律和引力定律。[1]
1783, 1795	米歇尔和拉普拉斯用牛顿的运动、引力和光的定律提出牛顿黑洞的概念。[3]
1864	麦克斯韦建立统一的电磁学定律。[1]
1887	迈克尔逊和莫雷以实验证明光速独立于地球在绝对空间中运动的速度。[1]
1905	爱因斯坦证明空间和时间是相对的,不是绝对的,创立狭义相对论。[1] 爱因斯坦证明电磁波在某些条件下表现粒子行为,从而启发了量子力学基础的波粒二象性概念。[4]
1907	爱因斯坦迈出广义相对论第一步,建立局部惯性系和等效原理,导出时间的引力膨胀。[2]
1908	闵可夫斯基将空间和时间统一为绝对的四维时空。[2]
1912	爱因斯坦发现时空是弯曲的,潮汐引力是曲率的外在表现。[2]
1915	爱因斯坦和希尔伯特独立建立爱因斯坦场方程(描写物质如何扭曲时空),从而完成广义相对论。[2]

1.即《自然哲学之数学原理》,商务印书馆曾出版郑太朴译本;1992年武汉出版社出版了新译本(王克迪译,袁江洋校)。——译者注

1916　　史瓦西发现爱因斯坦场方程的史瓦西解，后来证明它描写了非旋转无电荷的黑洞。[3]

弗拉姆发现，适当选择拓扑，史瓦西解能描写虫洞。[14]

1916，1918　雷斯纳和诺德斯特姆发现后来用以描写无旋转带电黑洞的爱因斯坦场方程解。[7]

1926　　爱丁顿诘难白矮星，攻击黑洞的实在性。[4]

薛定谔和海森伯在别人工作基础上完成量子力学的建立。[4]

福勒用量子力学定律发现白矮星之谜在于电子简并。[4]

1930　　钱德拉塞卡发现存在白矮星的极大质量。[4]

1932　　查德威克发现中子。[5]

央斯基发现宇宙射电波。[9]

1933　　朗道在苏联建立研究小组，传播西方理论物理。[5,13]

巴德和茨维基认证超新星，提出中子星概念，说明超新星能源来自星核形成中子星时的坍缩。[5]

1935　　钱德拉塞卡完善白矮星极大质量的证明，爱丁顿批评他的研究。[4]

1935～1939　苏联大恐怖。[5,6]

1937　　格林斯坦和惠普说明不能用已知天体物理学过程解释央斯基的宇宙射电波。[9]

朗道为逃脱入狱和死亡提出恒星热量的能源来自流向中心核的物质。[5]

1938　　朗道以德国间谍罪在莫斯科入狱。[5]

奥本海默和塞伯否定朗道的恒星中子核热源；奥本海默和沃尔科夫证明中子星存在最大质量。[5]

贝特和克里奇菲尔德证明太阳和恒星的热量来自核燃烧。[5]

1939　　濒临死亡的朗道出狱。[5]

爱因斯坦论证黑洞不能在真实宇宙中存在。[4]

奥本海默和斯尼德通过高度理想化计算证明坍缩恒星形成黑洞，（疑惑地）发现，在外面看来，坍缩在视界冻结，而从恒星表面看，并非如此。[6]

雷伯发现来自遥远星系的宇宙射电波，但他不知道所看到的是什么。[9]

玻尔和惠勒提出核裂变理论。[6]

哈里顿和泽尔多维奇提出核裂变的链式反应理论。[6]

德军侵占波兰，第二次世界大战爆发。

1942 美国在奥本海默领导下启动原子弹紧急计划。[6]

1943 苏联开始设计核反应堆和原子弹，水平较低；泽尔多维奇是主要理论家。[6]

1945 美国在广岛和长崎投放原子弹，第二次世界大战结束。
      苏联低水平超弹计划开始启动。[6]
      苏联启动原子弹紧急计划，泽尔多维奇是主要理论家。[6]

1946 弗里德曼和他的小组用缴获的德国V-2火箭发射第一台地球大气上空的天文学仪器。[8]
      英国和澳大利亚实验物理学家开始建造射电望远镜和射电干涉仪。[9]

1948 泽尔多维奇、萨哈洛夫、金兹堡等人在苏联开始设计超弹（氢弹）；金兹堡发明LiD燃料，萨哈洛夫提出"千层饼"设计。[6]

1949 苏联爆炸第一颗原子弹，平息了美国关于超弹紧急计划的争论。苏联直接实施超弹计划。[6]

1950 美国启动超弹紧急计划。[6]
      凯本海尔和金兹堡认识到宇宙射电波是宇宙线电子在星际磁场中的涡旋运动产生的。[9]
      亚历山大洛夫和皮苗诺夫将拓扑学工具引进弯曲时空的数学研究，但是结果不好。[13]

1951 特勒和乌拉姆在美国提出威力可以任意大的"真"超弹思想；惠勒在此基础上组队设计并在计算机上模拟。[6]
      史密斯为巴德提供1弧分误差区间的天鹅A射电源，巴德用光学望远镜发现天鹅A为一遥远星系——一个"射电星系"。[9]

1952 美国爆炸第一个氢弹装置，它质量太大，不可能以飞机或火箭装载，不过用的是特勒-乌拉姆的思想，并以惠勒小组的设计工作为基础。[6]

1953 惠勒开始研究广义相对论。[6]
      詹尼森和古普塔发现星系的射电波是它相对的两片巨叶产生的。[9]
      斯大林去世。[6]
      苏联在金兹堡和萨哈洛夫思想基础上爆炸第一颗氢弹。由于它的能量不能任意大，苏联科学家宣称它不是"真"超弹。[6]

1954 萨哈洛夫和泽尔多维奇提出"真"超弹的特勒-乌拉姆思想。[6]

美国在特勒－乌拉姆和萨哈洛夫－泽尔多维奇思想基础上爆炸第一颗真正的超弹。[6]

特勒在奥本海默忠贞调查听证会上提出不利证词，认为奥本海默危害国家安全。[6]

1955　苏联在特勒－乌拉姆和萨哈洛夫－泽尔多维奇思想基础上爆炸第一颗真正的超弹。[6]

惠勒提出引力真空涨落概念，认为涨落从普朗克－惠勒长度的尺度长大，在此尺度下时空被量子泡沫所取代。[12, 13, 14]

1957　惠勒、哈里森和若野提出冷死物质概念，为所有可能的冷死星编目。他们的编目充实了大质量恒星在死亡时必然坍缩成黑洞的结论。[5]

惠勒小组研究虫洞；里奇和惠勒提出虫洞小扰动的微扰分析方法；后来被用于黑洞微扰的研究。[7, 14]

惠勒提出星体坍缩的最终状态是研究的最终目标；反对奥本海默的最终状态必然藏在黑洞中的思想。[6, 13]

1958　芬克尔斯坦发现史瓦西几何的新参照系，解决了1939年的奥本海默－斯尼德悖论：为什么从外面看，坍缩恒星在临界周长冻结，而从里面看，坍缩会经过临界周长？[6]

1958~1960　惠勒逐渐接受黑洞概念，成为主要拥护者。[6]

1959　惠勒认为大挤压或黑洞中形成的时空奇点由量子引力决定，可能由量子泡沫构成。[13]

布尔比奇证明射电星系巨叶所包含的磁能和动能相当于1千万个太阳质量完全转化为纯能量。[9]

1960　韦伯开始建造引力波的棒探测器。[10]

克鲁斯卡证明，如果球形虫洞没有任何事物过，它将很快湮灭而不能通行。[14]

格瑞斯和布雷尔发现，爱因斯坦场方程的雷斯纳－诺德斯特勒姆解描写了球形荷电黑洞和虫洞。[7]他们的研究（错误地）认为，不可能从我们宇宙的黑洞内部通过超空间进入某个别的宇宙。[13]

1961　卡拉特尼科夫和栗弗席兹（错误地）论证爱因斯坦场方程不允许有随机形变曲率的奇点存在，从而认为在真实黑洞和宇宙大收缩中不能形成奇点。[13]

1961~1962　泽尔多维奇开始研究天体物理学和广义相对论，召集诺维科夫等人，建立自己的研究队伍。[6]

1962 索恩开始在惠勒指导下做研究，启发了后来的环猜想。[7]

　　　　贾柯尼和他的小组用装在地球上空探测火箭上的盖革计数器发现宇宙X射线。[8]

1963 克尔发现爱因斯坦场方程解。[7]

　　　　施米特、格林斯坦和桑达奇发现类星体。[9]

1964 黑洞理论研究的黄金时代开始。[7]

　　　　彭罗斯在相对论研究中引入拓扑学工具，证明所有黑洞内部必然存在着奇点。[13]

　　　　金兹堡以及多罗什克维奇、诺维科夫和泽尔多维奇发现黑洞无毛的第一个证据。[7]

　　　　美国的科尔盖特、麦和怀特，苏联的波杜利兹、伊姆舍尼克和纳杰任以原子弹设计的计算机语言来模拟实际的星体核坍缩；他们证实了1934年茨维基关于小质量坍缩形成中子星并触发超新星的猜想，也证实了1939年奥本海默–斯尼德关于大质量坍缩形成黑洞的结果。[6]

　　　　泽尔多维奇、古塞诺夫和萨尔皮特第一次提出在现实宇宙中寻找黑洞的方法。[8]

　　　　萨尔皮特和泽尔多维奇（正确地）猜想类星体和射电星系的能量来自超大质量黑洞。[9]

　　　　弗里德曼和他的小组用装在火箭上的盖革计数器发现天鹅X–1。[8]

1965 波耶以及林凯斯特、卡特和彭罗斯发现爱因斯坦场方程的克尔解描写了旋转黑洞。[7]

1966 泽尔多维奇和诺维科夫提出在X射线星和光学星构成的双星系中寻找黑洞，70年代获得成功（也许是的）。[8]

　　　　格罗赫证明只有当时间机器出现（或至少在瞬间出现）时，空间拓扑才可能发生非量子力学的改变。[14]

1967 惠勒为黑洞命名。[6]

　　　　伊斯雷尔严格证明第一个黑洞无毛猜想：非旋转黑洞一定是完全球形的。[7]

　　　　1968彭罗斯论证不可能从我们宇宙的黑洞内部通过超空间进入别的宇宙：70年代将有人证明他的论证是对的。[13]

　　　　卡特尔发现旋转黑洞周围空间旋涡的性质和它对下落粒子的影响。[7]

　　　　米斯纳与别林斯基、卡拉特尼科夫和栗弗席兹独立发现爱因斯坦场方程的"搅拌"振荡的奇点。[13]

1969　霍金和彭罗斯证明宇宙一定在大爆炸膨胀之初有过奇点。[13]

别林斯基（B）、卡拉特尼科夫（K）和栗弗席兹（L）发现爱因斯坦场方程的振荡的BKL奇点解；他们证明它的弯曲时空有随机形变，从而认为是在黑洞内部和大挤压时形成的一类奇点。[13]

彭罗斯发现旋转黑洞在周围空间的旋涡运动中贮藏着能量，这样的旋转能可以利用。[7]

彭罗斯提出物理定律严禁形成裸奇点的宇宙监督猜想。[13]

林登－贝尔提出巨黑洞存在于星系核并被吸积盘所包围。[9]

克里斯托多罗发现黑洞缓慢吸积物质时的演化与热力学定律间的相似性。[12]。

韦伯宣布引力波存在的证据（但那只是暂时的），激发许多实验家开始建造棒探测器，1975年会明白韦伯没有看到引力波。[10]

布拉金斯基发现引力波探测器的灵敏度存在一种量子力学极限。[10]

1970　巴丁证明气体的吸积可能使宇宙中的典型黑洞很快地旋转。[9]

普赖斯在彭罗斯、诺维科夫以及切斯、德拉克鲁兹和伊斯雷尔工作的基础上证明黑洞通过辐射"脱毛"，他还证明任何可能被辐射的东西都将辐射殆尽。[7]

霍金提出黑洞绝对视界的概念，证明其表面积总在增加。[12]

贾柯尼小组建成第一个卫星X射线探测器"自由"，并发射进入轨道。[8]

1971　X射线、射电波和光学观测证据的结合证明天鹅X-1是环绕一颗正常恒星的黑洞。[8]

MIT的外斯和休斯公司的福瓦德率先用干涉仪探测引力波。[10]

里斯提出射电星系的巨射电叶的能量来自星系核射出的喷流。[9]

汉尼和鲁菲尼提出黑洞表面电荷概念，成为膜规范的基础。[11]

普雷斯发现黑洞会脉动。[7]

泽尔多维奇猜测旋转黑洞会辐射，并与斯塔罗宾斯基用弯曲时空的量子场定律证明这个猜想。[12]

霍金提出"原生"小黑洞可能是在大爆炸中形成的。[12]

1972　卡特尔在霍金和伊斯雷尔研究的基础上证明无电荷旋转黑洞的无毛猜想（后来罗宾逊补充了一些技术细节）。他说明这类黑洞总可以用爱因斯坦方程的克尔解来描写。[7]

索恩提出环猜想作为黑洞能否形成的判据。[7]

贝肯斯坦推测黑洞的表面积表现为熵，而黑洞的熵是黑洞形成方式总数的对数。霍金坚决反对这一猜想。[12]

巴丁、卡特尔和霍金建立在形式上与热力学定律完全相同的黑洞演化定律，但仍然坚持视界表面积不可能表现为黑洞的熵。[12]

特奥科尔斯基发展描写旋转黑洞脉动的微扰方法。[7]

1973 普雷斯和特奥科尔斯基证明旋转黑洞的脉动是稳定的，不会因补充黑洞的旋转能而增强。[7]

1974 霍金证明一切旋转和不旋转的黑洞都表现出一个正比于表面引力的温度并因此而辐射，从而蒸发。然后，他改变了主张，赞成黑洞力学定律就是黑洞的热力学定律；他也同意了贝肯斯坦的猜想，黑洞表面积就是黑洞的熵。[12]

1974～1978 布兰福德、里斯和林登-贝尔提出星系核和类星体中超大质量黑洞产生喷流的几种方式。[9]

1975 巴丁和彼德森证明旋转黑洞周围的空间旋涡能像陀螺一样保持喷流方向。[9]

钱德拉塞卡为了建立完整的黑洞微扰的数学描述开始他5年的探索。[7]

昂鲁什和戴维斯推测，在黑洞视界上方的加速观测者会看到黑洞被热粒子大气所包围，这些粒子的逃逸即说明了黑洞的蒸发。[12]

帕奇计算了黑洞辐射的粒子谱。霍金和帕奇通过宇宙 γ 射线的观测数据推测，每立方光年的空间中正在蒸发的原生小黑洞不会超过300个。[12]

一群年轻的研究者宣告黑洞理论研究的黄金年代结束。[7]

1977 吉本斯和霍金证明贝肯斯坦的猜想：黑洞的熵是其可能形成方式总数的对数。[12]

射电天文学家用干涉仪发现从星系中心黑洞汲取能量输入巨射电叶的喷流。[9]

布兰福德和茨纳耶克证明，穿过黑洞视界的磁场能汲取黑洞的旋转能，并为类星体和射电星系提供能源。[9]

茨纳耶克和达莫尔提出黑洞视界的膜描述方法。[11]

布拉金斯基和同事，凯维斯、索恩和同事为克服引力波探测棒的量子极限设计量子无破坏传感器。[10]

1978	贾柯尼小组完成第一台高分辨率X射线望远镜"爱因斯坦"的建造，并发射送入轨道。[8]
1979	汤尼斯等人发现银河系存在300万个太阳质量黑洞的证据。[9]
	德雷维尔在加州理工学院启动干涉仪引力波探测计划。[10]
1982	邦汀和马祖尔证明带电旋转黑洞的无毛猜想。[7]
1983～1988	芬尼等人在黑洞基础上建立综合模型解释类星体和射电星系所有细节。[9]
1984	国家科学基金会强令加州理工学院和麻省理工学院的两个引力波探测计划合并，促成LIGO计划。[10]
	雷德蒙特（在伊尔德莱研究基础上）证明落进球状空虫洞的辐射将达到高能并加速虫洞的湮灭。[14]
1985～1993	索恩、莫里斯、尤尔泽维尔、弗里德曼、诺维科夫等人提出物理学定律是否允许虫洞旅行和时间机器问题。[14]
1987	伏格特领导LIGO计划，开始大步向前。[10]
1990	金成旺和索恩证明，不论什么方法做时间机器，总会有一束强真空涨落在它产生的瞬间穿过去。[14]
1991	霍金提出维护时序的良序猜想（物理学定律严禁时间机器），认为时间机器会在产生的瞬间被通过它的强大真空涨落束所毁灭。[14]
	伊斯雷尔、泊松和奥里在多罗什克维奇和诺维科夫工作的基础上证明黑洞内的奇点会"变老"；奥里证明当黑洞老而宁静时，落进的物体不会因奇点的潮汐引力而产生严重形变，除非它们到了黑洞的量子引力中心。[13]
	夏皮罗和特奥尔斯基在超级计算机模拟中发现宇宙监督猜想可能是错误的：裸奇点有可能在非球形星体坍缩中产生。[13]
1993	赫尔塞和泰勒因通过双脉冲星测量证明引力波存在而获诺贝尔奖。[10]

名词

定义和术语

A

[absolute] 绝对：
独立于任何参照系；每个参照系都观测到相同结果。
-

[absolute horizon] 绝对视界：
黑洞表面，见**视界**。

[absolute space] 绝对空间：
牛顿关于我们生活的三维空间的概念，例如绝对静止和绝对长度，即物体长度与测量它的参照系的运动状态无关。

[absolute time] 绝对时间：
牛顿的时间概念，认为时间是普适的，即事件的同时性是惟一的、普遍一致的；两个事件的时间间隔是惟一的、普遍一致的。

[accelerated observer] 加速观测者：
非自由下落的观测者。
-

[accretion disk] 吸积盘：
包围黑洞或中子星的气体盘。盘内的摩擦力使气体逐渐螺旋下落，被吸积到黑洞或星体。
-

[adiabatic index] 绝热指数：
同**压缩阻抗**。

[aether] 以太：
一种假想介质。照 19 世纪的思想，它在电磁波经过时发生振荡，正是由于它的振荡，波动才表现出来。一般认为以太在绝对空间中静止。

[angular momentum] 角动量：
物体的旋转的度量。在本书里常以**旋转**来代替"角动量"。
-

[antimatter] 反物质：
一种物质形式，寻常物质的"对头"。寻常物质的每一类粒子（如电子、质子、中子）几乎总是对应着一种反物质的反粒子（正电子、反质子、反中子）。物质粒子与对应反物质的反粒子相遇时，会彼此湮灭。

[apparent horizon] 显视界：
光子逃出黑洞所遇到的最后引力屏障。当黑洞宁静不变时，显视界与（绝对）**视界**相同。
-

[astronomer] 天文学家：
特指用望远镜观测宇宙天体的科学家。

[astrophysicist] 天体物理学家：
特指以物理定律认识宇宙天体行为的物理学家（通常是理论物理学家）。

[astrophysics] 天体物理学：
关于宇宙天体和它们的物理学定律的物理学分支。
-

[atom] 原子：
物质的基本构成要素。每个原子由带正电的核和周围带负电的电子云构成。电力将电子云束缚在核周围。
-

[atomic bomb] 原子弹：
通过铀 -235 或钚 -239 核裂变链式反应提供爆炸能量的炸弹。

[band] 频带：
频率范围。

B

-

[bandwidth] 带宽：
仪器所能探测的频率范围。

[bar detector] 棒探测器：
一种引力波探测器，以传感器监测因波对巨大金属棒的挤压和拉伸而产生的振荡。

[beam splitter] 分光镜：
一种仪器，用以将一束光分裂为沿不同方向运动的两部分，或者将来自不同方向的光合成为一束。

[big bang] 大爆炸：
宇宙开始的爆炸。

-

[big crunch] 大爆缩或大挤压：
宇宙坍缩的终极阶段（假定宇宙最终真会再发生坍缩；我们不知道是否会这样）。

-

[binary system] 双星系：
两个相互围绕作轨道运动的天体，天体可以是恒星或者黑洞，也可以是一颗恒星和一个黑洞。

-

[BKL singularity BKL] 奇点：
周围潮汐引力在时间和空间上随机振荡的奇点。这类奇点可能在黑洞中心或宇宙大爆缩中形成。

-

[black hole] 黑洞：
（恒星坍缩形成的）天体，事物可以落进去，但不能逃出来。

-

[black-hole binary] 双黑洞系：
两个黑洞构成的双星系。

-

[Blandford-Znajek process] 布兰福德－茨纳耶克过程：
穿过黑洞的磁场从旋转黑洞汲取旋转能量的过程。

-

[boosted atomic bomb] 增强原子弹：
通过一层或多层聚变燃料增大爆炸威力的原子弹。

[chain reaction] 链式反应：
原子核的系列裂变反应：一次裂变产生的中子触发新的裂变，新裂变中子又触发下一次裂变，等等。

-

[Chandrasekhar limit] 钱德拉塞卡极限：
白矮星所能具有的最大质量。

-

[chronology protection conjecture] 良序猜想或时序保护猜想：
霍金关于物理学定律不允许时间机器破坏时间次序的猜想。

-

[classical] 经典的：
非量子力学的；服从宏观物体的物理学定律的。

-

[cold，dead matter] 冷死物质：
所有核反应都完成了的冷物质，耗尽了物质中所有可以利用的核能。

-

[collapsed star] 坍缩星：
20 世纪 60 年代西方对黑洞的称呼。

-

[conservation law] 守恒定律：
关于某个特征量永远不会改变的物理学定律。例如质量和能量（通过爱因斯坦的 $E=mc^2$ 统一为一个量）守恒，总电荷守恒和角动量（旋转的总量）守恒。

-

[corpuscle] 微粒：
17 和 18 世纪对光粒子的称呼。

-

[cosmic censorship conjecture] 宇宙监督猜想：
关于物理定律不允许物体坍缩时形成裸奇点的猜想。

-

[cosmic ray] 宇宙线：
从空间打在地球上的物质或反物质的粒子。有些宇宙线是太阳产生的，但多数也许是从银河系的遥远区域，在超新星喷射到星际空间的热气体云中产生的。

-

[cosmic string] 宇宙弦：
一种假想的由空间卷曲产生的一维弦状物体。弦没有端点（它要么像橡皮圈那样自我闭合，要么无限延伸），其空间卷曲使周围的圆的周长除以直径略小于 π。

-

[critical circumference] 临界周长：
黑洞视界的周长。在此周长以内的物体一定会收缩而形成包围自己的黑洞。临界周长的值是以太阳质量为单位的黑洞或物体质量乘以 18.5 千米。

-

[curvature of space or spacetime] 空间和时空的曲率：
空间和时空的一种性质，它偏离欧几里得和闵可夫斯基几何，就是说，它能使平行的直线相交。

[Cyg A]，

-

即 Cygnus A 天鹅 A

-

射电星系，看起来像两个在碰撞的星系（实际上是一个）。这是第一个得到认证的射电星系。

-

[Cyg X-11]，
即 Cygnus X-11 天鹅 X-1

-

银河系中的一个大质量天体，可能是一个黑洞。从地球看，落向它的热气体发射出 X 射线。

D

[dark star] 暗星：
18 世纪末和 19 世纪初用来描述我们现在所说黑洞的名词。

-

[degeneracy pressure] 简并压力：
高密度物质内部由波粒二象性导致的电子或中子的无规则高速运动所产生的压力，物质冷却到绝对零度时，这种压力仍然很强。

-

[deuterium nuclei 或 deuterons] 氘核：
一个质子和一个中子在核力束缚下构成的原子核；因氘原子的化学性质与氢相同，所以又叫"重氢"。

-

[differential equation] 微分方程：
关于函数及其变化率，或者说，关于函数及其"导数"的方程。"解微分方程"的意思是，"根据微分方程计算函数本身"。

-

[Doppler shift] 多普勒频移：
波源向着接收者运动时，波向高频（短波高能）移动；波源背离接收者运动时，波向低频（长波低能）移动。

E

[electric charge] 电荷：
物质或粒子产生并感受电力的一种属性。

-

[electric field] 电场：
电荷周围的力场，吸引或排斥其他电荷。

-

[electric field lines] 电力线或电场线：
指示电场作用于电荷的力的方向。电力（场）线类似于磁力线。

-

[electromagnetic waves 电磁波：
电力和磁力的波，包括波长不同的无线电波、微波、红外辐射、可见光、紫外辐射、X 射线和 γ 射线。

[electron 电子：
物质基本粒子，带负电荷，遍布原子外层区域。

-

[electron degeneracy 电子简并：
电子在高密度下因量子力学波粒二象性而表现的高速无规则运动行为。

-

[elementary particle 基本粒子：
物质或反物质的亚原子粒子。其中包括电子、质子、中子、正电子、反质子和反中子。

-

[embedding diagram 嵌入图：
为形象表现二维曲面曲率而将它嵌入平直三维空间的一种图。

-

[entropy 熵：
大量原子、分子或其他粒子集合的随机性的度量，等于在不改变其宏观表现的条件下粒子分布方式总数的对数。

-

[equation of state 物态方程：
物质压力（或压缩阻抗）对密度的依赖关系。

-

[equivalence principle 或 principle of equivalence 等效原理：
在有引力的局部惯系参照系中，物理学定律应与在没有引力的惯性参照系中具有相同形式。

-

[error box 误差区间：
观测确定的某一特定恒星或天体在空间所处的范围。观测的不确定性（误差）越大，这个区间就越大。

-

[escape velocity 逃逸速度：
为了摆脱物体的引力作用，从这个引力体表面发射的物体所必须具有的速度。

-

[event 事件：
时空中的一点，即特定时刻的一个空间位置。也可以说是发生在时空某一点的事物，如鞭炮爆炸。

-

[exotic material 奇异物：
以近光速经过它的某个观测者所测得的能量密度是负的。

F

[field 场]：
连续光滑分布于空间的事物。如电场、磁场、时空曲率和引力波。

[fission，nuclear] 核裂变：
大原子核分裂为几个较小的核。铀核或钚核的裂变是原子弹爆炸的能源，裂变也是核反应堆的能源。

[freely falling object] 自由落体：
除引力外不受其他力作用的物体。

[free particle] 自由粒子：
不受力作用的粒子，即只在自身惯性影响下运动的粒子。引力出现时，指除引力外不受其他力作用的粒子。

[frequency] 频率：
波的振荡速率，即每秒钟的振荡次数。

[frozen star] 冻星：
20 世纪 60 年代苏联对黑洞的称呼。

[function] 函数：
说明一个量如何依赖于其他量的数学表述形式，如黑洞视界的周长与黑洞质量的依赖关系是 $C=4\pi GM/c^2$，这里 C 为周长，M 为质量，G 是牛顿引力常数，c 是光速。

[nuclear fusion] 核聚变：
两个小原子核形成一个较大的核。太阳的热量和氢弹的动力都来自氢、氘和氚核聚变形成氦核。

G

[galaxy] 星系：
围绕某个共同中心的 10 亿到 1 万亿颗恒星的集合。星系的典型大小是 100000 光年。

[gamma rays] γ 射线：
极短波长的电磁波。参见图 P.2。

[Geiger counter] 盖革计数器：
德国物理学家盖革（Geiger，Hans Wilhelm）1913 年发明的一种探测 X 射线的简单仪器，也叫"正比计数器"。

[general relativity] 广义相对论：
爱因斯坦将引力描写为时空曲率的物理学定律。

[geodesic] 测地线：
弯曲空间或弯曲时空中的直线，也叫短程线。在地球表面，测地线就是大圆。

[gigantic black hole] 巨黑洞：
比 100 万或更多太阳质量还重的黑洞，如我们认为处在星系和类星体中心的黑洞。

[global methods] 整体方法：
以拓扑学与几何学的结合为基础的分析时空结构的数学方法。

[gravitational cutoff] 引力隔绝：
奥本海默用来描述包围坍缩恒星的黑洞的形成的名词。

[gravitational lens] 引力透镜：
黑洞、星系等引力体通过偏转来自遥远光源的光线而使其聚焦的作用。参见光线偏折。

[gravitational redshift of light] 光的引力红移：
光线离开引力场时波长被拉长（颜色变红）。

[gravitational time dilation] 引力时间膨胀：
引力源附近时间流变慢。

[gravitational wave] 引力波：
以光速传播的时空曲率波。

[graviton] 引力子：
根据波粒二象性与引力波相联系的粒子。

[gyroscope] 陀螺：
能长时间稳定旋转轴向的快速旋转体。

H

["hair"] 毛：
黑洞将通过辐射失去的一切性质，例如磁场和
视界面上的隆起。

[hoop conjecture] 环猜想：
索恩提出的猜想：当且仅当物体被压缩到能在
任何方向套进临界周长的环时，它才能形成黑
洞。

[horizon] 视界：
黑洞表面，没有东西能离开它返回。也叫**绝对
视界**，以区别于**显视界**。
-

[hydrogen bomb] 氢弹：
爆炸能量来自氢、氘、氚核形成氦核的聚变的
核弹。参见超弹。

[hyperspace] 超空间：
一种假想的平直空间，我们想象宇宙的弯曲空
间碎片就嵌在其中。

I

[implosion] 坍缩：
星体在自身引力作用下的高速收缩。
-

[inertia] 惯性：
物体对作用于它的力的加速的抵制作用。
-

[inertial reference frame] 惯性参照系：
既不转动也无外力作用的参照系，它只在自身
惯性作用下运动。参见**局部惯性参照系**。
-

[infrared radiation] 红外辐射：
波长比可见光略长的电磁波。见图 P.2。
-

[interference] 干涉：
两波的线性叠加表现。两波峰谷同步时，干涉
使波增强（相长干涉或结构干涉）；峰谷相反时，
干涉使波减弱（相消干涉或破坏性干涉）。
-

[interferometer] 干涉仪：
以波的干涉为基础的仪器。见**射电干涉仪**和**干
涉仪探测器**。

[interferometric detector] 干涉仪探测器：
一种引力波探测器。利用激光束的干涉来监测
引力波潮汐力产生的悬挂物体的运动。也叫干
涉仪。

[interferometry] 干涉测量法：
多个波的干涉过程。
-

[intergalactic space] 星系际空间：
星系间的空间。
-

[interstellar space] 星际空间：
银河系里恒星间的空间。
-

[inverse square law of gravity] 引力的平
方反比定律：
牛顿的引力定律。宇宙中任何一对物体间都存
在使它们彼此靠近的吸引力，它正比于物体质
量的积而反比于物体间距离的平方。
-

[ion] 离子：
失去部分轨道电子从而带正电荷的原子。

[ionized gas] 电离气体：
大部分组成原子失去轨道电子的气体。

J

[jet] 喷流：
从射电星系或类星体中心喷向遥远射电叶的高
能气流。

L

[laws of physics] 物理学定律：
通过逻辑和数学运算能导出宇宙行为的基本原
理。
-

[length contraction] 长度收缩：
经过观测者的物体在运动方向上发生的长度

收缩。

[light] 光：
人眼能见的电磁波。见图 P.2。

[light deflection] 光偏转：
光或其他电磁波经过太阳或其他引力体时，由于物体周围的时空曲率而发生的传播方向的偏转。

[LIGO]：
引力波的激光干涉仪观测（The Laser Interferometer Gravitational-Wave Observatory）。

[linear] 线性：
通过简单加法而合成的性质。

[lobe] 叶：
星系或类星体外的巨大射电气体云。

[local inertial reference frame] 局部惯性参照系：
除引力外不受其他力作用的参照系，在引力作用下自由下落，而且小到可以忽略内部的潮汐引力的速度。

M

[magnetic field] 磁场：
产生磁力的场。

[magnetic field lines] 磁力线：
现在称磁感应线。指示磁场方向（即磁场中的罗盘指针的方向）的线。在磁棒上面放一张纸，在纸上洒些铁粉，就能显现磁棒的力线。

[mass] 质量：
物体的物质的量度。（物体惯性正比于质量，爱因斯坦证明质量实际上是能量的紧致形式。）在物体的惯性很重要时，"质量"也用来指"质量形成的物体"。

[Maxwell's laws of electromagnetism] 麦克斯韦电磁学定律：
J. C. 麦克斯韦统一所有电磁现象的一组定律。根据这些定律，可以用数学方法导出电、磁和电磁波的行为。

[metaprinciple] 形而上原理：
一切物理学定律都应服从的原理。例如，相对性原理。

[microsecond] 微秒：
百万分之一秒。

[microwaves] 微波：
波长比无线电波略短的电磁波；见图 P.2。

[Milky Way] 银河：
我们所在的星系。

[mixmaster singularity] 搅拌式奇点：
在这种奇点附近，潮汐引力随时间混沌地振荡，但在空间上不一定变化。参见 BKL 奇点。

[molecule] 分子：
几个共享电子的原子结合而成的实体。例如，水分子就是由两个氢原子和一个氧原子构成的。

[mouth] 洞口：
虫洞的出入口，在虫洞的两端。

N

[naked singularity] 裸奇点：
不在黑洞内的奇点（即不被黑洞视界包围），因而外面的人可以看到并研究它。参见宇宙监督猜想。

[National Science Foundation（NSF）] 国家科学基金会：
美国政府负责资助基础科学研究的办事机构。

[natural philosopher] 自然哲学家：
17、18 和 19 世纪广泛使用的对我们现在所说的科学家的称呼。

[nebula] 星云：
星际空间中明亮的发光气体云。20 世纪 30 年代以前，星系曾被普遍误认为星云。

[neutrino] 中微子：
一种类似于光子的极轻粒子，但几乎不与物质发生作用。例如，太阳中心产生的中微子几乎不会被吸收和散射而从太阳周围的物质中飞出来。

-

[neutron] 中子：
一种亚原子。中子和质子由核力束缚在一起形成原子核。

-

[neutron core] 中子核：
奥本海默为中子星取的名字。也指正常恒星中心的中子星。

-

[neutron star] 中子星：
一种约一个太阳质量但周长只有50到1000千米的星体，由紧密堆积的中子在引力作用下形成。

-

[new quantum mechanics] 新量子力学：
1926年建立的量子力学定律的最终形式。

-

[Newtonian laws of physics] 牛顿物理学定律：
在牛顿绝对空间和时间概念基础上建立的物理学定律，是19世纪宇宙思想的核心。

-

[Newton's law of gravity] 牛顿的引力定律：
见引力的平方反比定律。

-

[no-hair conjecture] 无毛猜想：
20世纪60和70年代提出（70和80年代证明）的一个猜想：黑洞的一切性质由它的质量、电荷和旋转惟一决定。

-

[nonlinear] 非线性：
不能通过简单加法而由更复杂的方式相结合的性质。

-

[nova] 新星：
老恒星突然的光爆发，现在知道它由恒星外层核爆炸引起。

-

[nuclear burning] 核燃烧：
恒星热量和氢弹的能量来源的核聚合反应。

-

[nuclear force] 核力：
也叫"强相互作用"。质子与质子、质子与中子和中子与中子之间的力，将它们约束在一起形成原子核。粒子相互远离时，核力是吸引力；粒子靠近时，它是排斥力。核力对中子星中心附近的压力有重大影响。

-

[nuclear reaction] 核反应：
几个原子核结合成一个更大的核（聚变）或较大的一个核分裂为几个更小的核（裂变）。

-

[nuclear reactor] 核反应堆：
用以进行核裂变链式反应的设施，产生能量或钚，有时也用来发电。

-

[nucleon] 核子：
中子或质子。

-

[atomic nucleus] 原子核：
原子的致密核心。原子核由中子和质子在核力约束下构成，带正电。

O

[Observer] 观察者：
进行测量的（通常是假想的）人。

-

[old quantum mechanics] 旧量子力学：
20世纪头一二十年发展起来的量子力学早期形式。

-

[optical astronomer] 光学天文学家：
利用可见光（人眼能见的光）观测宇宙的天文学家。

-

[orbital period] 轨道周期：
物体沿轨道绕另一物体完成一周所用的时间。

P

[paradigm] 规范或范式：
科学家群体研究某一问题并在彼此间交流研究结果所采用的一系列工具和方法。

-

[particle] 粒子：
小实体，构成物质的要素（如电子、质子、光子和引力子）。

-

[perihelion] 近日点：
行星轨道距太阳最近的那一点。

-

[perihelion shift of mercury] 水星近日点移动：
水星椭圆轨道不能完全自我封闭，结果表现为水星每次经过近日点时，它都略有移动。

-

[perturbation] 扰动：
物体或它周围的弯曲时空（离开正常形态）的微小扭曲变形。

[perturbation methods] 微扰法：
用以分析物体（如黑洞）小扰动行为的数学方法。
-

[photon] 光子：
光或其他类型电磁波（无线电波、微波、红外、紫外、X 射线、γ 射线）的粒子；根据波粒二象性，这种粒子即是与电磁波相关联的粒子。
-

[piezoelectric crystal] 压电性晶体：
在压缩或拉伸时产生电压的晶体。

[Planck's constant] 普朗克常数：
记为 $\hbar$，量子力学定律基本常数；光子的能量与其角频率（即 2π 乘以频率）之比，1.055×10^{-27} 尔格·秒。

[Planck-Wheeler length，area，time] 普朗克-惠勒长度、面积、时间：
与量子引力相关的量。普朗克-惠勒长度，$\sqrt{G\hbar/c^3} = 1.62 \times 10^{-33}$ 厘米，据我们所知，在这一长度尺度下，空间不再存在，而成为量子泡沫。普朗克-惠勒时间（$1/c$ 乘以普朗克-惠勒长度，约 10^{-43} 秒）是可能存在的最短时间间隔；如果两个事件间隔更小，则不能分辨其先后次序。普朗克-惠勒面积（普朗克-惠勒长度的平方，即 2.61×10^{-66} 平方厘米）在黑洞的熵中起着关键作用。在以上公式中，$G = 6.670 \times 10^{-8}$ 达因·厘米^2／克^2 是牛顿引力常数，$\hbar = 1.055 \times 10^{-27}$ 尔格秒是普朗克量子力学常数，$c = 2.998 \times 10^{10}$ 厘米／秒是光速。
-

[plasma] 等离子体：
电离的热导电气体。
-

[plutonium-239 钚 -239]：
一类特殊的钚原子核，包括 239 个核子（94 个质子，145 个中子）。
-

[polarization] 极化：
电磁波和引力波由在不同方向振荡的两个分量构成，这两个分量即被称为波的两个极化。

[polarized body] 极化体：
正负电荷分别聚集在不同区域的物体。

[polarized light；polarized gravitational waves] 极化光；极化引力波：
一种极化完全不出现（消失了）的光波或引力波。
-

[postdoc] 博士后：
博士后研究者。刚获博士学位者继续在更高级的研究者指导下从事科研训练。
-

[pressure] 压力：
物质受压时产生的向外的力的总和。
-

[Price's theorem] 普赖斯定理：
所有能转化为辐射的黑洞性质都将转化为辐射，而且终将被完全辐射，从而黑洞成为"无毛"的。

[primordial black hole] 原生黑洞：
在大爆炸中产生的质量通常远远小于太阳的黑洞。

[principle of absoluteness of the speed of light] 光速的绝对性原理：
爱因斯坦在狭义相对论中提出的一个原理：光速为一普适常数，在所有方向和每个惯性系中都是一样的，与参照系的运动无关。

[principle of equivalence] 等效原理：
在引力作用下的局部惯性参照系中的所有物理学定律都应该与它们在没有引力的惯性参照系中一样。

[principle of relativity] 相对性原理：
爱因斯坦在狭义相对论中提出的一个原理：物理学定律不能区分不同的惯性参照系；就是说，它们在每一个惯性参照系中应该有一样的形式。引力出现时，局部惯性参照系起着原理中惯性参照系的作用。
-

[pulsar] 脉冲星：
发出辐射束（射电波，有时也有光和 X 射线）的磁化的旋转中子星。星体旋转时，辐射束像旋转的聚光灯束那样扫过地球，每扫过一次，天文学家就收到一个辐射脉冲。
-

[pulsation] 脉动：
物体（如黑洞、星体或铃铛）的振动或振荡。

Q

[quantum field] 量子场：
量子力学定律所决定的场。以足够的精度测量时，所有场都表现为量子场；但在一般测量精

度下，它们可能表现出经典行为（即不表现波粒二象性和真空涨落）。

-

the laws of quantum fields in curved spacetime 弯曲时空的量子场定律

广义相对论（弯曲时空）与量子场定律的部分结合，其中引力波和非引力场作为量子力学的，而它们所在的弯曲时空还是经典的。

[quantum foam] 量子泡沫：
一种概率的泡沫或空间结构，可能构成奇点中心，也可能在普朗克 - 惠勒长度或更小尺度下出现在普通空间。

[quantum gravity] 量子引力：
结合广义相对论与量子力学而得到的物理学定律。

[quantum mechanics] 量子力学：
主宰微观领域（分子、原子、电子、质子）的物理学定律，也是宏观领域的基础，但很少表现出来。量子力学预言的现象，**有测不准原理、波粒二象性和真空涨落**等。

[quantum nondemolition] 量子无破坏：
克服标准量子极限的一种测量方法。

-

[quantum theory] 量子理论：
同**量子力学**。

-

[quasar] 类星体：
遥远宇宙中的致密高光亮天体，可能是巨黑洞的能源。

R

[radiation] 辐射：
任何形式的高速粒子或波。

-

[radio astronomer] 射电天文学家：
根据射电波研究宇宙的天文学家。

[radio galaxy] 射电星系：
发射强大电波的星系。

[radio interferometer] 射电干涉仪：
由几个射电望远镜连结而构成的实验设施，作用像一个特大的射电望远镜。

-

[radio source] 射电源：
发射电波的任意天体。

[radio telescope] 射电望远镜：
通过电波观测宇宙的望远镜。

-

[radio waves] 无线电波：
低频电磁波，人类用来传播广播信号，天文学家用以研究遥远天体。见图 P.2。

[redshift] 红移：
电磁波向波长更长，即颜色"更红"的波转移。

-

[reference frame] 参照系：
一个（可能是假想的）在宇宙中以某种方式运动的进行物理学测量的实验室。

-

[relative] 相对：
对参照系的依赖；在宇宙中不同运动方式的参照系的测量不同。

[resistance to compression] 压缩阻抗或阻抗（resistence）：
也叫**绝热指数**。物质内部密度增加 1 个百分点所对应的压力增加的百分点。

[rigor; rigorous] 严格：
高度的精确性和可靠性（用于数学计算和论证）。

-

[rotational energy] 旋转能：
与黑洞或恒星或其他物体的旋转相关联的能量。

S

[Schwarzschild geometry] 史瓦西几何：
非旋转球状黑洞内部和周围的时空几何。

[Schwarzschild singularity] 史瓦西奇点：
在 1916 到约 1958 年间用来称我们今天所说的黑洞。

[Sco X-1]：
即 Scorpius X-1 天蝎 X-1 天空中最亮的 X 射线星。

-

[second law of thermodynamics] 热力学第二定律：

熵永不减少而几乎总是增加。

-

[sensitivity] 灵敏度：
某仪器所能测量的最弱信号，即仪器测量信号的能力。

-

[sensor] 传感器：
监测棒的振动或物质运动的仪器。

-

[shocked gas] 受激气体：
在激波前沿被加热和压缩的气体。

-

[shock front] 激波前沿：
气流中气体密度和温度突然剧烈跃升的地方。

-

[simultaneity breakdown] 同时性的丧失：
在一个参照系中测量为同时的事件在另一个参照系看来是不同时的。

-

[singularity] 奇点：
广义相对论破灭而量子引力发生作用的曲率极大的时空区域。如果只用广义相对论来描写奇点，我们会（错误地）看到，那里的引力和时空曲率是无限大的。量子引力可能会以量子泡沫来取代这些无限。

-

[Sirius B] 天狼 B：
天狼星的白矮星伴星。

-

[spacetime] 时空：
空间和时间的四维统一"结构"。

-

[spacetime curvature] 时空曲率：
原先沿平行世界线运动的自由下落粒子将因这种时空特性而靠拢或分离。时空曲率与潮汐引力是同一事物的不同名称。

-

[spacetime diagram] 时空图：
以时间为纵坐标、空间为横坐标的图。

-

[special relativity] 狭义相对论：
爱因斯坦在无引力条件下创立的一组物理学定律。

-

[spectral lines] 光谱线：
某光源所发的光在光谱上表现的鲜明特征。这些特征源于特定原子或分子强烈发射特定波长的波。

-

[spectrograph] 摄谱仪：
一种复杂的棱镜，用以分解不同颜色（波长）的光从而测量其光谱。

-

[spectrum] 光谱：
电磁波存在的波长或频率范围，从极低频的无线电波到光到极高频的 γ 射线。见图 P.2。也可以表现为光作为频率（或波长）的函数的分布图像，这可以让光通过棱镜而得到。

-

[spin 或 rotation] 旋转：
见角动量。

-

[stability] 稳定性：
关于物体是否稳定的问题。参见**不稳定**。

-

[standard quantum limit] 标准量子极限：
测不准原理产生的标准测量方法的确定性极限；可以通过量子无破坏方法来克服。

-

[stroboscopic measurement] 频闪测量：
一种特殊的量子无破坏测量方法，即对振荡棒做一系列快速测量，每次测量间隔一个振动周期。

-

[structure of a star] 星体结构：
星体压力、密度、温度和引力随到中心距离的变化情况。

-

[superbomb] 超弹：
能产生任意大爆炸的氢弹。

-

[superconductor] 超导：
无任何电阻的理想导电材料。

-

[supermassive star] 超大质量恒星：
比 10 000 个太阳还重的假想恒星。

-

[supernova] 超新星：
死星的巨大爆发。星体外层爆发的能量来自内核坍缩成中子星时的能量释放。

-

[surface gravity] 表面引力：
粗略地讲，即正好静止在黑洞视界上方的观测者所感受的引力作用的强度。（更准确说，是那个引力乘以观测者所在位置的引力时间膨胀。）

-

[synchrotron radiation] 同步辐射：
绕磁力线螺旋运动的高速电子发射的电磁波。

T

[thermal pressure] 热压力：
原子、分子或其他粒子的随机热运动产生的压力。

[thermodynamics] 热力学：
关于大量原子、分子及其热量的随机统计行为的一套物理学定律。

[thermonuclear reactions] 热核反应：
热导致的核反应。

[tidal gravity] 潮汐引力：
在不同方向拉伸或压缩物体的引力加速度。月亮和太阳的潮汐引力在地球上引起海洋潮汐。

[time dilation] 时间膨胀：
时间流（因引力作用）变慢的效应。

[time machine] 时间机器：
回到过去的旅行设计，用物理学术语，即"闭合类时曲线"。

[topology] 拓扑：
研究物体相互连结或自我连结的定性方式的数学分支。例如，球（无洞）与圈（有一个洞）具有不同的拓扑。

[tritium] 氚：
即超重氢，由1个质子和2个中子在核力束缚下形成的原子核。

U

[ultraviolet radiation] 紫外辐射：
波长比光略短的电磁辐射，见图 P.2。

[uncertainty principie] 测不准原理：
量子力学基本定律之一。如果以很高的精度测量物体的位置或场的强度，则这样的测量必然会对物体的速度或场的变化率产生不可预料的干扰。

[universe] 宇宙：
与空间所有其他区域分离的一个空间区域，就像一个岛屿同别的陆地分离一样。也指我们所在的宇宙。

[unstable] 不稳定：
物体受轻微扰动时，扰动会增大，从而巨大地改变物体状态，甚至破坏它。用更复杂的术语说，即"对微小扰动是不稳定的"。

[uranium-235] 铀-235：
铀核的一种，含92个质子和143个中子。

V

[vacuum] 真空：
所有粒子、场和能量都尽可能消除了的时空区域，只留下不可消除的真空涨落。

[vacuum fluctuations] 真空涨落：
通过空间小区域间的瞬时能量"交流"而产生的随机的、不可预测、不可消除的场（如电磁场或引力场）振荡。参见**真空**和**虚粒子**。

[virtual particles] 虚粒子：
利用从相邻空间获得的能量而成对产生的粒子。量子力学要求其能量必须立刻还原，于是虚粒子很快湮灭而不能被捕获。在自由下落的观测者看来，虚粒子是真空涨落的粒子表现。虚光子和虚引力子分别是电磁和引力的真空涨落的粒子表现。参见**波粒二象性**。

W

[warpage of spacetime] 时空弯曲：
同**时空曲率**。

[wave] 波：
场（如电磁场或时空曲率）在时空中传播的振荡。

[waveform] 波形：
说明波的振荡细节的曲线。

[wavelength] 波长：

波的两峰（或谷）间的距离。

-

[**wave-particle duality**] **波粒二象性** :
一切波有时表现为粒子，一切粒子有时表现为波。

-

[**white-dwarf star**] **白矮星** :
耗尽了所有核燃料并逐渐冷却的大约为太阳质量和地球周长的星体。它通过电子简并压力抵抗自己引力的挤压。

-

[**world line**] **世界线** :
物体在时空或时空图上的路径。

-

[**wormhole**] **虫洞** :
连结在我们宇宙中相隔遥远的两个位置的拓扑空间里的一个"柄"。

[**X-rays**] **X 射线** :
波长在紫外辐射和 γ 射线之间的电磁波。见图 P.2

注释

第1章

材料来源和缩写

注释中引用的材料列在参考文献中。

注释中使用的缩写记号是

ECP–1 — *The Collected Paper of Albert Einstein*, Volume, 1（爱因斯坦全集，第1卷），参考文献中引作ECP–1。

ECP–2 — *The Collected Paper of Albert Einstein*, Volune, 2（爱因斯坦全集，第2卷），参考文献中引作ECP–2。

INT — 作者所做采访，列在参考文献开头。

MTW — Misner, Thorne and Wheeler（1973）。[1]

序幕　　[1]　这段话改自Thorne（1974）。

[2]　牛顿公式为$M_h = C_0^3 / (2\pi P_0^2)$，其中$M_h$为黑洞（或任何其他引力体）的质量，$C_0$和$P_0$为围绕黑洞的圆形轨道周长和周期，$\pi = 3.14159\cdots$，$G$为牛顿引力常数，$1.327 \times 10^{11}$千米^3/秒$^2 \cdot$太阳质量。参见下面第1章注4。将飞船轨道周期$P_0 = 5$分46秒和周长$C_0 = 10^6$千米代入公式，得$M_h = 10$太阳质量。（1个太阳质量$M_\odot = 1.989 \times 10^{30}$千克。）（相同符号代表相同意思的，以下不再说明 —— 译者）

[3]　视界周长公式为$C_h = 4\pi G M_h / c^2 = 18.5 \times (M_h / M_\odot)$千米，其中$c = 2.998 \times 10^5$千米/秒为光速。参见，如MTW第31、32章。

1.即作者与米斯纳、惠勒所写的巨著《引力》(*Gravitation*)，注释中的许多常识都引自此书。遗憾的是这部大作在大陆还没有汉译本，而现在流行的一些广义相对论著作都没有这些内容。照惯例，以下凡指示参考文献的英文名称都不再译成汉语。—— 译者注

[4] 以头脚间（或任意两个物体间）相对加速度表示潮汐力为 $\Delta a = 16\pi^3 G\left(M_{\rm h}/C^3\right) L$，这里 C 为你所在位置的轨道周长，L 为头脚间距离。注意1个地球引力是 $g=9.81$ 米/秒^2。例如，见 MTW，p.29。

[5] 上面（注4）的公式给出潮汐力 $\Delta a \propto M_{\rm h}/C^3$，周长接近视界时，$C \propto M_{\rm h}$，于是 $\Delta a \propto 1/M_{\rm h}^2$。

[6] 飞船时间 T_s、地球时间 T_E 和旅行距离 D 的关系是 $T_E=(2c/G)$ $\sinh(gT_s/2c)$ 和 $D=(2c^2/g)\left[\cosh(T_s g/2c)-1\right]$，这里 g 是飞船的加速度（等于"1个地球引力"，9.81米/秒^2），cosh 和 sinh 分别为双曲余弦和双曲正弦函数，例如见 MTW. 第6章。如果旅行时间远大于1年，则公式近似为 $T_E=D/c$ 和 $T_s=(2c/g)\ln(gD/c^2)$，这里 ln 为自然对数。

[7] 对围绕非旋转黑洞圆形（或其他）轨道的数学分析可以看 MTW 第25章，特别是其中的卡片25.6。

[8] 在质量为 $M_{\rm h}$、视界周长为 $C_{\rm h}$ 的黑洞上方周长为 C 的轨道上，你感觉的加速度为 $a = 4\pi^2 G\left(M_{\rm h}/C^2\right)\big/\sqrt{1-C/C_{\rm h}}$。如果接近视界，那么 $C \approx C_{\rm h} \propto M_{\rm h}$，意味着 $a \propto 1/M_{\rm h}$。

[9] 见上面注6。

[10] 当观测者在周长为 $C_{\rm h}$ 的视界上方周长为 C 的轨道上时，他看到所有从外面宇宙来的光都聚在一个角直径 $\alpha \approx 3\sqrt{3}\sqrt{1-C/C_{\rm h}}$ 弧度 $\approx 300\sqrt{1-C/C_{\rm h}}$ 度的明亮圆盘里。例如，参见 MTW 卡片25.7。

[11] 当观测者在视界上方周长为 C 的轨道上时，他看到所有从外面宇宙来的光的波长 λ 都将蓝移（引力红移的反方向移动），大小是 $\lambda_{\text{接收}}/\lambda_{\text{发射}}=1\big/\sqrt{1-C/C_{\rm h}}$。例如，见 MTW p.657。

[12] 两个质量为 $M_{\rm h}$ 的相距为 D 的相互环绕的黑洞的轨道周期为

$2\pi\sqrt{D^3/2GM_h}$，引力波反冲使它们在 $(5/512)\times(c^5/G^3)\times(D^4/M_h^3)$ 的时间后螺旋式靠近并结合。见 MTW 方程（36.17b）。

[13]　大梁环上距中心层距离 L 的人感到向中心的加速度 $a=(32\pi^3GM_h/C^3)L$，这是由旋转环的离心力和黑洞潮汐力作用的结果。这里 C 是环中心的周长。可以拿它与地球的引力加速度 9.81 米／秒² 比较。

[14]　10^{-33} 厘米 $=\sqrt{G\hbar/C^3}$ 为 "普朗克－惠勒长度"。$\hbar$ 为普朗克常数（1.055×10^{-34} 千克·米²／秒）。参见第 14 章。

[15]　例如，可以看 Will（1986）。

第 1 章

一般说明：本章中多数关于爱因斯坦生平的材料来自几部关于他的标准传记：Pais（1982）[1]，Hoffman（1972），Clark（1971），Einstein（1949）和 Frank（1947）。从这几本书里引用的多数历史评述在下面都不再单列了。现在，正在陆续出版的爱因斯坦文集 ECP-1，ECP-2 以及 Einstein and Manrić（1992），提供了许多新的历史资料，下面引用了不少它们的东西。

[1]　ECP-1，Document 99。

[2]　ECP-1，Document 115，Renn and Schulmann（1992）第 xix 页有 [英] 译文。

[3]　下面的例子说明了什么是物理学定律的 "数学操作"：
17 世纪初，开普勒（Johannes Kepler）根据第谷（Tycho Brahe）的行星观测数据导出行星轨道周长 C 的立方除以轨道周期 P 的平方，即 C^3/P^2，对所有已知行星（水星、金星、地球、火星、木星和土星）都是常数。半个世纪后，牛顿通过他的运动和引力定律

1. A. Pais 这本书有中译本：上帝难以捉摸 ……——爱因斯坦的科学与生活，方在庆、李勇译，广东教育出版社，1998；爱因斯坦传，商务印书馆，2004。

的"数学操作"，解释了开普勒的发现：

（1）根据下面的图，动动脑筋，可以导出行星环绕太阳时速度的变化率为 $2\pi C / P^2$，它有时被称为轨道行星的*离心加速度*。

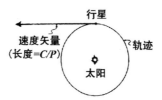

（2）牛顿第二运动定律指出，这样的速度变化率（离心加速度）必须等于太阳对行星的引力作用 F_g 除以行星质量 M_p，也就是 $2\pi C / P^2 = F_g / M_p$。

（3）牛顿引力定律告诉我们，引力 F_g 正比于太阳质量 M_s 乘以行星质量 M_p 除以行星轨道周长的平方，写成等式即 $F_g = 4\pi^2 G M_s M_p / C^2$，这里 G 为牛顿引力常数，6.67×10^{-20} 千米^3／秒^2·千克，或者 1.327×10^{11} 千米^3／秒^{2}太阳质量。

（4）将引力表达式代入牛顿第二定律，得 $2\pi C / P^2 = 4\pi^2 G M_s / C^2$，方程两端同乘以 $C^2 / 2\pi$，得 $C^3 / P^2 = 2\pi G M_s$。

这样，牛顿的运动定律和引力定律解释了 —— 实际上也可以说它们要求 —— 开普勒所发现的关系：C^3 / P^2 对所有行星都相同；它只与牛顿引力常数和太阳质量有关。

为说明物理学定律的威力，我们看上面的运算不仅解释了开普勒的发现，而且为我们提供了一个称量太阳的方法。在（4）中最后一个等式两端同除以 2π，我们得到太阳质量的公式 $M_s = C^3 / (2\pi G P^2)$。将天文学家观测的任意行星轨道的周长 C 和周期 P，以及物理学家在地球实验室里测得的牛顿引力常数 G 代入这个公式，我们得出太阳质量为 $1.989×10^{30}$ 千克。

[4]　ECP-1, Document 39；Einstein and Marić（1992），Document 2。

[5]　19世纪末叶，某些物理学家猜测地球附近的以太可能会被地球在绝对空间的运动所拖曳，我在本章没有谈这一点。实际上，实验证据有力地否定了这种牵引作用；假如在地球表面附近以太相对于地球静止，那么就不应该有星光的光行差；而地球环绕太阳引起的光行差是确凿的事实。关于以太的思想史的简单讨论可以参考 Pals（1982）第6章；更详细的讨论，可以看那里所引的文献。

[6]　迈克尔逊时代的技术还不足以精确（$1/10^4$的精度）比较不同方向的单程光速以检验牛顿的预言。不过，对回路光速也有类似预言（平行于地球在以太中的运动方向上的光速，与垂直方向的，大约存在 $5/10^9$ 的差异），迈克尔逊的技术对测量这种回路差别是很理想的；迈克尔逊寻找这种差别，但是没能找到。因此不同方向的光速应该是一样的。

[7]　我不能肯定，也许韦伯相信这一点，但觉得在课堂上讲迈克尔逊－莫雷实验不太恰当才特别表现出那种态度。我这么想，主要是因为在韦伯的讲课中，我没有发现任何讨论这一实验或实验引出的问题的迹象。参见爱因斯坦的听课笔记（ECP-1, Document 37）和他对仅存的一组韦伯课堂笔记的简单描述（ECP-1, p.62）。

[8]　另一些实验包括对星光光行差的测量，这意味着以太不被地球所拖曳。见上面注5。

[9]　想一下（注6），迈克尔逊实际是在测量回路光速，在寻找约10亿分之5的随方向的变化。

[10]　"磁力线没有端点"的讨论和图1.1中更详细的讨论，是我用现代的形象语言表达的麦克斯韦方程的一个方面；关于洛伦兹、拉莫

和彭加勒与这个问题的详细讨论，见Pais（1982），p.123~130。

[11] 为将这些定律表述得更优美，不仅需要运动物体的长度收缩和时间膨胀，还需要假定同时性是相对的，即同时性依赖于观测者的运动状态；洛伦兹、拉莫和彭加勒不仅对长度收缩和时间膨胀很关心，也同样非常重视这个问题。不过，为了说得简单明白，我在正文里没有讲这些；到第1章后面才考虑了同时性问题。

[12] ECP-1，Document 52；Einstein and Marić（1992），Document 8。

[13] 我又在这儿猜测了。我们并不真正了解爱因斯坦在1899~1905年间在多大程度上考虑这些问题。Pais（1982，6b）说明，在那6年里，爱因斯坦不知道洛伦兹-彭加勒-拉莫根据麦克斯韦定律所做的长度收缩和时间膨胀的推论。更准确说，他知道洛伦兹的一阶速度的洛伦兹变换的结果（包括同时性的破灭），但不知道出现长度收缩和时间膨胀的二阶结果。另一方面，他可能知道菲兹杰拉德和洛伦兹根据迈克尔逊-莫雷实验做出的长度收缩的推测。我们倒是知道，他在1905年关于狭义相对论的文章里提出了自己的完全的洛伦兹变换的推导，在所有阶都是准确的；他还自行推导了长度收缩、时间膨胀和同时性的破灭。

[14] 关于玛丽奇个性的描述，主要根据她和爱因斯坦的情书，见Renn and Schulmann（1992）；情书见ECP-1或Einstein and Marić（1992）。

[15] ECP-1，Document 94；Einstein and Marić（1992），Document 95。

[16] ECP-1，Document 100。

[17] ECP-1，Document 138。

[18] ECP-1，Document 125。

[19] ECP-1，Document 104。

[20]　ECP-1; Renn and Schulmann（1992）; Einstein and Marić（1992）。

[21]　根据多种爱因斯坦传记，我猜他的大多数自由时间都是这样度过的。

[22]　Seelig（1956），转引自 Clark（1971）。

[23]　关于贝索对爱因斯坦工作的影响，还是去看 Renn and Schulmann
　　　（1992）第 xxvi 页的讨论。

[24]　ECP-2，Document 23，Section 2。

[25]　例如，参见 Will（1986）附录。

[26]　如 Pais（1982, 6b.6）所说，彭加勒比爱因斯坦早一年建立了相
　　　对论原理（叫"相对性原理"）的原始形式，但不知道它的作用。

[27]　ECP-2，Document 23。

第 2 章

一般说明：本章多数关于爱因斯坦生平的材料来自几部他的标
准传记：Pais（1982），Hoffman（1972），Clark（1971），Einstein
（1949）和 Frank（1947）。从这几本书里引用的多数历史评述在
下面都不再单列。在未来的几年，随着爱因斯坦文集的陆续出版
（已经出版了 ECP-1 和 ECP-2），还会出现一些新的材料。

爱因斯坦从狭义相对论走向广义相对论的认识路线，基本上就
像本章描述的那样。不过，我还是做了些必要的较大的简化；
为了清楚说明他的路线，我用了现代的物理学语言，而没有用
爱因斯坦当年用过的。关于爱因斯坦思想路线的历史重建，请
看 Pais（1982）。

[1]　闵可夫斯基的讲话，是 1908 年 9 月 21 日在科隆举行的第 80 届德
　　　国自然科学家和医生大会上发表的，它的英译本发表在 Lorentz,

Einstein, Minkowski and Weyl（1923）。[1]

[2] 月亮在绕地球的运动中好像有很小的加速，这是牛顿引力定律不能解释的现象。1920年，泰勒（G. I. Taylor）和杰弗瑞斯（H. Jeffries）认识到，月亮实际并没有在加速，倒是地球的自转因为月亮的引力对海洋的潮汐作用而变慢了。天文学家将月亮的稳定运动与地球变慢的自转比较，便错误地推测月亮快了。见Smart（1953）。

[3] 爱因斯坦这篇优美的综述文章的英译本是ECP–1, Document 47。

[4] 卡片2.4的爱因斯坦论证原发表在Einstein（1911）。

[5] ECP- 2, Document 47。

[6] 见Frank（1947），p. 89 ~ 91。

[7] Einstein（1915）。

[8] 卡片2.6：为熟悉广义相对论数学形式的读者做些说明：卡片里的爱因斯坦场方程对应的数学关系是 $R_{tt} = 4\pi G (T_{tt} + T_{xx} + T_{yy} + T_{zz})$，这里 R_{tt} 是里奇张量的时间–时间分量，G 是牛顿引力常数，T_{tt} 是以能量单位表示的质量密度（见卡片5.2），$T_{xx} + T_{yy} + T_{zz}$ 为沿三个相互垂直方向的主应力（压力）之和。见MTW p. 406，爱因斯坦方程的"时间–时间"分量在一切参照系都成立时，也保证了其他9个分量成立。

[9] 爱因斯坦的个人文稿和部分发表文章的版权已聚讼几十年了。苏联出版他的俄文版文集时还没有签署国际版权协定。更完备的爱因斯坦文集正在陆续出版，头两卷即ECP–1和ECP–2。[2]

---

1. 这本书有中译本：相对论原理 —— 狭义相对论和广义相对论经典论文集，赵志田，刘一贯译，孟昭英校，科学出版社，1980 —— 译者注
2. 中国曾出版过三卷本《爱因斯坦文集》（许良英、范岱年、赵中立等编译，商务印书馆，1979）；湖南科学技术出版社也正在组织翻译出版《爱因斯坦全集》，已出版5卷。—— 译者注

第3章　　　[1]　Einstein（1939）。

[2]　Michell（1784）。这一工作的讨论见Gibbons（1979），Schaffer（1979），Israel（1987）和Eisenstaedt（1991）。

[3]　Laplace（1796，1799）。Isrel（1987）和Eisenstaedt（1991）讨论了拉普拉斯关于暗星的出版物。Eisenstaedt讨论了那时通过观测证明米歇尔预言（即大质量恒星发出的光受恒星引力作用）所进行的努力和失败，还认为可能就是因为这些失败，拉普拉斯才在他著作的第3版中删除了暗星的讨论。

[4]　Schwarzschild（1916a，b）。

[5]　Brault（1962）。关于爱因斯坦广义相对论引力定律的检验的详细讨论，请看Will（1986）。

[6]　关于人们对史瓦西几何的反应和研究的早期历史，Eisenstaedt（1982）有详细讨论；从1916到1974年的更粗线条的历史，可以在Israel（1987）中找到。

[7]　Einstein（1939）。

[8]　Israel（1916b）。

[9]　Israel（1990）。

[10]　Israel（1990）。

第4章　　　一般说明：本章的历史记述主要根据（i）过去25年来与钱德拉塞卡的个人谈话，（ii）对他的录音访问（INT‐Chandrasekhar），（iii）他写的一本关于爱丁顿的书（Chandrasekhar，1983a），（iv）关于他的一本优秀传记（Wali，1991）。除特殊情况，我不再对具体的材料说明来源。钱德拉塞卡关于白矮星的科学著作收在

Chandrasekhar（1989）。

[1] Fowler（1926）。

[2] Eddington（1926）。

[3] 脚注：关于亚当斯遇到的困难和他在测量中犯的错误，请看 Greenstein，Oke，和Shipman（1985）的详细讨论。这篇文献还提供了1985年以前对天狼B的观测研究情况。

[4] 这里，我大胆写了两种情况。第一，Fowler（1926）已经计算了压缩阻抗，所以钱德拉塞卡只需检验他的计算；第二，钱德拉塞卡的计算并没沿这条路线（INT-Chandrasekhar），虽然它与他实际用的方法在数学上是等价的。对我来讲，那条路线是最容易解释的，而实际的计算需要在电子动量空间上进行压力积分。

[5] Chandrasekhar（1931）。

[6] 脚注：Stoner（1930）。Chandrasekhar（1931）简单提到了 Stoner的工作。Stoner的研究和Wilhelm Anderson的相关研究的讨论，见Israel（1987）。

[7] Anderson（1929），Stoner（1930）。

[8] 图中所示白矮星质量和周长，以及钱德拉塞卡的白矮星内部结构的结果，后来发表在Chandrasekhar（1935）。

[9] Eddington（1935a）。爱丁顿那些似乎有理的论证，见Eddington（1935b）。

[10] Wali（1991）。

[11] Wali（1991）。

[12]　这是我1958~1962年上大学时，加州理工学院的一个著名天文学教授用很权威的语气告诉我的。从那时起，我便强烈感到，大概多数天文学家自20世纪40年代初以来都有这种观点，也都在那么做，但我还是不能肯定。

[13]　引自Wali（1991）。

[14]　在批评这一章的初稿时，伊斯雷尔建议我这样解释爱丁顿的行为；我相信这是符合历史事实的。

第5章　　一般说明：本章的历史记述主要根据（i）我对所述事件的参与者和他们的科学家同事和朋友的访问（INT-Baym，INT-Braginsky，INT-Eggen，INT-Fowler，INT-Ginzbung，INT-Greenstein，INT-Harrison，INT-Khalatnikov，INT-Lifshitz，INT-Sandage，INT-Serber，INT-Volkoff，INT-Wheeler），（ii）我所阅读的这些参与者写的文章。二三十年代物理学的历史背景，我多少依赖于Kevle s（1971）；苏联物理学的历史背景，则根据Medvedev（1978）。关于朗道的背景资料，来自Livanova（1980），Gamow（1970）；关于奥本海默的，来自Rabi et a1.（1969），Smith and Weiner（1980）；关于惠勒思想的发展，来自他的研究笔记，Wheeler（1988）。还有些地方则依据了下面引用的那些材料。

[1]　INT-Fowler。

[2]　INT-Greenstein和Greenstein（1982）。

[3]　Zwicky（1935）。

[4]　INT-Greenstein。

[5]　Baade（1952）。

[6]　这些数字是巴德和茨维基在图5.2复制的那个讲话摘要里公布的

（Baade and Zwicky，1934 a），不过"10000或者也许1 000万"
则出现在这个问题的一篇更详尽的文章里（Baade and Zwicky，
1934 b）。他们的误差来自假定在超新星最亮时，它的辐射热气
体周长范围在1到100个太阳周长之间。实际上，周长远比这个
大；如果我们追索他们的论证，会发现这个假定的紫外线和X射
线的结果太小了。

[7] 在这一节和整个这一章里，我都把中子星概念和它关于超新星和
宇宙线的结果归功于茨维基，不过这些思想是他和巴德联合发
表的。我相信，这些思想是茨维基的（我也相信巴德对观测数据
的关键认识），根据来自与他们的科学同事的讨论：INT - Eggen，
INT - Fowler，INT - Greenstein，INT - Sandage。

[8] 图5.2，Baade and Zwicky（1934 a）。摘要里的数据，在Baade
and Zwicky（1934 b）有更详细的说明。

[9] 关于朗道发表这篇文章的原因，是他一生最亲密的伙伴栗弗席兹
告诉我的（INT - Lifshitz）。

[10] 引自Livanova（1980）。

[11] 引自Livanova（1980）。

[12] Gamow（1970）。

[13] 在斯大林时代入狱和死亡人数的统计还不太确切。Medveder
（1978）提出的可能是20世纪70年代所能得到的最可靠数据。不
过，80年代苏联开放以来，大众流传的消息又让这个数字大了好
多。我引用的数是一个俄罗斯朋友的总体估计，他根据开放公布
的材料对这一问题有过较深入的研究。

[14] 14 Eddington（1926）第11章及其参考文献。

[15]　Landau（1932）。

[16]　朗道的手稿发表在 Landau（1938）。他不知道，他的亲密朋友盖莫夫已经发表过相同的思想（Gamow, 1937）。1933年，斯大林铁幕刚罩下不久，盖莫夫就逃离了苏联（见 Gamow, 1970）；但是，他在离开以前知道朗道关于致密中心核为恒星维持热量的原始中子核想法。中子发现以后，盖莫夫和朗道（这时两人已经失去了联系）自然会独立将朗道1931年的核解释为中子核。

[17]　1982年，朗道最亲密的朋友栗弗席兹提醒我注意那封信（INT-Lifshitz），并向我讲了它的背景，如文中所述。栗弗席兹去世后，这封信的全文 —— 另外还有卡皮查与莫洛托夫、卡皮查与斯大林和卡皮查与别里亚的那些最终救朗道出狱的通信 —— 发表在 Khalatnikov（1988）。这里摘录的片段是我自己从俄文译过来的。

[18]　Gorelik（1991）。

[19]　见注17。

[20]　引自 Royal（1969）。

[21]　Serber（1969）。

[22]　现在认为这些巨星是在双星系中形成的：一颗恒星坍缩成为中子星以后，经过很长时间，螺旋落进伴星的中心并在那儿留下来。这些怪物后来叫"Thome-Żytkow 天体"，因为乔特科夫（Anna ytkow）和我最先详细计算了它们的结构。见 Thorne and Żytkow（1977）；也见 Cannon et a1.（1992）。

[23]　Oppenheimer and Serber（1938）。

[24]　Shapiro and Teukolsky（1983），Hartle and Sabbadini（1977）。

[25] 卡片5.4：我在这张卡片里对研究步骤的大多数描写都是猜测的，主要根据是对沃尔科夫的访问（INT-Volkoff），托尔曼档案（Tolman，1948）和亲历者的文章（Oppenheimer and Volkoff，1939；Tolman，1939）。

[26] 托尔曼和奥本海默的通信见Tolman（1948）的档案。

[27] INT-Volkoff。

[28] 这个结论发表在Oppenheimer and Voikoff（1939）。奥本海默和沃尔科夫对核力效应的估计所依据的托尔曼的解析分析，发表在Tolman（1939）。

[29] Wheeler（1988），Vol. 4，P. 33-40。

[30] 惠勒的背景和早期研究的详情见Wheeler（1979），Thome and Zurek（1986）。

[31] 31卡片5.5：这个物态方程（哈里森和惠勒的研究成果）发表在Harrison，Wakano，and Wheeler（1958），更详细的是Harrison，Thorne，Wakano，and Wheeler（1965）。近些年，据Shapiro and Teukolsky（1983）的评述，核密度（10^{14}克/厘米^3）及其以上实曲线是现代不同物态方程的近似。

[32] 图5.5：据Harrison，Wakano，and Wheeler（1958），和Harrison，Thorne，Wakano，and Wheeler（1965）。据Shapiro and Teukolsky（1983）的评述，中子星实曲线是现代不同计算的近似。

[33] Oppenheimer and Volkoff（1939）。

[34] Zwicky（1939）。

[35] Rabi et al.（1969）。

第6章

一般说明：本章的历史记述主要根据（i）我对所说事件参与者和他们的科学家同事的访问（INT-Braginsky, INT-Finkelstein, INT-Fowler, INT-Ginzburg, INT-Harrison, INT-Lifshitz, INT-Misner, INT-Serber, INT-Wheeler, INT-Zel'dovich），（ii）我自己在某些事情的经历，（iii）参与者们写的科学论文，（iv）Bethe（1982），Rhodes（1986）[1]，Teller（1955）和York（1976）对美国核武器计划的记述，（v）Golovin（1973），Medvedev（1978），Ritus（1990），Romanov（1990）和Sakharov（1990）对苏联核武器和其他事件的记述，以及（vi）惠勒的研究笔记（Wheeler, 1988）。

[1] 惠勒的演讲和他与奥本海默的交流，发表于Solvay（1958）。

[2] 这段话是Harrison, Wakano, and Wheeler（1958）原话的大意，为适合本书表达习惯，文字上略有改动。

[3] INT-Serber。

[4] INT-Fowler。

[5] INT-Serber。

[6] 这是我的猜测。我并不能肯定他这么快就完成了考察，但根据对奥本海默和他在研究完成后写的文章（Oppenheimer and Snyder; 1939）内容的认识，我很相信他真那么做了。

[7] 7奥本海默和斯尼德的研究结果发表在Oppenheimer and Snyder（1939）。

[8] INT-Fowler。

---

1. R. Rhodes这本书有中译本：《原子弹出世记》，李汇川、周文校等译，世界知识出版社，1990。——译者注

[9]　INT - Lifshitz。

[10]　Wheeler（1979），这是惠勒对核物理研究的自传性记述。

[11]　Bohr and Wheeler（1939），Wheeler（1979）。玻尔和惠勒没有用
　　　　他们在文章里的名称来称钚 - 239，但特纳（Louis A. Turner）直
　　　　接根据他们的图 4 推测那是一种理想的持续链式反应的核，在一
　　　　个著名的秘密备忘录中提出以这种燃料来做原子弹（Wheeler，
　　　　1985）。

[12]　INT - Zel'dovich，Zel'dovch and Khariton（1939）。

[13]　关于惠勒所起的关键作用，见 Klauder（1972），P.2-5。

[14]　引自奥本海默 1945 年 10 月 16 日在新墨西哥洛斯阿莫斯的一次讲
　　　　话；见 Goodchild（1980），P.172。

[15]　Goodehild（1980），P.174。

[16]　Wheeler（1979）。

[17]　据《纽约时报》1993 年 1 月 14 日 A5 版报道，哈里顿在莫斯科的一
　　　　次演讲中公布了这些细节。

[18]　Medvedev（1979）。

[19]　1949 年 10 月 30 日一般咨询委员会给美国原子能委员会的报告。
　　　　见 York（1976）的附录。

[20]　Bethe（1982）。

[21]　INT - Wheeler。

[22]　INT - Wheeler。

[23]　USAEC（1984），P.251。

[24]　INT - Wheeler。

[25]　苏联开始氢弹设计的日期似乎有些混乱，Sakharov（1990）定为1948年春，而Ginzburg（1990）定为1947年。

[26]　这是Sakharov（1990）确定的年月；Ginzburg（1990）定在1947年。

[27]　脚注：萨哈罗夫的猜测概况见Sakharov（1990）。泽尔多维奇的判断是口头告诉一位亲密的俄罗斯朋友的，他又转告了我。

[28]　金兹堡告诉我的，他当时在场。萨哈罗夫也在；据他回忆的英文本（Sakharov, 1990），这句话是这样的："Our job is to kiss Zel' dovich' s ass.（我们的工作是给泽尔多维奇舔屁股）。我对泽尔多维奇和萨哈罗夫复杂关系的个人看法，见Thorne（1991）。

[29]　朗道的这句话，有好几位苏联理论物理学家给我讲过。

[30]　Romanov（1990）。

[31]　不同原子弹爆炸的能量释放数据，我引自York（1976）。

[32]　Sakharov（1990）。

[33]　Romanov（1990），Sakharov（1990）。在一篇纪念萨哈罗夫的文章里，罗曼诺夫把这一发现归功于萨哈罗夫和泽尔多维奇。萨哈罗夫说，"我们理论部门的几个人大概同时有了这个想法，"但他接着说，"泽尔多维奇、特鲁特涅夫（Yuri Trutnev）和其他一些人无疑做过重要贡献。"留给人们的印象是，他自己是最大的贡献者。

[34] USAEC（1954）。

[35] 1991年7月，惠勒与索恩的电话交谈。

[36] Sakharov（1990）。

[37] Colgate and Johnson（1960）讨论了认识超新星和它作为宇宙线源的作用的动机。Colgate and White（1963,1966）用牛顿引力描述（而没用爱因斯坦的）进行了小质量超新星形成模拟。May and White（1965,1966）用爱因斯坦的引力的广义相对论描述做了大质量超新星形成的模拟。

[38] Imshennik and Nadezhin（1964），Podurets（1964）。

[39] INT-Lifshitz。

[40] Finkelstein（1958）。

[41] 脚注：例如，可以看MTW卡片31.1和第31章的讨论。

[42] 这到底是怎么发现的，请看芬克尔斯坦自己的叙述，Finkelstein（1993）。

[43] Thome（1967）。

[44] Harrison, Thome, Wakano, and Wheeler（1965）。

[45] Wheeler（1968）。

第7章 一般说明：本章的历史记述主要根据（i）我个人的亲身经历，（ii）我对其他参与者的访问（INT-Carter, INT-Chandrasekhar, INT-Detweiler, INT-Eardley, INT-Ellis, INT-Misner, INT-Novikov, INT-Penrose, INT-Press, INT-Price, INT-Rees,

INT‐Sciama，INT‐Smart，INT‐Teukolsky，INT‐Wald，INT‐Wheeler，INTZel'dovich），（ⅲ）这些参与者写的科学论文。

[1] Wheeler（1964b）。

[2] 我第一次发表环猜想是在纪念惠勒的一本文集里（Thome，1972），也见MTW卡片32.3。

[3] 诺维科夫和泽尔多维奇称这个思想是半封闭宇宙。最后，他们单独发表了文章来讨论：Zel'dovich（1962），Novikov（1963）。

[4] INT‐Novikov。

[5] INT‐Novikovn。

[6] 这一研究的关键思想和初始计算发表在Ginzburg（1964）；更完备的数学分析是金兹堡和一个年轻同事奥泽诺依（Leonid Moiseevich Ozernoy）完成的（Ginzburg and Ozernoy，1964）。

[7] 他们的分析和结果发表在Doroshkevich，Zel'dovich，and Novikoy（1965）（作者是照俄语字母顺序排的）。

[8] 会议前不久，诺维科夫和泽尔多维奇写过很有影响的评论；Zel'dovich and Novikov（1964，1965），读者可以从中体会诺维科夫的演说风格。

[9] Doroshkevich Zel'dovich，and Nnvikov（1965），见注7。

[10] 伊斯雷尔的分析发表在Israel（1967）。

[11] Novikov（1969），de la Cruz，Chase，and Israel（1970），Price（1972）。

[**12**] de la Cruz，Chase，and Israel（1970）。

[**13**] 关于磁场与黑洞相互作用更详尽更完整的讨论，见 Thome，Price，and Macdonald（1986）图 10，11 和 36。

[**14**] 评论和文献，见 Carter（1979）6.7 节；关于最后阶段的续篇发表在 Mazur（1982）和 Bunting（1983）。

[**15**] Graves and Brill（1960）及其参考文献。

[**16**] Kerr（1963）。

[**17**] Carter（1966），Boyer and Lindquist（1967）。

[**18**] Carter（1979）和其中的早期参考文献。

[**19**] Carter（1968）。

[**20**] Israel（1986）。

[**21**] Penrose（1969）。

[**22**] Newman et al.（1965）。

[**23**] Press（1971）。

[**24**] Teukolsky（1972）。

[**25**] INT - Teukolsky。

[**26**] Press and Teukolsky（1973）。

[**27**] Chandrasekhar（1983 b）。

第 8 章　　　一般说明：本章的历史记述主要根据（1）我个人的亲身经历，（ⅱ）我对其他参与者的访问（INT-Giacconi, INT-Novikov, INT-Rees, INT-Van Allen, INT-Zel'dovich），（ⅲ）这些参与者写的科学论文，（ⅳ）下列发表的历史评述：Friedman（1972），Giacconi and Gursky（1974），Hirsh（1979）和Uhuru（1981）。

[1]　Wheeler（1964a）。

[2]　22年后的1986年，泽尔多维奇对我说，他很遗憾，当时在黑洞内部情况的问题上没能想得更远，INT-Zel'dovich。

[3]　Zel'dovich and Guseinov（1965）。

[4]　Trimble and Thorne（1969）。

[5]　Salpeter（1964），Zel'dovich（1964）。

[6]　Novikov and Zel'dovich（1966）。

[7]　Friedman（1972）。

[8]　Giacconi, Gursky, Paolini, and Rossi（1962）。

[9]　Sunyaev（1972）。

第 9 章　　　一般说明：本章的历史记述主要根据（ⅰ）我个人自1962年以来在这些事件的边缘的经历，（ⅱ）我对其他参与者的访问（INT-Ginzburg, INT-Greenstein, INT-Rees, INT-Zel'dovich），（ⅲ）那些参与者写的科学论文，和（ⅳ）下列发表或没发表的历史记录：Hey（1973），Greenstein（1982），Kellermann and Sheets（1983），Struve and Zebergs（1962）和Sullivan（1982, 1984）。

[1]　1Jansky（1932）。

[2]　Whipple and Greenstein（1937）。

[3]　INT - Greensteln。

[4]　雷伯对自己工作的历史描述见 Reber（1958）。

[5]　Reber（1940）。

[6]　INT - Greenstein。

[7]　INT - Greenstein。

[8]　Bolton，Stanley，and Slee（1949）。

[9]　Baade and Minkowski（1954）。

[10]　Jennison and Das Gupta（1953）。

[11]　这次会议的报告发表在 Washington（1954）。

[12]　Schmidt（1963）。

[13]　Greenstein（1963）。

[14]　Smith（1965）。

[15]　Alfvé and Herlofson（1950），Kiepenheuer（1950），Ginzburg（1951）。这一工作历史的讨论，见 Ginzburg（1984）。

[16]　Burbidge（1959）。

[17]　这 个 会 议 的 报 告 发 表 在 Robinson，Schild，and Shucking（1965）。

[18]　这是我根据自己对这次会议的回忆写的。

[19]　Rees（1971）。

[20]　Longair，Ryle，and Scheuer（1973）。

[21]　Salpeter（1964），Zel'dovich（1964）。

[22]　Lynden-Bell（1969）。

[23]　Bardeen and Petterson（1975）。

[24]　Bardeen（1970）。

[25]　Blandford and Rees（1974）。

[26]　Lynden-Bell（1978）。

[27]　Blandford（1976）。

[28]　Blandford and Znajek（1977）。

[29]　我们对类星体、射电星系、喷流和黑洞及其吸积盘作为它们的中心发动机的作用的认识现状，可以看Begelman，Blandford，and Rees（1984），和Blandfond（1987），里面有详细论述。

[30]　例如，可以参考Phinney（1989）。

第 10 章　　　一般说明：本章的历史记述主要根据（1）我个人的亲身经历，（ⅱ）我对其他参与者的访问（INT-Braginsky，INT-Drever，INT-Forward，INT-Grishchuk，INT-Webet，INT-Weiss），（ⅲ）那些参与者写的科学论文。对引力辐射和探测更专业的评述，可以参考Blair（1991）和Thorne（1987）。

[1]　Weber（1953）。

[2]　韦伯的工作成果发表在Weber（1960，1961）。[1]

[3]　1992年10月1日韦伯给我的信；那时他没有发表这个结果。韦伯的同事戴森第一个证明，大自然很可能在韦伯所选的频率附近产生引力波（Dyson，1963）。

[4]　Weber（1969）宣布观测到了引力波的证据。接下来的实验和是否真测到了引力波的争论，都记录在de Sabbata and Weber（1977）和它所引的论文里。这场争论的社会学研究，见Collins（1975，1981）。

[5]　暑期班的讲座，包括韦伯的，发表在DeWitt and DeWitt（1964）。

[6]　布拉金斯基警告的原话发表在Braginsky（1967）。

[7]　Braginsky（1977）和Giffard（1976）将警告说得更清楚了，而这个极限来自测不准原理的解释，在Thorne，Drever，Caves，Zimmerman，and Sandberg（1978）。

[8]　1978年会议讨论的内容可以看Epstein and Clark（1979）。

[9]　Braginsky，Vorontsov，and Khalili（1978）；Thorne，Drever，Caves，Zimmermann，and Sandberg（1978）。

[10]　Michelson and Taber（1984）。

[11]　Gertsenshtein and Pustovoit（1962），Weber（1964），Weiss（1972），Mass，Miller，and Forward（1971）。

---

1. Weber（1961）有汉译本：广义相对论与引力波，陈凤至、张大卫译，科学出版社，1977。

[12] 12例如，见Drever（1991）和它的参考文献。

[13] 13见Braginsky and Khalili（1992）。

[14] 14关于LIGO计划的回顾，见Abramovici et al.（1992）。

第11章　一般说明：本章（很少的一点）历史记述根据（i）我个人的经历，（ii）我对其他两个参与者的访问（INT-Damour，INT-Wald），（iii）他们写的科学论文，（iv）我1965年在普林斯顿大学听过的库恩的科学革命和规范（范式）的课。

[1] 1 Kuhn（1962）。

[2] 2本世纪最伟大的物理学家之一费曼（Richard Feynman）在一本可爱的小书《物理学定律的特征》（*The Character of Physical Law*，Feynman，1965）里，优美地描述了掌握几个规范会有多么强大的力量。不过，他从没用过"规范"这个词，我猜他没读过库恩的书。库恩讲过人们多喜欢费曼的作风；费曼就是那样的。[1]

[3] 3平直时空规范多少是由许多不同的人提出来的；专业上即大家知道的"广义相对论的平直时空体系的场价"。关于它的历史和概念的评述，见MTW以下章节：7.1，18.1；卡片7.1，17.2和18.1；练习7.3。它的优美推广解释了它与弯曲时空规范的关系，见Grishchuk，Petrov，and Popova（1984）。

[4] Cohen and Wald（1971），Hanni and Ruffini（1973）。

[5] Blandford and Znajek（1977）。

---

1. 初学物理的读者看看三卷《费曼物理学讲义》（上海科学技术出版社），会得到别的任何课本都不会有的乐趣；费曼还有一本"玩笑的"自传，（《别逗了，费曼先生》，王祖哲译，湖南科学技术出版社，2005。）"看这本书而不笑的人，可能精神有问题。"——译者注

[6] Znajek（1978），Damour（1978）。

[7] Thorne，Price，and Macdonald（1986），也见 Price and Thorne（1988）。

第 12 章　一般说明：本章的历史记述主要根据（ i ）我个人的经历，（ ii ）我对其他参与者的访问（ INT-DeWitt，INT-Eardley，INT-Hartle，INT-Hawking，INT-Israel，INT-Penrose，INT-Unruh，INT-Wald，INT-Wheeler，INT-Zel'dovich），（ iii ）这些参与者写的科学论文，（ iv ）下列发表的历史记录：Bekenstein（1980），Hawking（1988），Israel（1987）。

[1] 这里和后面关于霍金如何得到这个思想的记述，依据 INT-Hawking 和 Hawking（1988）。[1] 他的思想和具体结果发表在 Hawking（1971b，1972，1973），本章第一节，"黑洞的生长"讲了大概内容。

[2] Penrose（1963）。

[3] 卡片 12.1：Hawking（1972，1973）。

[4] INT-Israel，INT-Penrose，INT-Hawking。

[5] Penrose（1965）。

[6] 卡片 12.2：Hawking（1972，1973）。

[7] Hawking and Hartle（1972）。

[8] Christodoulou（1970）。

---

1. 即《时间简史》。——译者注

[9]　Bekenstein（1980）谈了这一点和后来与霍金的争论。贝肯斯坦关于黑洞熵的猜想和论证，发表在Bekenstein（1972，1973）。

[10]　1972年暑期班的报告发表在DeWitt and DeWitt（1973）。

[11]　Bardeen，Carter，and Hawking（1973）。

[12]　我1971年访问莫斯科时，米斯纳和惠勒也去了。但我和泽尔多维奇在他家讨论时，他们并不在场。

[13]　我凭记忆重构了下面的谈话，但说得不像我们讨论时那么专业。

[14]　Zel'dovich（1971）。

[15]　Zel'dovich and Starobinsky（1971）。

[16]　霍金在Hawking（1988）讲了他是如何"意外"发现黑洞辐射的。他的发现及其意义发表在Hawking（1974，1975，1976）。

[17]　例如，可以看Wald（1977）。

[18]　脚注：Wald（1977）。

[19]　Hawking（1988）。

[20]　Thome，Price，and Macdonald（1986）第8章及其参考文献。

[21]　卡　片12.5：Davies（1975），Unruh（1976），Unruh and Wald（1982，1984）。

[22]　Gibbons and Hawking（1977）。

[23]　Page（1976）。

[24] 如，H wking（1971a）；Novikov，Polnarev，Starobinsky，and Zel'dovich（1979）。

[25] Page and Hawking（1975）；Novikov，Polnarev，Starobinsky，and Zel'dovich（1979）。

第13章　一般说明：本章的历史记述主要根据（i）我个人的经历（不过更像一个旁观者，而不是参与者），（ii）我对参与者的访问（INT-Belinsky，INT-DeWitt，INT-Geroch，INT-Khalatnikov，INT-Lifshitz，INT-MacCallum，INT-Misner，INT-Penrose，INT-Sciama，INT-Wheeler），（iii）参与者们写的科学论文。

[1] Harrison，Wakano，and Wheeler（1958）；Wheeler（1960）。

[2] Wheeler（1964a，b）；Harrison，Thorne，Wakano，and Wheeler（1965）。

[3] Oppenheimer and Snyder（1939）。

[4] 见第5章最后几段。

[5] 这里描写的奇点在坍缩恒星外的真空中；因为真空区域是用爱因斯坦方程的史瓦西解来描写的，所以这个奇点常指史瓦西几何奇点，MTW第32章有对它的定量分析。

[6] 图13.1：同上。

[7] Wheeler（1960，1964a，b）；Harrison，Thorne，Wakano，and Wheeler（1965）。

[8] 卡拉特尼科夫和栗弗席兹得到这个结果的观点和计算发表在 Lifshitz and Khalatnikov（1960，1963）　和 Landau and Lifshitz（1962）。

[9]　同上。

[10]　Landau and Lifshitz（1962）。

[11]　图13.4。Graves-Brill（1960）是在惠勒小组完成的，小组里的学生在20世纪60年代初觉得显然应该存在这里所说的那类爱因斯坦方程的解。然而，我和彭罗斯讨论发现，多数其他小组的研究者到60年代后期才知道这一点。这样的解很难具体构造，我们惠勒小组的人没有试过，也没发表过有关这个问题的东西。据我所知，这一思想和求解的努力，第一次发表在Navikov（1966）。

[12]　Graves and Brill（1960）及其参考文献。

[13]　关于彭罗斯的生平，主要根据INT-Penrose和INT-Sciaman。

[14]　同上。

[15]　INT-Penrose，Penrose（1989）。

[16]　Penrose（1989）。

[17]　Penrose（1965）。

[18]　Hawking and Ellis（1973）的经典著作系统清理了整体方法。

[19]　Hawking and Penrose（1970）。

[20]　20世纪70年代我和栗弗席兹的私下讨论。

[21]　1990年6月18日卡拉特尼科夫给我的信。

[22]　这一段是我根据自己对会议和后来发生事情的回忆写的。

[23] Khalatnikov and Lifshitz（1970），也见 Belinsky，Khalatnikov，and Lifshitz（1970，1982）。

[24] 同上。

[25] INT - Lifshitz，Livanova（1980）。

[26] 彭罗斯告诉我的。

[27] Aleksandrov（1955，1959）。

[28] Pimenov（1968）。

[29] Lifshitz and Khalatnikov（1960，1963）。

[30] 例如，Novikov（1966）。

[31] 用专业的话说，不稳定的是 Reissner - Nordström 解的内柯西视界。这个猜想在 Penrose（1968）；证明在 Chandrasekhar and Hartle（1982）和它所引的早期文献。

[32] Belinsky，Khalatnikov，and Lifshitz（1970，1982）。

[33] Misner（1969）。

[34] 这是 Wheeler（1960）根据他自己以前关于时空几何的真空涨落思想（Wheeler，1955，1957）第一次导出的结果。

[35] 脚注：Wheeler（1955，1957）引入了普朗克-惠勒时间并分析了它的物理意义。

[36] 这最早是由 Wheeler（1960）提出的，后来通过现在所谓的"惠勒-德维特方程"而更定量化了。例如，可以参考 Hawking

（1987）的讨论。

[37]　Wheeler（1957，1960）。

[38]　例如，可以参考Hawking（1987，1988）。

[39]　Doroshkevich and Novikov（1978）证明奇点会衰退；Poisson and Israel（1990）和Ori（1991）用理想模型演绎了衰退的细节；Ori（1992）初步证明了这些模型是认识真实黑洞内奇点行为的很好指南。

[40]　模拟的具体情况见Shapiro and Teukolsky（1991）。

[41]　霍金的证据发表在Hawking（1992a）。

第14章　　一般说明：这一章的历史记述几乎都是根据我个人的亲身经历。

[1]　Ludwig Flamm（1916）发现，适当选择拓扑，爱因斯坦方程的 Schwarzschild（1916a）解描写了空的球形虫洞。

[2]　图14.2：Kruskal（1960）。

[3]　Morris and Thorne（1988）。

[4]　Hawking and Ellis（1973）。

[5]　霍金只是根据他发现的黑洞蒸发很间接地推测了这一点，多少是试探性的。严格证明要等到6年以后的Candelas（1980）。

[6]　见Wald and Yurtsever（1991）和它引用的文献。

[7]　Wheeler（1955，1957，1960）。

[8]　Geroch（1967）。Friedman，Papastamatiou，Parker，and Zhang

（1988）提出了格罗赫定理预言的虫洞生成的一个具体例子。

[**9**]　脚注：van Stockum（1937），Gödel（1949），Tipler（1976）。

[**10**]　Morris，Thorne，and Yurtsever（1988）。

[**11**]　Morris，Thorne，and Yurtsever（1988）。

[**12**]　脚注：Friedman and Morris（1991）。

[**13**]　Echeverria，Klinkhammer，and Thorne（1991）。

[**14**]　卡片14.2：Echeverria，Klinkhammer，and Thorne（1991）。

[**15**]　Forward（1992）。

[**16**]　以虫洞为时间机器引发的怪圈问题，Friedman et al（1990）有仔细而相当彻底的技术讨论。

[**17**]　Hall（1990）。

[**18**]　Hiscock and Konkowski（1982）。

[**19**]　Frolov（1991）。

[**20**]　Kim and Thorne（1991）。

[**21**]　Hawking（1992b）。

[**22**]　脚注：Gott（1991）。

[**23**]　Thorne（1993）多少从专业上讲了我怀疑时间机器的理由，并详细评述了到1993年春为止关于时间机器研究的状况。

文献目录

录音访问

Baym, Gordon. 5 September 1985, Champaign/Urbana, Illinois.
-

Belinsky, Vladimir. 27. March 1986. Moscow, U. S. S. R.
-

Braginsky, Vladimir Borisovich. 20 December 1982, Moscow, U. S. S. R. ; 27 March 1986, Moscow, U. S. S. R.
-

Carter, Brandon. 6 July 1983, Padova, Italy.
-

Chandrasekhar, Subrahmanyan. 3 April 1982, Chicago, Illinois.
-

Damour, Thibault. 26 July 1986, Cargese, Corsica.
-

Detweiler, Steven. December 1980, Baltimore, Maryland.
-

DeWitt, Bryce. December 1980, Baltimore, Maryland.
-

Drever, Ronald W. P. 21 june 1982, Les Houches, France.
-

Eardley, Doug M. December 1980, Baltimore, Maryland.
-

Eggen, Olin. 13 September 1985, Pasadena, California.
-

Ellis, George. December 1980, Baltimore, Maryland.
-

Finkelstein, David. 8 July 1983, Padova, Italy.
-

Forward, Robert. 31 August 1982, Oxnard, California.
-

Fowler, William A. 6 August 1985, Pasadena, California.
-

Geroch, Robert. 2 April 1982, Chicago, Illinois.
-

Giacconi. Ricccardo. 29 April 1983 , Greenbelt, Maryland.
-

Ginzburg, Vitaly Lazarevich. December 1982, Moscow, U. S. S. R. ; 3 February 1989, Pasadena, California.
-

Greenstein, Jesse L. 9 August 1985, Pasadena, California.

-

Grishchuk, Leonid P. 26 March 1986, Moscow, U. S. S. R.

-

Harrison, B. Kent. 5 September 1985, Provo, Utah.

-

Hattie, James B. December 1980, Bahimore, Maryland; 2 April 1982, Chicago, Illinois.

-

Hawking, Stephen W. July 1980, Cambridge, England（not taped）.

-

Ipser, James R. December 1980, Baltimore, Maryland.

-

Israel, werner. June 1982, Les Houches, France.

-

Khalatnikov, Isaac Markovich. 27 March 1986, Moscow, U. S. S. R.

-

Lifshitz, Evgeny Michailovich. December 1982, Moscow, U. S. S. R.

-

MacCallum, Malcolm. 30 August 1982, Santa Barbara, California.

-

Misner, Charles W. 10 May 1981, Pasadena, California.

-

Novikov, Igor Dmitrievich. December 1982, Moscow, U. S. S. R. ; 28 March 1986, Moscow, U. S. S. R.

-

Penrose, Roger. 7 July 1983, Padova, Italy.

-

Press, William H. December 1980, Baltimore, Maryland.

-

Price, Richard. December 1980, Baltimore, Maryland.

-

Rees, Martin. December 1980, Baltimore, Maryland.

-

Sandage, Allan. 13 September 1985, Baltimore, Maryland.

-

Sciama, Dennis. 8 July 1983, Padova, Italy.

-

Serber, Robert. 5 August 1985, New York City.

-

Smarr, Larry. December 1980, Baltimore, Maryland.

-

Teukolsky, Saul A. 27 January 1985, Ithaca, New York.

-

Unrnh, William. December 1980, Baltimore, Maryland.

-

Van Allen, James. 29 April 1973, Greenbelt, Maryland.

-

Voikoff, George. 11 September 1985, Vancouver, British Columbia.

-

Wald, Robert M. December 1980, Baltimore, Maryland; 2 April 1982, Chicago, Illinois.

-

Weber, Joseph. 20 July 1982, College Park, Maryland.

Weiss, Rainer. 7 July 1983, Padova, Italy.

Wheeler, John. December 1980, Baltimore, Maryland.

Zel'dovich, Yakov Borisovich. 17 December 1982, Moscow, U. S. S. R. ; 22 and 27 March 1986, Moscow, U. S. S. R.

参考文献 *

A bramovici, A. , Ahhouse, W. E. , Drever, R. W. P. , Gürsel, Y. , Kawamura, S. , Raab, F. J. , Shoemaker, D. , Sievers, L. , Spero, R. E. , Thorne, K. S. , Vogt, R. E. , Weiss, R., Whitcomb, S. E. , and Zucker, M. E. (1992). " LIGO: The Laser Interferometer Gravitational - Wave Observatory, " *Science, 256*, 325 - 333.

Aleksandrov, A. D. (1955)." The Space - Time of the Theory of Relativity, "*Helvetica Physica Acta, Supplement*, **4**, **4**.

Aleksandrov, A. D. (1959). " The Philosophical Implication and Significance of the Theory of Relativity, " *Voprosy Filosofii*, No. 1, 67.

Alfvén, H. , and Herlofson, N. (1950). " Cosmic Radiation and Radio Stars, " *Physical Review*, **78**, 738.

Anderson, W. (1929). "Über die Grenzdichte der Materie und der Energie, " *Zeitschriftfür Physik*, **56**, 851.

Baade, W. (1952)." Report of the Commission on Extragalactic Nebulae, " *Transactions of the International Astronomical Union*, **8**, 397.

Baade, W. , and Minkowski, R. (1954). " Identification of the Radio Sources in Cassiopeia, Cygnus A, and Puppis, " *Astrophysical Journal*, **119**, 206.

Baade, W. , and Zwicky. F. (1934a). " Supernovae and Cosmic Rays, " *Physical Review*, **45**, 138.

Baade, W. , and Zwicky, F. (1934b). " On Super - Novae, " *Proceedings of the National Academy of Sciences*, **20**, 254.

Bardeen, J. M. (1970). " Kerr Metric Black Holes, " *Nature*, **226**, 64.

Bardeen, J. M. , Carter, B. , and Hawking, S. W. (1973). " The Four Laws of Black Hole Mechanics, " *Communications in Mathematical Physics*, **31**, 161.

Bardeen, J. M. , and Petterson, J. A. (1975). " The Lense - Thirring Effect and Accretion Disks around Kerr Black Holes, " *Astrophysical Journal* (Letters), 195, L65.

Begelman, M. C. , Blandford, R. D. , and Rees, M. J. (1984). " Theory of Extragalactic Radio Sources, " *Reviews of Modern Physics,* 56, 255.

Bekenstein, J. D. (1972). " Black Holes and the Second L aw, " *Lettere al Nuovo Cimento*, **4**, 737.

Bekenstein, J. D. （1973）."Black Holes and Entropy," *Physical Review D*, **7**, 2333.
-
Bekenstein, J. D. （1980）. "Black Hole Thermodynamics," *Physics Today, January* 24.
-
Belinsky, V. A., Khalatnikov, I. M., and Lifshitz, E. M. （1970）. "Oscillatory Approach to a Singular Point in the Relativistic Cosmology," *Advances in Physics*, **19**, 525.
-
Belinsky, V. A., Khalatnikov, I. M., and Lifshitz, E. M. （1982）. "Solution of the Einstein Equations with a Time Singularity," *Advances in Physics*, **31**, 639.
-
Bethe, H. A. （1982）. "Comments on the History of the H - Bomb," *Los Alamos Science*, Fall 1982, 43.
-
Bethe, H. A. （1990） "*Sakharov' s* H-Bomb," *Bulletin of the Atomic Scientists*, October 1990. Reprinted in Drell and Kapitsa（1991）, p. 149.
-
Blair, D., ed. （1991）. *The Detection of Gravitational Waves* （Cambridge University Press, Cambridge, 、 England）.
-
Blandford, R. D. （1976）. "Accretion Disc Electrodynamics—A Model for Double Radio Sources," *Monthly Notices of the Royal Astronomical Society*, **176**, 465.
-
Blandford, R. D. (1987)." Astrophysical Black Holes, "in *300 Years of Gravitation,* edited by S. W. Hawking and W. Israel （Cambridge University Press, Cambridge, England）, p. 277.
-
Blandford, R. D., and Rees, M. （1974）. "A Twin - Exhaust Model for Double Radio Sources," *Monthly Notices of the Royal Astronomical Society*, **169**, 395
-
Blandford, R. D., and Znajek, R. I,. （1977）. "Electromagnetic Extraction of Energy from Kerr Black Holes," *Monthly Notices of the Royal Astronomical Society*, **179**, 433.
-
Bohr, N., and Wheeler, J. A. （1939）. "The Mechanism of Nuclear Fission," *Physical Review*, **56**, 426.
-
Bolton, J. G., Stanley, G. J., and S]ee, O. B. （1949）. "Positions of Three Discrete Sources of Galactic Radio - Frequency Radiation," *Nature,* **164**, 101.
-
Boyer, R. H., and Lindquist, R. W. （1967）. "Maximal Analytic Extension of the Kerr Metric," *Journal of Mathematical Physics*, **8**, 265.
-
Braginsky, V. B. （1967）. "Classical and Quantum Restrictions on the Detection of Weak Disturbances of a Macroscopic Oscillator," *Zhurnal Eksperimentalnoi i Teoreticheskoi Fiziki*, **53**, 1434. English translation in *Soviet Physics? —JETP*, **26**, 831 （1968）.
-
Braginsky, V. B. （1977）. "The Detection of Gravitational Waves and Quantum Nondisturbtive Measurements," *in Topics in Theoretical and Experimental Gravitaton Physics*, edited by V. de Sabbata and J. Weber （Plenum, London）, p.105.
-
Braginsky, . V. B., and Khalili, F. Ya. （1992）. *Quantum Measurements* （Cambridge University Press, Cambridge, England）.
-
Braginsky, V. B., Vorontsov, Yu. I., and Khalili, F. Ya. （1978）. "Optimal Quantum Measurements in Detectors

of Gravitational Radiation, " *Pis ' ma v Redaktsiyu Zhurnal Eksperimentalnoi i Teoreticheskoi Fiziki*, **27**, 296. English translation in *JETP Letters*, **27**, 276（1978）.

-

Braginsky, V, B., Vorontsov, Yu. I., and Thorne, K. S. （1980）"Quantum Nondemolition Measurements, " *Science*, **209**, 547.

-

Brault, J. W. （1962）. " The Gravitational Redshift in the Solar Spectrum, " unpublished doctoral dissertation, Princeton University; available from University Microfilms, Ann Arbor, Michigan.

-

Brown, A. C. , ed. （1978）. *DROPSHOT: The American Plan for World War III against Russia in* 1957（Dial Press/James Wade, New York）.

-

Bunting, G. （1983）. " Proof of the Uniqueness Conjecture for Black Holes, " unpublished Ph.D. dissertation, Department of Mathematics, University of New England, Armidale, N. S. W. Australia.

-

Burbidge, G. R. （1959）. " The Theoretical Explanation of Radio Emission, " in *Paris Symposium on Radio Astronomy*, edited by R. N. Bracewell（Stanford University Press, Stanford, California）.

-

Candelas, P. （1980）."Vacuum Polarization in Sehwarzsehild Spaeetime, " *Physical Review D*, **21**, 2185.

-

Cannon, R. C., Eggleton, P. P., Zytkow, A. N., and Podsiadlowski, P, （1992）. " The Structure and Evolution of Thorne—Zytkow Objects, " *Astrophysical Journal*, **386**, 206–214.

-

Carter, B. （1966）. " Complete Analytic Extension of the Symmetry Axis of Kerr ' s Solution of Einstein ' s Equations, " *Physical Review*, **141**, 1242.

-

Carter, B. （1968）. " Global Structure of the Kerr Family of Gravitational Fields, " *Physical Review*, **174**, 1559.

-

Carter, B. （1979）. " The General Theory of the Mechanical Electromagnetic and Thermodynamic Properties of Black Holes, " in *General Relativity: An Einstein Centenary Survey*, edited by S. W. Hawking and W. Israel（Cambridge University Press, Cambridge, England）, p. 294.

-

Caves, C. M. , Thorne, K. S. , Drever, R. W. P. , Sandberg, V. D. , and Zimmermann, M. （1980）."On the Measurement of a Weak Classical Force Coupled to a Quantum - Mechanical Oscillator. I. Issues of Principle, " *Reviews of Modern Physics*, **52**, 341.

-

Chandrasekhar, S. （1931）. " The Maximum Mass of Ideal White Dwarfs, " *Astrophysical Journal*, **74**, 81.

-

Chandrasekhar, S. （1935）." The Highly Collapsed Configurations of a Stellar Mass（Second Paper）, " *Monthly Notices of the Royal Astronomical Society*, **95**, 207.

-

Chandrasekhar, S. （1983a）. *Eddington: The Most Distinguished Astrophysicist of His Time*（Cambridge University Press, Cambridge, England）.

-

Chandrasekhar, S. （1983b）. *The Mathematical Theory of Black Holes*（Oxford University Press, New York）.

-

Chandrasekhar, S. （1989）*Selected Papers of S. Chandrasekhar*. Volume I: *Stellar Structure and Stellar Atmospheres*（University of Chicago Press, Chicago）.

-

Chandrasekhar, S., and Hartle, J. M. （1982）. " On Crossing the Cauchy Horizon of a Reissner - Nordström

Black Hole," *Proceedings of the Royal Society of London*, **A384**, 301.

Christodoulou, D. （1970）. " Reversible and Irreversible Transformations in Black - Hole Physics," *Physical Review Letters*, **25**, 1596.

Clark, R. W. （1971）. *Einstein: The Life and Times* （World Publishing Co., New York）.

Cohen, J. M., and Wald, R. M. （1971）. " Point Charge in the Vicinity of a Schwarzschild Black Hole," *Journal of Mathematical Physics*, **12**, 1845.

Colgate, S. A., and Johnson, M. H.（1960）." Hydrodynamic Origin of Cosmic Rays, "*Physical Review Letters*, **5**, 235.

Colgate, S. A., and White, R. H. （1963）. " Dynamics of a Supernova Explosion," *Bulletin of the American Physical Society*, **8**, 306.

Colgate, S. A., and White, R. H.（1966）. " The Hydrodynamic Behavior of Supernova Explosions," *Astrophysical Journal*, **143**, 626.

Collins, H. M. （1975）. " The Seven Sexes: A Study in the Sociology of a Phenomenon, or the Replication of Experiments in Physics," *Sociology*, **9**, 205.

Collins, H. M. （1981）. " Son of Seven Sexes: The Social Destruction of a Physical Phenomenon, " *Social Studies of Science* （SAGE, London and Beverly Hills）, **11**, 33.

Damour, T. （1978）. " Black - Hole Eddy Currents," *Physical Review D*, **18**, 3598.

Davies, P. C. W.（1975）." Scalar Particle Production in Schwarzschild and Rindler Metrics, "*Journal of Physics A*, **8**, 609.

de la Cruz, V., Chase, J. E., and Israel, W. （1970）. " Gravitational Collapse with Asymmetries," *Physical Review Letters*, **24**, 423.

de Sabbata, V., and Weber, J., eds. （1977）. *Topics in Theoretical and Experimental Gravitation Physics* （Plenum, New York）.

DeWitt, C., and DeWitt, B. S., eds. （1964）. *Relativity, Groups, and Topology* （Gordon and Breach, New York）.

DeWitt, C., and DeWitt, B. S., eds. （1973）. *Black Holes* （Gordon and Breach, New York）.

Doroshkevich, A. D., and Novikov, I. D. （1978）. " Space - Time and Physical Fields in Black Holes," *Zhurnal Eksperimentalnoi i Teoreticheskii Fiziki*, **74**, 3. English translation in *Soviet Physics—JETP*, **47**, 1 （1978）.

Doroshkevich, A. D., Zel'dovich, Ya. B., and Novikov, I. D. （1965）. " Gravitational Collapse of Nonsymmetric and Rotating Masses," *Zhurnal Eksperimentalnoi i Teoreticheskii Fiziki*, **49**, 170. English translation in Soviet Physics—*JETP*, **22**, 122 （1966）.

Drell, S., and Kapitsa, S., eds. （1991）. *Sakharov Remembered : A Tribute by Friends and Colleagues* （American Institute of Physics, New York）.

Drever, R. W. P. （1991）. "Fabry-Perot Cavity Gravity-Wave Detectors," in *The Detection of Gravitational Waves,* edited by D. Blair （Cambridge University Press, Cambridge, England）, p. 306.

Dyson, F. J. （1963）. "Gravitational Machines," *in The Search for Extraterrestrial Life,* edited by A. G. W. Cameron （W. A. Benjamin, New York）, p. 115.

Echeverria, F., Klinkhammer, G., and Thorne, K. S. （1991）. "Billiard Balls in Wormhole Spacetimes with Closed Timelike Curves. I. Classical Theory," *Physical Review D,* **44**, 1077.

ECP-1: Einstein, A. （1987）. *The Collected Papers of Albert Einstein.* Volume 1: *The Early Years, 1879-1902,* edited by John Stachel （Princeton University Press, Princeton New Jersey）. English translation by Anna Beck in a companion volume of the same title.

ECP-2: Einstein, A. （1989）. *The Collected Papers of Albert Einstein.* Volume 2: *The Swiss Years: Writings, 1900-1909,* edited by John Stachel （Princeton University Press, Princeton, New Jersey）. English translation by Anna Beck in a companion volume of the same title.

Eddington. A. S. （1926）. *The Internal Constitution of the Stars* （Cambridge University Press, Cambridge, England）.

Eddington, A. S. （1935a）. "Relativistic Degeneracy," *Observatory,* **58**, 37.

Eddington, A. S. （1935b）. "On Relativistic Degeneracy," *Monthly Notices of the Royal Astronomical Society,* **95**, 194.

Einstein, A. （1911）. "On the Influence of Gravity on the Propagation of Light," *Annalen der Physik,* **35**, 898.

Einstein, A. （1915）. "The Field Equations for Gravitation," *Sitzungsberichte der Deutschen Akademie der Wissenschaften zu Berlin, Klasse fur Mathematik, Physik, und Technik,* **1915**, 844.

Einstein, A. （1939）. "On a Stationary System with Spherical Symmet Consisting of Many Gravitating Masses," *Annals of Mathematics,* **40**, 922.

Einstein, A. （1949）. "Autobiographical Notes," in *Albert Einstein: Philosopher-Scientist,* edited by Paul A. Schilpp （Library of Living Philosophers, Evanston, Illinois）.

Einstein, A., and Marić, M. （1992）. *Albert Einstein/Mileva Marić: The Love Letters,* edited by Jürgen Renn and Robert Schulman （Princeton University Press, Princeton, New Jersey）.

Eisenstaedt, J. （1982）. "Histoire et Singularités de la Solution de Schwarzschild," *Archive for History of Exact Sciences,* **27**, 157.

Eisenstaedt, J. （1991）. "De 1' Influence de la Gravitation sur la Propagation de la Lumiére en Théorie Newtonienne. L' Archéologie des Trous Noirs," *Archive for History of Exact Sciences,* **42**, 315.

Epstein, R., and Clark, J. P. A. （1979）. "Discussion Session II: Sources of Gravitational Radiation," in *Sources of Gravitational Radiation,* edited by L. Smarr （Cambridge University Press, Cambridge, England）, p. 477.

Feynman, R. P. （1965）. *The Character of Physical Law* （British Broadcasting Corporation, London; paperback edition: MIT Press, Cambridge, Massachusetts).

-

Finkelstein, D.（1958）. "Past - Future Asymmetry of the Gravitational Field of a Point Particle, " *Physical Review*, 110, 965.

-

Finkelstein, D.（1993）. "Misner, Kinks, and Black Holes, " in *Directions in General Relativity*. Volume 1: *Papers in Honor of Charles Misner*, edited by B. L. Hu, M.P. Ryan Jr. , and C. V. Vishveshwara（Cambridge University Press, Cambridge, England）, p. 99.

-

Flamm, L.（1916）. "Beitrage zur Einsteinschen Gravitationstheorie, " *Physik Zeitschrift*, **17**, 448.

-

Forward, R. L.（1992）. *Timemaster*,（Tor Books, New York）.

-

Fowler, R. H.（1926）. "On Dense Matter, " *Monthly Notices of the Royal Astronomical Society*, **87**, 114.

-

Frank, P.（1947）. *Einstein: His Life and Times*（Alfred A. Knopf, New York）.

-

Friedman, H.（1972）. "Rocket Astronomy, " *Annals of the New York Academy of Sciences*, **198**, 267.

-

Friedman, J. , and Morris, M. S.（1991）. " ' The Cauchy Problem for the Scalar Wave Equation Is Well Defined on a Class of Spacetimes with Closed Timelike Curves, " *Physical Review Letters*, **66**, 401.

-

Friedman, J., Morris, M. S. , Novikov, I. D. , Echeverria, F. , Klinkhammer. G. , Thorne, K. S. , and Yurtsever, U.（1990）. "Cauchy Problem in Spacetimes with Closed Timelike Curves, " *Physical Review D*, **42**, 1915.

-

Friedman, J., Papastamatiou, N., Parker, L., and Zhang, H.（1988）. "Non - orientable Foam and an Effective Planck Mass for Point - like Fermions, " *Nuclear Physics*, **B309**, 533; appendix.

-

Frolov, V. P.（1991）. "Vacuum Polarization in a Locally Static Multiply Connected Spacetime and a Time - Machine Problem, " *Physical Review D*, **43**, 3878.

-

Gamow, G.（1937）. *Structure of Atomic Nuclei and Nuclear Transformations*（Clarendon Press, Oxford, England）, pp. 234 - 238.

-

Gamow, G.（1970）. *My world Line*（Viking Press, New York）.

-

Geroch, R. P.（1967）. "Topology in General Relativity, " *Journal of Mathematical Physics*, **8**, 782.

-

Gertsenshtein, M. E. , and Pustovoit, V. I.（1962）. "On the Detection of Low - Fre quency Gravitational Waves, " *Zhurnal Eksperimentalnoi i Teoreticheskoi Fiziki*, **43**, 605. English translation in *Soviet Physics—JETP*, **16**, 433（1963）.

-

Giacconi, R. , and Gursky, H. , eds（1974）. *X - Ray Astronomy*（Reidel, Dordrecht, Holland）.

-

Giacconi, R. , Gursky, H. , Paolini, F. R. , and Rossi, B. B.（1962 "Evidence for X - Rays from Sources Outside the Solar System, " *Physical Review Letters*, **9**, 439.

-

Gibbons, G.（1979）. "The Man Who Invented Black Holes, " *New Scientist*, **28**, 1101（29 June）.

-

Gibbons, G. W. , and Hawking, S. W.（1977）" Action Integrals and Partition Functions in Quantum Gravity, "

Physical Review D, **15**, 2752.
-

Giffard, R. （1976）"Ultimate Sensitivity Limit of a Resonant Gravitational Wave Antenna Using a Linear Motion Detector," *Physical Review D*, **14**, 2478.
-

Ginzburg. V. L., （1951）. " Cosmic Rays as the Source of Galactic Radio Waves," *Doklady Akademii Nauk SSSR*, **76**, 377.
-

Ginzburg, V. L. （1964）. " The Magnetic. Fields of Collapsing Masses and the Nature of Superstars," *Doklady Akademii Nauk SSSR*, **156**, 43. English translation in *Soviet Physics—Doklady*, **9**, 329（1964）.
-

Ginzburg. V. L. （1984）. " Some Remarks on the History of the Development of Radio Astronomy," in *The Early Years of Radio Astronomy*, edited by W. J. Sullivan （Cambridge University Press, Cambridge, England）.
-

Ginzburg, V. L. （1990）. Private communication to K. S. Thorne.
-

Ginzburg, V. L. , and Ozemoy, L. M. （1964）. " On Gravitational Collapse of Magnetic Stars," *Zhurnal Eksperimentalnoi i Teoreticheskoi Fiziki*, **47**, 1030. English translation in *Soviet Physics—JETP*, **20**, 689 （1965）.
-

Gleick, J. （1987）. Chaos: *Making a New Science* （Viking/Penguin, New York）.
-

Gödel, K. （1949）. " An Example of a New Type of Cosmological Solution of Einstein's Field Equations of Gravitation," *Reviews of Modern Physics*, **21**, 447.
-

Golovin, I. N. （1973）. *I. V. Kurchatov* （Atomizdat, Moscow）, 2nd edition. An English translation of the earlier and less complete first edition was published as *Academician Igor Kurchatov* （Mir Publishers, Moscow, 1969; also, Selbstverlag Press, Bloomington, Indiana, 1968. ）
-

Goodchild, P. （1980）. *J Robert Oppenheimer, Shatterer of Worlds* （British Broadcasting Company, London）.
-

Gorelik, G. E. （1991）. " 'My Anti-Soviet Activities...' One Year in the Life of L. D. Landau," *Priroda,* November issue, p. 93 ; in Russian.
-

Gott, J. R. （1991）. " Closed Timelike Curves Produced by Pairs of Moving Cosmic Strings: Exact Solutions," *Physical Review Letters*, **66**, 1126.
-

Graves, J. C. , and Brill, D. R. （1960）. " Oscillitory Character of the Reissner-Nord-ström Metric for an Ideal Charged Wormhole," *Physical Review*, **120**, 1507.
-

Greensterin, J. L. （1963）. " Red-shift of the Unusual Radio Source: 3C48," *Nature*, **197**, 1041.
-

Greenstein. J. L. （1982）. Oral history interview by Rachel Prud'homme, February and March 1982, Archives, California Institute of Technology.
-

Greenstein. J. L. , Oke, J. B. , and Shipman, H. （1985）. " On the Redshift of Sirius B. " *Quarterly Journal of the Royal Astronomical Society.* **26**, 279.
-

Grishchuk, L. P. , Petrov, A. N. , and Popova, A. D. （1984）. " Exact Theory of the Einstein Gravitational Field in an Arbitrary Background Space-Time," *Communications in Mathematical Physics*, **94**, 379.

Hall, S. S. （1989）. "The Man Who Invented Time Travel: The Astounding World of Kip Thorne," *California*, October, p.68.

Hanni, R. S. , and Ruffini, R. （1973）. "Lines of Force of a Point Charge Near a Schwarzschild Black Hole," *Physical Review D*, **8**, 3259.

Harrison, B. K. , Thorne, K. S. , Wakano, M. , and Wheeler, J. A. （1965）. *Gravitation Theory and Gravitational Collapse* （University of Chicago Press, Chicago）.

Harrison. B. K. , Wakano, M. , and Wheeler, J. A. （1958）. "Matter - Energy at High Density: End Point of Thermonuclear Evolution." in *La Structure et l' Evolution de l' Univers*, Onzième Conseil de Physique Solvay （Stoops, Brussels）, p. 124.

Hartle, J. B. , and Sabbadini, A. G. （1977）. "The Equation of State and Bounds on the Mass of Nonrotating Neutron Stars," *Astrophysical Journal*, **213**, 831.

Hawking, S. W. （1971a）. "Gravitationally Collapsed Objects of Very Low Mass," *Monthly Notices of the Royal Astronomical Society*, **152**, 75.

Hawking, S. W. （1971b）. "Gravitational Radiation from Colliding Black Holes," *Physical Review Letters*, **26**, 1344.

Hawking, S. W. （1972）. "Black Holes in General Relativity," *Communications in Mathematical Physics*, **25**, 152.

Hawking, S. W. （1973）. "The Event Horizon," in *Black Holes*, edited by C. DeWitt and B. S. DeWitt （Gordon and Breach, New York）, p. 1.

Hawking, S. W. （1974）. "Black Hole Explosions？" *Nature*, **248**, 30.

Hawking, S. W. （1975）. "Particle Creation by Black Holes," *Communications in Mathematical Physics*, **43**, 199.

Hawking, S. W. （1976）. "Black Holes and Thermodynamics," *Physical Review D*, **13**, 191.

Hawking, S. W. （1987）. "Quantum Cosmology," in *300 Years of Gravitation*, edited by S. W. Hawking and W. Israel （Cambridge University Press, Cambridge, England）, p. 631.

Hawking, S. W. （1988）. *A Brief History of Time* （Bantam Books, Toronto, New York）.

Hawking, S. W. （1992a）. "The Chronology Protection Conjecture," *Physical Review D*, **46**, 603.

Hawking, S. W. （1992b）. "Evaporation of Two - Dimensional Black Holes," *Physical Review Letters*, **69**, 406.

Hawking, S. W. , and Ellis, G. F. R. （1973）. *The Large Scale Structure of Space - Time* （Cambridge University Press, Cambridge, England）.

Hawking, S. W. , and Hartle, J. B. （1972）. "Energy and Angular Momentum Flow into a Black Hole," *Communications in Mathematical Physics*, **27**, 283.

Hawking, S. W. , and Penrose, R. （1970）. "The Singularities of Gravitational Collapse and Cosmology, " *Proceedings of the Royal Society of London*, **A314**, 529.
-

Hey, J. S. （1973）. *The Evolution of Radio Astronomy* （Neale Watson Academic Publications, Inc. , New York）.
-

Hirsh, R. E. （1979）. "Science, Technology, and Public Policy: The Case of X-Ray Astronomy, 1959 to 1972, " unpublished Ph.D. dissertation, University of Wisconsin-Madison; available from University Microfilms, Ann Arbor, Michigan.
-

Hiscock, W. A., and Konkowski, D. A. （1982）. "Quantum Vacuum Energy in TaubNUT （Newman-Unti-Tamburino）-Type Cosmologies, " *Physieal Review D*, **6**, 1225.
-

Hoffman, B. （1972）. In collaboration with H. Dukas, *Albert Einstein : Creator and Rebel* （Viking, New York）.
-

Imshennik, V. S. , and Nadezhin, D. K. （1964）. "Gas Dynamical Model of a Type II Supernova Outburst, " *Astronomicheskii Zhurnal*, **41**, 829. English translation in *Soviet Astrronomy—AJ*, **8**, 664 （1965）.
-

Israel, W. （1967）. "Event Horizons in Static Vacuum Spacetimes, " *Physical Review*, **164**, 1776.
-

Israel, W. （1986）. "Third Law of Black Hole Dynamics—A Formulation and Proof, " *Physical Review Letters*, **57**, 397.
-

Israel, W. （1987）. "Dark Stars: The Evolution of an Idea, " in *300 Years of Gravitation*, edited by S. W. Hawking and W. Israel （Cambridge University Press, Cambridge, England）, p. 199.
-

Israel, W. （1990）. Letter to K. S. Thorne, dated 28 May 1990, commenting on the semifinal draft of this book.
-

Jansky, K. （1932）. "Directional Studies of Atmospherics at High Frequencies, " *Proceedings of the Institute of Radio Engineers*, **20**, 1920.
-

Jennison, R. C. , and Das Gupta, M. K. （1953）. "Fine Structure of the Extra-terrestrial Radio Source Cygnus 1, " *Nature*, **172**, 996.
-

Kellermann, K. , and Sheets, B. （1983）. *Serendipitous Discoveries in Radio Astronomy* （National Radio Astronomy Observatory, Green Bank, West Virginia）.
-

Kerr, R. P. （1963）. "Gravitational Field of a Spinning Mass as an Example of Algebraically Special Metrics, " *Physical Review Letters*, **11**, 237.
-

Kevles, D. J. （1971）. *The Physicists* （Random House, New York）.
-

Khalatnikov, I. M. , ed. （1988）. *Vospominaniya o L. D. Landau* （Nauka, Moscow）. English translation: *Latutau, the Physicist and the Man : Recollections of L. D. Landau* （Pergamon Press, Oxford, England, 1989）.
-

Khalatnikov, I. M. , and Lifshitz, E. M. （1970）. "The General Cosmological Solution of the Gravitational Equations with a Singularity in Time, " *Physical Review Letters*, **24**, 76.
-

Kiepenheuer, K. O. （1950）. "Cosmic Rays as the Source of General Galactic Radio Emission, " *Physical Review*, **79**, 738.

Kim, S. - W. , and Thorne, K. S. （1991）. "Do Vacuum Fluctuations Prevent the Creation of Closed Timelike Curves?" *Physical Review D*, **43**, 3939.

Klauder, J. R. , ed. （1972）. *Magic without Magic : John Archibald Wheeler* （W. H. Freeman, San Francisco）.

Kruskal, M. D. （1960）. "Minimal Extension of the Schwarzschild Metric, " *Physical Review*, **119**, 1743.

Kuhn, Y. （1962）. *The Structure of Scientific Revolutions* （University of Chicago Press, chicago）.

Landau, L. D. （1932）. "On the Theory of Stars, " *Physikalische Zeitschrifi Sowjetunion*, **1**, 285.

Landau, L. D. （1938）. "Origin of Stellar Energy, " *Nature*, **141**, 333.

Landau, L. D. , and Lifshitz, E. M. （1962）. *Teoriya Polya* （Gosudarstvennoye Izdatel 'stvo Fiziko - Matematieheskoi Literaturi, Moscow）, Section 108. English translation: *The Classical Theory of Fields* （Pergamon Press, Oxford, England, 1962）, Section 110.

Laplace, P. S. （1796）. *Exposition du Système du Monde.* Volume II : *Des Mouvements Réels des Corps Célestes* （Paris）. Published in English as *The System of the World* （W. Flint, London, 1809）.

Laplace, P. S. （1799）. "Proof of the Theorem, that the Attractive Force of a Heavenly Body Could Be so Large, that Light Could Not Flow Out of It, " *Allgemeine Geographische Ephemeriden*, verfasset von Einer Gesellschaft Gelehrten. 8vo Weimar, IV, Bd I St. English translation in Appendix A of Hawking and Ellis（1973）.

Lifshitz, E. M. , and Khalatnikov, I. M. （1960）. "On the Singularities of Cosmological Solutions of the Gravitational Equations. I. " *Zhurnal Eksperimentalnoi i Teoreticheskoi Fiziki*, **39**, 149. English translation in *Soviet Physics—JETP*, **12**, 108 and 558 （1961）.

Lifshitz, E. M. , and Khalatnikov, I. M. （1963）. "Investigations in Relativistic Cosmology, " Advances in *Physics*, **12**, 185.

Livanova, A. （1980）. *Landau: A Great Physicist and Teacher* （Pergamon Press, Oxford, England）.

Longair, M. S. , Ryle, M. , and Scheuer. P. A. G. （1973）. "Models of Extended Radio Sources, " *Monthly Notices of the Royal Astronomical Society*, **164**, 243.

Lorentz, H. A. , Einstein, A. , Minkowski, H. , and Weyl, H. （1923）. *The Principle of Relativity ; A Collection of Original Memoirs on the Special and General Theory of Relativity* （Dover, New York）.

Lynden - Bell, D. （1969）, "Galactic Nuclei as Collapsed Old Quasars, " *Nature*, **223**, 690.

Lynden - Bell, D. （1978）. "Gravity Power, " *Physica Scripta*, **17**, 185.

Mazur, P. （1982）. "Proof of Uniqueness of the Kerr - Newman Black Hole Solution, " *Journal of Physics A*, **15**, 3173.

May, M. M. , and White, R. H, （1965）. "Hydrodynamical Calculation of General Relativistic Collapse, " *Bulletin of the American Physical Society*, **10**, 15.

May, M. M. , and White, R. H. （1966）. " Hydrodynamic Calculations of General Relativistic Collapse, "
　　Physical Review, **141**, 1232.

-

Medvedev, Z. A. （1978）. *Soviet Science* （W. W. Norton, New York）.

-

Medvedev, Z. A. （1979）. *Nuclear Disaster in the Urals* （W. W. Norton, New York）.

-

Michell, J. （1784）. " On the Means of Discovering the Distance, Magnitude, Etc. , of the Fixed Stars, in
　　Consequence of the Diminution of Their Light, in Case Such a Diminution Should Be Found to Take Place in
　　Any of Them, and Such Other Data Should Be Procured from Observations, as Would Be Further Necessary
　　for That Purpose, " *in Philosophical Transactions of the Royal Society of London*, **74**, 35；presented to the
　　Royal Society on 27 November 1783.

Michelson, P. F. , and Taber, R. C. （1984）. " Can a Resonant - Mass Gravitational - Wave Detector Have
　　Wideband Sensitivity? " *Physical Review D*, **29**, 2149.

-

Misner, C. W. （1969）. " Mixmaster Universe, " *Physical Review Letters*, **22**, 1071.

-

Misner, C. W., Thorne, K. S., and Wheeler, J. A. （1973）. *Gravitation* （W. H. Freeman, San Francisco）.

-

Mitton, S., and Ryle, M. （1969）. " High Resolution Observations of Cygnus A at 2.7 GHz and 5 GHz, " *Monthly
　　Notices of the Royal Astronomical Society*, **146**, 221.

-

Morris, M. S. , and Thorne, K. S. （1988） " Worm holes in Spacetime and Their Use for Interstellar Travel: A
　　Tool for Teaching General Relativity, " *American Journal of Physics*, **56**, 395.

-

Morris, M. S. , Thorne, K. S. , and Yurtsever, U. （1988） " Wormholes, Time Machines, and the Weak Energy
　　Condition, " Physical Review Letters, 61, 1446.

-

Moss, G. E. , Miller, L. R. , and Forward, R. L. , （1971）. " Photon Noise Limited Laser Transducer for
　　Gravitational Antenna, " *Applied Optics*, **10**, 2495.

-

MTW : Misner, Thorne, and Wheeler （1973）.

-

Newman, E. T., Couch, E., Chinnapared, K., Exton, A., Prakash, A., and Torrence, R. （1965）. " Metric of a
　　Rotating, Charged Mass, " *Journal of Mathematical Physics*, **6**, 918.

-

Novikov, I. D. （1963）. " The Evolution of the Semi - Closed World. " *Astronomicheskii Zhurnal*, **40**, 772. English
　　translation in *Soviet Astronomy—AJ*, **7**, 587 （1964）.

-

Novikov, I. D. （1966）. " Change of Relativistic Collapse into Anticollapse and Kinematics of a Charged
　　Sphere, " *Pis ' ma v Redaktsiyu Zhurnal Eksperimentalnoi i Teoreticheskoi Fiziki*, **3**, 223. English translation in
　　JETP Letters, **3**, 142 （1966）.

-

Novikov . I. D. （1969）. " Metric Perturbations When Crossing the Schwarzschild Sphere, " *Zhurnal
　　Eksperimentalnoi i Teoreticheskoi Fiziki*, **57**, 949. English translation in *Soviet Physics—JETP*. **30**, 518 （t970）.

-

Novikov, I. D., Polnarev. A. G., Starohinsky. A. A., and Zel ' dovich, Ya. B. （1979）. " Primordial Black Holes, "
　　Astronomv and Astrophysics, **80**, 104.

-

Novikov, I. D., and Zel'dovieh, Ya. B. （1966）. "Physics of Relativistic Collapse," *Supplemento al Nuovo Cimento*, **4**, 810; Addendum 2.

Oppenheimer, J. R., and Serber, R. （1938）. "On the Stability of Stellar Neutron Cores," *Physical Review*, **54**, 608.

Oppenheimer, J. R., and Snyder, H. （1939）. "On Continued Gravitational Contraction." *Physical Review*, **56**, 455.

Oppenheimer, J. R., and Volkoff, G. （1939）. "On Massive Neutron Cores," *Physical Review*, 54, 540.

Ori, A. （1991）. "The Inner Structure of a Charged Black Hole: An Exact Mass Inflation Solution," *Physical Review Letters*, **67**, 789.

Ori, A. （1992）. "Structure of the Singularity Inside a Realistic Rotating Black Hole," *Physical Review Letters*, **68**, 2117.

Page, D. N. （1976）. "Particle Emission Rates from a Black Hole," *Physical Review D*, **13**, 198, and **14**, 3260.

Page, D. N., and Hawking, S. W. （1975）. "Gamma Rays from Primordial Black Holes," *Astrophysical Journal*, **206**, 1.

Pagels, H. （1982）. *The Cosmic Code* （Simon and Schuster, New York）.

Pais, A. （1982）. "*Subtle Is the Lord...*" *The Science and the Life of Albert Einstein* （Oxford University Press, Oxford, England）.

Penrose, R. （1965）. "Gravitational Collapse and Spacetime Singularities," *Physical Review Letters*, **14**, 57.

Penrose, R. （1968）. "The Structure of Spacetime," in *Battelle Rencontres : 1967 Lectures in Mathematics and Physics*, edited by C. M. DeWitt and J. A. Wheeler （Benjamin, New York）, p. 565.

Penrose, R. （1969）. "Gravitational Collapse : The Role of General Relativity," *Rivista Nuovo Cimento*, **1**, 252.

Penrose, R. （1989）. *The Emperor's New Mind* （Oxford University Press, New York）, pp. 419-421.

Phinney, E. S. （1989）. "Manifestations of a Massive Black Hole in the Galactic Center," in *The Center of the Galaxy : Proceedings of IAU Symposium 136* edited by M. Morris （Reidel, Dordrecht, Holland）, p. 543.

Pimenov, R. 1. （1968）. *Prostranstva Kinimaticheskovo Tipa* ［*Seminars in Mathematics*］, Vol. 6 （V. A. Steklov Mathematical Institute, Leningrad）. English translation: *Kinematic Spaces* （Consultants Bureau, New York, 1970）.

Podurets, M. A. 1964）. "The Collapse of a Star with Back Pressure Taken Into Account," *Doklady Akademi Nauk*, **154**, 300. English translation in *Soviet Physics·Doklady*, **9**, 1 （1964）.

Poisson, E., and Israel, W. （1990）. "Internal Structure of Black Holes," *Physical Review D*, **41**, 1796.

Press, W. H. （1971）. "Long Wave Trains of Gravitational Waves from a Vibrating Black Hole," *Astrophysical Journal Letters*, **170**, 105.

Press, W. H. , and Teukolsky, S. A. （1973）. " Perturbations of a Rotating Black Hole. II . Dynamical Stability of the Kerr Metric, " *Astrophysical Journal*, **185**, 649.

Price, R. H. （1972）. " Nonspherical Perturbations of Relativistic Gravitational Collapse, " *Physical Review D*, **5**, 2419 and 2439.

Price, R. H. , and Yhorne, K. S. （1988）. " The Membrane Paradigm for Black Holes, " *Scientific American*, **258**（No. 4）, 69.

Rabi, I. I., Serber, R., Weisskopf, V. F., Pais, A., and Seaborg, G. T. （1969）. *Oppenheimer*（Scribners, New York）.

Reber, G. （1940）. " Cosmic Static, " *Astrophysical Journal*, **91**, 621.

Reber, G. （1944）. " Cosmic Static, " *Astrophysical Journal*, **100**, 279.

Reber, G. （1958）. " Early Radio Astronomy at Wheaton, Illinois, " *Proceedings of the Institute of Radio Engineers*, **46**, 15.

Rees, M. （1971）. " New Interpretation of Extragalactic Radio Sources, " *Nature*, **229**, 312 and 510.

Renn, J. , and Schulman, R. （1992）. Introduction to *Albert Einstein/Mileva Marić : The Love Letters*, edited by Jürgen Renn and Robert Schulman （Princeton University Press, Princeton, New Jersey）.

Rhodes, R. （1986）. *The Making of the Atomic Bomb* （Simon and Schuster, New York）.

Ritus V. I. （1990）. " If Not I, Then Who? " *Priroda*, August issue. English translation in Drell and Kapitsa, eds. （1991）.

Robinson, I. , Schild, A. , and Schucking, E. L. , eds. （1965）. *Quasi - Stellar Sources and Gravitational Collapse* （University of Chicago Press, Chicago）.

Romanov, Yu. A. （1990）. " The Father of the Soviet Hydrogen Bomb, " *Priroda*, August issue. English translation in Drell and Kapitsa, eds. （1991）.

Royal, D. （1969）. *The Story of J. Robert Oppenheimer* （St. Martin ' s Press, New York）.

Sagan, C. （1985）. *Contact* （Simon and Schuster, New York）.

Sakharov, A. （1990）. *Memoirs* （Alfred A. Knopf, New York）.

Salpeter, E. E. （1964）. " Accretion of Interstellar Matter by Massive Objects, " *Astrophysical Journal*, **140**, 796.

Schaffer, S. （1979）. " John Michell and Black Holes, " *Journal for the History of Astronomy*, **10**, 42.

Schmidt, M. （1963）. " 3C273 : A Star - like Object with Large Red - shift, " *Nature*, **197**, 1040.

Schwarzschild, K. （1916a）. " Uber das Gravitationsfeld eines Massenpunktes nach der Einsteinschen Theorie, " *Sitzungsberichte der Deutschen Akademie der Wissenschafien zu Berlin, Klasse fur Mathematik, Physik, und Technik*, 1916, 189.

Schwarzschild, K. （1916b）. " Uber das Gravitationsfeld einer Kugel aus inkompressibler Flussigkeit nach der Einsteinschen Theorie, " *Sitzungsberichte der Deutschen Akademie der Wissenschafien zu Berlin, Klasse fur Mathematik, Physik, und Technik*, **1916**, 424.

Seelig, C. （1956）. Albert Einstin: *A Documentary Biography* （Staples Press, London）, p. 104.

Serber, R. （1969）. " The Early Years, " in Rabi et al. （1969）; also published in *Physics Today*, October 1967, p. 35.

Shapiro, S. L. , and Teukolsky, S. A. （1983）. *Black Holes, White Dwarfs, and Neutron Stars* （Wiley, New York）.

Shapiro, S. L. , and Teukolsky, S. A. （1991）. " Formation of Naked Singularities—The Violation of Cosmic Censorship, " *Physical Review Letters*, **66**, 994.

Smart, W. M. （1953）. *Celestial Mechanics* （Longmans, Green and Co. , London）, Section 19.03

Smith, A. K. , and Weiner, C. （1980）. *Robert Oppenheimer. Letters and Recollections* （Harvard University Press, Cambridge, Massachusetts）.

Smith, H. J. （1965）. " Light Variations of 3C273, " in *Quasi-Stellar Sources and Gravitational Collapse*, edited by I. Robinson, A. Schild, and E. L. Schucking （University of Chicago Press, Chicago）, p. 221.

Solvay （1958）. Onzième Conseil de Physique Solvay, *La Structure et l' Evolution de l' Univers* （Editions R. Stoops, Brussels）.

Stoner, E. C. （1930）. " The Equilibrium of Dense Stars, " *Philosophical Magazine*, **9**, 944.

Struve, O. , and Zebergs, V. （1962）. *Astronomy of the 20th Century* （Macmillan, New York）.

Sullivan, W. J. , ed. （1982）. *Classics in Radio Astronomy* （Reidel, Dordrecht, Holland）.

Sullivan, W. J. , ed. （1984）. *The Early Years of Radio Astronomy* （Cambridge University Press, Cambridge, England）.

Sunyaev, R. A. （1972）. " Variability of X Rays from Black Holes with Accretion Disks, " *Astronomicheskii Zhurnal*, **49**, 1153. English translation in *Soviet Astronomy—AJ*, **16**, 941, （1973）.

Taylor, E. F. , and Wheeler, J. A. （1992）. *Spacetime Physics : Introduction to Special Relativity* （W. H. Freeman, San Francisco）.

Teller, E. （1955）. " The Work of Many People, " *Scienee*, **121**, 268.

Teukolsky, S. A. （1972）. " Rotating Black Holes: Separable Wave Equations for Gravitational and Electromagnetic Perturbations, " *Physical Review Letters*, **29**, 1115.

Thorne, K. S. （1967）. " Gravitational Collapse, " *Scientific American*, **217**, （No. 5）, 96.

Thorne, K. S. （1972）. " Nonspherical Gravitational Collapse—A Short Review, " in *Magic without Magic: John*

Archibald Wheeler, edited by J. R. Klauder（W. H. Freeman, San Francisco）, p. 231.

-

Thorne, K. S.（1974）. " The Search for Black Holes, " *Scientific American*, **231**（No. 6）, 32.

-

Thorne, K. S.（1987）. " Gravitational Radiation, " in *300 Years of Gravitation*, edited by S. W. Hawking and W. Israel（Cambridge University Press, Cambridge, England）, p. 330.

-

Thorne, K. S.（1991）. " An American ' s Glimpses of Sakharov, " *Priroda*, May issue ; in Russian. English translation in Drell and Kapitsa, eds.（1991）, p. 74

-

Thorne, K. S.（1993）. " Closed Timelike Curves, " in *General Relativity and Gravitation 1992*, edited by R. J. Gleiser, C. N. Kozameh, and D. M. Moresehi（Institute of Physics Publishing, Bristol, England）, p. 295.

-

Thorne, K. S., Drever, R. W. P., Caves, C. M., Zimmermann, M., and Sandberg, V. D.（1978）. " Quantum Nondemolition Measurements of Harmonic Oscillators, " *Physical Review Letters*, **40**, 667.

-

Thorne, K. S. , Price, R. H. , and Macdonald, D. A. , eds.（1986）. *Black Holes : The Membrane Paradigm*（Yale University Press, New Haven, Connecticut）.

-

Thorne, K. S. , and Zurek, W.（1986）. " John Archibald Wheeler: A Few Highlights of His Contributions to Physics, " *Foundations of Physics*, **16**, 79.

-

Thorne, K. S., and Zytkow, A. N.（1977）. " Stars with Degenerate Neutron Cores. I. Structure of Equilibrium Models, " *Astrophysical Journal*, **212**, 832.

-

Tipler, F. J.（1976）. " Causality Violation in Asymptotically Flat Space - Times, " *Physical Review Letters*, **37**, 879.

-

Tolman, R. C.（1939）. " Static Solutions of Einstein ' s Field Equations for Spheres of Fluid, " *Physical Review*, **55**, 364.

-

Tolman, R. C.（1948）. The Richard Chace Tolman Papers, archived in the California Institute of Technology Archives.

-

Trimble, V. L. , and Thorne, K. S.（1969）. " Spectroscopic Binaries and Collapsed Stars, " *Astrophysical Journal*, **56**, 1013.

-

Uhuru（1981）. " Proceedings of the Uhuru Memorial Symposium: The Past, Present, and Future of X - Ray Astronomy, " *Journal of the Washington Academy of Sciences*, **71**（No. 1）.

-

Unruh, W. G.（1976）. " Notes on Black - Hole Evaporation, " *Physical Review D*, **14**, 870.

-

Unruh, W. G., and Wald, R, M.（1982）. " Acceleration Radiation and the Generalized Second Law of Thermodynamics, " *Physical Review D*, **25**, 942.

-

Unruh, W. D. , and Wald, R. M.（1984）. " What Happens When an Accelerating Observer Detects a Rindler Particle, " *Physical Review D*, **29**, 1047.

-

USAEC [United States Atomic Energy Commission]（1954）. *In the Matter of J. Robert Oppenheimer, Transcript of Hearing before Personnel Security Board, Washington, D. C. , April 12, 1954, through May 6, 1954*（U. S.

Government Printing Office, Washington, D. C.

-

van Stockum, W. J. （1937）. " The Gravitational Field of a Distribution of Particles Rotating about an Axis of Symmetry, " *Proceedings of the Royal Society of Edinburgh*, **57**, 135.

-

Wald, R. M. （1977）. " The Back Reaction Effect in Particle Creation in Curved Spacetime, " *Communications in Mathematical Physics*, **54**, 1.

-

Wald, R. M. , and Yurtsever, U. （1991）. " General Proof of the Averaged Null Energy Condition for a .Massless Scalar Field in Two - Dimensional Curved Spacetime. " *Physical Review D*, **44**, 403.

-

Walt, K. C. （1991）. *Chandra : A Biography of S. Chandrasekhar* （Universitv of Chicago Press, Chicago）.

-

Washington （1954）. " Washington Conference on Radio Astronom y-1954, " *Journal of Geophysical Research*, **59**, 1–204.

-

Weber, J. （1953）. " Amplification of Microwave Radiation by Substances Not in Thermal Equilibrium , " *Transactions of the IEEE, PG Electron Devices-3*, 1 （June）.

-

Weber, J. （1960）. " Detection and Generation of Gravitational Waves, " *Physical Review*, **117**, 306.

-

Weber, J. （1961）. *General Relativity and Gravitational Waves* （Wiley - Interscienee, New York）.

-

Weber, J. （1964）. Unpublished research notebooks ; also documented in Robert Forward ' s unpublished Personal Journal No. C1338, page 66, 13 September 1964.

-

Weber, J. （1969）." Evidence for Discovery of Gravitational Radiation, " *Physical Review letters*, **22**, 1320.

-

Weiss, R. （1972）. " Electromagnetically Coupled Broadband Gravitational Antenna, " *Quarterly Progress Report of the Research Laboratory of Electronics, M. 1. T.* , **105**, 54.

-

Wheeler, J. A. （1955）. " Geons, " *Physical Review*, **97**, 511. Reprinted in Wheeler （1962）, p. 131.

-

Wheeler, J. A. （1957）. " On the Nature of Quantum Geometrodynamics, " *Annals of Physics*, **2**, 604.

-

Wheeler, J. A. （1960）." Neutrinos, Gravitation and Geometry, " in *Proceedings of the International School of Physics*, " *Enrico Fermi*, " *Course XI* （Zanichelli, Bologna）. Reprinted in Wheeler （1962）, p. 1.

-

Wheeler, J. A. （1962）. *Geometrodynamics* （Academic Press, New York）.

-

Wheeler, J. A. （1964a）. " The Superdense Star and the Critical Nucleon Number, " in *Gravitation and Relativity*, edited by H. Y. Chiu and W. F. Hoffman （Benjamin, New York）, p. 10.

-

Wheeler, J. A. （1964b）. " Geometrodynamics and the Issue of the Final State, " in *Relativity, Groups*, and *Topology*, edited by C. De Witt and B. S. De Witt （Gordon and Breach, New York）, p. 315.

-

Wheeler, J. A. （1968）. " Our Universe: The Known and the Unknown, " *American Scientist*, **56**, 1.

-

Wheeler, J. A. （1979）. " Some Men and Moments in the History of Nuclear Physics: The Interplay of Colleagues and Motivations, " in *Nuclear Physics in Retrospect*, edited by Roger H. Stuewer （University of

Minnesota, Minneapolis).

-

Wheeler, J. A. （1985）. Letter to K. S. Thorne dated 3 December.

-

Wheeler, J. A. （1988）. Notebooks in which Wheeler recorded his research work and ideas as they developed; now archived at the American Philosophical Society Library, Philadelphia, Pennsylvania.

-

Wheeler, J. A. （1990）. *A Journey into Gravity and Spacetime* （Scientific American Library, New York）.

-

Whipple, F. L. and Greenstein, J. L. （1937）. " On the Origin of Interslellar Radio Disturbances, " *Proceedings of the National Academy of Sciences*, **23**, 177.

-

White, T. H. （1939）. *The Once and Future King* （Collins, London）. Chapter 13 of Part I, " The Sword in the Stone. "

-

Will, C. M. （1986）. *Was Einstein Right?* （Basic Books, New York）.

-

York, H. （1976）. *The Advisors : Oppenheimer, Teller and the Superbome* （W. H. Freeman, San Francisco）.

-

Zel ' dovich, Ya. B. （1962）. " Semi - closed Worlds in the General Theory of Relativity, " *Zhurnal Eksperimentalnoi i Teoreticheskoi Fiziki*, **43**, 1037. English translation in *Soviet Physies-JETP*, **16**, 732 （1963）.

-

Zel ' dovich, Ya. B. （1964）. " The Fate of a Star and the Evolution of Gravitational Energy upon Accretion, " *Doklady Akademii Nauk*, **155**, 67. English translation in *Soviet Physicsy -Doklady*, **9**, 195 （1964）.

-

Zel ' dovieh, Ya. B. （1971）. " The Generation of Waves by a Rotaling Body, " *Pis' ma v Redaktsiyu Zhurnal Eksperimentalnoi i Teoreticheskoi Fiziki*, **14**, 270. English translation in *JETP Letters*, **14**, 180 （1971）.

-

Zel ' dovich, Ya. B. （1985）. *Collected Works : Particles, Nuclei, and the Universe* （Nauka, Moscow）; in Russian. English translation : *Selected Works of Yakov Borisovich Zel ' dovich*. Volume I : Particles, Nuclei, and *the Universe* （Princeton University Press, Princeton, 1993）.

-

Zel ' dovich, Ya. B. , and Guseinov, O. Kh. （1965）. " Collapsed Stars in Binaries, " *Astrophysical Journal*, **144**, 840.

-

Zel ' dovich, Ya. B., and Khariton, Yu. B. （1939）. " On the Issue of a Chain Reaction Based on an Isotope of Uranium. " *Zhurnal Eksperimentalnoi i Teoreticheskoi Fiziki*, **9**, 1425 ; see also the follow - up papers by the same authors in the same journal, **10**, 29 （1940）. and **10**, 477 （1940）. Reprinted as the first three papers in Volume II of Zel ' dovich ' s collected works, Zel ' dovich （1985）.

-

Zel ' dovich, Ya. B. , and Novikov, I. D. （1964）. " Relativistic Astrophysics, Part I, " *Uspekhi Fizicheskikh Nauk*, **84**, 877. English translation in *Soviet Physics-Uspekhi*, **7**, 763 （1965）.

-

Zel ' dovich, Ya. B. , and Novikov, I. D. （1965）. " Relativistic Astrophysics, Part II , " *Uspekhi FizicheskikhNauk*, **86**, 447. English translation in Soviet Physics-Uspekhi, 8, 522 （1966）.

-

Zel ' dovich, Ya. B. and Starobinsky, A. A. （1971）. " Particle Production and Vacuum Polarization in an Anisotropic Gravitational Field, " *Zhurnal Eksperimentalnoi i Teoreticheskoi Fiziki*, **61**, 2161. English translation in *Soviet Physics-JETP*, **34**, 1159 （1972）.

-

Znajek, R. （1978）. " The Electric and Magnetic Conductivity of a Kerr Hole, " *Monthly Notices of the Royal Astronomical Society*, **185**, 833

-

Zwicky, F. （1935）. " Stellar Guests, " *Scientific Monthly*, **40**, 461.

-

Zwicky, F. （1939）. " On the Theory and Observation of Highly Collapsed Stars, " *Physical Review*, **55**, 726.

* 关于黑洞研究更近而且系统的文献，请参阅 1997 年 8 月在德国 Bad Honnef 的一个暑期讲习班的讲义：
Black Holes : Theory and Observation, Springer - Verlag, Berlin Heidelberg, 1998. ——译者

主题索引

范围和缩写

本索引覆盖序幕、1-14 章、尾声和注释。

关于主题的其他信息见名词和年表。

页码后的字母意义如下：

　　b—卡片

　　f—图或照片

　　n—脚注

　　N—注释，例如，**N3.5** 表示"第 3 章注 5。"

A

B

C

D

F

H

I

K

L

N

Q

R

S

T

U

V

W

X

人名索引

范围：本索引覆盖序幕，1–4章、尾声和注释。

其他有关信息见"名词"和"文献"部分。

编写：页码后的字母意义如下：

b—卡片

f—图或照片

n—脚注

Abraham，Max，115

Abramovici，Alex，390f，578

Adams，W.S.，143，143n，568

Aleksandrov，Aleksander Danilovich，471，472，582

Alfvén，Hans，339，577

Allen，J.F.，187

Ambartsumian，Viktor Amazapovich，153，155

Anderson，Carl，173

Anderson，Wilhelm，153，154f，160，201b，569

Aron，Walter，228f

Avni，Yoram，317

Baade，Waiter，166–168，168n，171，173–175，174f，187，207–208，331–334，332f，333f，570，577

C

F

L

M

N

O

P

R

S

T

Y

Z

译后记

译者
2000 年元旦，成都

本书原来的副标题是 *Einstein's Outrageous Legacy*，字中带韵，像一句诗；翻译过来大概是"爱因斯坦的奇异遗产"，就没那么好听了，而且读者对这个题目的联想，可能会离题太远；如果说"遗产"就是黑洞和时间弯曲，那又局限过多。

在确定译本题目的时候，我忽然想起《共产党宣言》开头那句很有名的话："一个幽灵，共产主义的幽灵，在欧洲徘徊……"而在现代物理学中，我们处处能感觉到一个爱因斯坦的幽灵，那就是我们可以在这本书中看到的，为什么大智慧的物理学家们会去研究一些比小孩儿的问题还天真的东西，会"发明"和相信那些在普通人觉得荒谬的东西，会把数学的概念想象成宇宙中实际存在的东西。

我们在别的关于黑洞的书里，几乎只能看到藏在天上的奇迹，现在，索恩先生把更多的发生在物理学家头脑中的奇迹和故事端出来了，告诉大家，爱因斯坦的幽灵是如何在一个个物理问题上"出没"的，有时候物理学家却又借着爱翁的精神，把他那幽灵远远地丢在后面。

正如前言说的，这是一本历史，关于黑洞研究的历史，一部活的历史；几乎没有哪个问题有最后的答案，每一个有兴趣的读者，都可以走进来，甚至改写它。

时间机器原是幻想的东西，作者大概第一个把它认真当作物理学问题来研究。实际上，时间问题，在相对论、量子论里依然存在着，而且从本质上说，还是"经典的"，还不够革命；作者相信未来的量子引力理论能够令人满意（霍金不久前说，量子论与相对论的结合很快就能实现），似乎也"不够革命"。我们现在还不知道量子引力以后的事情——从这点看，量子引力不过是我们面前一座突兀的高峰，它背后的峰谷不知还有多少！时间自古是哲学问题，当它成为物理学问题时，总会为物理学带来革命，我们今天的时间困惑又几乎要回归哲学了，当它再清晰地出现在物理学中时，我们大概会迎来新的物理学。

这本书原来请湖南师范大学的朱久运和黄亦斌先生译过，两家的语言风格相距较远，一时难得统一起来，译者只好重译，译得匆忙，没能采纳两家的成果，很遗憾。

虽然这是一本科普读物，但作者像写专著那样写，在重要的问题上，差不多"无一字无来处"；不过另一方面，像大多数科普读物一样，读者会看到许多重复的东西，也会遇到一些模糊的东西。这也是科学旅行的乐趣，不但能常遇老朋友，也会邂逅陌生人，虽然老朋友爱唠叨，陌生人又走得太匆匆，但一路上总不会寂寞。读者可能对语言环境感到陌生的东西，译者注里提供了一点信息，可能会有些帮助；关于物理学的东西，作者提到了一些很有影响的著作，译者见过中译本的，都特别说明了，请读者在那些书里去熟悉某些陌生的朋友。

　　我写最后这几行字也正在经历一种时间旅行，从旧千年走进新千年 —— 当大家说"千禧之年"时，是不是想过，该有好多灵魂"复活"？（《新约·启示录》）那么，让我们祈祷：复活吧，爱因斯坦的幽灵……

重印后记
在黑洞的地平线上

译者
2000 年 8 月

　　南山的雪闪着耀眼的光芒，勃朗峰直插我们头上的天空；在我们周围，牛群带着铃响在绿油油的牧场上吃草；山下离学校几百米的地方，是美丽如画的莱苏什的村庄……

　　大多数下午的时间我们都在不断讨论新的问题：诺维科夫和我关在小木屋里，想发现吸积到黑洞的气体是如何发射X射线的；在学校休息室的长椅上，我的学生普雷斯和特奥尔斯基在讨论小干扰下的黑洞是不是还稳定；在50米外的山坡上，巴丁、卡特尔和霍金在全神贯注地用爱因斯坦的广义相对论推导完整的黑洞演化方程组。那真是难忘的田园诗，醉人的物理学！

　　我十多年前学相对论时，把图书馆里大大小小的相对论著作都找来看了。当然也有些科普的，但除了几个书名今天都记不起来了。为什么？因为它们不过是一些没有数学的教科书。学过数学以后，就遗憾地过河拆桥了。这样的科普读物很多，它们像风景区的路标，将陌生的游客引向一座座险峰，却几乎永远不能伴着风光走进人们美好的回忆。幸运的是，在《黑洞与时间弯曲》里的这幅20世纪60年代田园物理学风情画，自然令我想起海森伯对20世纪20年代的回忆，那是他发现量子力学矩阵形式的那些天，哦，多么壮丽的发现！

那是1925年5月底，我患了严重的花粉热，只好向玻恩请了半个月的假，直接去了赫里戈兰，我希望在远离花草的海滨，那令人心旷神怡的空气能很快让我恢复健康……我的房间在三楼，能看到村庄远处的沙滩和大海的壮丽景象。我坐在阳台上，反复地考虑着玻尔说过的话。

……结果，差不多到凌晨三点，我才最后算完……我太兴奋了，通宵未睡。黎明时，我朝岛的南端走去。我曾渴望登上那块伸向大海的岩石。没费多大力气我就爬上去了，在那儿等着日出。（海森伯《物理学及其他》）

我读这段话时，不知道量子理论是什么；今天，虽然我大概懂得了它的数学（照狄拉克的说法是一套计算法则），还是不知道它到底说了什么。不过，在量子论发现的历史中，我经历了许多令人向往的思想奇迹。至今还影响着我的一句话，也在海森伯的这段回忆里，那是爱因斯坦对他说的："在原则上，单靠可观测量去建立一个理论，是完全错误的。实际上，正好相反，是理论决定我们观测到什么。"这差不多是我所理解的"爱因斯坦的幽灵"。在黑洞发现的经过里，这句话有着更加生动的表现，大概也更能够唤醒读者也许因为生活太累而昏睡了的科学理想。

一条历史的河流，当然比"过了河的桥"更值得人们回忆。在我看来，索恩的《黑洞与时间弯曲》，首先是一段活的历史，爱因斯坦身后的相对论历史。关于这段历史，我没见过什么系统的读物。我想，一方面，它涉及的数学太多，离人们生活太远，不会引起大众的关心；另一方面，它确定的东西太少，离我们时代太近，很难形成专门的话题。也正因为这些，读者才是幸运的。正如策划者之一的 Frederick Seitz 博士在《前言》里说的，"读这本书的人应怀着两个目标：学一些我们物理宇宙中的尽管奇异却很真实的可靠事实；欣赏那些我们还不那么有把握的奇思妙想。"当然，在别的关于"黑洞"的读物里，我们也能看到这些；不过，作者写得更真切，因为他是那些事实的经历者，是某些奇思妙想的参与者。"我和我要讲的东西关系太近了，我个人从 20 世纪 60 年代到今天都在亲历它的发展，我最好的几个朋友从 30 年代起就身在其中了。"我们看一个思想产生的经过，其实要比看它的结果有趣得多。

最显著的例子就是作者关于时间机器的叙述。多年来，科幻小说和一般的科普读物给很多读者留下了不太正确的印象。实际上，一定物理条件下（如弱能量条件）产生的一定的数学结构（如类时闭曲线），只能在物理学概念的基础上讨论，借一个纯数学结果来展开想象，是没有什么意义的。反过来说，我们读一本内容陌生的书，谈一个没有最后答案的问题，最重要的还是思想和问题的过程，而不是结果——也许很久都不会有结果。读者从这些疑惑中，或许会萌发一点雄心，与作者开宗明义表达的心愿产生某种共鸣："30 年来，我一直在探索，为的是去认识爱因斯坦为后代留下的遗产……去发现相对论失败的地方，看它如何失败，会有什么来取代它。"这其实也正是爱因斯坦向往过的牛顿的幸运："幸运啊，牛顿；幸福啊，科学的童年！"（为牛顿《光学》写的序），像朗道那样抱怨自己生得太晚（第 5 章），没有赶上百年前物理学革命年代的人，应该幸运地感到在新世纪的门口，遭遇了令人更加困惑的问题，从某种意义上说，主题还是当年爱因斯坦与玻尔的对话；在这一点上，我们离爱因斯坦的幽灵并不遥远。

　　这本书，从爱因斯坦时代走到20世纪90年代，把遗产和火炬接过来，又传下去；只有一个幽灵不变地在读者眼前徘徊，那个永远追求统一的幽灵，今天落在广义相对论和量子论之间，落在黑洞的地平线上……

重印后记

译者
2006年4月23日，
世界读书日

　　黑洞的书近年来更多了，黑洞的理论也有了一些新认识（例如在宇宙全息观点下的认识）。但本书的基本内容并没有过时，2000年6月作者在60岁生日的纪念文集里，还津津乐道他和夫人的那个时间机器。当然，本书更持久的价值在于它在科学大背景下叙述了黑洞物理学的成长。

　　借重新包装的机会，我通读了全书，除修改一些字句，更多的倒是在重新经历那个"黄金年代"。在物理学的历史中，量子力学的诞生，曾经是最令人激动的一幕大戏 —— 相对论尽管动人，却几乎是爱因斯坦个人的独角戏；经典的物理学虽然辉煌，但缺乏现代物理学的"纯粹理性"的趣味 —— 而黑洞的历史（当然也许还有超弦的历史），现在看来更加有趣，因为它的数学和物理还正在进行着，还没进入普通大学生的课堂，更没尘封在科学史家的档案柜。读者读它不仅温故，而且知新，借孔夫子的话说，"可以为师矣！"

　　对本书的新读者，我推荐一种新的读法。你可以把它分解成三本：一本传奇，讲物理学家的故事；一本科普，讲黑洞和相关现象的物理学常识；一本手册，讲"我凭什么相信我说的"—— 正文之外的注释和文献，是黑洞物理学的历史和理论的良好导引。

多数读者，特别是喜欢科学的同学，应该多读"第一本"，它可能是最有启发的。我们习惯了在欣赏文艺作品时联想它的作者和风格。所谓"文如其人"，说的是一种境界，作者的境界和表现在作品的境界。遗憾的是，人们似乎忘了科学家也是人，也有风格。风格决定了他选择的问题，而问题决定了科学发展的方向。常有人问，假如没有爱因斯坦，会出现相对论吗？问题本身没有意义了，但相对论与量子物理学那么不同，我们似乎真可以说，那是因为它们本是不同父母的孩子。想进科学大门的同学，应该先学会科学家怎么做人，怎么做研究。本书就讲了好多大师的故事，特别讲了他们的风格。例如，黑洞的三个导师，"都有自己的风格。事实上，恐怕难以找到比这更鲜明的风格了。"惠勒是幻想家，泽尔多维奇像火种，而席艾玛像蜡烛。当然还有别的个性和风格，如奥本海默的小心谨慎，茨维基的大胆猜想，这些在物理学的"正史"里大概都是看不到的。科学成果的形式（如论文和报告）几乎掩盖了科学家的个性，而他们的个性有时更迷人。圈子里的人也许知道，学生选择老师，不一定只看他的成果，也看他的"人"。套一句老话说，科学是没有人情味的，但科学家不能没有风格。同学们在这儿能遇到那么多物理学的导师，随便你喜欢哪个，跟着他走，也许能走出自己的新天地。

本书的尾声还在继续。作者发起的LIGO计划，自1999年运行以来，发现了不少引力波的信息。一本讲LIGO故事的书（《爱因斯坦的未完成交响曲》）也即将翻译出版了。LIGO计划还向中学生开放。正如LIGO实验室的DeSalvo博士说的，通过科学家与中学生的合作，"能吸引天才少年走近科学和技术，远离不那么迷人的商务和法律之类的东西 …… 也就是那些靠脑子赚钱的领域。"更有趣的是，在2005年国际物理年时，美国物理学会支持了一个"爱因斯坦在家"（Einstein @ Home）的计划，任何人都可以加入进来，在他个人电脑的"闲暇"时间，利用LIGO和GEO的数据寻找引力波源（如脉冲星，即旋转的中子星）。分析的时候，还能从屏幕保护程序看到你正在搜寻的那片天空呢。当LIGO胜利的那一天，也许有读者能自豪地说，"那胜利也有我的一份功劳呢！"

图书在版编目（CIP）数据

黑洞与时间弯曲 /（美）基普·S. 索恩著；李泳译 . — 长沙：湖南科学技术出版社，2018.1
（2024.3 重印）
（第一推动丛书 . 宇宙系列）
ISBN 978-7-5357-9455-0

Ⅰ . ①黑… Ⅱ . ①基… ②李… Ⅲ . ①广义相对论—时间—普及读物 Ⅳ . ① P145.8-49
② O412.1-49
中国版本图书馆 CIP 数据核字（2017）第 211982 号

Black Holes and Time Warps
Copyright © 1994 by Kip S.Thorne
Simplified Chinese edition Copyright © 2016 Hunan Science & Technology Press
All Rights Reserved

湖南科学技术出版社通过大苹果文化艺术有限公司获得本书中文简体版中国大陆独家出版发行权
著作权合同登记号 18-2015-070

HEIDONG YU SHIJIAN WANQU
黑洞与时间弯曲

著者
[美] 基普·S. 索恩

译者
李泳

出版人
潘晓山

责任编辑
吴炜 颜汨 戴涛 杨波

装帧设计
邵年 李叶 李星霖 赵宛青

出版发行
湖南科学技术出版社

社址
长沙市芙蓉中路一段416号
泊富国际金融中心

网址
http://www.hnstp.com
湖南科学技术出版社

天猫旗舰店网址
http://hnkjcbs.tmall.com

邮购联系
本社直销科 0731-84375808

印刷
长沙鸿和印务有限公司

厂址
长沙市望城区普瑞西路858号

邮编
410200

版次
2018 年 1 月第 1 版

印次
2024 年 3 月第 8 次印刷

开本
880mm×1230mm 1/32

印张
23.25

字数
491 千字

书号
ISBN 978-7-5357-9455-0

定价
89.00 元